LEHRBUCH DER PFLANZENPHYSIOLOGIE

AUF PHYSIKALISCH-CHEMISCHER GRUNDLAGE

VON

Dr. W. LEPESCHKIN

FRÜHER O. Ö. PROFESSOR DER PFLANZENPHYSIOLOGIE
AN DER UNIVERSITÄT KASAN • JETZT PROFESSOR IN PRAG

MIT 141 ABBILDUNGEN

BERLIN

VERLAG VON JULIUS SPRINGER

1925

ISBN-13:978-3-642-90035-8   e-ISBN-13:978-3-642-91892-6
DOI: 10.1007/978-3-642-91892-6

Vorwort.

In dem vorliegenden Lehrbuch wollte ich in knapper Form ein
möglichst vollständiges und klares Bild der Pflanzenphysiologie geben,
die sich meiner Meinung nach nur an der Hand von Physik und
Chemie weiterentwickeln kann. Aus diesem Grunde hielt ich es für
notwendig, alle Lebenserscheinungen von einem physikalisch-chemischen
Standpunkt aus zu betrachten. Es wäre auch zu wenig anregend, wollte
man sich nur darauf beschränken, die beobachteten Erscheinungen
des Pflanzenlebens zu beschreiben, ohne zu versuchen, sie mit den
gesetzmäßigen Vorgängen in der unbelebten Welt in Zusammenhang
zu bringen.

Es kam mir nicht darauf an, möglichst viele Tatsachen mitzu-
teilen und eine vollkommene Übersicht über die vorhandene pflanzen-
physiologische Literatur zu geben. Vielmehr handelte es sich um eine
streng systematische Anordnung des gut bekannten Materials unter
Anführung der hervorragendsten Arbeiten auf diesem Gebiete.

Die Anmerkungen sollen dem in der organischen und physikalischen Chemie weniger durchgebildeten Leser helfen, ein selbständiges
Urteil über die angeführten Tatsachen zu gewinnen. In wichtigen
Fällen sind die physikalisch-chemischen Grundlagen der physiologischen Erscheinungen im Haupttext erwähnt worden.

Prag, im März 1925.   W. Lepeschkin.

Inhaltsverzeichnis.

Einleitung.

Erster Teil.
Physiologie des Stoffwechsels der Pflanze.

Zweiter Teil.
Wachstumserscheinungen der Pflanze.

Grundbegriffe der Physiologie.

1. Aufgaben der physiologischen Forschung.

Als Physiologie[1]) bezeichnet man die Wissenschaft, welche die sich ausschließlich im lebenden Organismus abspielenden Erscheinungen, die sogenannten Lebenserscheinungen, untersucht. Die Pflanzenphysiologie ist der Erforschung der Lebenserscheinungen in der Pflanze gewidmet und stellt sich (wie andere Naturwissenschaften) nicht nur eine möglichst vollständige Beschreibung, sondern auch eine Erklärung dieser Erscheinungen zur Aufgabe.

Die erste Aufgabe wird offenbar durch eine sorgfältige Beobachtung der Lebenserscheinung und in manchen Fällen viel genauer durch irgendeinen registrierenden Mechanismus gelöst, während die zweite Aufgabe eine geistige Tätigkeit des Menschen verlangt und oft nur mit Hilfe der während vorhergehender Jahrhunderte erworbenen Kenntnisse gelöst werden kann. Es ist somit verständlich, daß die scheinbare Erklärung der Lebenserscheinungen am Anfang der Entwicklung unserer wissenschaftlichen Erkenntnis gewöhnlich entweder aus einem Vergleich dieser Erscheinungen mit nicht minder komplizierten Lebenserscheinungen oder aus der Annahme einer Seele im Organismus bestand.

Im Gegensatz dazu kann die moderne Physiologie nur diejenige Erklärung der Lebenserscheinungen anerkennen, welche diese auf einfache, gut bekannte und der direkten Beobachtung zugängliche Erscheinungen zurückführt. Gewöhnlich zeigt sich aber, daß die einfachen Erscheinungen noch bei weitem nicht einfach sind und sich wieder in noch einfachere Erscheinungen zerlegen lassen. Es fragt sich nun, welche Erklärung die Physiologie als eine endgültige Erklärung anerkennen wird.

Da die Physiologie nur diejenigen Erscheinungen betrachtet, welche ausschließlich im lebenden Organismus stattfinden, so ist offenbar ihre Rolle nur dann zu Ende, wenn es gelingt zu zeigen, daß eine Lebenserscheinung sich auf die Erscheinungen zurückführen läßt, welche außerhalb des lebenden Organismus beobachtet werden. Da aber die physiologischen Erscheinungen außerordentlich kompliziert und verwickelt sind, so läßt sich zur Zeit nicht mit Sicherheit sagen, ob es überhaupt möglich ist, alle diese Erscheinungen auf physikalische und chemische Erscheinungen zurückzuführen.

---

[1]) Das Wort „Physiologie" ist vom griechischen Wort „$\varphi\upsilon\sigma\iota\upsilon\lambda\upsilon\gamma\upsilon\varsigma$" entstanden, das „das Wort von der Natur" bedeutet, wo unter der Natur die lebende Natur verstanden wird.

2. Eigentümlichkeiten der physiologischen Erscheinungen.

Die physiologischen Erscheinungen spielen sich ausschließlich im lebenden Organismus ab und bedingen den Unterschied zwischen ihm und leblosen Körpern. Alle Körper, die solche Erscheinungen zeigen, werden als lebend bezeichnet.

Nach der Ansicht uralter Völker war das Leben vor allem mit Bewegung verbunden, so daß Feuer, Wellen, Wind, Sonne, Sterne und andere sich bewegende Körper im Altertum personifiziert und als lebend bezeichnet wurden. Erst mit gesteigertem Selbstbewußtsein des Menschen wurde solche elementare Definition des Lebens allmählich durch eine andere ersetzt, die unseren jetzigen Anschauungen über das Leben nahe steht. Man bezeichnete als lebend alles, was mit seinen Äußerungen an den Menschen erinnerte und also nicht nur Bewegung, sondern Wachstum, Vermehrung und Ernährung zeigte. Später wurden auch Pflanzen zu Lebewesen gerechnet, weil einige Pflanzen (z. B. Mimosa pudica) nicht nur Wachstum und Vermehrung, sondern auch energische Bewegungen der Blätter zeigten. Auch andere Pflanzen, obwohl sie zu raschen Bewegungen unfähig sind, verbleiben doch nie in vollkommener Ruhe und ändern die Lage ihrer Organe langsam aber fortwährend.

Auf diese Weise entstand unsere jetzige Definition der lebenden Organismen, die sich von unbelebten Körpern durch die folgenden Erscheinungen unterscheiden sollen:

1. Selbständige Bewegung, die dem unbewaffneten Auge sichtbar ist oder doch unter dem Mikroskope beobachtet werden kann.

2. Selbständiges Wachstum, das durch Eindringen neuer Stoffteilchen zwischen schon vorhandene, den Organismus bildende Moleküle, die sogenannte Intussuszeption, zustande kommt.

3. Vermehrung, die den Ursprung der Organismen von ihresgleichen d. h. den sogenannten genetischen Zusammenhang bedingt.

4. Stetige chemische Änderungen der im Organismus befindlichen oder von außen in ihn gelangenden Stoffe und die Ausscheidung der gebildeten Produkte nach außen, der sogenannte Stoffwechsel.

Alle diese Erscheinungen werden im lebenden Organismus beobachtet und doch unterscheiden sie sich von denjenigen der leblosen Körper nicht prinzipiell, weil Bewegung, Wachstum, Stoffwechsel und sogar Vermehrung (bzw. genetischer Zusammenhang) auch in der leblosen Natur beobachtet werden.

So sind z. B. sehr kleine in Wasser befindliche Körnchen und Tröpfchen stets in unaufhörlicher selbständiger Bewegung begriffen, die als Brownsche Bewegung bezeichnet wird. Besonders schön kann man solche Bewegung in mit Wasser verdünnter Tusche unter dem Mikroskope beobachten: sehr kleine Rußteilchen zeigen eine unregelmäßige und sehr lebhafte Bewegung, die an diejenige der Bakterien erinnert. Die Brownsche Bewegung ist nicht nur sichtbaren Teilchen, sondern auch Molekülen eigen.

Selbständiges Wachstum durch Intussuszeption und Stoffwechsel in der leblosen Natur kann man durch den folgenden Versuch demonstrieren. Bringt man einen Krystall gelben Blutlaugensalzes in eine verdünnte Kupfervitriollösung, so bekleidet er sich sofort mit einer braunen schleimigen Haut, die aus Ferrocyankupfer besteht. Da Blutlaugensalz unter dieser Haut eine gesättigte Lösung bildet, die Wasser von außen anzieht, so wird die Haut bald aufgebläht und an einigen Stellen durchbrochen, wobei die gesättigte Lösung vom Blutlaugensalz mit der Kupfervitriollösung in Berührung kommt und sofort eine neue Haut bildet, die ihrerseits aufgebläht wird usw. Auf diese Weise entsteht ein wurmförmiger brauner Schlauch über dem Krystall, der schnell nach oben wächst und sich an der Lösungsoberfläche verbreitet.

Die Vermehrung in lebloser Natur wird bei Krystallbildung beobachtet. Bringt man z. B. ein Salzkryställchen in eine übersättigte Lösung desselben Salzes in Wasser und rührt die Lösung fortwährend, so vermehrt sich das Kryställchen außerordentlich rasch, so daß die Flüssigkeit in einigen Sekunden mit einer Unmenge von Kryställchen erfüllt wird[1]).

Übersättigte Lösungen können in mit Wattepfropfen verschlossenen Gefäßen unbestimmt lange Zeit unverändert aufbewahrt werden, weil die Krystallisation erst nach Einführung eines Kryställchens von gleichem krystallographischen System in die Lösung beginnt. Läßt man dagegen eine übersättigte Lösung im offenen Gefäß stehen, so geraten Krystallkeime mit Staub in die Lösung und die Krystallisation tritt sehr bald ein. Ein genetischer Zusammenhang der Krystalle ist vielfach bewiesen.

Wir können also keinen prinzipiellen Unterschied zwischen den physiologischen Erscheinungen und denjenigen, die in der unbelebten Natur beobachtet werden, finden. Der einzige Unterschied zwischen den Erscheinungen beider Art ist eine außerordentliche Kompliziertheit der physiologischen Erscheinungen. Später werden wir erfahren, daß z. B. der Stoffwechsel der Pflanzen aus Hunderten chemischer Reaktionen besteht, die so kompliziert sind, daß wir ihren Verlauf noch nicht erraten können.

3. Lebensfähigkeit und lebende Materie.

Unter den oben aufgezählten Lebenserscheinungen können einige sich erst unter günstigen Bedingungen einstellen, und es kommt öfters vor, daß ein lebender Organismus überhaupt keine merklichen Lebenserscheinungen zeigt, die erst nach einer Änderung der äußeren Bedingungen oder spontan (freiwillig) auftreten. So fehlen z. B. irgendwelche Lebenserscheinungen in trockenen Samen, die sich in einer sauerstofffreien Atmosphäre befinden. Bringt man sie aber in feuchten Boden, so saugen sie Wasser auf und keimen.

---

[1]) Zum Versuch paßt am besten Natriumhyposulfit, das als Fixierungsmittel in der Photographie verwendet wird. Man löst das Salz in heißem Wasser bis zur Sättigung, verschließt das Gefäß mit einem Wattepfropfen und kühlt die Flüssigkeit ab.

Trockene Samen sind also zum Leben fähig, obwohl sie keine merklichen Lebenserscheinungen zeigen. Man bezeichnet solchen Lebenszustand gewöhnlich als Anabiose oder Scheintod. Dieser Zustand kann nicht unendlich lange andauern und trockene Samen verlieren mit der Zeit ihre Keimfähigkeit, so sind z. B. Roggensamen nach vierzig Jahren, Kaffeesamen schon nach vierzehn Tagen keimunfähig. Wir können also annehmen, daß in lebenden Organismen die Materie einen besonderen Zustand besitzt, dessen dynamische Äußerung Lebenserscheinungen sind und der sich in den gewöhnlichen Zustand der leblosen Materie verwandeln kann. Wir werden die Materie, welche sich in dem angegebenen besonderen Zustand befindet, im weiteren als lebende Materie bezeichnen.

Untersuchen wir eine Pflanze, so finden wir, daß nicht alle ihre Teile Lebenserscheinungen zeigen und zum Leben fähig sind. So weisen z. B. die innersten Holzteile eines Kiefernstamms auch unter den günstigsten Bedingungen keine Lebenserscheinungen auf. Die lebende Materie ist also nicht in allen Teilen eines lebenden Organismus vorhanden.

Betrachten wir Laubblätter, die besonders lebhafte Lebenserscheinungen zeigen, unter dem Mikroskope, so finden wir, daß sie aus kleinen Zellen gebaut sind, deren feste Wände aus leblosem Material, Cellulose, und deren Inhalt in der Hauptsache aus leblosem Zellsaft (also einer wässerigen Lösung) besteht. Die lebende Materie macht nur einen geringen Teil der Zelle und des Blattes aus, sie bedeckt nur die innere Oberfläche der Zellwände und bildet einen schleimigen farblosen Schlauch, der denselben fest anliegt, mit Zellsaft erfüllt ist, und zahlreiche grüne Körner, Chloroplasten, die auch lebend sind, enthält. Bei einer aufmerksamen Beobachtung finden wir in der schleimigen Substanz einen rundlichen, farblosen Körper, der als Zellkern bezeichnet wird. Die schleimige Substanz wird Protoplasma (oder Cytoplasma) genannt.

Im Blatte und überhaupt in der Pflanze gibt es also drei Arten der lebenden Materie: Protoplasma, Zellkern und Chromatophoren (Chloroplasten), die gemeinsam vorkommen und in denen alle Lebenserscheinungen ihren Ursprung haben. Die Zelle, die das Protoplasma und den Zellkern enthält, ist lebend. Verschwinden sie, so kann auch unter den günstigsten Bedingungen keine Zelle und keine Pflanze mehr Lebenserscheinungen aufweisen.

4. Ursachen der Lebensfähigkeit.

Die Fähigkeit des Organismus zum Leben wurde im Altertum durch die Anwesenheit einer Seele erklärt. In jener Zeit stellte man sich die Seele als ein geheimnisvolles, mystisches Wesen vor, das einer direkten Wahrnehmung nicht zugänglich ist und das die Fähigkeit besitzt, leblose Körper zu beleben. Die Seele konnte, nach dieser Ansicht, auch frei, außerhalb eines Organismus existieren, und unsichtbar über der Erde umherschwärmen.

Diese Lehre wurde im dreizehnten Jahrhundert von Galen modifiziert. Nach ihm sollte die Seele eine Art sehr feiner und leichter

Materie darstellen, die in der Luft schwebte und die sich, sobald sie in einen leblosen Körper gelange, in eine der sogenannten Pneumen verwandelte, welche verschiedene physiologische Erscheinungen bedingen sollten und die später in der Lehre von Fernelius den Namen „Spirita" erhielten.

Im sechzehnten Jahrhundert, dank verschiedenen anatomischen und physiologischen Untersuchungen, von denen diejenigen von Harvey über den Blutkreislauf besonders wichtig waren, trat die mystische Pneumenlehre zurück und wurde im siebzehnten Jahrhundert durch die Lehre von Jatrophysiker und Jatrochemiker ersetzt, die alle Lebenserscheinungen durch physikalische und chemische Gesetze erklären wollten. In dieser Lehre wurde zum ersten Male die Ansicht ausgesprochen, daß die Atmung eine der Verbrennung analoge Erscheinung sei. Zu jener Zeit gab es zu wenige systematisch durchgeführte physiologische Untersuchungen und alles erschien daher einfach.

Am Anfang des achtzehnten Jahrhunderts nahm Stahl an, daß, der lebende Organismus, obwohl auch in ihm physikalische und chemische Kräfte wirken, eine Seele („anima") besitze, deren Natur unbekannt sei. Da aber die Untersuchungen von Haller über die Reizbarkeit der Muskeln zeigten, daß abgeschnittene Extremitäten der Tiere ihre Lebensfähigkeit eine Zeitlang beibehalten, hatte man anzunehmen, daß die tote Körper belebende Seele sich in Teile zerlegen lasse, und daß die Verbindung der Seele mit dem Körper viel fester sei, als man denken konnte. Auf diese Ansicht gründete sich der sogenannte Vitalismus, die Lehre von der Lebenskraft.

Die Anhänger der genannten Lehre, die Vitalisten, nahmen an, daß jedes kleine Teilchen des lebenden Organismus eine besondere Kraft besitze, die alle physiologischen Prozesse bedinge und alle verschiedenartigen Stoffe des Körpers bilde. Ein wichtiger Grund für die Annahme einer Lebenskraft schien die Unmöglichkeit einer künstlichen Darstellung von in Organismen vorkommenden Stoffen zu sein.

Spätere Erfolge der Physik und der Chemie zeigten aber die Unrichtigkeit solcher Annahme. Am Anfang des neunzehnten Jahrhunderts verwandte Lavoisier die Wage zur quantitativen Bestimmung der sich an chemischen Reaktionen beteiligenden Stoffe und der sich dabei bildenden Wärmemenge an. Dieser Forscher stellte bekanntlich fest, daß die Substanzmenge bei chemischen Reaktionen unverändert bleibt und legte somit die Basis der quantitativen chemischen Analyse. Die Anwendung der neuen Methoden auf die Physiologie zeigte, daß die Wärmemenge, die bei der Atmung und der Verbrennung der Kohle entsteht, sich in einem bestimmten Verhältnisse zur Menge des Kohlensäuregases befindet, das sich bei beiden Prozessen bildet. Es erwies sich also, daß eine der wichtigsten Lebenserscheinungen, die Atmung, den gleichen physikalisch-chemischen Gesetzen wie die Verbrennung der Kohle folgt.

Der Glaube an die Lebenskraft wurde besonders stark durch die künstliche Darstellung von Harnstoff (Wöhler 1828) erschüttert, weil dieser Stoff ausschließlich im Harn vorkommt und, nach der Meinung der Vitalisten, durch die Lebenskraft gebildet wird. Eine ausschlaggebende Bedeutung für die Widerlegung dieses Glaubens hatten vor allem die Resultate genauer kalorimetrischer Untersuchungen über den Stoffwechsel der Tiere (HELMHOLTZ u. a.), die nach der Feststellung des Gesetzes der Erhaltung der Energie (R. MAYER 1819—1878) angestellt worden waren. Diese Untersuchungen zeigten, daß erwachsene Tiere eine ebensogroße Energiemenge in Form von mechanischer Arbeit, Atmung usw. nach außen abgeben, wie sie in Form von chemischer Energie, die in den Nährstoffen enthalten ist, erhalten, so daß die Existenz einer besonderen Kraft, welche physiologische Prozesse bedingt, dem Energiegesetze widersprach.

Diese wichtigen Ergebnisse führten im neunzehnten Jahrhundert zu der Notwendigkeit, den mystischen Begriff der Lebenskraft auf immer zu verlassen, und wenn man auch im zwanzigsten Jahrhundert an der Möglichkeit der Erklärung aller Lebenserscheinungen mit physikalischen und chemischen Gesetzen zweifelt, so nimmt man doch stets an, daß lebende Organismen diesen Gesetzen gehorchen. Die modernen Vitalisten („Neovitalisten") verstehen unter „Lebenskraft" gewöhnlich ungemein verwickelte Kombination verschiedener physikalischer und chemischer Prozesse, die physiologische Erscheinungen bedingen, oder sie geben die Verwandlung der chemischen Energie der Nährstoffe in noch unbekannte Energieformen im Organismus zu. In seltenen Fällen greift man schließlich zu einem unbekannten psychischen Wesen, das all diese komplizierten physikalischen und chemischen Kräfte in einer bestimmten Richtung leitet.

Um die Ursache der Lebensfähigkeit zu finden, ist es sehr wichtig, zunächst die Frage zu beantworten, ob es einen stofflichen Unterschied zwischen dem lebenden und dem toten Organismus gibt. Unter den Versuchen, diese Frage zu beantworten, verdient die Hypothese PFLÜGERS eine Erwähnung.

Einen der wichtigsten Bestandteile des Protoplasmas bilden bekanntlich Eiweißkörper. PFLÜGER setzte voraus, daß diese Stoffe im lebenden Protoplasma eine andere chemische Zusammensetzung haben, als im toten Organismus. Die Moleküle „lebenden" Eiweißes sollen nach PFLÜGER (im Gegensatz zu denjenigen toten Eiweißes) in einer besonderen Weise an andere Atome gebundenen Sauerstoff und außerdem noch Cyangruppen (—CN—) enthalten. Leider hat sich diese Hypothese nicht bestätigt und ist zur Zeit vollkommen verlassen.

Die zweite Hypothese eines stofflichen Unterschieds zwischen dem lebenden und toten Protoplasma wurde von VERWORN aufgestellt. Das lebende Eiweiß oder „Biogen" soll nach diesem Forscher einen stickstoffhaltigen und einen stickstofffreien Anteil enthalten, von denen der letztere bei der Atmung zerstört aber sofort wieder hergestellt wird.

Die Annahme, daß Eiweißkörper des lebenden Protoplasmas chemisch anders gebaut sind als die des toten, widerspricht vor allem unseren jetzigen Anschauungen über die chemische Konstitution von Stoffen.

Alle Eiweißkörper müssen nach einem und demselben Schema chemisch gebaut sein, und „Eiweiß", das eine andere chemische Konstitution als die übrigen Eiweißarten besitzt, darf nicht als Eiweiß bezeichnet werden. Andererseits zeigt schon die Tatsache, daß die lebende Materie durch Anilinfarben nicht gefärbt werden kann, obwohl Eiweißkörper oder das tote Protoplasma dieselben aufnehmen, daß Eiweißkörper im lebenden Protoplasma nicht frei sind. Nach dem Verfasser dieses Buches sind sie mit fettartigen Substanzen verbunden. Außerdem befinden sich die Stoffe der lebenden Materie in einem besonderen Zustand, der als kolloidaldispers bezeichnet wird und der beim Absterben verändert wird.

Um physiologische Erscheinungen erklären zu können müssen wir also die Eigentümlichkeiten dieses Zustandes kennen lernen.

5. Kolloidaler Zustand der Körper.

GRAHAM, der zum ersten Male die Bedeutung der kolloiden Eigenschaften der im Organismus vorkommenden Stoffe erkannte, teilte die Natur in zwei Welten der Materie. Die eine von ihnen war diejenige der Krystalloide und umfaßte die unbelebte Natur, die andere war diejenige der Kolloide und umfaßte die lebende Natur. Kolloide unterschieden sich nach GRAHAM von Krystalloiden durch ihre Unfähigkeit, einen krystallinischen Zustand anzunehmen, und durch ihre Unfähigkeit, bei der Osmose durch Membranen hindurchzudringen.

Bringt man eine Lösung von Leim (Kolloid) und Kochsalz (Krystalloid) in eine Flasche, deren Boden entfernt und durch Pergamentpapier oder Schweinsblase (also eine Membran) ersetzt ist und die mit der Membran in Wasser taucht, so beginnt Salz sofort sehr rasch aus der Flasche durch die Membran in das Wasser zu diffundieren, während Leim in der Flasche bleibt. Zu den Kolloiden gehören nach GRAHAM Eiweiß, Stärke, Dextrin, Gelatine usw., während Salze, Zucker usw. Krystalloide sind.

Die Einteilung der Natur in zwei verschiedene Welten erwies sich im weiteren nicht haltbar, weil es einerseits bewiesen wurde, daß manche Kolloide, z. B. Albumin, gut krystallisieren können und durch Membranen durchgehen. Andererseits gelang es, aus typischen Krystalloiden, so z. B. aus verschiedenen anorganischen Salzen, kolloidal-amorphe Bildungen darzustellen. Deshalb spricht man zur Zeit gewöhnlich nicht von kolloiden Stoffen, sondern von einem kolloiden Zustand der Stoffe. Unter diesem Namen versteht man den Zustand einer sehr feinen Zerteilung, einer sehr starken „Dispersität" eines Stoffes.

Je nach der Größe der Teilchen des zerteilten Körpers unterscheidet man grob disperse und kolloidal disperse Systeme. In gewöhnlichen Lösungen (z. B. in einer Zuckerlösung) sind Substanzen ebenfalls zerteilt, aber die Teilchen sind in diesem Falle den Molekülen gleich, so daß man von moleküldispersen Systemen reden kann. Eine Aufschwemmung von Lehm in Wasser ist ein grobdisperses System.

Die Teilchen des zerteilten Körpers sind in diesem Falle unter dem gewöhnlichen Mikroskop sichtbar, weil ihre Größe zwischen 0,0005 und 0,005 mm (bzw. 0,5 und 5 μ) variiert. Die besten Objektive des Mikroskops gestatten noch ein Teilchen wahrzunehmen, dessen Größe nicht unter 0,0001 mm ($= 0,1\,\mu$) liegt. Wenn die Teilchen kleiner als 0,1 μ sind, können sie nicht unter dem gewöhnlichen Mikroskop gesehen werden. Die dispersen Systeme, welche solche Teilchen enthalten, nennt man kolloidal. Ihre Teilchen (Micellen) können nur mit Hilfe eines Ultramikroskops sichtbar gemacht werden, dessen Erfindung wir ZSIGMONDY und SIEDENTOPF verdanken (1903).

Beim gewöhnlichen Mikroskopieren wird das Objekt bekanntlich von unten beleuchtet, so daß die Lichtstrahlen durch dasselbe in das Auge direkt gelangen. Im Ultramikroskop wird das Objekt mit einem konischen Bündel starker Lichtstrahlen von der Seite beleuchtet, so daß das Auge nur die vom Objekte reflektierten Strahlen beobachtet. Die Kolloidteilchen erscheinen auf diese Weise als sehr helle Pünktchen auf schwarzem Grunde.

Grobdisperse Systeme mit festen Teilchen (z. B. eine Lehmaufschwemmung in Wasser) werden oft Suspensionen genannt, während grobdisperse Systeme mit flüssigen Teilchen gewöhnlich als Emulsionen bezeichnet werden.

Als Beispiel der kolloidal dispersen Systeme können kolloide Lösungen von Metallen dienen. Um diese Lösungen zu erhalten, leitet man nach der Vorschrift von BREDIG einen starken elektrischen Strom durch zwei Metalldrähte, die in Wasser getaucht sind und sich mit den freien Enden berühren. Zieht man die Enden auseinander, so entsteht zwischen ihnen ein elektrischer Funke, der von der Drahtoberfläche kleine Teilchen von Metallen losreißt und im Wasser zerteilt. Auf diese Weise lassen sich z. B. Silber- und Goldlösungen erhalten.

Die kolloiden Lösungen von Metallen und andere ähnliche Lösungen werden gewöhnlich als hydrophob bezeichnet, weil sie unbeständig sind. Durch ein langdauerndes Zentrifugieren dieser Lösungen kann der gelöste Stoff abgeschieden werden. Ein selbständiges Absetzen findet nur deshalb nicht statt, weil die Teilchen solcher Lösungen elektrisch geladen sind und sich gegenseitig abstoßen. Später wird darüber berichtet, daß in Salzlösung und überhaupt in Lösungen derjenigen Stoffe, welche elektrischen Strom leiten (Elektrolyte), Moleküle zu sogenannten Ionen zerfallen, die elektrisch geladen sind. Wenn man daher zu einer Metallösung etwas Salz zusetzt, so wird die Ladung der Metallteilchen durch die entgegengesetzte Ladung der Ionen neutralisiert, und bald kleben sich die Metallteilchen aneinander und setzen sich ab. Ist eine genügende Salzmenge (z. B. 0,5 % Kochsalz) zugesetzt, so tritt das Absetzen des gelösten Stoffes schon nach einigen Sekunden ein. Man bezeichnet solches Absetzen als Koagulation. Sie ist bei hydrophoben Lösungen stets irreversibel, d. h. der sich bildende Niederschlag löst sich nicht mehr in Wasser.

Im Gegensatz zu hydrophoben Kolloidlösungen sind die sogenannten hydrophilen Kolloidlösungen, zu denen Lösungen von Eiweißkörpern, Dextrin, Gummi arabicum, Gelatine usw. gehören, sehr beständig. Solche Lösungen lassen sich nicht durch das Zentrifugieren absetzen und werden erst durch starke Konzentrationen von Salzen zur Koagulation gebracht. Diese Beständigkeit erklärt sich dadurch, daß zwischen Kolloidteilchen und Wasser Anziehungskräfte vorhanden sind, die das Zusammenkleben der Teilchen vollkommen hemmen.

Da zwischen Teilchen der hydrophilen Kolloide und Wasser eine Anziehung besteht, braucht man diese Kolloide nicht zwangsweise in Wasser zu zerteilen, um eine kolloide Lösung zu erhalten, wie dies bei hydrophoben Kolloiden der Fall ist. Hydrophil-kolloidale Stoffe zerteilen sich selbständig in Wasser. Als Beispiel solcher Stoffe betrachten wir Eiweiß des Hühnereies. Nach dem Zusatz von kleinen Salzmengen (1—5 %) bleibt es unverändert. Setzen wir aber zum Hühnereiweiß eine große Menge konzentrierter Lösung von Ammoniumsulfat (oder anderer Salze), so entsteht sofort ein weißer Niederschlag, der sich jedoch im Wasser wieder gut löst. Das zugesetzte Salz hat eine große Affinität zum Wasser, so daß ein Überschuß an Salz die Anziehungskräfte zwischen Eiweißteilchen und Wasser so stark vermindert, daß sie in hohem Grade entwässert werden und sich wie Teilchen hydrophober Kolloide verhalten, d. h. zusammenkleben und sich absetzen. Die Koagulation ist aber in diesem Falle deshalb reversibel, weil Wasserzusatz die Anziehung zwischen Salzmolekülen und Wasser der Eiweißteilchen wieder vermindert.

Verschiedene Alkalisalze üben ungleich stark entwässernde Wirkung auf Eiweißkörper aus. In neutralen und alkalischen Lösungen entwässern Citrate mehr als Tartrate, diese mehr als Sulfate und Nitrate usw.[1]

Anders wirken Salze schwerer Metalle (z. B. diejenigen von Quecksilber, Blei, Kupfer) auf Eiweißlösungen. Schon sehr kleine Konzentrationen dieser Salze rufen die Koagulation hervor. Die Ursache liegt darin, daß Schwermetallsalze mit Eiweißkörpern chemische Verbindungen bilden, die einen hydrophoben Charakter besitzen und durch kleine Salzmengen zur Koagulation gebracht werden. Selbstverständlich ist in diesem Falle die Koagulation irreversibel.

Eine irreversible Koagulation der Eiweißlösungen wird ebenfalls durch ein Erhitzen (auf 60—70° C) hervorgerufen. Das Erhitzen beschleunigt eine chemische Reaktion zwischen Eiweiß und Wasser außerordentlich stark, wobei sich „denaturiertes" Eiweiß bildet, das hydrophobe Eigenschaften besitzt und durch eine kleine Salzmenge, die im Hühnereiweiß stets anwesend ist, sofort zur Koagulation gebracht wird.

---

[1] Die ganze Salzreihe ist die folgende: Citr. > Tartr. > Sulfate > Acetate > Chloride > Nitrate > Jodite > Rhodanide. Diese Salzreihe ist derjenigen, welche bei der Untersuchung der Wirkung der Salze auf Gelatinequellung erhalten wird, gleich und wird gewöhnlich als HOFMEISTERsche lyotrope (oder hydrotrope) Reihe bezeichnet. Merkwürdigerweise kehrt sich die Reihe um, wenn die Reaktion der Eiweißlösuug sauer wird, so daß jetzt Rhodanide am stärksten fällen.

Eine sehr starke beschleunigende Wirkung auf die Bildung denaturierten Eiweißes üben ebenfalls Alkohol, Azeton, Chloroform, Äther, Säuren, Schwermetallsalze und andere Stoffe aus, so daß sie in stärkeren Konzentrationen eine irreversible Eiweißkoagulation hervorrufen. Von diesen Stoffen wirken Alkohol, Azeton und andere in Wasser leicht lösliche Stoffe zunächst entwässernd auf Eiweißteilchen (wie Salze), rufen aber bald ihre „Denaturation" hervor. Das entstehende denaturierte Eiweiß ist in Wasser unlöslich.

Alle hydrophil-kolloiden Lösungen sind je nach der Konzentration mehr oder minder zähe und zeigen unter dem Ultramikroskop keine Kolloidteilchen, weil sie zu klein sind und zu wenig Licht reflektieren.

6. Kolloidaler Bau der lebenden Materie.

Die Hauptmasse des Protoplasmas hat bekanntlich eine zähflüssige Konsistenz (Strömungen im Protoplasma, Kugelform der freigelegten Protoplasmastücke, kuglige Gestalt der Wassertropfen im Protoplasma) und besteht in der Hauptsache aus Eiweißkörpern, fettartigen Substanzen und Wasser. Diese Stoffe bilden aber nur kolloidale Lösungen oder Emulsionen, so daß man von vornherein erwarten kann, daß sie auch im Protoplasma kolloidal zerteilt sind.

In der Tat sind die physikalischen Eigenschaften des Protoplasmas denjenigen der Eiweißlösungen sehr ähnlich. Wie diese zeigt das Protoplasma eine variierende Zähigkeit, und weist unter Einwirkung kleiner Konzentrationen von Salzen keine Koagulation auf. Stärkere Konzentrationen rufen dagegen oft ein Auftreten zahlreicher Körnchen im Protoplasma, die sich nach Herstellung normaler Bedingungen wieder lösen können, also eine reversible Koagulation hervor. Schwermetallsalze rufen dagegen eine irreversible Koagulation im Protoplasma und schließlich ein Absterben hervor.

Hohe Temperatur, Alkohol, Azeton, Äther und Chloroform in stärkeren Konzentrationen bewirken ebenfalls eine irreversible Koagulation und das Absterben des Protoplasmas.

Man kann also behaupten, daß das Protoplasma einen kolloidalen Bau besitzt, der demjenigen der hydrophil-kolloiden Lösungen ähnlich ist. Aber es gibt auch einen Unterschied zwischen beiden kolloidalen Systemen.

Im Gegensatz zu Eiweißkörpern zeigt das Protoplasma eine irreversible Koagulation unter Einfluß verschiedener mechanischer Einwirkungen, z. B. eines Druckes, Stoßes, einer Reibung, Mischung usw. Diese Unbeständigkeit für mechanische Einwirkungen hängt nach Verf. damit zusammen, daß die Hauptmasse des Protoplasmas aus sehr unbeständigen Verbindungen von Eiweißkörpern mit fettartigen Substanzen besteht, die sogar durch mechanische Eingriffe in ihre Komponenten zerlegt werden, wobei sich Eiweißkörper in koagulierter Form ausscheiden.

Die beschriebene Zersetzung der Grundmasse des Protoplasmas zerstört freilich das ganze kolloidale System desselben und führt zum

Absterben. Alle stärkeren Koagulationen im Protoplasma bewirken ebenfalls das Absterben. Seine Lebensfähigkeit ist also mit kolloidaler Zerteilung von Stoffen verbunden.

Andere Arten der lebenden Materie verhalten sich ähnlich, weil auch diese aus Eiweißstoffen, Fettsubstanzen und Wasser bestehen, die ein hydrophil-kolloidales System bilden. Die Eingriffe, welche eine Koagulation und Zersetzung des Protoplasmas bewirken, rufen auch eine Koagulation und Zersetzung des Zellkerns und der Chromatophoren hervor und bedingen ihr Absterben.

7. Äußere und innere Lebensbedingungen.

Wie früher erwähnt, kann ein lebender Organismus nur unter günstigen äußeren Bedingungen physiologische Erscheinungen aufweisen. Werden aber diese Bedingungen ungünstiger, so gehen diese Erscheinungen langsamer vor sich und hören bald auf. Bringen wir z. B. keimende Samen in einen kalten Raum, so hört die Keimung auf. Das gleiche Resultat erhalten wir durch Austrocknen der Samen. Genügend hohe Temperatur und ausreichende Feuchtigkeit sind also die Hauptbedingungen des Lebens.

Andererseits kann das Wachstum nur auf Kosten der in der umgebenden Welt vorhandenen Stoffe stattfinden. Auch zeigt die Beobachtung, daß die Mehrzahl der Pflanzen ihre Lebenserscheinungen in Abwesenheit der Luft sistieren.

Das Leben wird also nicht nur durch das Vorhandensein der lebenden Materie im Organismus, sondern auch durch bestimmte äußere Bedingungen hervorgerufen. Je nach den Eigenschaften ihrer lebenden Materie und nach ihrem anatomischen Bau bedürfen aber verschiedene Pflanzen ungleicher Außenbedingungen. So keimen z. B. Roggensamen schon bei 2° C, während bei gleicher Temperatur und Feuchtigkeit Bohnen- und Gurkensamen kein Wachstum aufweisen, das erst bei einer Erhöhung der Temperatur auf 9—16° C möglich wird. Ein auffallendes Beispiel der Ungleichartigkeit der Organismen wird bei der Ernährung der Bakterien beobachtet. Während sich die meisten von ihnen in Fleischbrühe ausgezeichnet entwickeln, stellt Fleischbrühe für einige Bodenbakterien ein Gift dar.

Das Leben wird also durch Bedingungen von zweierlei Art bestimmt: durch die inneren Bedingungen, die von der Eigentümlichkeit des Pflanzenbaus abhängen, und durch die Außenbedingungen. Für die Möglichkeit normalen Lebens muß zwischen diesen Bedingungen eine Harmonie vorhanden sein, der Pflanzenbau muß sich also an die Außenbedingungen anpassen.

8. Reize und Reizbarkeit.

Die beschriebene Abhängigkeit der Pflanze von der umgebenden Welt läßt es verständlich erscheinen, daß Veränderungen der letzteren physiologische Erscheinungen beeinflussen, ihre Geschwindigkeit verändern, sie hemmen oder hervorrufen können usw. Jede Veränderung der

Außenbedingungen, die einen Einfluß auf physiologische Erscheinungen ausübt, werden wir im weiteren als Reiz bezeichnen. Die Veränderung der Lebenserscheinungen unter Einfluß eines Reizes ist Reaktion der Pflanze auf diesen Reiz. Die Fähigkeit der Pflanze oder ihrer Teile, auf Reize zu reagieren, ist ihre Reizbarkeit oder Empfindlichkeit.

Die Abb. 1*a* gibt ein Blatt der Sinnpflanze (Mimosa pudica) wieder. Berührt man das Blatt dieser Pflanze, so senken sich die Blattstiele, und die Blättchen klappen zusammen (Abb. 1*b*). Die Berührung des Blattes

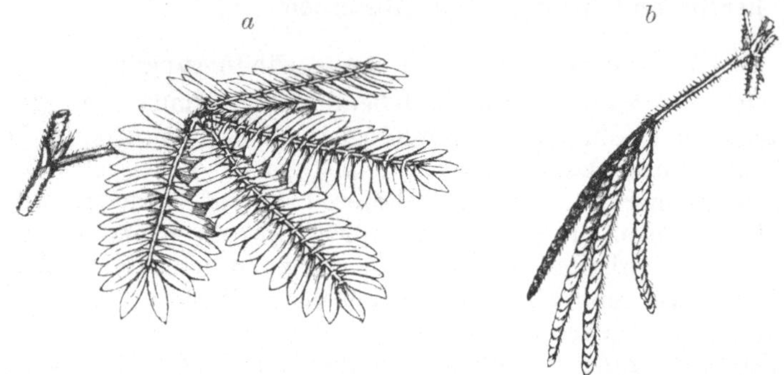

Abb. 1. Das Blatt der Sinnpflanze. *a* im normalen Zustande. *b* im gereizten Zustande.

ist eine Veränderung der Außenbedingungen, eine Veränderung des Drucks, den das Blattgewicht auf die Zellen der Ansatzstelle des Blattstiels ausübt, also ein Reiz. Die durch Berührung hervorgerufene Bewegung ist eine Reaktion der Pflanze auf diesen Reiz, die nur bei gewisser Reizbarkeit der Pflanze möglich ist.

Die beschriebene Reizerscheinung von Mimosa pudica kann als ein Prozeß betrachtet werden, in welchem eine verhältnismäßig geringe Kraft eine komplizierte und mit großer Kraft ausgeführte Bewegung hervorruft. Weitere Untersuchung zeigt, daß zwischen den Größen beider Kräfte keine quantitative Beziehung vorhanden ist: eine leise Berührung oder ein starker Stoß ruft dieselbe Bewegung hervor. Auch eine rasche Abkühlung der Pflanze, die mit einer negativen Arbeit verbunden ist, bewirkt dieselbe Erscheinung. Wir kommen also zu dem Schlusse, daß die Blattbewegung bei Mimosa pudica durch die Kräfte der Pflanze selbst ausgeführt wird. Die potentielle Energie der Pflanze verwandelt sich offenbar in die kinetische Energie, die diese Bewegung bewirkt.

Die meisten bekannten Reize sind gewöhnlich auch Kraft auslösende Reize und die meisten Reizerscheinungen sind Auslösungserscheinungen. Man kennt aber auch Reize, welche die Kräfte in der Pflanze nicht befreien, sondern umgekehrt ihre Wirkung unmöglich machen. Wenn wir z. B. zur Kulturflüssigkeit, in welcher Bakterien wachsen und sich vermehren, eine kleine Giftmenge zusetzen, so bleiben die Bakterien am Leben, ihre Vermehrung und ihr Wachstum werden aber langsam und hören schließlich auf. Eine analoge Erscheinung kann auch durch eine Abkühlung der Flüssigkeit erzielt werden. Solche Reize dürfen als deprimierende Reize, im Gegensatz zu auslösenden, stimulierenden Reizen, bezeichnet werden.

Ein und derselbe Reiz kann stimulierend auf eine Lebenserscheinung und deprimierend auf die andere wirken. So ruft Chloroform ein Aufhören der Bewegungen und eine Verstärkung der Atmung der Pflanzen hervor.

9. Der Organismus als Mechanismus.

Wie erwähnt, gibt ein stimulierender Reiz gewöhnlich nur einen Anlaß zu komplizierten Prozessen im Organismus, die sich in einer Reaktion äußern. Der im Organismus befindliche Energievorrat wird befreit und verwandelt sich in die kinetische Energie, welche die Reaktion ausführt.

Wir können also annehmen, daß im Organismus Einrichtungen vorhanden sind, die ihm gestatten, nicht nur die Energie zu akkumulieren, sondern sie auch nach ihrer Befreiung auf bestimmte Bahnen zu lenken. In dieser Beziehung erinnern die Organismen an automatisch wirkende Mechanismen, welche ebenfalls Einrichtungen zur Ansammlung der Energie und zu ihrer Ausnützung besitzen. Gewöhnlich bestehen solche Mechanismen aus einer großen Anzahl einzelner Teile, die eine bestimmte Beziehung zueinander haben. Ein ähnliches Bild treffen wir auch im Organismus.

Wie in der Uhr eine passende Kombination von Federn, Rädern und Hebeln, von denen jedes allein keine Bedeutung hat, einen Mechanismus bildet, der die Spannungsenergie der Feder ausnützt, so bilden auch im Organismus einzelne Teile, die zum selbständigen Leben unfähig sind, in passender Kombination eine lebensfähige Pflanze.

Um die Verwandlung der potentiellen Energie in die kinetische innerhalb eines Mechanismus zu veranschaulichen, betrachten wir diese Verwandlung in einer Dampfmaschine, die mit einem Kessel verbunden ist, dessen Heizung mit einer automatischen Einrichtung zur Beförderung von Kohle in den Ofen versehen ist.

Bei der Verbrennung der Kohle wird bekanntlich die chemische Energie, die in Kohlenstoff und Sauerstoff vorhanden ist, in der Hauptsache in Form von Wärme befreit, teilweise aber durch gebildetes Kohlendioxydgas zurückgehalten. Das Molekül des letzteren enthält also viel geringere Mengen chemischer Energie, als ein Atom C und zwei Atome O. Die frei gewordene thermische Energie verwandelt Wasser im Kessel in Dampf, der auf die Kesselwände einen Druck ausübt. Die thermische Energie verwandelt sich also in die potentielle mechanische. Dreht man aber den Hahn, der den Kessel mit der Dampfmaschine verbindet, auf, so strömt Dampf aus dem Kessel in den Dampfzylinder der Maschine und setzt sie in Bewegung. Die potentielle mechanische Energie verwandelt sich also in die kinetische mechanische. Da die Dampfmaschine auch die Einrichtung zur Kohlebeförderung in Bewegung setzt, so kann sie lange Zeit automatisch funktionieren, wenn Kohle in Überschuß vorhanden ist. Ist aber diese verbraucht, so sistiert die Dampfmaschine sowohl Arbeit als auch Bewegung.

Organismen erhalten, ähnlich wie die Dampfmaschine, die nötige Energie in Form einer potentiellen chemischen Energie; die Rolle der Kohle spielen aber die Stoffe der Nahrung, die einen großen Vorrat an chemischer Energie enthalten. Eine Ausnahme bilden nur grüne Pflanzen, welche notwendige Nährstoffe mit Hilfe der strahlenden Energie des Lichts selbständig darzustellen vermögen, indem sie diese für eine Zersetzung von Kohlendioxyd der Luft zu Sauerstoff und Kohlenstoff ausnützen. Solche Ausnützung der strahlenden Energie führt zur Bildung komplizierter Kohlenstoffverbindungen, die einen bedeutenden Vorrat an potentieller chemischer Energie enthalten und der Pflanze als Nährstoffe dienen.

Ähnlich wie im Heizraum des Dampfkessels werden Nährstoffe im Organismus teilweise in Kohlendioxydgas unter Aufnahme von Sauerstoff verwandelt; die sich bei diesem Prozeß bildende Energie wird teilweise in Form von Wärme frei, teilweise wird sie aber in verschiedenen physiologischen Prozessen direkt ausgenützt. Im Gegensatz zur Dampfmaschine, in der alle chemische Energie sich zunächst in die Wärmeenergie verwandelt, bildet sich ein Teil dieser Energie im Organismus direkt in potentielle und kinetische mechanische Energie um.

Jedenfalls kommen wir zu dem Schluß, daß vom Standpunkt der Physik aus der Organismus als ein Mechanismus betrachtet werden kann, in welchem verschiedene Energieformen ineinander übergehen. Da aber das Protoplasma und seine lebenden Einschlüsse die alleinigen Träger des Lebens darstellen, so können sie gleichfalls als eigentümliche Mechanismen betrachtet werden, die sich von unseren automatischen Mechanismen durch Fehlen von Hebeln, Rädern und Federn und durch ihre schleimig-flüssige Konsistenz unterscheiden.

10. Klassifikation der physiologischen Erscheinungen der Pflanze.

Alle physiologischen Erscheinungen der Pflanze können in drei Gruppen geteilt werden.

Die erste Gruppe umfaßt Erscheinungen des Stoffwechsels der Pflanze. Hierher gehören alle Erscheinungen, die mit Aufnahme von Stoffen durch die Pflanze, mit Transport, Speicherung, chemischer Veränderung und mit ihrer Ausscheidung nach außen verbunden sind.

Die zweite Gruppe umfaßt alle Wachstumserscheinungen. Hierher gehören alle permamenten Änderungen des Volumens und der Form der Pflanze und auch ihre Vermehrung.

Die dritte Gruppe umfaßt alle Bewegungserscheinungen, d. h. alle Orts- und Lageänderungen, welche die Pflanze oder ihre Organe zeigen.

Entsprechend der angeführten Klassifikation wird das vorliegende Lehrbuch in drei Teile geteilt: 1. Physiologie des Stoffwechsels der Pflanze, 2. Physiologie des Wachstums und 3. Physiologie der Bewegung der Pflanze.

Erster Teil

Physiologie des Stoffwechsels der Pflanze.

A. Allgemeine Charakteristik, physikalische und chemische Grundlage der Stoffwechselerscheinungen.

1. Übersicht der Stoffwechselerscheinungen.

Der Stoffwechsel besteht im einfachsten Falle aus Aufnahme und Ausscheidung von Stoffen durch die Pflanze. Die aufgenommenen Stoffe werden aber in der Hauptsache im Inneren derselben chemisch verändert und zur Erhaltung der Lebenserscheinungen ausgenützt. Jedoch gibt es Stoffe, die ohne einen sichtbaren Nutzen durch die Pflanze aufgenommen werden und sich sogar als giftig zeigen. Die Aufnahme der für das Leben notwendigen Stoffe wird gewöhnlich als Ernährung der Pflanze bezeichnet.

Alle für das Leben nötigen Stoffe müssen in die lebende Materie der Pflanze gelangen, weil diese Materie das einzige Laboratorium darstellt, in welchem die aufgenommenen Stoffe der erwähnten chemischen Verarbeitung unterworfen werden können. Bei den einfachsten Pflanzen, z. B. bei einzelligen und fadenförmigen Algen, die noch keine Fixierung einzelner physiologischer Funktionen an bestimmte Organismusteile (Organe) zeigen, ist die Aufnahme von Stoffen durch die Pflanze zugleich auch die Aufnahme derselben durch die lebende Materie. Im Gegensatz dazu müssen die aufgenommenen Stoffe bei höheren Pflanzen, die gut differenzierte Organe besitzen, manchmal einen weiten Weg zurücklegen, um die Stelle ihrer chemischen Veränderung und Ausnützung zu erreichen.

Nachdem die aufgenommenen Stoffe in die lebende Materie gelangt sind, mischen sie sich mit derselben und verlieren ihre Eigenschaften; man bezeichnet gewöhnlich diesen Prozeß als Assimilation von Stoffen durch die Pflanze. Im weiteren werden dieselben chemisch verändert und die entstandenen Produkte entmischen sich teilweise und werden vom Protoplasma ausgeschieden. Dieser Prozeß wird als Dissimilation bezeichnet und darf in lebenstätigen Zellen nur ausnahmsweise mit einer größeren Geschwindigkeit als die Assimilation vor sich gehen, weil eine fortdauernde Abnahme der lebenden Substanz gewöhnlich zum Absterben einer Zelle oder Pflanze führt.

Nicht alle Dissimilationsprodukte werden durch die Pflanze nach außen ausgeschieden; manche sind in Wasser unlöslich und können die Oberfläche der Pflanze nicht erreichen. Sie werden gewöhnlich in der Zelle als Exkrete und Vorratsnährstoffe (Reservestoffe) gespeichert; zu solchen Stoffen gehören so z. B. Stärke, Fette und Eiweißstoffe der Samen,

Wurzeln, Knollen usw. Unter passenden Bedingungen können diese Stoffe wieder gelöst und assimiliert werden.

Alle aufgezählten Erscheinungen werden durch die Physiologie des Stoffwechsels erforscht. Stoffaufnahme, Stofftransport zu Verbrauchsstellen, Assimilation, chemische Veränderung und Dissimilation der aufgenommenen Stoffe, Ausscheidung der Abbauprodukte, Speicherung der Vorratsstoffe und Auflösung derselben bei der Ausnützung sind Stoffwechselerscheinungen.

2. Hauptstoffe des Stoffwechsels.

Um Stoffe, die am Stoffwechsel der Pflanze beteiligt sind, zu bestimmen, ist es am einfachsten, eine chemische Analyse der Pflanzen vorzunehmen, weil das Wachstum auf Kosten der aufgenommenen Stoffe der Außenwelt stattfindet.

Die chemische Analyse zeigt, daß die folgenden dreizehn Elemente in der Pflanze stets anwesend sind: H, C, N, O, S, P, Cl, Si, K, Na, Ca, Mg, und Fe. Unter den chemischen Verbindungen, die sich innerhalb der lebenstätigen Pflanze aus diesen Elementen zusammensetzen, steht Wasser an erster Stelle. Der Wassergehalt der wachsenden Pflanze ist nur selten geringer als $80-90\%$ des Gesamtgewichts, und nur in trockenen Samen fällt er auf $10-15\%$-

Nach der Verbrennung der vorher ausgetrockneten Pflanze bleibt Asche zurück, deren Menge gewöhnlich $2-5\%$ des trockenen Gewichts ausmacht. Diese Asche stellt ein Gemisch verschiedener Mineralsalze dar, die aus zehn Elementen (O, S, P, Cl, Si, K, Na, Ca, Mg und Fe) zusammengesetzt sind, denen sich oft noch C als Bestandteil von kohlensauren Alkalien zugesellt. Der verbrennende Teil der Pflanze (d. h. $98-95\%$ trockenen Gewichts) enthält ausschließlich organische Stoffe[1]), welche in der Hauptsache aus vier Elementen (H, C, N und O), aus den sogenannten Organogenen, bestehen. Unter diesen Stoffen enthalten die einen nur C, H und O (so z. B. Fette, Stärke, Zucker usw.), während die anderen außerdem N und oft auch S enthalten (Eiweißkörper u. a.). Ein kleiner Teil von diesen Stoffen besteht nur aus C und H (Harze u. a.). Die Tabellen 1 und 2 geben den Gehalt an Organogenen, Asche, Wasser, stickstoffhaltigen Stoffen (in der Hauptsache Eiweißkörpern) und stickstofffreien Stoffen (Kohlenhydraten und Fetten) bei verschiedenen Pflanzen an.

Auf Grund der angeführten analytischen Angaben müssen wir schließen, daß jede Pflanze Wasser und Mineralsalze aus der Außenwelt aufnimmt. Da aber, wie in der Einleitung erwähnt wurde, grüne Pflanzen fähig sind, ihre organischen Stoffe aus Mineralverbindungen darzustellen, so bedürfen sie jedenfalls derjenigen von diesen Verbindungen, die Organo-

---

[1]) Früher benannte man mit dem Namen „organische Stoffe" Substanzen, welche ausschließlich im Organismus vorkommen. Da aber mehrere von diesen künstlich dargestellt sind, so verlor der Name seinen ursprünglichen Sinn und wird zur Zeit für die Benennung chemischer Verbindungen von Kohlenstoff verwandt, die mit Kohlenstoff direkt verbundene Wasserstoffatome enthalten.

Tabelle 1. Gehalt an Organogenen und Asche, in Gramm
auf 100 g trockene Substanz.

Pflanze	C	H	O	N	Asche
Weizensamen	46,1	5,8	43,4	2,5	2,4
Roggenstroh	49,9	5,6	40,6	0,3	3,6
Kartoffelknollen. . . .	44,0	5,8	44,7	1,5	4,0
Erbsensamen	46,5	6,2	40,0	4,2	3,1
Blätter der roten Rübe .	38,1	5,1	30,8	4,5	21,5

Tabelle 2. Gehalt von Wasser, stickstoffhaltigen, stickstofffreien
organischen Stoffen (Kohlenhydraten und Fetten) und Asche in
Gramm auf 100 g frische Pflanzensubstanz.

Pflanze	Wasser	Stickstoff-haltige Stoffe	Kohlenhydrate	Fett	Asche
Weizensamen . .	13,6	12,1	70,4	1,8	1,8
Bohnensamen . .	14,7	24,3	56,1	1,6	3,3
Kartoffelknollen .	75,7	1,9	16,5	0,1	0,9
Rote Rübe . . .	87,7	1,1	9,4	0,1	0,9
Salatblätter . . .	94,3	1,4	2,9	0,3	1,0

gene enthalten. Im Gegensatz zu solchen Pflanzen, die gewöhnlich
als autotroph bezeichnet werden, besitzen Tiere und die Mehrzahl
anderer Pflanzen (z. B. Pilze, Bakterien) nicht die erwähnte Fähigkeit
und müssen organische Stoffe aufnehmen. Solche Organismen werden
gewöhnlich als heterotroph bezeichnet und sind offenbar von autotrophen Pflanzen abhängig: die Existenz der ersteren ist durch eine genügend starke Verbreitung der letzteren bedingt.

3. Aufnahme und Ausscheidung von Stoffen durch die Pflanzenzelle.

Aus den Angaben des vorigen Kapitels ist zu entnehmen, daß Substanzen, die am Stoffwechsel der Pflanze beteiligt sind, fest, flüssig und
gasartig sein können. Organische Stoffe und Mineralsalze (Aschenstoffe)
sind fest; Wasser, Fette, Harze usw. sind flüssig; Kohlendioxyd, Sauerstoff sind gasförmig. Alle aufgezählten Substanzen müssen in die lebende
Materie der Pflanze gelangen oder werden von derselben ausgeschieden.
Da aber mit Ausnahme einiger seltener Pflanzen (Plasmodien und
Amöben der Schleimpilze) die lebende Materie stets von festen Zellwänden allseitig bekleidet ist, so müssen diese Substanzen die Zellwände durchdringen können. Infolgedessen werden feste Stoffe nur
in gelöster Form aufgenommen und ausgeschieden. Aber auch Gase
können die trockenen Zellwände nicht durchdringen. Das ist aus folgendem Versuch zu ersehen.

Ein vertikales Glasrohr, dessen unteres Ende in Quecksilber taucht
und dessen anderes Ende mit einem Stückchen trockener Epidermis,
Korks usw. verschlossen und mit Siegellack gedichtet ist, wird (mittels
Aufsaugen der Luft durch eine mit einem Hahn versehene Seitenröhre)
bis zur Mittelhöhe mit Quecksilber gefüllt. Die Höhe des Quecksilbers

bleibt auch nach mehreren Tagen unverändert. Wenn die Luft durch trockene Epidermis, Kork usw. eindringen könnte, so würde die Höhe der Quecksilbersäule im Glasrohr allmählich abnehmen; da sie aber unverändert bleibt, so kann die Luft durch trockene pflanzliche Häute offenbar nicht diffundieren. Durch ähnliche Versuche kann man beweisen, daß auch andere Gase sich analog verhalten[1]). Benetzt man dagegen das Epidermisstückchen, das das obere Rohrende verschließt, mit Wasser, so dringen in Wasser gut lösliche Gase (so z. B. CO_2) durch die Epidermis hindurch und die Quecksilbersäule im Glasrohre fällt.

Wie wir wissen, enthalten lebenstätige Pflanzen stets eine große Wassermenge, die zum Teil in der lebenden Materie gelöst ist und in der Hauptsache den Zellsaft bildet (vgl. S. 16). Wenn die Zellwände eines Pflanzengewebes durch keine fett- oder wachsartigen Substanzen imprägniert sind, so sind sie mit Wasser durchtränkt und für gelöste Stoffe permeabel. Sind dagegen die Zellwände verkorkt oder stark kutinisiert (also durch fett- und wachsartige Substanzen imprägniert), so ist das Eindringen von Wasser und der in demselben gelösten Stoffe in die Zelle erschwert oder unmöglich. Werden die Zellwände allseitig und stark verkorkt, so ist kein Stoffwechsel der Zelle möglich und dieselbe muß zugrunde gehen.

Wir betrachten jetzt das Eindringen von gelösten Stoffen in die Zelle durch mit Wasser durchtränkte Wände etwas eingehender. Dieser Prozeß wird gewöhnlich als Osmose bezeichnet und stellt nur einen speziellen Fall der Verbreitung von Stoffen in gelöstem Zustande dar, die als Diffusion bezeichnet wird. Um das Eindringen von Stoffen in die Zelle zu verstehen, müssen wir uns also vor allem an die Gesetze der Diffusion und Osmose erinnern.

4. Gesetze der Diffusion und Osmose.

Bringen wir eine konzentrierte Lösung von Kupfervitriol in ein Glas und füllen wir dasselbe ganz vorsichtig mit Wasser, so daß sich die Kupfervitriollösung als eine scharf begrenzte blaue Schicht auf dem Gefäßboden ausbreitet, so werden wir nach Verlauf von einigen Tagen beobachten, daß sich die obere farblose Flüssigkeitsschicht blau färbt, und daß schließlich die ganze Flüssigkeit gleich stark gefärbt ist.

Die Moleküle des Kupfervitriols verbreiten sich also von unten nach oben im Wasser. Diese Erscheinung wird bekanntlich als Diffusion bezeichnet und ist der Diffusion der Gase vollkommen analog: die Moleküle des gelösten Stoffes verhalten sich wie Gasmoleküle; wie diese bewegen sie sich geradlinig, stoßen gegeneinander und prallen ab; da sie aber von unten mehr Schläge erhalten als von oben, so verbreiten sie sich allmählich im Wasser. Der Unterschied zwischen der Diffusion gelöster und gasförmiger Körper liegt nur in der verschiedenen Geschwindigkeit des Prozesses. Die Diffusion gelöster Stoffe findet viel

---

[1]) Man muß dazu das mit Hautstückchen verschlossene Ende des Glasrohrs in ein mit zu untersuchendem Gase gefülltes Gefäß einführen.

langsamer statt, weil der Bewegung ihrer Moleküle eine größere Reibung entgegenwirkt.

Nach den Diffusionsgesetzen ist die Geschwindigkeit der Verbreitung gelöster Körper dem Unterschiede in der Konzentration an den Punkten, zwischen denen die Diffusion stattfindet, ungefähr proportional und dem Abstande dieser Punkte umgekehrt proportional, so daß die Diffusion am Anfang des Versuches am schnellsten stattfindet; wenn die Konzentration der Lösung überall gleich wird, hört sie vollkommen auf[1]).

Die Diffusionsgeschwindigkeit ändert sich mit der Natur diffundierender Stoffe und mit der Temperatur. Je größer die Teilchen (Moleküle) gelöster Stoffe sind und je niedriger die Temperatur ist, desto langsamer findet die Diffusion statt. So diffundiert Kochsalz (Molekulargewicht = 58,5) beinahe dreimal so schnell als Mannit (Molekulargewicht = 182), mehr als dreimal so schnell als Rohrzucker (Molekulargewicht = 342) und mehr als zehnmal so schnell als Tannin (Molekulargewicht = 2600—3700). Andererseits ist die Diffusionsgeschwindigkeit von Kochsalz bei 50° C ungefähr viermal größer als bei 0°.

Um die Gesetze der Osmose zu veranschaulichen, gießen wir in eine Flasche, deren Boden entfernt und durch eine Membran (Pergamentpapier, Schweinsblase oder Kollodiumhaut) ersetzt ist, eine konzentrierte Zuckerlösung ein und verschließen die Flaschenöffnung mit einem durchbohrten Kork, in dessen Öffnung eine lange Glasröhre eingesetzt ist. Wenn wir die Membran, welche den Flaschenboden bildet, mit Wasser in Berührung bringen, so beginnt sofort eine Osmose von Zucker aus der Flasche durch die Membran in das Außenwasser. Zugleich beginnt Wasser in die Flasche einzudringen und in der Glasröhre emporzusteigen. Die Erscheinung stellt also eine doppelte Osmose oder Diosmose dar.

Wird die Flasche mit einem undurchbohrten Kork verschlossen, so bildet sich in derselben ein Druck, der so groß werden kann, daß die Membran zerrissen wird. Setzen wir statt einer Glasröhre ein Manometer in die Korköffnung ein, so können wir den in der Flasche ent-

---

[1]) Setzen wir voraus, daß die Konzentration der Lösung (d. h. die Anzahl von Grammen gelöster Substanz in einer Volumseinheit der Lösung) im Punkte, von welchem aus die Diffusion stattfindet, gleich C_1 ist, die Konzentration der Lösung im Punkte, nach welchem dieselbe stattfindet, C_2 und der Abstand beider Punkte x ist und nehmen wir an, daß die Konzentrationen C_1 und C_2 während des Versuches gleich bleiben. Die Menge des gelösten Stoffes S, die während der Diffusion in der Zeit t durch den Querschnitt des Gefäßes q durchgeht, kann man durch die folgende Gleichung ausdrücken: $S = Kq\dfrac{c_1 - c_2}{x}t$, wobei K Diffusionskonstante ist, die von der Natur des Stoffes und von der Temperatur abhängt. Diese Konstante ist, wie leicht aus der Gleichung zu ersehen ist, diejenige Stoffmenge, welche bei der Diffusion durch jedes qc des Querschnitts des Gefäßes in einer Sekunde, beim Abstand der Diffusionsendpunkte $1c$ und beim Konzentrationsunterschied 1 durchströmt. Die genaue Formel der Diffusion ist:

$$ds = Kq\frac{dc}{dx}dt.$$

stehenden Druck messen. Dieser Druck wurde von DUTROCHET (1837) als osmotischer Druck und der ganze Apparat als Osmometer bezeichnet.

Die Ursache der Osmose von Zucker durch die Membran ist derjenigen der freien Diffusion gleich, d. h. sie liegt in der selbständigen Bewegung der Zuckermoleküle. Da aber diese Bewegung in sehr engen (amikroskopisch engen) Porenkanälen der Membran, die zwischen kolloidalen Teilchen derselben vorhanden sind, stattfindet, so ist die Geschwindigkeit der Osmose viel kleiner als diejenige der freien Diffusion. Andererseits können nur molekulargelöste Stoffe oder verhältnismäßig kleine Kolloidteilchen durch solche Kanäle hindurchgehen.

Stoffe wie Eiweißkörper, Tannin, Gummi arabicum gehen viel hundertmal langsamer durch Membranen als molekulargelöste Stoffe, oft so langsam, daß ihre Fähigkeit zur Osmose früher angezweifelt worden war. Suspensionskolloide können aber überhaupt nicht in Membranen eindringen.

Was den Verlauf der Osmose anbelangt, so bleiben ihre Gesetze den der Diffusion gleich, d. h. die durch die Membran in der Zeiteinheit durchgehende Stoffmenge ist dem Konzentrationsunterschied der Lösung an beiden Membranseiten ungefähr proportional und der Membrandicke umgekehrt proportional[1]). Somit hört die Osmose auf, wenn die Konzentration des gelösten Stoffes an beiden Membranseiten gleich wird, während die schnellste Osmose am Anfang derselben stattfindet.

Wir betrachten jetzt die Erscheinung des Eintritts von Wasser in den Osmometer durch die Membran. Allem Anschein nach dringt das Wasser infolge einer Anziehung zwischen Zucker- und Wassermolekülen ein. Wenn der Druck im Osmometer so hoch wird, daß er Wasser mit gleicher Geschwindigkeit durch die Membran nach außen zurückzupressen beginnt, so kann offenbar der osmotische Druck nicht mehr steigen. In diesem Augenblick befinden sich die Anziehungskräfte zwischen Zucker und Wasser mit dem Drucke im Osmometer in Gleichgewicht.

Infolge der stetigen Osmose von Zucker aus dem Osmometer in Außenwasser verwandelt sich dasselbe allmählich in eine Zuckerlösung, welche ihrerseits Wasser anzieht und den Eintritt desselben in den Osmometer hindert. Der Druck im letzteren fängt an abzunehmen, bis schließlich die Zuckerkonzentration beiderseits der Membran gleich wird und der Druck vollkommen verschwindet. Wasser bewegt sich also nur nach der größeren Konzentration des gelösten Stoffes.

Der stetige Austritt von Zucker aus dem Osmometer macht die Bestimmung der Kraft, welche Wasser in denselben einzudringen ver-

---

[1]) Wenn die Konzentration des permeierenden Stoffes an einer Seite der Membran C_1, die Konzentration an der anderen Seite C_2, die Membrandicke (d. h. der Abstand der Punkte, zwischen denen die Diffusion stattfindet) x, die Membranoberfläche q ist, so ist die während der Zeit t osmierende Stoffmenge S gleich: $S = Kq\,\dfrac{c_1 - c_2}{x}\,t$; K ist die Konstante der Diffusion in der Membran.

anlaßt, unmöglich. Diese Kraft kann man offenbar nur mit Hilfe eines solchen Osmometers messen, dessen Membran für gelöste Stoffe impermeabel ist. In diesem Falle ist die wassertreibende Kraft gerade dem maximalen Druck im Osmometer gleich (also dem wirklichen osmotischen Druck). Der Druck im Osmometer von DUTROCHET ist dagegen immer kleiner.

Der Bedingung einer möglichst vollkommenen Impermeabilität für gelöste Stoffe entsprechen die sogenannten Niederschlagsmembranen TRAUBES (1867) am besten. Mischt man eine Lösung von Eisenchlorid oder Kupfervitriol mit einer Lösung von gelbem Blutlaugensalz (Ferrocyankalium), so bildet sich ein amorpher Niederschlag von Berliner Blau oder von braunem Ferrocyankupfer. Denselben Niederschlag kann man auch in Form eines Häutchens erhalten, wenn man auf eine konzentrierte Lösung von Eisenchlorid oder Kupfervitriol eine verdünnte Lösung von Blutlaugensalz ganz vorsichtig schichtet. An der Berührungsstelle der Lösungen bildet sich ein sehr dünnes und ununterbrochenes Häutchen des Niederschlags.

Die Osmose gelöster Stoffe durch solche Niederschlagsmembranen findet sehr langsam statt. Besonders gering ist die Permeabilität derselben für Stoffe, deren Moleküle groß sind, so z. B. für Zucker, während Salpeter und Kochsalz durch solche Membranen verhältnismäßig leicht permeieren.

Um mittels einer Niederschlagsmembran den osmotischen Druck zu messen, konstruierte W. PFEFFER (1877) einen Osmometer, der auf der Abb. 2 wiedergegeben ist. Dieser Osmometer besteht aus einem Tonzylinder z, an dessen Öffnung mit Hilfe kurzer Metallröhren r und v eine Glasröhre t befestigt ist, die mit dem Quecksilbermanometer m verbunden

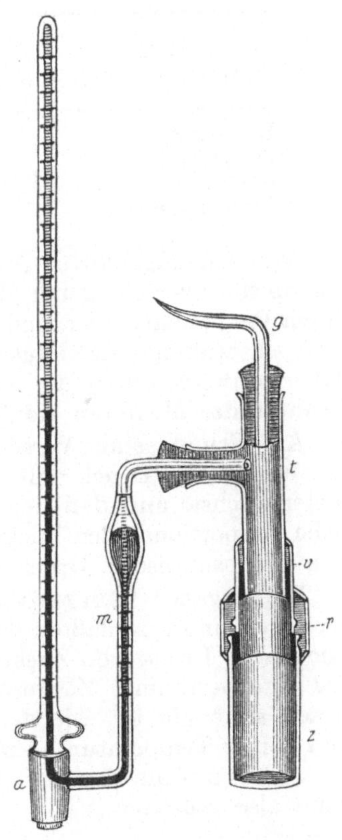

Abb. 2. Osmometer. (Nach PFEFFER.)

und mit einer Glasröhre g (zur Füllung des Apparates mit Wasser) versehen ist (die Röhre wird nachher zugeschmolzen). Der Tonzylinder wird zunächst mit Wasser injiziert und, nachdem man ihn mit einer verdünnten Lösung von Kupfervitriol oder Eisenchlorid gefüllt hatte, taucht man ihn in eine verdünnte Lösung von gelbem Blutlaugensalz ein. Beide Stoffe diffundieren in den Poren des Tonzylinders gegeneinander und bilden darin einen Niederschlag, der in Form einer

Membran alle Poren stopft. Zur Messung des osmotischen Drucks füllt man den Zylinder mit einer zu prüfenden Lösung und taucht in Wasser ein.

Der osmotische Druck, gemessen im Osmometer PFEFFERs, ist, wie auch zu erwarten war, viel größer als derjenige, der im Osmometer DUTROCHETs beobachtet wird. Man vergleiche z. B. die erhaltenen Zahlen in der folgenden Zusammenstellung.

Osmotischer Druck, der in Osmometern von PFEFFER (Niederschlags-membran) und von DUTROCHET (Pergamentpapier, Schweinsblase) beobachtet wird, ausgedrückt in cm der Quecksilbersäule.

Stoff (6 proz. Lösung)	Niederschlags-membran aus Ferrocyankupfer	Pergament-papier	Schweins-blase
Kalisalpeter . . .	700,0	20,4	8,9
Zucker	287,7	29,0	14,5
Gelatine	23,8	21,3	15,4
Gummi arabicum .	25,9	17,7	14,2

Aus den angeführten Angaben folgt, daß der Unterschied zwischen den mittels verschiedener Membranen erhaltenen Drucken nur für die durch Pergamentpapier und Schweinsblase leicht permeierenden Stoffe groß ist, während der Druck der Stoffe, die kolloidal löslich sind und daher schwach durch die genannten Membranen permeieren, von der Qualität der Membran wenig abhängt.

Auf Grund seiner Versuche kam PFEFFER zu dem Schlusse, daß der osmotische Druck mit der Konzentration der Lösung im Osmometer wächst, und daß der osmotische Druck der Zuckerlösungen beinahe proportional der Zuckerkonzentration ist. Außerdem vergrößert sich der osmotische Druck etwas mit der Temperatur.

Die Angaben PFEFFERs wurden später von VAN 'T HOFF (1886) umgerechnet und veranlaßten den genannten Autor zu dem Schluß, daß der osmotische Druck von Zucker von der Temperatur und dem Volumen, das eine bestimmte Zuckermenge in einer Lösung einnimmt, in dem Grade abhängig ist, wie der Druck eines Gases von seinem Volumen und seiner Temperatur. Auf den osmotischen Druck sind also die Gasgesetze von BOIL-MARIOTT und GAY-LUSSAC anwendbar[1]) und man kann also schreiben:

---

[1]) Nach BOILE-MARIOTTE und GAY-LUSSAC wird die Abhängigkeit des Drucks einer bestimmten Gasmasse vom Volumen derselben und von der Temperatur in folgender Gleichung ausgedrückt: $pv = p_0 v_0 \left(1 + \dfrac{1}{273} t\right)$, wo t Temperatur in Grad Celsius, p der Gasdruck, v das Gasvolumen, $p_0 v_0$ eine Konstante ist, weil $p_0 = 1$ Atmosphäre und v_0 das Volumen der Gasmasse bei 0° und 760 mm Druck, ausgedrückt in Litern, ist. Diese Gleichung kann auch folgendermaßen geschrieben werden: $pv = \dfrac{p_0 v_0}{273} T$, wo T die absolute Temperatur ist (d. h. $T = t + 273$). Indem man die konstante Größe $\dfrac{p_0 v_0}{273}$ durch R ersetzt, erhält

$PV = rT$, wo P der osmotische Druck der Zuckerlösung, V das Volumen, welches Zucker in dieser Lösung einnimmt, T absolute Temperatur und r eine Konstante ist.

Weiter zeigte es sich, daß der osmotische Druck nicht nur den Gesetzen von BOILE-MARIOTTE und GAY-LUSSAC, sondern auch demjenigen von AVOGADRO folgt, d. h. der osmotische Druck einer Zuckerlösung ist dem Drucke gleich, welcher Zucker ausüben würde, wenn er sich in ein Gas von gleicher Temperatur und Volumen verwandelt hätte, so daß die Konstante r in der oben angegebenen Gleichung der Gaskonstante $R = 0{,}0821$ gleich ist und $PV = RT$[1]).

Zur Prüfung der Gültigkeit dieses Satzes für den osmotischen Druck anderer Substanzen konnte man sich leider nicht des PFEFFERschen Osmo-

---

man $pv = RT$ (I). Nach VAN 'T HOFF ist der osmotische Druck der Zuckerlösungen $P = 0{,}652\, n \left(1 + \dfrac{1}{273} t\right)$ (II), wo n die Zuckerkonzentration in Prozent, t die Temperatur ist. Die Konzentration n ist die Anzahl der Gramme von Zucker in 100 ccm Zuckerlösung, so daß n g Zucker das Volumen 100 ccm in der Lösung einnimmt. Wenn wir das Volumen, das 1 g Zucker in derselben Lösung einnimmt, als V bezeichnen, so ist $V = \dfrac{100}{n}$ ccm oder $\dfrac{1}{10\,n}$ Liter, woraus sich $n = \dfrac{1}{10\,V}$ ergibt. Stellen wir die erhaltene Größe von n in die Gleichung II ein, so erhalten wir $P = \dfrac{0{,}0652}{V} \left(1 + \dfrac{1}{273} t\right) = \dfrac{0{,}0652}{V \cdot 273} T$, woraus sich $PV = \dfrac{0{,}0652}{273} T$ ergibt, oder, wenn wir $\dfrac{0{,}0652}{273} = r$ setzen, ist $PV = rT$ (III). Diese Gleichung ist der Gasgleichung (I) vollkommen analog.

[1]) Nach AVOGADRO enthalten gleiche Volumina verschiedener Gase bei gleichem Druck und gleicher Temperatur eine und dieselbe Anzahl der Moleküle, oder: die Massen der Gase, welche gleiche Volumina bei gleicher Temperatur und gleichem Druck haben, beziehen sich aufeinander, wie ihre Molekulargewichte. Wenn also die Mengen verschiedener Gase ihren Molekulargewichten entsprechen, wenn wir z. B. mit 2 g Wasserstoff (H_2), 32 g Sauerstoff (O_2), 28 g Stickstoff (N_2) usw., also mit den sogenannten Gramm-Molen von Gasen experimentieren, so müssen nach AVOGADRO die Volumina dieser Gasmengen bei gleichem Druck und Temperatur gleich sein. Bei 0° und 760 mm Druck (= 1 Atm.) ist das Volumen eines Gramm-Mols verschiedener Gase gleich 22,42 Liter. Die Konstante R in der Gasgleichung $pv = RT$ (vgl. Anm. 1, S. 22) ist bei verschiedenen Gasen gleich, weil $R = \dfrac{p_0 v_0}{273}$, wo p_0 der Gasdruck und v_0 das Gasvolumen bei 0° (d. h. $T = 273$). Da $p_0 = 1$ Atm. und $v_0 = 22{,}42$ Liter, so ist $R = 0{,}0821$. Nach VAN 'T HOFF ist das AVOGADROsche Gesetz auch auf den osmotischen Druck anwendbar. Wenn also ein Gramm-Mol, d. h. 342 g Zucker ($C_{12}H_{22}O_{11}$) in einem Liter Wasser gelöst ist, so ist $PV = RT$ (die Bedeutung der Buchstaben vgl. Anm. 1, S. 22). In der Tat nimmt ein Gramm-Mol Zucker in einer $n$proz. Zuckerlösung das Volumen $V = \dfrac{342}{10\,n}$ Liter ein, woraus sich $n = \dfrac{342}{10\,V}$ ergibt. Setzen wir diese Größe in die Gleichung II (vgl. Anm. 1, S. 22), so erhalten wir $P = \dfrac{0{,}0652 \cdot 342}{V} \left(1 + \dfrac{1}{273} t\right) = \dfrac{0{,}0652 \cdot 342}{273\,V} T$, woraus sich $PV = 0{,}0817\,T$ ergibt, d. h. die Konstante r der Gleichung III (vgl. Anm. 1, S. 22) ist ungefähr der Gaskonstante R gleich.

meters bedienen, weil die Permeabilität der Niederschlagsmembranen nur für Zucker so klein ist, daß der beobachtete osmotische Druck dem theoretischen gleich ist. Andere Substanzen permeieren dagegen durch diese Membranen sehr merklich und ergeben daher eine zu niedrige Größe des osmotischen Drucks. Man mußte also zu indirekten Methoden der Bestimmung des osmotischen Drucks greifen.

Unter diesen Methoden geben diejenigen der Dampfdruck- und Gefrierpunkterniedrigung die besten Resultate. Da der osmotische Druck die Kraft ist, welche das Wasser der Lösung festhält, so ist die Entfernung desselben, mag sie durch Verdampfung oder Gefrierenlassen der Lösung erzielt werden, mit einer Arbeit gegen den osmotischen Druck verbunden. Aus dem Unterschied zwischen dem Dampfdruck einer Lösung und demjenigen von Wasser einerseits und aus der Gefrierungstemperatur der Lösung läßt sich also der osmotische Druck bestimmen[1]).

Der auf die angegebene Weise bestimmte osmotische Druck verdünnter Lösungen verschiedener organischer Substanzen (so z. B. von Glykose, Glycerin, Harnstoff usw.) folgt den Gesetzen von BOILE-MARIOTTE, GAY-LUSSAC und AVOGADRO ziemlich genau. Infolgedessen fand sich VAN 'T HOFF veranlaßt, anzunehmen, daß gelöste Körper sich in einem gasartigen Zustande befinden. Die Moleküle gelöster Stoffe bewegen sich nach VAN 'T HOFF wie Gasmoleküle und üben, ähnlich wie diese, einen Druck auf alle Körper aus, die ihrer Bewegung widerstehen. Dieser Druck sei gerade der osmotische Druck.

Die oben angeführte Formel $PV = RT$ ist also nicht nur auf osmotischen Druck von Zuckerlösungen, sondern von anderen Substanzen anwendbar, wenn V das Volumen (Liter) bedeutet, welches ein Gramm-Mol des gelösten Stoffes in der Lösung einnimmt (vgl. Anm. 1, S. 23). Wir ersetzen jetzt dieses Volumen durch die molare Konzentration des gelösten Stoffes, d. h. durch die Anzahl von Gramm-Mol desselben in einem Liter Lösung. Diese Konzentration C ist offenbar gleich $\dfrac{1}{V}$, und die Formel VAN 'T HOFFS gestaltet sich so:

$$P = RCT = 0{,}0821\ CT.$$

In dieser Formel ist P in Atmosphären ausgedrückt und bedeutet T absolute Temperatur (d. h. $T = t + 273$; t ist Temperatur in Grad Celsius).

Die Lösungen verschiedener Substanzen, die eine gleiche Anzahl von Gramm-Mol gelöster Stoffe im Liter enthalten, werden gewöhnlich als equimolekular bezeichnet. Solche Lösungen besitzen offenbar gleiche osmotische Drucke und werden daher auch isosmotisch genannt.

---

[1]) Nach VAN 'T HOFF ist der osmotische Druck einer Lösung $P = 4{,}56\ T \lg \dfrac{p}{p_1}$, wo p Dampfdruck von Wasser und p_1 Dampfdruck der Lösung bei absoluter Temperatur T ($T = t + 273$, wo t Temperatur Celsius) ist.

Wie erwähnt, ist die Formel VAN 'T HOFFs nur für verdünnte Lösungen gültig. In konzentrierten Lösungen ist der osmotische Druck vielmehr nicht der Anzahl von Gramm-Mol im Liter Lösung, sondern der Anzahl Gramm-Mol gelöstes Stoffs auf 1000 g Wasser der Lösung proportional, wie es MORSE und FRASER durch direkte Beobachtungen des osmotischen Drucks konzentrierter Zuckerlösungen mittels des verbesserten Osmometers von PFEFFER dargetan haben.

5. Elektrolyte und elektrolytische Dissoziation.

Die Prüfung der oben angegebenen Formel VAN 'T HOFFs an Lösungen von Salzen, Laugen und Säuren zeigte ihre vollkommene Ungültigkeit in diesem Fall. Der mittels indirekter Methoden bestimmte osmotische Druck (vgl. S. 24) war bedeutend höher als der nach der Formel VAN 'T HOFFs berechnete und dieselbe mußte sich anders gestalten: $P = iRCT$, wo i größer als 1 ist.

Solches Ergebnis schien zunächst der Annahme, daß gelöste Körper sich in einem gasartigen Zustande befinden, zu widersprechen. Man erinnerte sich jedoch an die lange bekannte Tatsache, daß Dämpfe einiger fester und flüssiger Stoffe eine ungewöhnlich große Dichte zeigen können, so daß ihr Druck bedeutender sein kann, als der nach der Gasformel berechnete. Zu den Substanzen, die einen ungewöhnlich hohen Dampfdruck haben, gehören z. B. Salmiak (NH_4Cl) und Phosphorpentachlorid (PCl_5). Die Ursache solcher Anomalie liegt in einer Zersetzung der Moleküle der dampfartigen Stoffe: NH_4Cl $= NH_3 + HCl$; $PCl_5 = PCl_3 + Cl_2$. Diese Erscheinung, die gewöhnlich als Dissoziation bezeichnet wird, ruft eine Zunahme der Teilchenanzahl in einem bestimmten Dampfvolumen und also eine Vergrößerung der molaren Konzentration und des Dampfdrucks des Stoffes hervor. Auf Grund dieser Angaben nahm SVANTE ARRHENIUS (1887) an, daß die Moleküle derjenigen gelösten Stoffe, welche einen zu großen osmotischen Druck zeigen, ebenfalls zu kleineren Teilchen zerfallen. Zugleich machte der genannte Gelehrte darauf aufmerksam, daß die Lösungen all dieser Stoffe den elektrischen Strom gut leiten und die Stoffe also Elektrolyte sind.

Wenn der elektrische Strom durch eine Elektrolytlösung geleitet wird, so zerfallen die Moleküle des gelösten Stoffes zu Ionen, welche sich an den Elektroden ausscheiden; es findet die sogenannte Elektrolyse statt. So zerfällt z. B. Kochsalz ($NaCl$) zu Cl- und Na-Ionen, von denen sich Cl an der Anode, Na an der Kathode ausscheidet. K_2SO_4 zerfällt bei der Elektrolyse zu 2 K und SO_4; K_4FeCy_6 zu 4 K und $FeCy_6$ usw. Freilich ist die Verbindung SO_4 in Wirklichkeit nicht bekannt und bei der Ausscheidung derselben an der Elektrode zerfällt sie sofort: $SO_4 = SO_3 + O$. Andererseits reagieren die sich an der Kathode ausscheidenden Na- und K-Ionen mit Wasser, wobei Wasserstoff und NaOH oder KOH gebildet werden. Das Ion SO_3 reagiert auch mit Wasser und verwandelt sich in H_2SO_4 usw. Die Ionen, welche sich an der Kathode ausscheiden, werden als Kationen, diejenigen, welche sich an der Anode ausscheiden, als Anionen bezeichnet. So sind z. B. K, Na Kationen, Cl, SO_4, $FeCy_6$ Anionen usw.

Arrhenius nahm an, daß Elektrolyte, wenn sie in Wasser gelöst werden, zu Ionen zerfallen, welche entgegengesetzt elektrisch geladen sind und bei Stromleitung durch Elektroden angezogen werden. Da aber nach dem Zerfall der Moleküle zu Ionen, den ARRHENIUS elektrolytische Dissoziation benannte, das Molekulargewicht des Stoffes geringer wird, so vergrößert sich auch sein osmotischer Druck.

Die Leitfähigkeit einer Elektrolytlösung nimmt mit der Vergrößerung der Elektrolytmenge, welche sich zwischen Elektroden befindet, zu. Andererseits leitet eine und dieselbe Elektrolytmenge desto besser den elektrischen Strom, je schwächer die Konzentration der Lösung ist, doch ist die Vergrößerung der Leitfähigkeit bei der Verminderung der Konzentration nur bis zu einem gewissen maximalen Wert möglich (ungefähr bis zu einer Konzentration von 1 Gramm-Mol in 5000 bis 10000 Liter Lösung).

Um solches Verhalten der Leitfähigkeit bei Verdünnung der Lösung zu erklären, nahm ARRHENIUS an, daß nur ein Teil des Elektrolytes bei der Leitung des elektrischen Stroms beteiligt ist und daß dieser Teil bei Verdünnung der Lösung zunimmt. Bei einer maximalen Verdünnung der Lösung soll aber, nach ARRHENIUS, die ganze Elektrolytmenge den Strom leiten. Derjenige Teil des Elektrolyts, welcher den Strom leitet, soll, nach demselben Verfasser, aus Ionen bestehen.

Daß gerade die elektrolytische Dissoziation den anomalen osmotischen Druck der Elektrolytlösungen verursacht, wird, nach ARRHENIUS, dadurch bewiesen, daß der Multiplikator i in der Formel VAN 'T HOFFs, der nach der Dampfdruckerniedrigung oder nach den Angaben der plasmolytischen Methode (vgl. Kapitel 6) berechnet ist, demjenigen nach der elektrolytischen Dissoziation berechneten beinahe gleich ist, wie dies aus der folgenden Tabelle zu ersehen ist.[1])

---

[1]) Wir benennen mit α den Grad der elektrolytischen Dissoziation, d. h. das Verhältnis der Anzahl der zu Ionen zerfallenen Elektrolytmoleküle zur Gesamtzahl der Moleküle x, mit n die Anzahl der Ionen, die bei der Dissoziation aus jedem Elektrolytmolekül entsteht. Bei der Dissoziation von NaCl z. B. $n = 2$ (NaCl $= \overset{+}{\text{Na}} + \overset{-}{\text{Cl}}$), bei derjenigen von K_4FeCy_6 $n = 5$ ($K_4FeCy_6 = 4\overset{+}{\text{K}} + \overset{-}{\text{FeCy}_6}$) usw. Wie leicht einzusehen ist, ist die Gesamtzahl der zu Ionen zerfallenen Elektrolytmoleküle $x\alpha$, die Anzahl der gebildeten Ionen $x\alpha n$, diejenige der nicht zerfallenen Moleküle $x - \alpha x$. Ein bestimmtes Lösungsvolum enthält also statt x Moleküle $x\alpha n + x - \alpha x$ Teilchen, so daß die molare Konzentration und der osmotische Druck des Elektrolyts sich auf das $\dfrac{x\alpha n + x - \alpha x}{x}$ fache vergrößern muß. Somit ist i der van 't Hoffschen Formel $P = iRCT$ gleich $\dfrac{x\alpha n + x - \alpha x}{x}$ $= 1 + (n - 1)\alpha$. Der Dissoziationsgrad α wird folgendermaßen berechnet: Da nur die zu Ionen zerfallenen Moleküle den elektrischen Strom leiten, so muß die Leitfähigkeit der Anzahl derselben proportional sein. Bezeichnen wir mit λ_c die Leitfähigkeit der Lösung der Konzentration C und mit λ_∞ diejenige sehr verdünnter Lösungen, in welchen alle Moleküle zu Ionen zerfallen sind, so ist

Tabelle 3.
Koeffizient i, berechnet nach drei verschiedenen Methoden.

Stoff	Konzentration der Lösung in Gramm-Mol	i, berechnet nach der elektrolytischen Dissoziation	i, berechnet nach der Dampfdruckerniedrigung	i, berechnet nach der plasmolytischen Methode.
Zucker	0,3	1,00	1,08	1,00
KCl.	0,14	1,81	1,93	1,86
MgSO$_4$	0,38	1,25	1,20	1,35
LiCl$_2$	0,13	1,92	1,94	1,84
Ca(NO$_3$)$_2$ . . .	0,18	2,48	2,47	2,46
K$_4$FeCy$_6$ . . .	0,35	3,09	—	3,07

Nach ARRHENIUS ist der Koeffizient i in der van 't Hoffschen Formel gleich $[1 + \alpha\,(n - 1)]$, wo α der Grad der elektrischen Dissoziation und n die Anzahl der Ionen, die aus jedem Molekül des gelösten Stoffes entstehen. (Vgl. Anm. S. 26.) Wir können also die Formel VAN 'T HOFFS folgendermaßen schreiben:

$$P = iRCT = 0,0821\,[1 + \alpha\,(n - 1)]\,CT.$$

Obwohl Ionen wie Moleküle sich in stetiger Bewegung befinden und wie diese einen osmotischen Druck zeigen, sind sie den Molekülen nicht gleich, weil sie elektrisch geladen sind (Anionen sind negativ, Kationen positiv geladen). Da aber alle entgegengesetzt geladenen Körper sich anziehen, so können die aus einem Molekül entstandenen Ionen nicht vollkommen auseinandergehen und bleiben immer in einem geringen Abstand voneinander zusammenhängend. Um die Ionen voneinander vollkommen zu trennen, muß man eine Kraft aufwenden. Solche Kraft liefert z. B. der elektrische Strom. Aber auch andere entgegengesetzt geladene Ionen können ähnlich wirken. Wenn z. B. Schwefelsäure und Kalilauge gleichzeitig in Lösung anwesend sind, so verbinden sich Wasserstoffionen, die positiv geladen sind ($H_2SO_4 = 2\overset{+}{H} + \overset{-}{SO_4}$), zum Teil mit den negativ geladenen Hydroxylionen von KOH ($KOH = \overset{+}{K} + \overset{-}{OH}$) und bilden Wasser, während die Ionen $\overset{+}{K}$ und $\overset{-}{SO_4}$ teilweise Kaliumsulfat bilden.

6. Osmotische Eigenschaften der Zelle.

Wie im Kapitel 3 betont wurde, können Nährstoffe in die pflanzliche Zelle, die von einer festen Zellhaut bekleidet ist, nur in gelöster Form gelangen. Das Gesagte bezieht sich freilich auch auf die Stoffe, welche durch die Zellen nach außen ausgeschieden werden. Um also den Stoffwechsel der Zelle zu verstehen, muß man vor allem nicht nur die osmotischen Eigenschaften der Zellhaut, sondern auch die des Protoplasmas kennen lernen.

$\dfrac{\lambda_c}{\lambda_\infty} = \dfrac{\alpha x}{x}$; oder $\alpha = \dfrac{\lambda_c}{\lambda_\infty}$. Die beiden Leitfähigkeiten werden experimentell gefunden.

Um diese Eigenschaften zu veranschaulichen, bringen wir eine typische pflanzliche Zelle, die in Abb. 3, I wiedergegeben ist, in eine Lösung von Glycerin, Zucker oder Salpeter. Die Beobachtung unter dem Mikroskope zeigt, daß sich zunächst das Zellvolumen vermindert (Abb. 3, II); nach einigen Minuten beginnt außerdem das Protoplasma, sich von der Zellhaut abzutrennen. Der Protoplasmaschlauch nimmt stark an Volumen ab und sammelt sich in der Zellenmitte in Form einer kugeligen Blase (Abb. 3 III und IV). Die beschriebene Erscheinung wird gewöhnlich als Plasmolyse bezeichnet und kann sehr leicht durch osmotische Gesetze erklärt werden.

Im Zellsaft, der von der Außenflüssigkeit durch die Zellhaut und den Protoplasmaschlauch getrennt ist, sind verschiedene Substanzen in gelöster Form vorhanden, deren Diffusion durch die Zellhaut und das

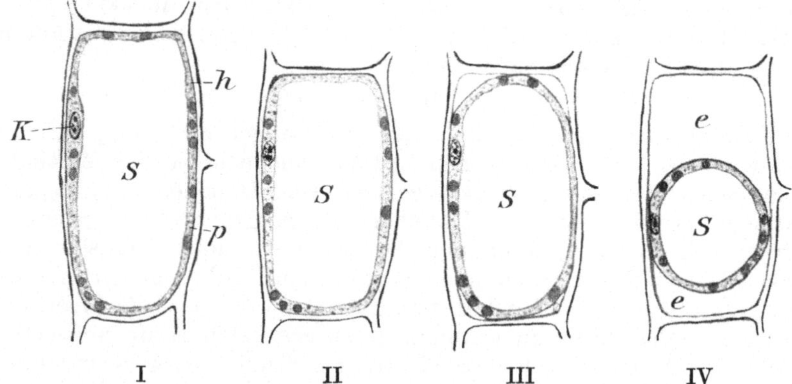

Abb. 3. Das Verhalten einer typischen pflanzlichen Zelle in starken Lösungen von Glycerin, Zucker und Salpeter. S der Zellsaft, p das Protoplasma, K der Zellkern, h die Zellhaut.

Protoplasma gehindert wird, so daß in der Zelle, die sich im Wasser befindet, ein osmotischer Druck entsteht. Die Zelle spielt also die Rolle eines kleinen Osmometers, dessen Membran aus der Zellhaut und dem Protoplasma besteht. Die Größe des osmotischen Drucks in solchem Osmometer muß selbstverständlich von der Konzentration des Zellsafts usw. abhängig sein. Unter der Einwirkung dieses Drucks ist die elastische Zellhaut gespannt. Nach dem Übertragen der Zelle in die Lösung beginnt der osmotische Druck der Lösung den inneren osmotischen Druck ins Gleichgewicht zu setzen (die Außenlösung saugt mehr Wasser aus dem Zelleninneren auf als der Zellsaft von außen aufsaugt). Die Spannung der Zellhaut verschwindet und das Zellvolumen nimmt ab. Da aber der osmotische Druck der Außenlösung größer ist als derjenige des Zellsafts, so konnte man erwarten, daß die Zelle zerknittert und zerquetscht wird. Wir haben aber gesehen, daß die Zellhaut keine weitere Volumabnahme zeigt, während der Protoplasmaschlauch sich weiterhin kontrahiert. Wir sehen uns also veranlaßt zu schließen, daß der in der Außenflüssigkeit gelöste Stoff so schnell durch die Zellhaut hindurchgeht, daß der osmotische Druck der Außenlösung durch den unter der Zellhaut entstehenden osmotischen Druck ins Gleichgewicht gebracht wird, bevor er die Zellhaut merklich zusammengepreßt hat.

Es ist wohl verständlich, daß die Osmose von molekulargelösten Substanzen durch die Zellhaut rasch stattfindet, weil dieselbe ihren osmotischen Eigenschaften nach Pergamentpapier ähnlich ist. Da aber die Zellhautsdicke selten 0,005 mm übertrifft (gewöhnlich ist sie gleich 0,001 mm), während die Dicke von Pergamentpapier gewöhnlich gleich 0,1 mm ist, so muß die Osmose durch die Zellhaut wenigstens zwanzigmal so schnell stattfinden als durch Pergamentpapier (vgl. S. 20).

Im Gegensatz zur Zellhaut ist der Protoplasmaschlauch für molekulargelöste Stoffe offenbar impermeabel oder wenigstens schwer permeabel, so daß sein Volumen unter der Einwirkung des osmotischen Drucks der Außenlösung stark abnimmt. Da aber diese Abnahme infolge des Wasseraustritts aus dem Zellsaft stattfindet, so nimmt die Konzentration des letzteren immer zu, bis sie so groß wird, daß der osmotische Druck des Zellsafts demjenigen der Außenlösung gleich wird und die Volumabnahme des Protoplasmaschlauchs aufhört. Da aber das Protoplasma flüssig ist, nimmt es eine Kugelform an.

Ersetzt man die plasmolysierende Lösung durch Wasser, so verschwindet der äußere osmotische Druck, das Volumen des plasmolysierten Protoplasmas nimmt rasch zu und das normale Aussehen der Zelle wird hergestellt. Wasser dringt also sehr schnell durch das Protoplasma in den Zellsaft ein und bewirkt den Rückgang der Plasmolyse (Deplasmolyse).

Das Protoplasma ist jedoch für gelöste Stoffe nicht vollkommen impermeabel. Mißt man das Volumen des plasmolysierten Protoplasmaschlauchs genau, so beobachtet man nach Verlauf von einigen Stunden, wenn die Plasmolyse mit Glycerin, Harnstoff oder Salpeter hervorgerufen war, eine Zunahme dieses Volumens. Die genannten Stoffe dringen also durch das Protoplasma in den Zellsaft ein und erhöhen seinen osmotischen Druck; derselbe wird so stark, daß die Plasmolyse vollständig verschwinden kann.

Wenn die Plasmolyse durch Zucker bewirkt worden war, wird die eben beschriebene Volumzunahme des Protoplasmaschlauchs auch nach Verlauf mehrerer Tage nicht beobachtet. Man hat also zu schließen, daß das Protoplasma für Zucker nur wenig permeabel ist; wenigstens ist diese Permeabilität so klein, daß die Zuckermenge, die vielleicht doch in den Zellsaft eindringt, durch den Austritt der Zellsaftstoffe nach außen gedeckt wird.

Daß die Permeabilität des lebenden Protoplasmas für Zucker unbedeutend ist, wird auch dadurch bewiesen, daß die Zellen, deren Zellsaft eine große Zuckermenge enthält (z. B. die Zellen der Zuckerrübe), eine lange Zeit in Wasser verbleiben können, ohne ihren Zucker nach außen abzugeben. Man könnte sich aber auf indirektem Wege davon überzeugen, daß Zucker doch, wenn vielleicht nur langsam, in das Protoplasma eindringt. So entwickeln sich einige Hefearten (Monilia) in Flüssigkeiten, die als einzige Kohlenstoffnahrung Rohrzucker enthalten, sehr gut. Derselbe Zucker wird ebenfalls von Blättern grüner Pflanzen absorbiert, die in eine Zuckerlösung tauchen (vgl. weiter unten).

Die Beobachtungen über Volumänderungen des plasmolysierten Protoplasmas in Lösungen verschiedener Substanzen zeigten, daß die Mehrzahl der Alkalimetallsalze bezüglich der Geschwindigkeit ihres Eindringens in das Protoplasma eine mittlere Stellung zwischen Glyzerin und Rohrzucker einnehmen.

Salze von zweiwertigen Metallen permeieren dagegen nur sehr langsam. Trauben- und Fruchtzucker dringen etwas schneller als Rohrzucker ein, aber langsamer als Salze.

Am schnellsten dringen Alkohole, Äther, Aldehyde, Kohlenwasserstoffe und Alkaloide ins Protoplasma. Die große Permeabilität für Alkohol bewies OVERTON (1899) in folgender Weise.

Der genannte Forscher bestimmte die Zuckerkonzentration, die eben ausreichte, um die Plasmolyse in den Zellen der Wurzelhaare einer Wasserpflanze (Hydrocharis) hervorzurufen. Eine 7 proz. Zuckerlösung bewirkte noch keine Plasmolyse dieser Zellen, während eine $7^{1}/_{2}$ proz. Zuckerlösung dieselbe hervorrief. OVERTON setzte der 7 proz. Lösung 3 % Methylalkohol (Holzgeist) zu[1]) und erwartete, daß, entsprechend dem osmotischen Druck des zugesetzten Alkohols, der demjenigen einer 32 proz. Zuckerlösung gleich ist (das Molekulargewicht von Methylalkohol $CH_4O = 32$, dasjenige von Zucker $C_{12}H_{22}O_{11} = 342$) eine sofortige Plasmolyse der Zellen eintreten würde. Dies war aber nicht der Fall, so daß OVERTON mit Recht annahm, daß Alkohol eben so schnell durch das Protoplasma wie durch die Zellhaut hindurchgeht.

Die rasch stattfindende Osmose einiger Stoffe in den Zellsaft durch das Protoplasma kann manchmal auch durch die Erscheinung von Niederschlägen im Zellsaft oder durch eine Farbänderung desselben nach dem Eintragen der Zellen in Lösungen dieser Stoffe bewiesen werden. So ruft Coffein (wirkende Substanz der Kaffeebohnen) einen Niederschlag im Zellsaft der Zellen hervor, die Tannin enthalten, weil diese Substanz mit Coffein eine in Wasser unlösliche chemische Verbindung bildet. Für solche Versuche verwendet man gewöhnlich eine $^{1}/_{2}$ proz. Coffeinlösung. Auf der anderen Seite verfärbt sich der durch Anthocyan violett gefärbte Zellsaft der Blüten und des Rotkohls in Blau, wenn man dieselben in ammoniakhaltiges Wasser einträgt. Er verfärbt sich dagegen in Rot, wenn Ammoniak durch Säure ersetzt wird. Solche Versuche zeigen auf das deutlichste, daß Coffein, Ammoniak und Säuren durch das Protoplasma schnell eindringen.

Kolloidal gelöste Körper, z. B. Tannin, Eiweißkörper, Dextrin, Anthocyan usw. können durch das lebende Protoplasma praktisch nicht permeieren.

---

[1]) Alkohol ist in solcher Konzentration ungiftig.

Das lebende Protoplasma ist also ungleich permeabel für gelöste Stoffe, es ist, wie man sagt, selektiv permeabel. Diese selektive Permeabilität verschwindet aber gewöhnlich nach dem Absterben. Das tote Protoplasma ist nicht nur für Wasser, Alkohol usw. permeabel, sondern läßt auch Salze, Zucker und sogar kolloidal gelöste Stoffe leicht hindurch. Bringt man Stücke der roten Rübe, rotgefärbte Blätter oder Blüten in Wasser, so tritt der rote Farbstoff aus den Zellen nicht nach außen heraus und das Wasser bleibt farblos[1]). Erhitzt man aber das Wasser bis zum Kochen, so sterben die Zellen ab und das Wasser färbt sich sofort intensiv rot.

Was nun die Ursache der selektiven Permeabilität des lebenden Protoplasmas anbelangt, so liegt sie offenbar im physikalisch-chemischen Bau desselben. Wir wissen schon aus der Einleitung, daß das lebende Protoplasma als eine kolloide Lösung betrachtet werden kann; sein Dispersionsmittel (also die Grundflüssigkeit) besteht aus Lipoiden, Eiweißkörpern und Wasser. Salze und Zucker lösen sich nicht in Lipoiden und daher dringen sie in das Protoplasma nur schwierig ein; da aber dasselbe auch Wasser enthält, läßt es wasserlösliche Substanzen zum Teil hindurch. Alle in Lipoiden lösliche Substanzen (z. B. Alkohol, Äther, Chloroform usw.) dringen dagegen in das Protoplasma leicht ein und werden sogar in demselben angehäuft.

Früher wurde erwähnt, daß die Diffusionsgeschwindigkeit von der Teilchengröße gelöster Stoffe abhängig ist (vgl. S. 19). Andererseits ist das Protoplasma eine zähe kolloide Lösung, deren kolloidale Teilchen dicht gelagert sind. Es ist also wohl verständlich, daß nach Ruhland Kolloide nur insofern in die lebende Zelle eindringen, als sie die Fähigkeit besitzen, in Gallerten zu diffundieren (Ultrafiltertheorie der Protoplasmapermeabilität).

Wird aber das Dispersionsmittel des Protoplasmas durch die Einwirkung derjenigen Agentien zerstört, die Eiweißkörper oder Lipoide chemisch verändern (z. B. durch Alkohol, Sublimat, hohe Temperatur usw.), so werden seine Bestandteile frei. Lipoide bilden eine Emulsion in Wasser, Eiweißkörper koagulieren und bilden aus Körnchen bestehende Niederschläge, so daß die zusammenhängende und einheitliche Flüssigkeit sich in Haufen von in Wasser suspendierten Körnchen und Tröpfchen verwandelt. Das tote Protoplasma erinnert also an einen mit Wasser durchtränkten Schwamm, dessen Poren alle in Wasser gelösten Stoffe gut hindurch lassen.

7. Osmotischer Druck in der Zelle. Turgor.

Osmotische Eigenschaften des lebenden Protoplasmas erinnern an diejenigen der Niederschlagsmembranen, obwohl die Permeabilität derselben für Salze und Zucker viel größer ist als diejenige des Protoplasmas. Vom physikalisch-chemischen Standpunkte aus kann man also

---

[1]) Vor dem Eintragen in Wasser müssen die Stücke der roten Rübe sorgfältig gewaschen werden, um den beim Durchschneiden der Zellen ausgetretenen roten Saft zu entfernen.

den Protoplasmaschlauch, der den Zellsaft von der mit Wasser durchtränkten Zellhaut trennt, als eine flüssige Membran betrachten, welche die Diffusion gelöster Stoffe hindert. Die Zelle wäre dann mit einem sehr kleinen PFEFFERschen Osmometer, die Zellhaut mit dem Tonzylinder desselben zu vergleichen. Ähnlich wie im PFEFFERschen Osmometer muß sich auch in der in Wasser tauchenden Zelle ein osmotischer Druck bilden, der von der Konzentration des Zellsafts, von Temperatur und elektrolytischer Dissoziation abhängig sein muß. Dieser Druck kann man sogar durch ein Vergleichen mit dem osmotischen Druck der Zuckerlösung, die eine sehr schwache Plasmolyse hervorruft, bestimmt werden.

Bringt man ein pflanzliches Gewebe in Zuckerlösungen von immer steigender Konzentration, so beobachtet man in der Lösung, deren osmotischer Druck demjenigen des Zellsafts gleich ist, noch keine Plasmolyse der Zellen, während sie in einer etwas stärkeren Lösung auftritt. Die Saftkonzentrationen verschiedener Zellen ein und desselben Gewebes sind gewöhnlich nicht gleich und man bestimmt daher eine mittlere Konzentration, die die Plasmolyse der Hälfte der Zellen hervorruft. So wird z. B. in einer 6,35 proz. Zuckerlösung weniger als die Hälfte der Zellen der Blattepidermis von Tradescantia discolor (Rhoeo discolor) plasmolysiert, während eine 6,45 proz. Lösung die Plasmolyse in mehr als der Hälfte der Zellen hervorruft. Man nimmt daher an, daß der osmotische Druck einer 6,40 proz. Zuckerlösung dem mittleren osmotischen Druck des Zellsafts der Epidermis gleich ist.

Der osmotische Druck einer 6,4 proz. Zuckerlösung wird nach der van 't Hoffschen Formel $P = iRCT$ berechnet, wo $i = 1$ (Zucker ist kein Elektrolyt), $R = 0,0821$, $C = \dfrac{6,40 \cdot 10}{342} = 0,187$ Gramm-Mol (Molekulargewicht von Zucker $C_{12}H_{22}O_4 = 342$) und $T = 273 + 20° = 293$ (Zimmertemperatur $t = 20°$ C). Somit ist $P = 0,0821 \cdot 0,187 \cdot 293 = 4,5$ Atmosphären[1]).

Der in der beschriebenen Weise bestimmte osmotische Druck in der Zelle der Alge Spirogyra erwies sich als gleich 15 Atm., derjenige des Blattparenchyms 20—30 Atm. und derjenige einiger Schließzellen der Spaltöffnungen sogar 60 Atm.

Beim ersten Anblick scheint es vollkommen unverständlich zu sein, daß die Zellen unter der Einwirkung eines so großen inneren Drucks

---

[1]) Eine genauere Größe des osmotischen Drucks erhält man, wenn man mit MORSE und FRASER annimmt, daß der osmotische Druck der molaren Konzentration proportional ist, die in Gramm-Mol auf 1000 g Wasser der Lösung ausgedrückt ist (vgl. S. 25). Solche Konzentration nennt man sehr oft Raoultsche (oder nummerische) Konzentration. Sie ist gleich $n = \dfrac{C \cdot 1000}{1000\,d - CM}$, wo C-Konzentration in Gramm-Mol im Liter Lösung, M-Molekulargewicht, d-spezif. Gewicht der Lösung ist. In unserem Fall ist $n = \dfrac{0,187 \cdot 1000}{1000 \cdot 1,022 - 0,187 \cdot 342} = 0,195$ Gramm-Mol und $P = 4,7$ Atmosphären.

nicht zersprengt werden, obwohl die Dicke ihrer Wände kaum einige tausendstel Millimeter erreicht. Andererseits kommt eine Explosion der Dampfkessel, deren Eisenwände gewöhnlich dicker als 0,5 cm sind und deren innerer Druck kaum 6—10 Atmosphären übertrifft, nicht selten vor. Diesen scheinbaren Widerspruch kann man dadurch erklären, daß der Widerstand der geschlossenen Gefäße gegen inneren Druck mit der Verkleinerung ihres Durchmessers zunimmt. Da aber der Durchmesser der Dampfkessel selten kleiner als 0,5 m ist, während derjenige der Algenzellen kaum 0,1 mm übertrifft, so ist der Widerstand der dünnsten Zellhäute nicht geringer als derjenige der dicken Kesselwände.

Wie früher erwähnt, wird die Zellhaut unter der Einwirkung des inneren Zelldrucks gespannt und das Gewebe erlangt dadurch eine Straffheit, die nach dem Eintragen desselben in eine konzentrierte Salzlösung oder beim Welken verschwindet. Die Erscheinung der Straffheit der lebenden Pflanzenteile wird gewöhnlich als Turgor und der innere Zelldruck selbst als Turgordruck bezeichnet. Dieser Druck war schon DUTROCHET bekannt, der der Zellhaut die Rolle der Membran seines Osmometers zuschrieb. Doch wurde die Ursache des Turgordrucks erst von PFEFFER (1877) klar gelegt, der in seinem klassischen Werk erwiesen hat, daß nur das Protoplasma die Rolle einer selektivpermeablen Membran in der Zelle spielt, während die Zellhaut für die Turgorerscheinung keine Bedeutung hat.

8. Änderungen osmotischer Eigenschaften der Zelle.
Isotonische Koeffizienten.

Wie im Kapitel 4 erwähnt wurde, hängt die Geschwindigkeit der Osmose gelöster Stoffe von der Dicke der Membran ab; andererseits hat die Beschaffenheit und die chemische Zusammensetzung der Membran eine große Bedeutung für die Permeabilität. Es ist also begreiflich, daß die Protoplasmapermeabilität bei verschiedenen Pflanzen und sogar bei den Zellen ein und desselben Gewebes variiert. Außerdem kann die Protoplasmapermeabilität für gelöste Stoffe sich unter Einwirkung verschiedener Reize ändern. Um solche Permeabilitätsänderungen festzustellen, können wir aber nicht die früher beschriebene Methode verwenden, welche uns gestattete, die Permeabilität für verschiedene Substanzen zu vergleichen. Diese Methode ist zu ungenau: die Volumzunahme des plasmolysierten Protoplasmaschlauchs kann man nur ungenau bestimmen und außerdem kann diese Zunahme vielfach nicht nur einem Eindringen plasmolysierender Stoffe in den Zellsaft, sondern auch einer Neubildung osmotisch wirksamer Stoffe in demselben zugeschrieben werden.

Viel genauer kann man Permeabilitätsänderungen nach der Methode der isotonischen Koeffizienten bestimmen. Diese Koeffizienten sind Zahlen, die das Verhältnis der osmotischen Drucke äquimolekularer Lösungen verschiedener Substanzen ausdrücken. Wie früher erwähnt, ist der osmotische Druck einer Elektrolytlösung größer als derjenige einer äquimolekularen Nichtelektrolytlösung. So ist z. B. der osmotische Druck P_1 einer Zuckerlösung von molarer Konzentration C gleich CRT $(i = 1)$, derjenige P_2 einer Salzlösung derselben Konzentration $iCRT$ (wobei $i > 1$). Die Koeffizienten i können bei verschiedenen Elektrolyten ungleich und bei manchen Nichtelektrolyten (z. B. bei Glyzerin) nicht gleich 1 sein, so daß das Verhältnis der osmotischen Drucke äquimolekularer Lösungen nach DE VRIES (1882) im allgemeinen gleich $\dfrac{P_1}{P_2} = \dfrac{K_1}{K_2}$ ist, wo K_1 und K_2 isotonische Koeffizienten der betreffenden Stoffe sind.

Um isotonische Koeffizienten zu bestimmen, ist es nicht durchaus notwendig, die osmotischen Drucke äquimolekularer Lösungen direkt festzustellen oder dieselben zu berechnen. Diese Koeffizienten lassen sich auch durch Plasmolyse bestimmen. Nehmen wir an, daß die in Gramm-Mol ausgedrückte Konzentration zweier Stoffe, die eine gleich starke Plasmolyse hervorrufen und also isosmotisch sind, C_1 und C_2 sind, so sind die osmotischen Drucke solcher Stoffe: $P' = i_1 RC_1 T$ und $P'' = i_2 RC_2 T$. Da $P' = P''$, so ist $i_1 RC_1 T = i_2 RC_2 T$ oder $\dfrac{i_1}{i_2} = \dfrac{C_2}{C_1}$.

Andererseits ist $\dfrac{K_1}{K_2} = \dfrac{P_1}{P_2} = \dfrac{i_1 RCT}{i_2 RCT} = \dfrac{i_1}{i_2}$, so daß: $\dfrac{K_1}{K_2} = \dfrac{C_2}{C_1}$ ist.

DE VRIES setzte den isotonischen Koeffizient von Salpeter gleich 3 und bezog andere Koeffizienten auf diese Größe. Der isotonische Koeffizient von Zucker ist nach DE VRIES 1,88, derjenige von Kochsalz 3, derjenige von Kaliumsulfat 3,9, derjenige von Glyzerin 1,62 usw. Vergleicht man diese durch Plasmolyse bestimmten Koeffizienten mit denjenigen aus dem osmotischen Drucke berechneten, so findet man, daß die ersteren stets kleiner als die letzteren sind[1]). Die Ursache dieses

---

[1]) Man kann die isotonischen („isosmotischen“) Koeffizienten entweder aus elektrischer Leitfähigkeit der plasmolysierenden Lösung oder aus ihrer Gefrierpunkterniedrigung berechnen. Die letztere Methode ist genauer als die erstere. Man verwendet gewöhnlich zur Plasmolyse Zucker- und Salzlösungen nacheinander. Da Zucker Nichtelektrolyt ist, so ist $i_1 = 1$ und der theoretische isotonische („isosmotische“) Koeffizient von Salpeter, unter der Voraussetzung, daß derjenige von Zucker gleich 1,88 ist, wird aus der Gleichung $\dfrac{K}{1,88} = \dfrac{i}{1}$ berechnet, wo $i = [1 + \alpha\,(n - 1)]$ beträgt. Ist die nach Tabellen bestimmte Leitfähigkeit der plasmolysierenden Salpeterlösung λ_c und diejenige bei unendlicher Verdünnung von Salpeter λ_∞, so ist $\alpha = \dfrac{\lambda_c}{\lambda_\infty}$ (vgl. Anmerk. 1, S. 26).

Da $n = 2$, so ist $K = \left(1 + \dfrac{\lambda_c}{\lambda_\infty}\right) \cdot 1,88$. Wenn Gefrierpunkterniedrigung der Zuckerlösung der Konzentration C_1 (in Gramm-Mol auf 1000 g Wasser der Lösung ausgedrückt) $\triangle$ ist und die nach Tabellen bestimmte Konzentration der Salpeterlösung, die gleiche Gefrierpunkterniedrigung zeigt, C_2 ist, so wird der theoretische isotonische Koeffizient von Salpeter K aus der Gleichung $\dfrac{K}{1,88} = \dfrac{C_1}{C_2}$ berechnet, woraus sich $K = \dfrac{1,88 \cdot C_1}{C_2}$ ergibt. Für die Bestimmung der Leitfähigkeit und Gefrierpunkterniedrigung benutzt man gewöhnlich die Tabellen von LANDOLT-BÖRNSTEIN (Berlin: Julius Springer, 1923).

Unterschieds liegt in der Permeabilität des Protoplasmas für plasmolysierende Stoffe.

Im Kapitel 4 wurde erwähnt, daß der Druck im Osmometer seine theoretische Größe nicht erreichen kann, wenn die Membran für gelöste Stoffe permeabel ist (vgl. S. 20). Im allgemeinen kann man annehmen, daß, je größer die Permeabilität einer Membran für gelösten Stoff ist, desto kleiner der osmotische Druck dieses Stoffes im Osmometer ist. Die Abhängigkeit dieses Drucks von der Permeabilität der Membran für gelöste Stoffe kann man durch die folgende Gleichung[1] ausdrücken:

$$P_b = P\,(1 - \mu), \text{ wo}$$

P_b — der im Osmometer beobachtete hydrostatische (osmotische) Druck, P — der theoretische osmotische Druck und μ — eine der Permeabilität proportionale Größe, der sogenannte Permeabilitätsfaktor, ist.

In Anwendung auf die Zelle besagt die angegebene Gleichung, daß der Turgordruck mit der Vergrößerung der Permeabilität des Protoplasmas für im Zellsaft gelöste Stoffe abnimmt. Plasmolysiert man aber die Zelle mit einer Lösung einer durch das Protoplasma leichter als Zellsaftstoffe permeierenden Substanz, so findet man, daß der für die Plasmolyse nötige theoretische osmotische Druck der Lösung größer ist, als der einer gleichstark plasmolysierenden Lösung einer schwer permeierenden Substanz. Der isotonische Koeffizient der ersteren Substanz wird offenbar kleiner als derjenige der letzteren gefunden. Verändert sich die Permeabilität des Protoplasmas für gelöste Stoffe, so müssen sich auch die isotonischen Koeffizienten derjenigen plasmolysierenden Stoffe verändern, welche durch das Protoplasma merklich permeieren. Man kann also aus der Veränderung der isotonischen Koeffizienten auf die Permeabilitätsänderungen schließen: eine Verkleinerung des Koeffizienten weist auf eine stattgefundene Vergrößerung der Permeabilität des Protoplasmas und umgekehrt hin[2].

---

[1] Die angeführte Gleichung drückt die Abhängigkeit des Drucks von der Permeabilität nur annähernd aus, weil sie in der Voraussetzung aufgestellt wurde, daß der osmotische Druck und die Diffusionsgeschwindigkeit der Volumkonzentration proportional ist, was nicht ganz richtig ist.

[2] Die relative Permeabilitätsänderung läßt sich mit einer Genauigkeit von 3—30 vH. in der Weise bestimmen, daß man die durch Plasmolyse gefundenen isotonischen Koeffizienten mit den theoretischen isotonischen („isosmotischen") Koeffizienten vergleicht, welche von der Permeabilität unabhängig sind. (Über Bestimmung der „isosmotischen" Koeffizienten vgl. Anm. 1, S. 34.) Wir bezeichnen den osmotischen Druck der plasmolysierenden, dem Zellsaft isosmotischen Lösung eines Stoffes mit P_1, den isotonischen mittels Plasmolyse gefundenen Koeffizient des letzteren mit K_1, den osmotischen Druck und den isotonischen Koeffizient, die z. B. aus der Gefrierpunkterniedrigung berechnet sind (vgl. Anm. S. 34 und S. 24), mit P und K. Da osmotische Drucke der Lösungen von gleicher molarer Konzentration sich zueinander wie isotonische Koeffizienten verhalten, so ist $\dfrac{P_1}{P} = \dfrac{K_1}{K}$; da aber $P_1 = P\,(1 - \mu)$, wo μ — eine der Permeabilität proportionale Größe (Permeabilitätsfaktor) ist, so ergibt sich: $\dfrac{1 - \mu}{1} =$

Auf diese Weise gelang es dem Verfasser (1907—1911) zu zeigen, daß die Protoplasmapermeabilität durch den Beleuchtungswechsel verändert werden kann. Sie vergrößert sich beim Erhellen und vermindert sich im Dunkeln. Die Permeabilität wird auch durch anästhesierende Stoffe, wie z. B. Chloroform, Äther usw. vermindert. Die erwähnten Permeabilitätsänderungen wurden später von mehreren anderen Gelehrten bestätigt und haben eine große Bedeutung für Ernährung, Wachstum und Bewegungen der Pflanzen. Wichtig ist es auch, daß die Protoplasmapermeabilität, nach Untersuchungen von RYSSELBERGHE (1901) durch eine Temperaturerhöhung vergrößert wird. Eine Temperaturerhöhung von $0°$ auf $20°$ C vergrößert nach RYSSELBERGHE die Permeabilität auf das sechsfache[1]). Sie kann sich auch infolge innerer Ursachen autonom verändern.

Nach Versuchen des Verfassers (1909, 1923) ist der Permeabilitätsfaktor des Protoplasmas der Epidermis von Tradescantia im Licht $\mu = 0{,}07$, im Dunkeln $0{,}04$. Derjenige der Gelenkzellen der Bohnenpflanze im Lichte $\mu = 0{,}33$, im Dunkeln $\mu = 0{,}09$. Nach der Einwirkung von Äther ist der erstere gleich $\mu = 0{,}006$.

Was nun die Ursache der Permeabilitätsänderungen des Protoplasmas anbelangt, so liegt sie offenbar in der Veränderung seines physikalisch-chemischen Baues unter Einwirkung verschiedener Agentien. Es ist wohl verständlich, daß die Permeabilität durch Temperaturerhöhung vergrößert wird; dieselbe Wirkung übt die letztere auch auf die Osmose gelöster Substanzen durch künstliche Membranen aus (vgl. S. 19). Andererseits wissen wir, daß anästhesierende Stoffe im Protoplasma angehäuft werden. Da aber Salze und Zucker in diesen Stoffen unlöslich sind, so ist es auch wohl verständlich, daß die Anhäufung anästhesierender Stoffe im Protoplasma eine verminderte Permeabilität für Salze usw. hervorruft. Licht wirkt aber wahrscheinlich koagulierend auf Plasmakolloide und zersetzend auf Dispersionsmittel des Protoplasmas und vergrößert dadurch seine Permeabilität für Salze, Zucker usw.

9. Aufnahme gelöster Stoffe durch die Zelle.

Wie in den vorhergehenden Kapiteln berichtet wurde, dringen gelöste Substanzen auf dem Wege der Osmose in die Zelle ein, weil dieselbe keine Einrichtungen für die aktive Stoffaufnahme besitzt. Vor allem müssen die Substanzen durch die Zellhaut hindurchgehen, welche der Diffusion übrigens keinen merklichen Widerstand entgegensetzt. Nur wenn die Zellhaut durch fett- oder wachsartige Stoffe im-

---

$= \dfrac{K_1}{K}$, oder $\mu = 1 - \dfrac{K_1}{K}$. Diese Gleichung drückt die Abhängigkeit der Permeabilität von den theoretischen und durch Plasmolyse gefundenen isotonischen Koeffizienten aus.

[1]) Die von RYSSELBERGHE verwandte Methode (Beobachtung über den Plasmolyseausgleich bei verschiedenen Temperaturen) ist ungenau und die erhaltenen Zahlen bedürfen einer Prüfung durch die Methode der isotonischen Koeffizienten.

prägniert ist, kann sie in Wasser gelöste Stoffe zurückhalten. Das Eindringen in das Protoplasma ist aber für verschiedene Substanzen ungleich schwierig. Einige, so z. B. Tannin und Eiweiß, können in das lebende Protoplasma kaum eindringen, andere diffundieren dagegen fast augenblicklich ins Protoplasmainnere, so z. B. Alkohol, Äther, Chloroform usw.

Eine mittlere Stellung nehmen solche Stoffe wie Glyzerin und Salze ein, während Zucker nur sehr langsam eindringt.

Im Protoplasma werden die aufgenommenen Stoffe teilweise chemisch verarbeitet, einige von ihnen, z. B. Salze, bilden mit Protoplasmakolloiden lockere Verbindungen (Adsorptionsverbindungen, vgl. II. Teil des Stoffwechsels, Kap. 6); die Hauptmenge dieser Stoffe diffundiert aber weiter, in den Zellsaft. Entsprechend den Gesetzen der Osmose dauert diese Diffusion bis zum Ausgleich der Konzentrationen einzelner diffundierender Stoffe im Zellsaft und in der die Zellhaut imbibierenden (bzw. die Zelle umgebenden) Lösung.

NATHANSON (1904) versuchte zu beweisen, daß Salze in den Zellsaft nicht nach den Gesetzen der Osmose, sondern nur bis zu einer Konzentration eindringen, die durch besondere lebende Eigenschaften des Protoplasmas reguliert wird. RUHLAND (1910) zeigte aber, daß NATHANSON durch die von ihm verwendete ungenaue Methode irregeführt worden war, und daß Salze in die Zelle in Übereinstimmung mit osmotischen Gesetzen eindringen. Die Osmose der Salze durch das Protoplasma hört nach RUHLAND nur dann auf, wenn die Konzentration des osmierenden Stoffes beiderseits des Protoplasmas gleich geworden ist.

Werden in die Zelle eindringende Stoffe im Protoplasma oder im Zellsaft in der Weise verarbeitet, daß sie sich fortwährend in unlösliche oder kolloidallösliche und also schwer osmierende Substanzen verwandeln, so dringen sie in die Zelle ein, so lange diese Verwandlung stattfindet. Ist dieselbe aber zu Ende, so diffundieren sie weiter nur bis zu einem Konzentrationsausgleich innerhalb und außerhalb der Zelle. Wenn die chemische Natur der aufgenommenen Stoffe durch die erwähnte Verwandlung nicht verändert wird, wenn dieselben z. B. mit Zellsubstanzen nur sehr lockere chemische Verbindungen bilden oder durch dieselben physikalisch festgehalten (adsorbiert) werden, so hat der Prozeß den Charakter einer Speicherung der Stoffe. Solche Speicherung wird z. B. bei Süßwasserpflanzen beobachtet, die gewöhnlich viel mehr Salze enthalten, als das sie umgebende Wasser. Am einfachsten kann man die Speicherung von Anilinfarbstoffen in der Zelle demonstrieren.

Läßt man durchsichtige Blättchen einer Wasserpflanze (z. B. diejenigen von Elodea) in einer 0,001 proz. Lösung von Methylenblau oder Neutralrot einige Stunden schwimmen, so wird der Farbstoff im Zellsaft der Blättchen gespeichert. Obwohl das Protoplasma der Zellen lebend und farblos bleibt, färbt sich der Zellsaft intensiv blau oder rot, oder es entstehen in demselben blaue oder rote Kryställchen. Nach PFEFFER (1886), der diese Erscheinung näher studierte, bildet der Farbstoff eine kolloidal lösliche oder unlösliche lockere Verbindung mit im Zellsaft gelöstem Tannin.

Da gerade diejenigen Substanzen, welche in der Zelle verbraucht werden, in dieselbe fortwährend aus der umgebenden Lösung eindringen, so vermag die Zelle alle ihr notwendigen Substanzen aus sehr schwachen Lösungen aufzunehmen.

10. Aufnahme unlöslicher fester Stoffe durch die Zelle.

Früher wurde erwähnt, daß feste Stoffe nur in gelöster Form in die behäutete Zelle eindringen können. Aber auch hautlose Zellen, z. B. Amöben oder Plasmodien von Schleimpilzen, die feste Partikelchen umfließen können, vermögen sie erst nach dem Auflösen im Protoplasmawasser auszunützen. Andererseits hat die Pflanze nicht selten nur unlösliche oder kolloidal lösliche und schwer permeierende Nährstoffe zur Verfügung. In diesem Falle muß sie offenbar imstande sein, dieselben in Lösung zu bringen und in leicht osmierende Stoffe zu verwandeln. In der Tat besitzt die Pflanze stets Reagentien, die ihr gestatten, auch unlösliche feste Nährstoffe auszunützen. Am häufigsten hat die Pflanze organische Stoffe im angegebenen Sinne zu verändern, und die dazu nötigen Reagentien werden gewöhnlich als Enzyme bezeichnet[1]).

Vom Standpunkt der physikalischen Chemie aus kann man Enzyme als Katalysatoren betrachten, d. h. als Stoffe, die chemische Reaktionen hervorrufen, ohne sich dabei chemisch zu verändern. Eine sehr geringe Menge eines Katalysators vermag infolgedessen eine sehr bedeutende Stoffmenge chemisch zu verändern. Es ist z. B. bekannt, daß sehr geringe Mengen von Ätzkali eine große Menge von Wasserstoffsuperoxyd (H_2O_2) in Wasser und Sauerstoff verwandeln ($H_2O_2 = H_2O + O$). Ätzkali spielt in dieser Reaktion die Rolle eines Katalysators, dessen Wirkung man sich folgendermaßen denken kann. Ätzkali bildet zunächst mit Wasserstoffsuperoxyd Kaliumsuperoxyd ($2\,KOH + H_2O_2 = 2\,KO + 2\,H_2O$), das sich sofort nach seiner Entstehung zersetzt, wobei Ätzkali hergestellt wird ($2\,KO + H_2O = 2\,KOH + O$). Das letztere reagiert aber mit Wasserstoffsuperoxyd von neuem usw. Bei manchen chemischen Reaktionen stellt Wasser einen Katalysator dar. So reagieren z. B. vollkommen trockener Ammoniak und Chlorwasserstoff nicht miteinander, während in Anwesenheit von Wasserspuren die Reaktion sofort eintritt ($NH_3 + HCl = NH_4Cl$).

Man nimmt gewöhnlich an, daß die Katalysatoren die chemische Reaktion nicht hervorrufen, sondern nur ihre Geschwindigkeit stark vergrößern. In der Tat zersetzt sich Wasserstoffsuperoxyd auch ohne Zugabe von Ätzkali, aber nur sehr langsam, während die Geschwindigkeit der Zersetzung durch Anwesenheit von Ätzkali auf das tausendfache gesteigert wird.

---

[1]) Früher benannte man solche Reagentien mit dem Namen „Fermente". Man benannte aber mit diesem Namen auch lebende Mikroorganismen, die chemische Reaktionen in der umgebenden Lösung hervorrufen können. Um also Mißverständnisse zu vermeiden, werden wir im weiteren nur den Namen „Enzyme" gebrauchen.

Enzyme, welche die Pflanze zum Zweck der Auflösung organischer Stoffe ausscheidet, bewirken die sogenannte Hydrolyse der letzteren, d. h. sie veranlassen diese Stoffe, Wasser chemisch zu binden, um sich sofort in einfachere, in Wasser leicht lösliche und gut diffundierende Stoffe zu verwandeln. Von diesen Enzymen betrachten wir zunächst diejenigen, welche die Hydrolyse der Kohlenhydrate verursachen.

11. Kohlenhydrate und die sie spaltenden Enzyme.

Man benennt bekanntlich mit Kohlenhydraten organische Stoffe, deren chemische Zusammensetzung durch die Formel $C_n(H_2O)_m$ ausgedrückt werden kann. Die wichtigsten Kohlenhydrate kann man in drei Gruppen einteilen: 1. Monosaccharide (oder Monosen), 2. Disaccharide (oder Biosen) und 3. Polysaccharide (oder Polyosen).

Zu den Monosacchariden gehören die einfachsten Kohlenhydrate mit den chemischen Formeln $C_5H_{10}O_5$ und $C_6H_{12}O_6$. Diejenigen, die 5 Kohlenstoffatome enthalten, werden als Pentosen, diejenigen mit 6 Kohlenstoffatomen, als Hexosen bezeichnet. Die letzteren kommen überall in den Pflanzenzellen in freier Form vor, während die ersteren in der Hauptsache nur Verbindungen mit anderen chemischen Stoffen oder miteinander bilden. Wir betrachten hier nur Hexosen.

Alle Monosaccharide sind in Wasser leicht löslich, haben süßen Geschmack und lassen sich meistenteils krystallisieren. Sie kommen in der Hauptsache im Zellsaft vor. Der wichtigste unter den Monosacchariden ist der Traubenzucker, der den süßen Geschmack von Weintrauben, Datteln usw. bedingt und öfters als Glykose bezeichnet wird. Er dreht polarisiertes Licht nach rechts und wird daher auch Dextrose genannt [1]).

Im Honig, Obst usw. kommt gemeinsam mit Glykose Fruchtzucker oder Fruktose vor, der sich von Glykose durch eine stärkere Löslichkeit in Wasser, eine geringere Krystallisierbarkeit und eine Linksdrehung des polarisierten Lichts unterscheidet und der öfter auch Lävulose genannt wird. Außerdem stellt dieser Zucker Ketoalkohol dar, während Glykose Aldoalkohol ist [2]):

---

[1]) Schwingungen von Ätherteilchen in gewöhnlichen Lichtstrahlen finden nach allen möglichen Richtungen hin statt, während diejenigen des polarisierten Lichtes in einer Ebene stattfinden, welche als Polarisationsebene bezeichnet wird. Wenn das polarisierte Licht durch eine Glukoselösung in das Auge gelangt, so wird seine Polarisationsebene nach rechts gedreht und man muß daher den Analysator eines Polariskops in der Richtung des Uhrzeigers drehen, um das Licht zu sehen.

[2]) Mit Alkoholen benennt man organische Verbindungen, welche ein oder mehrere Hydroxyle (OH) enthalten. Aldehyde sind Verbindungen, die die sogenannte Carbonylgruppe $-C{<}{}^O_H$ enthalten; Ketone enthalten dieselbe Gruppe, aber in der Mitte der Kohlenstoffkette: $-CO-$. Wenn eine organische Verbindung außer Hydroxylen noch eine Carbonylgruppe enthält, wird sie Aldo- oder Ketoalkohol genannt. Die Carbonylgruppe entsteht durch Oxydation eines Wasserstoffatoms des hydroxyltragenden Kohlenstoffs von Alkoholen, so daß Aldehyde

Glykose: $CH_2(OH)-CH(OH)-CH(OH)-CH(OH)-CH(OH)-CHO$.

Fruktose: $CH_2(OH)-CH(OH)-CH(OH)-CH(OH)-CO-CH_2OH$.

Viel seltener und in der Hauptsache nur in Verbindungen mit anderen Monosacchariden kommt auch Galaktose vor, die eine ähnliche Struktur wie Glykose hat, deren Hydroxyle aber eine andere Lage im Raume einnehmen. Galaktose dreht polarisiertes Licht stärker als Glykose und wird zu in Wasser unlöslicher Schleimsäure oxydiert.

$$
\begin{array}{cccc}
\text{H} & \text{H} & \text{OH} & \text{H} \\
| & | & | & | \\
CH_2OH-\text{C}-\text{C}-\text{C}-\text{C}-\text{CHO} \\
| & | & | & | \\
\text{OH} & \text{OH} & \text{H} & \text{OH}
\end{array}
\qquad
\begin{array}{cccc}
\text{H} & \text{OH} & \text{OH} & \text{H} \\
| & | & | & | \\
CH_2OH-\text{C}-\text{C}-\text{C}-\text{C}-\text{COH} \\
| & | & | & | \\
\text{OH} & \text{H} & \text{H} & \text{OH}
\end{array}
$$

Glykose.   Galaktose.

Wie andere Aldehyde und Ketone besitzen auch Monosaccharide reduzierende Eigenschaften; sie entnehmen von verschiedenen chemischen Verbindungen Sauerstoff und verwandeln sich dabei in Säuren[1]). Beim Erwärmen alkalischer Lösungen von blauem Kupferhydroxyd („Fehlingsche Lösung") mit Monosacchariden wird es zu rotem Kupferoxydul reduziert. Unter ähnlichen Bedingungen wird ammoniakalisches Silberoxyd zu metallischem Silber reduziert, wobei sich das letztere an die Gefäßwände absetzt und dieselben spiegelglänzend macht. Alle Monosaccharide sind zur Zeit künstlich dargestellt (EM. FISCHER, 1890).

Disaccharide sind, wie Monosaccharide, in Wasser leicht löslich, lassen sich gut krystallisieren und haben süßen Geschmack. Theoretisch kann man sich die Bildung des Moleküls von Disacchariden aus zwei Molekülen von Monosacchariden unter Austritt eines Wassermoleküls denken: $2\,C_6H_{12}O_6 = C_{12}H_{22}O_{11} + H_2O$.

Leider ist es bis jetzt noch nicht gelungen, alle in den Pflanzen vorkommenden Disaccharide aus Monosacchariden künstlich darzustellen. Die Zersetzung der Disaccharide zu Monosacchariden unter der Aufnahme eines Wassermoleküls, d. h. die Hydrolyse, gelingt aber sehr gut, wenn man als Katalysator eine starke Säure (z. B. Salzsäure) verwendet und die Lösung erwärmt.

---

und Ketone als Oxydationsprodukte von Alkoholen aufzufassen sind. R bedeutet eine Kohlenstoffkette, z. B. $CH_3-CH_2-CH_2-$, CH_3-CH_2- usw.

$$R-C{<}^{\text{H}}_{\text{(OH)}}\!\!\diagdown^{\text{H}} + O = R-C{<}^{\text{H}}_{\text{(OH)}}\!\!\diagdown^{\text{OH}} = R-C{<}^{\text{H}}_{\text{O}} + H_2O;$$

$$R-CH(OH)-R + O = R-CO-R + H_2O.$$

[1]) Bei der Oxydation von Aldehyden erhält man organische Säuren, die die sogenannte Carboxylgruppe (COOH) enthalten:

$$R-C{<}^{\text{H}}_{\text{O}} + O = R-C{<}^{\text{OH}}_{\text{O}}.$$

Der Wasserstoff dieser Gruppe kann durch das Metall einer Base ersetzt werden, wobei Salze entstehen: $R-C{<}^{\text{OH}}_{\text{O}} + KOH = R-C{<}^{\text{OK}}_{\text{O}} + H_2O$. Die bei der Oxydation der Galaktose entstehende Schleimsäure $COOH \cdot CH(OH) \cdot CH(OH)- -CH(OH) \cdot CH(OH) \cdot COOH$ ist in Wasser unlöslich, während das entsprechende Oxydationsprodukt der Glykose, Zuckersäure, in Wasser gut löslich ist.

Unter den Disacchariden ist der Rohrzucker oder die Saccharose, die aus Zuckerrohr und in Mitteleuropa aus Zuckerrübe erhalten wird, die wichtigste. Die Hydrolyse dieser Zuckerart ergibt Glykose und Fruktose: $C_{12}H_{22}O_{11} + H_2O = C_6H_{12}O_6 + C_6H_{12}O_6$. Das Gemisch beider Monosaccharide, das bei der Hydrolyse von Rohrzucker entsteht, wird öfters als Invertzucker bezeichnet, weil es polarisiertes Licht links dreht, während Rohrzucker rechtsdrehend ist. Fehlingsche Lösung und ammoniakalisches Silberoxyd lassen sich durch Rohrzucker nicht reduzieren, weil Aldehyd- und Ketongruppen (Carbonyle) im Molekül desselben fehlen.

Unter den anderen Disacchariden sind Malzzucker oder Maltose, die in keimenden Samen vorkommt, und Milchzucker oder Laktose, die den süßen Geschmack der Milch bedingt, am meisten studiert. Beide Disaccharide reduzieren Fehlingsche Lösung, so daß sie sicher Carbonylgruppen enthalten. Die Hydrolyse von Maltose ergibt zwei Moleküle von Glykose, während Laktose sich zu Glykose und Galaktose zersetzt; $C_{12}H_{12}O_{11} + H_2O = 2C_6H_{12}O$. Maltose ist künstlich erhalten.

Was nun die Polysaccharide anbelangt, so sind sie in Wasser gar nicht oder nur kolloidal löslich (vgl. S. 9) und lassen sich nur selten krystallisieren. Das Molekül derselben kann man als eine komplizierte Verbindung mehrerer Moleküle von Monosacchariden ansehen, ·die sich infolge Wasseraustritts unter Zerstörung der Carbonylgruppen bildet. Auf jedes Monosaccharidmolekül wird ein Wassermolekül abgegeben: $nC_6H_{12}O_6 = (C_6H_{10}O_5)_n + nH_2O$. Am Aufbau des Moleküls von Polysacchariden können nicht nur verschiedene Hexosen, sondern auch Pentosen beteiligt sein.

Die künstliche Darstellung der in der Natur vorkommenden Polysaccharide ist bis jetzt nicht gelungen, obwohl die Hydrolyse derselben zu Monosacchariden bei Verwendung von starken Säuren als Katalysatoren gut gelingt, wobei Disaccharide öfters als Zwischenprodukte entstehen. Je nach der Löslichkeit in Wasser und nach ihrer Hydrolysierbarkeit unterscheidet man gewöhnlich folgende vier Gruppen von Polysacchariden:

a) Zellulosen, die in Wasser unlöslich sind, lösen sich nur in ammoniakalischer Lösung von Kupferhydroxyd („Schweizersche Lösung") und lassen sich nur durch konzentrierte Säuren hydrolysieren. Sie bilden die Hauptmasse der Zellwände der Pflanzen.

b) Hemizellulosen, die in Wasser unlöslich sind, lassen sich schon durch verhältnismäßig verdünnte Säuren (z. B. durch eine 1 bis 5 proz. Salzsäure) hydrolysieren. Sie bilden Zellwände in den Palmensamen und stellen Reservestoffe dar, die bei der Keimung verbraucht werden.

c) Stärke und andere ähnliche Stoffe (Amylodextrin, Agar-Agar, Inulin) sind in kaltem Wasser unlöslich, quellen aber in heißem Wasser oder bilden kolloide Lösungen in demselben. Sie lassen sich durch verdünnte Säuren hydrolysieren und werden durch Jod (blau, violett oder rot) gefärbt.

d) **Gummiarten** (Kirschgummi, Gummi arabicum, Dextrine) sind in kaltem Wasser kolloidal löslich, lassen sich durch verdünnte Säuren leicht hydrolysieren und werden durch Jod nicht gefärbt.

Das Molekulargewicht der aufgezählten Polysaccharide nimmt von Zellulosen nach Gummiarten hin ab, aber das Molekül der einfachsten von ihnen ist von mindestens 10 Monosaccharidmolekülen gebaut (Molekulargewicht > 1800). Es ist also verständlich, daß die Hydrolyse von Polysacchariden der drei ersten Gruppen zunächst zur Bildung einfacherer Polysaccharide und Disaccharide führt. So ruft z. B. die Hydrolyse von Zellulose durch verdünnte Schwefelsäure (2 Teile Säure und 1 Teil Wasser) die Verwandlung derselben in Amyloid hervor, das in Wasser unlöslich ist, durch Jod blau oder violett gefärbt wird und offenbar zur Stärkegruppe gehört. Eine weitere Hydrolyse spaltet Amyloid zu Dextrinen (Gummigruppe) und erst Kochen mit Säuren ergibt Glykose.

Auch Stärke, die im Protoplasma oder im Zellsaft in Form von Körnern vorkommt, wird durch Hydrolyse zunächst in Amylodextrin verwandelt, das in kaltem Wasser unlöslich ist und durch Jod rot gefärbt wird. Erst durch weitere Hydrolyse wird Amylodextrin zu Dextrin gespalten, das keine Färbung mit Jod zeigt und sich beim Kochen mit Säuren in Glykose verwandelt. Stärkekörner stellen Sphärokrystalle dar und bestehen aus nadelförmigen, radial geordneten Kryställchen von zwei Arten von Polysacchariden. Bei Erhitzen von Stärkekörnern in Wasser ($60-70^\circ$ C) reagieren die Polysaccharide, welche die Peripherie des Stärkekorns bilden, mit Wasser und verwandeln sich in Amylopektin, das im Wasser unlöslich ist, aber in ihm außerordentlich stark quillt. Infolgedessen vergrößert sich das Körnervolumen nach Erhitzen in Wasser um das fünfzigfache oder noch mehr, und Stärke verwandelt sich in Kleister. Die Polysaccharide, die sich im Korninnern befinden, verwandeln sich dabei in Amylose, die in Wasser eine feine Emulsion oder kolloide Lösung bildet. Nach dem Zerbrechen der Amylopektinhüllen (durch Zerreiben mit Sand oder durch Kochen von Weizenstärke in Wasser) und Abzentrifugieren derselben wird Amylose befreit und bildet lösliche Stärke.

Die Polysaccharide (wenn sie in Wasser löslich sind) bilden nur kolloide Lösungen und können also in das Protoplasma praktisch nicht eindringen. Aber auch Disaccharide permeieren nur langsam durch dasselbe. Um also diese Arten von Kohlenhydraten als Nährstoffe auszunützen, muß die Pflanze Enzyme ausscheiden, die sie in Disaccharide und schneller eindringende Monosaccharide verwandeln können. Solche Enzyme sind in der Tat überall im Pflanzenreich verbreitet und die wichtigsten von ihnen sind in der folgenden Übersicht angegeben. Man benennt sie mit besonderen Namen, die gewöhnlich von denjenigen der betreffenden Kohlenhydrate mit Zufügung der Endung „ase" abgeleitet werden.

a) Bei der Samenkeimung bilden sich in den Endosperm- und Keimzellen Stärke hydrolysierende Enzyme, die unter dem gemeinsamen

Namen Diastase („Amylase") bekannt sind. Das Gemisch dieser Enzyme läßt sich aus Malz durch Wasser oder Glyzerin extrahieren und durch wiederholtes Ausfällen mit Alkohol und Auflösen in Wasser reinigen. Schon bei Zimmertemperatur (besser bei 50—60° C) hydrolysiert Diastase Stärke zunächst zu Amylodextrin, das sich durch weitere Enzymwirkung in Dextrin und schließlich in Maltose verwandelt. Die letztere kann jedoch durch Diastase nicht weiter zu Glykose gespalten werden, wie dies bei der Hydrolyse durch Säuren der Fall ist. Somit ist die Wirkung der Diastase, wie überhaupt diejenige der Enzyme, spezifisch und erstreckt sich nur auf Stärke und Dextrine.

b) Bei der Keimung der Samen, die Hemizellulosen als Reservestoffe enthalten, und bei anderen Prozessen, die von einer Auflösung der Zellwände begleitet werden, bilden sich Zellulose und Hämizellulose spaltende Enzyme, die gewöhnlich als Cytasen („Zellulasen") bezeichnet werden. Sie werden auch durch verschiedene parasitische Pilze und Bakterien ausgeschieden, die die Zellwände als Nahrung verwenden, und verwandeln Zellulosen in Glykose, Hemizellulosen in ein Gemisch von Glykose, Galaktose und Arabinose (Pentose).

c) In einigen keimenden Samenarten bildet sich außer der Diastase die sogenannte Maltase, welche Maltose weiter zu Glykose spaltet. Maltase wird auch von allen Hefearten ausgeschieden, welche sich im Malzextrakt und in der Würze gut entwickeln.

d) In keimenden Samen, Blättern, Früchten, bei Hefearten usw. bildet sich ein Enzym, das Rohrzucker in Invertzucker verwandelt und Invertin (oder Invertase bzw. Saccharase) genannt wird. Dieses Enzym macht eine üppige Entwicklung aller Hefearten in Rohrzuckerlösungen möglich.

e) Einige Hefearten enthalten außer Maltase und Invertase noch Laktase, die Milchzucker (Laktose) zu einem Gemisch von Glykose und Galaktose spaltet und diesen Hefearten ein üppiges Wachstum in Milch ermöglicht.

12. Fette und die sie spaltenden Enzyme.

Durch Fette bezeichnet man organische Verbindungen, die gewöhnlich aus Fettsäuren und Glyzerin nach dem Typus von Estern gebaut sind und auch Glyzeride genannt werden[1]). Die verbreitetsten am Aufbau von Fetten beteiligten organischen Säuren sind feste Palmitinsäure $C_{15}H_{31}CO_2H$, Stearinsäure $C_{17}H_{35}CO_2H$ und flüssige Oleinsäure $C_{17}H_{33}CO_2H$. Die entsprechenden Verbindungen mit Glyzerin sind ebenfalls fest oder flüssig. Pflanzliche Fette enthalten in der Hauptsache Oleinsäure und sind gewöhnlich flüssig („Öle").

---

[1]) Organische Säuren (vgl. Anm. 1, S. 40) reagieren nicht nur mit Basen, sondern auch mit Alkoholen, wobei sich Ester bilden, deren chemische Struktur derjenigen von Salzen analog ist. Säure + Base = Salz + Wasser; Säure + Alkohol = Ester + Wasser: $R—COOH + ROH = RCOOR + H_2O$. Glyzerin ist ein drei Hydroxyle haltiger (dreiatomiger) Alkohol: $CH_2(OH)—CH(OH)—CH_2(OH)$ und kann sich mit drei Säuremolekülen verbinden: $3\,RCOOH + CH_2(OH)—CH(OH)——CH_2(OH) = CH_2(COOR)—CH(COOR)—CH_2(COOR)$.

Unter Einwirkung von Mineralsäuren, Wasser und hoher Temperatur zerfallen Fette zu Glyzerin und freien Fettsäuren, wobei Mineralsäuren wie Katalysatoren wirken.

$$C_3H_5(COOC_{15}H_{31})_3 + 3\,H_2O = C_3H_5(OH)_3 + 3\,C_{15}H_{31}COOH.$$

In allen fetthaltigen Samen (z. B. in Mohn-, Lein-, Senf- und Kürbissamen), bei Schimmelpilzen, Hefearten usw. kommen Enzyme vor, die Fette zu Glyzerin und freien Fettsäuren spalten und als Lipasen bezeichnet werden. Glyzerin dringt, wie wir wissen, leicht in das Protoplasma ein und kann somit direkt als Nährstoff verwendet werden, während Fettsäuren nur wenig löslich sind und in der Pflanze gewöhnlich einer Oxydation unterliegen.

13. Eiweißkörper und die sie spaltenden Enzyme.

Als Eiweißkörper bezeichnet man stickstoffhaltige organische Stoffe, die sich aus α-Aminosäuren[1]) unter Austritt von Wasser bilden, ähnlich wie Polysaccharide aus Monosacchariden. Bei der Bildung von Eiweißkörpern entsteht Wasser auf Kosten der Carboxyl- und Aminogruppen, und die Aminosäuren werden gekuppelt.

$$CH_3 \cdot CH(NH_2) \cdot COOH + CH_2(NH_2)COOH =$$
$$= H_2O + CH_3CH(NH_2)CO-NHCH_2 \cdot COOH.$$

Da das entstehende Reaktionsprodukt die beiden Gruppen (COOH und NH$_2$) wieder enthält, so kann es sich weiter mit Aminosäuren verbinden und eine noch kompliziertere Säure bilden.

$$CH_3CH(NH_2)CO-NH \cdot CH_2 \cdot COOH + 2\,CH_3CH \cdot (NH_2)COOH =$$
$$= 2\,H_2O + CH_3 \cdot CHCO-NHCH_2CO-NH \cdot CH \cdot COOH$$
$$\underset{NH-CO \cdot CH(NH_2) \cdot CH_3}{\mid} \qquad \underset{CH_3.}{\mid}$$

Die neu gebildete Verbindung enthält ebenfalls eine Carboxyl- und eine Aminogruppe und kann also von neuem mit Aminosäuren reagieren. Es eröffnet sich also der Weg eines unendlichen Zusammenfügens der Aminosäuremoleküle zu einer unendlich großen Reihe:

$$CH(NH_2) \cdot CO-NH \cdot CH \cdot CO-NH \cdot CH \cdot CO-NH \cdot CH \cdot CO-\ldots$$
$$\underset{R_1}{\mid} \qquad \underset{R_2}{\mid} \qquad \underset{R_3}{\mid} \qquad \underset{R_4}{\mid}$$
$$\ldots -NH \cdot CH \cdot COOH$$
$$\underset{R_n.}{\mid}$$

Die Produkte der gegenseitigen Verbindung der Aminsäuremoleküle enthalten eine charakteristische Gruppierung von Kohlenstoff- und Stick-

---

[1]) Als Aminosäuren bezeichnet man organische Säuren, deren Wasserstoff durch NH$_2$ (Aminogruppe) ersetzt ist. α-Aminosäuren sind solche Aminosäuren, die (NH$_2$) am der Carboxylgruppe nächst liegenden Kohlenstoff enthalten. Ist z. B. Propionsäure CH_3-CH_2-COOH der Einwirkung von Chlor und nachher derjenigen von Ammoniak unterworfen, so bilden sich Aminopropionsäuren $CH_2(NH_2)-CH_2-COOH$ und $CH_3-CH(NH_2)-COOH$, von denen die letztere α-Aminopropionsäure ist.

stoffatomen —NH—CH—CO—NH—, die nur wenigen organischen Stoffen außer Eiweißkörpern eigen ist. Alle Stoffe, die solche ·Atomgruppierung enthalten, zeigen, in alkalischer Lösung, nach Zusatz einiger Tropfen von Kupfervitriollösung violette Färbung — eine sehr wichtige Reaktion der Eiweißstoffe (Biuretreaktion).

Die einfachsten chemischen Verbindungen, die aus wenigen Molekülen α-Aminosäuren bestehen, werden gewöhnlich als Peptide bezeichnet (Di-, Tri- und Polypeptide je nach der Anzahl der Aminosäuren-Moleküle). EMIL FISCHER ist es gelungen Polypeptide, die 18 Moleküle Aminosäuren enthalten, künstlich darzustellen. Was aber die natürlichen Eiweißkörper anbelangt, so sind sie noch nicht dargestellt worden; auch ist die Anzahl der sie bildenden Aminosäuren-Moleküle sowohl als auch ihr Molekulargewicht noch nicht festgestellt. Nur Hämoglobin (der bekannte Farbstoff der roten Blutkörperchen) bildet molekulare Lösungen mit Wasser und sein Molekulargewicht läßt sich also aus dem osmotischen Drucke der Lösungen bestimmen. Das Molekulargewicht von Hämoglobin läßt sich auch nach den Angaben der chemischen Analyse in der Voraussetzung berechnen, daß sein Molekül nur ein Eisenatom enthält. Die beiden Methoden ergeben übereinstimmende Größen: 15849 und 16669, so daß man die chemische Formel von Hämoglobin folgendermaßen schreiben kann: $C_{758}H_{1203}N_{195}O_{218}FeS_3$.

Die Hydrolyse von Eiweißkörpern gelingt nur durch konzentrierte Mineralsäuren und hohe Temperatur und ergibt zunächst einfachere, gut lösliche und osmierende Eiweißkörper, die Albumosen und Peptone genannt werden. Die ersteren bilden hydrophil-kolloide Lösungen und werden durch Salzüberschuß ausgefällt, während Peptone molekulare Lösungen bilden und sehr leicht durch Membranen diffundieren. Weitere Hydrolyse verwandelt diese Körper in Peptide und schließlich in α-Aminosäuren. Unter diesen sind Glykokoll, Alanin, Leucin, Asparaginsäure, Tyrosin, Cystin und Arginin die wichtigsten[1]).

Die Anwesenheit von Tyrosin in allen Eiweißkörpern bedingt die zwei wichtigsten Reaktionen derselben: sie werden durch starke Sal-

---

[1]) Glykokoll ist Aminoessigsäure: $CH_2(NH_2) \cdot COOH$; Alanin α-Aminopropionsäure: $CH_3 \cdot CH(NH_2) \cdot COOH$; Leucin α-Aminoisobutylessigsäure: $\frac{CH_3}{CH_3}{>}CH \cdot CH_2-$ $-CH(NH_2) \cdot COOH$; Asparaginsäure α-Aminobernsteinsäure: $COOO \cdot CH(NH_2)-$ $-CH_2 \cdot COOH$ und Tyrosin ist para-oxy-Phenylalanin $C_6H_4(OH) \cdot CH_2 \cdot CH(NH_2)-$ $-COOH$, enthält also Phenyl $C_6H_4(OH)$, das einen Rest von Phenol oder Karbolsäure $C_6H_5(OH)$ darstellt. Phenol reagiert (auch in Verbindungen) mit starker Salpetersäure, wobei gelbgefärbtes Nitrophenol entsteht: $C_6H_5(OH) + HNO_3 =$ $= C_6H_4(OH) \cdot NO_2 + H_2O$. Mit salpetersaurem Quecksilberoxyd und Oxydul (Millonsche Lösung) gibt Phenol rotgefärbte Verbindungen. Cystin enthält Schwefel: $COOH \cdot CH(NH_2) \cdot CH_2 - S - S - CH_2 \cdot CH(NH_2) \cdot COOH$. Arginin ist Guanidin-$\alpha$-Aminvaleriansäure: $HN : C(NH_2)NH \cdot CH_2CH_2 \cdot CH_2 \cdot CH(NH_2) \cdot COOH$. Außer den oben erwähnten α-Aminosäuren enthalten die meisten Eiweißkörper noch Valin (α-Aminovaleriansäure), Glutaminsäure (α-Aminoglutarsäure), Phenylalanin, Serin (α-Amino-β-Oxypropionsäure), Lysin ($\alpha\,\varepsilon$-Diaminocapronsäure), Histidin (α-Amino-β-Imidasolpropionsäure), Promin (α-Pyrrolidincarbonsäure) und Tryptophan (Indolaminopropionsäure).

petersäure gelb (Xanthoproteinreaktion) und durch Erhitzen mit Millonscher Lösung (Gemisch von salpetersaurem Quecksilberoxyd und -oxydul) rot gefärbt. Die Anwesenheit von Cystin bedingt Schwärzung von Eiweißkörpern durch Erhitzen mit Kalilauge und Bleiessig. Cystin enthält mit Wasserstoff verbundenes Schwefel, das durch KOH in Schwefelwasserstoff verwandelt wird, der mit Bleiessig schwarzes Bleisulfid bildet.

Alle in der Pflanze vorkommenden Eiweißkörper kann man in drei Gruppen einteilen: 1. Proteine (oder Eiweiße), 2. Proteide und 3. Umwandlungsprodukte.

Proteine werden ihrerseits in Albumine, Globuline und Vitelline (oder Caseine) geteilt. Albumine sind in reinem Wasser löslich, Globuline lösen sich nur in Salzlösungen und Vitelline lösen sich weder in Wasser noch in Salzlösungen, werden aber durch schwache Alkalien gelöst, wobei sich salzartige Verbindungen der letzteren mit Eiweißen (Alkalialbuminate) entstehen (die Carboxylgruppe von Eiweiß vertauscht ihren Wasserstoffatom gegen Metall).

Proteide sind Verbindungen von Proteinen mit anderen kompliziert gebauten Körpern, die eine ganz andere chemische Struktur haben und öfters außer N und S noch P enthalten. Proteide können in Wasser löslich oder unlöslich sein, lösen sich nicht selten in Salzlösungen oder gleichen in ihren Eigenschaften Vitellinen. Von den Proteiden sind Nucleoproteide, die im Zellkern (Nucleus) gefunden wurden, am besten bekannt. Schwache Hydrolyse bewirkt eine Spaltung derselben zu Proteinen und Nucleinen, deren weitere Spaltung Proteine und Nucleinsäuren ergibt. Starke Hydrolyse ruft einen Zerfall der letzteren zu Phosphorsäure, Pyrimidin- und Purinbasen, die nur aus H, O, C und N bestehen (also kein Schwefel)[1].

Eiweißkörper hydrolysierende Enzyme sind in Pflanzenzellen wohl verbreitet, kommen aber in größeren Mengen nur in keimenden Samen vor. Auch Schimmelpilze, Hefe, Bakterien u. a. können sie enthalten und ausscheiden. Man unterscheidet Proteinasen, die Proteine zu Albumosen und Peptonen spalten und Peptasen, die eine weitere Hydrolyse zu α-Aminosäuren bewirken. Unter der Einwirkung von Proteinasen zerfallen Nucleoproteide zunächst zu Proteinen, die sich im weiteren in Albumosen und Peptone verwandeln, und zu in Wasser unlöslichen Nucleinen, die durch eine längere Wirkung derselben Enzyme oder schneller durch Peptasen zu Nucleinsäuren gespalten werden. Die letzteren können aber nur durch besondere Enzyme (Nucleinasen) hydrolysiert und in Lösung gebracht werden.

14. Eigentümlichkeiten der Enzymwirkung.

Aus der Beschreibung verschiedener Enzyme wissen wir, daß, im Gegensatz zu Säuren, welche als allgemein wirkende Katalysatoren funktionieren, Enzyme nur auf bestimmte organische Körper katalytisch ein-

---

[1] Die wichtigsten Pyrimidinbasen sind: Thymin $C_5H_5O_2N_2$, Cytosin $C_4H_5ON_3$ und Uracil $C_4H_4O_2N_2$; die wichtigsten Purinbasen sind: Xanthin $C_5H_4N_4O_2$, Hypoxanthin $C_5H_4N_4O$, Adenin $C_6H_5N_5$ und Guanin $C_5H_5N_5O$.

wirken können. So kann z. B. Diastase, die Stärke in Maltose verwandelt, keine Hydrolyse von Rohrzucker hervorrufen und umgekehrt ist Invertin nicht imstande, eine Hydrolyse von Stärke bildenden Polysacchariden zu bewirken. Maltase übt keine Wirkung auf Laktose aus, während Laktase Maltose unverändert läßt. Die Ursache solcher spezifischen Enzymwirkung ist zur Zeit unbekannt; es scheint aber, daß sie in der chemischen Zusammensetzung und Konstitution der Enzyme liegt. Aber nicht nur die Konstitution, sondern auch die Zusammensetzung der Enzyme ist nicht genau bekannt, und man kennt sogar die Enzymmenge nicht, die bei Behandlung der Pflanze mit Wasser oder Glyzerin in Lösung übergeht. Nur in einigen Fällen ist es gelungen, die chemische Zusammensetzung annähernd festzustellen. Gewöhnlich enthalten Enzyme außer C und H noch wenigstens O und manchmal auch N.

Außer ihrer Fähigkeit, nur auf bestimmte organische Körper einzuwirken, unterscheiden sich Enzyme von anorganischen Katalysatoren durch ihre Unbeständigkeit, weil sie unter Einwirkung verschiedener Eingriffe ihre katalytische Kraft leicht verlieren. So wird z. B. die enzymatische Fähigkeit durch eine lange Aufbewahrung der Enzyme vielfach geschwächt und schließlich vernichtet. Erhitzen auf 70—80° C vernichtet die katalytische Tätigkeit der meisten Enzyme ebenfalls, während Erhitzen auf 100° C auch die beständigsten von ihnen zerstört. Eine vernichtende Wirkung auf Enzyme üben auch verschiedene Gifte (z. B. Sublimat, Blausäure) und starkes Licht aus.

Im Gegensatz zu anorganischen Katalysatoren beteiligen sich wahrscheinlich Enzyme zum Teil an den chemischen Reaktionen, die sie hervorrufen. Nur dadurch kann man ihre Spezifität und auch die von ihnen hervorgerufene Veränderung des chemischen Gleichgewichts dieser Reaktionen erklären. Alle anorganischen Katalysatoren sistieren ihre Wirkung, wenn die Konzentration der Reaktionsprodukte eine bestimmte Größe erreicht, die dem chemischen Gleichgewicht zwischen der Menge des noch nicht zersetzten Stoffes und der seiner Zersetzungsprodukte entspricht, obwohl die Katalysatoren die Hydrolyse mit verschiedener Geschwindigkeit hervorrufen. Die Hydrolyse durch Enzyme hört aber gewöhnlich bei einer niedrigeren Konzentration der Spaltungsprodukte auf.

Nach dem Massenwirkungsgesetz muß das Verhältnis zwischen der Konzentration eines Stoffes und der seiner Spaltungsprodukte nach dem Aufhören der Reaktion konstant bleiben. Wenn somit ein passender Katalysator in die Lösung der Spaltungsprodukte eines organischen Stoffes eingetragen wird, so können wir eine teilweise Synthese dieses Stoffes aus seinen Spaltungsprodukten erwarten. Es ist also sehr wahrscheinlich, daß es in der Pflanze nicht nur hydrolysierende, sondern auch synthesierende Enzyme gibt, die einfachere organische Stoffe in kompliziertere verwandeln.

Um unsere Übersicht über die Enzymwirkung zu schließen, möchten wir noch darauf aufmerksam machen, daß Enzyme öfters nur kolloidal löslich sind und durch das lebende Protoplasma nur schwierig oder gar nicht osmieren können. Solche Enzyme werden gewöhnlich als Endoenzyme bezeichnet. Zu solchen Enzymen gehören z. B. Lipasen und auch Invertase der Hefe, die nur sehr langsam aus den Zellen heraustritt. Es gibt aber auch Invertasen (z. B. bei der Hefe Monilia), die aus der Zelle gar nicht heraustreten können. Außerdem soll hier noch eine andere Eigentümlichkeit der Enzymwirkung erwähnt werden. Viele Enzymen sind in den Zellen in inaktiver Form vorhanden und können ihre Aktivität nur unter Einwirkung anderer Stoffe, die öfters als Aktivatoren oder Co-Enzyme bezeichnet werden, erlangen.

B. Beschreibung und Erklärung der Stoffwechsel-erscheinungen der Pflanze.

I. Wasser in der Pflanze.

1. Bedeutung von Wasser für die Pflanze.

Wie früher erwähnt, enthält die Pflanze stets eine bedeutende Menge von Wasser, das zum Teil in gelöster Form in den Zellwänden, im Protoplasma und seinen Einschlüssen vorkommt, in der Haupt-sache aber den Zellsaft (Vakuolen) bildet.

Versuche, Pflanzen zu entwässern, führen ausnahmslos zum Still-stand des Lebens, d. h. zum Aufhören der Lebenserscheinungen und schließlich zum Absterben, das bei Samenpflanzen gewöhnlich nach dem Verlust · der Hälfte des in ihnen enthaltenen Wassers beginnt. Aber auch in den seltenen Fällen, in welchen Pflanzen einen Verlust von $^9/_{10}$ ihres Wassers ertragen (dieser Fall wird z. B. bei Sedum beobachtet), enthalten dieselben nach solchem Wasserverlust noch min-destens 30 % Wasser[1]). Ein stärkerer Wasserverlust verursacht aber stets den Tod höherer Pflanzen.

Beim Welken nimmt das Zellvolumen stark ab, die Turgorerschei-nung verschwindet und die zusammengeknitterten Zellwände drücken allerseits auf das Protoplasma, welches bald eine mechanische Koagu-lation zeigt und abstirbt (vgl. S. 10).

Einige Sporenpflanzen, z. B. Moose, Flechten, Bakterien, und auch Samen können in der Luft austrocknen, ohne ihre Lebensfähigkeit ein-zubüßen. Solche ausgetrockneten Pflanzen, die sich leicht zu Pulver zer-reiben lassen, enthalten jedoch immer noch 8—14 % Wasser, dessen Entfernung nur schwierig gelingt und gewöhnlich zum Absterben führt[2]).

Nicht nur als Bestandteil der lebenden Materie ist Wasser für die Lebensfähigkeit der Pflanze notwendig. Es bildet auch ein ausgezeich-netes Lösungsmittel für am Stoffwechsel beteiligte Substanzen, die wie

---

[1]) Sedum enthält 80 % Wasser, d. h. eine 100 g schwere Pflanze enthält 80 g Wasser. Nach Verlust von $^9/_{10}$ ihres Wassers wiegt die Pflanze 28 g und enthält 8 g Wasser, d. h. ungefähr 30 %.

[2]) Die Wasserreste können nur im Exsikkator und unter Erwärmen · ent-fernt werden.

andere Stoffe nur in gelöstem Zustand mit einer genügend großen Geschwindigkeit miteinander chemisch reagieren können. Auch das Eindringen dieser Substanzen in die Zelle und ihre Ausscheidung nach außen ist, wie wir wissen, erst nach ihrer Auflösung in Wasser möglich. Infolgedessen hört der Stoffwechsel nach dem Austrocknen auch in denjenigen Fällen auf, in welchen die Pflanze das Austrocknen selbst erträgt.

Zum Schluß soll noch erwähnt werden, daß grüne Pflanzen Wasser als Ausgangsmaterial für die Darstellung organischer Stoffe aus Kohlendioxyd ausnützen.

Das Wasser stellt also einen notwendigen Nährstoff für alle Pflanzen dar und muß stets zu ihrer Verfügung gestellt werden.

2. Wasseraufnahme durch die Pflanze.

Es gibt bekanntlich Pflanzen, die ihr ganzes Leben hindurch im Wasser verbringen, so z. B. Algen und höhere Wasserpflanzen. Die Wasseraufnahme findet bei solchen Pflanzen durch ihre ganze mit Wasser bedeckte Oberfläche statt, weil ihre Kutikula (d. h. ein ihre Oberflächenzellen von außen bekleidendes Häutchen) nur schwach entwickelt und nur wenig mit fettartigen Stoffen durchtränkt ist (vgl. S. 18). In Übereinstimmung damit ist die Wurzel solcher Pflanzen, wenn sie überhaupt vorhanden ist, stark reduziert und dient in der Hauptsache nur zur Befestigung der Pflanze.

Was nun die Landpflanzen anbelangt, so erhält die Mehrzahl derselben Wasser aus dem Boden, das sie mit ihrer Wurzel aufsaugen. Nur Pflanzen, die dünne und zarte Blätter besitzen, sind imstande, Wasser direkt mit ihrer Blattoberfläche aufzunehmen, weil die Kutikula solcher Pflanzen schwach entwickelt ist und Wasser durchläßt. Die Abb. 4 zeigt, daß in diesem Falle die Wasseraufnahme durch die Blätter genügt, um den Zweig im frischen Zustande zu erhalten. Es ist aber verständlich, daß die Wasseraufnahme mit den Blättern in der Natur nur eine untergeordnete Rolle spielen kann und das Wasserbedürfnis der Pflanze bei weitem nicht zu decken vermag. Die auf Luftwasser (Regen, Tau usw.) an-

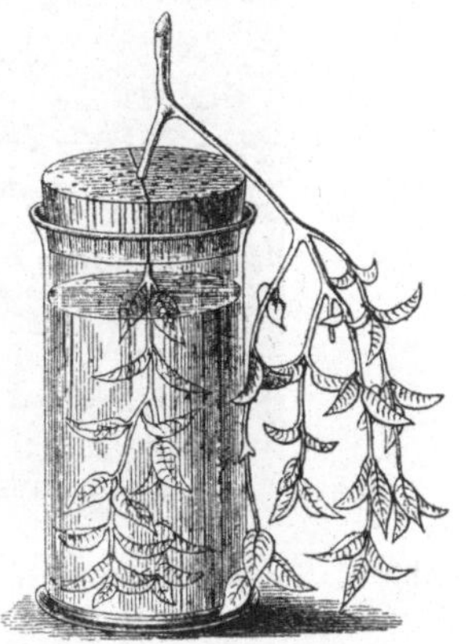

Abb. 4. Wasseraufnahme durch die Blätter. (Nach PFEFFER.)

gewiesenen Pflanzen müssen offenbar befähigt sein, das Austrocknen ohne Schaden zu ertragen, oder irgendwelche Einrichtungen zur Aufnahme und Aufbewahrung solchen Wassers besitzen.

In der Tat sind solche Einrichtungen bei allen höheren Pflanzen ausgebildet, welche keine Wurzeln besitzen oder deren Wurzeln den Erdboden nicht erreichen können. Andererseits ertragen niedrige Pflanzen (die keine Wurzeln besitzen) das Austrocknen. Zu den ersteren gehören Tropenpflanzen, welche sich auf den Zweigen und Stämmen von Tropenbäumen entwickeln und deren Luftwurzeln zur Befestigung der Pflanze und zur Aufnahme von Luftwasser dienen. Besonders viele solche „Epiphyten" sind unter tropischen Orchideen zu suchen, die z. B. auf Abb. 5 zu sehen sind. Die Wurzeloberfläche dieser Pflanzen ist von

Abb. 5. Epiphytische Orchideen, die sich auf einem Tropenbaum entwickeln. (Nach KERNER.)

toten, mit Luft erfüllten Zellen bedeckt, welche eine dicke Scheide um die Wurzel bilden und deren Inneres mit der Außenluft kommuniziert. Bei der Benetzung der Wurzel mit Wasser (z. B. Regen-, Tauwasser) saugen die toten Zellen der Scheide dasselbe auf und behalten es bis zum nächsten Regen. Selbstverständlich können sich Epiphyten nur in einem sehr feuchten Klima entwickeln.

Unsere einheimischen Epiphyten gehören zu den niedrigen Pflanzen (Moosen, Flechten und Algen) und ertragen das Austrocknen gut. Einige von ihnen, so z. B. das Torfmoos Sphagnum, besitzen außerdem in ihren Blättern tote mit Luft erfüllte Zellen, die Regen- und Tauwasser aufsaugen und aufbewahren können.

Wir betrachten jetzt die Wasseraufnahme durch bewurzelte Landpflanzen etwas eingehender.

3. Wasseraufnahme mit der Wurzel.

Bekanntlich wird der Boden unter natürlichen Bedingungen nur periodisch benetzt und die Pflanze hat sehr oft Wasser aus einem trockenen Boden, der nicht mehr als 10—15 % Wasser enthält, aufzunehmen. Dementsprechend muß die Wurzel auf ein großes Bodenvolumen verteiltes Wasser aufzusaugen imstande sein und dazu vor allem eine möglichst große Oberfläche besitzen. In der Tat ist die Wurzel der Landpflanzen bekanntlich sehr stark verzweigt und zerfällt entweder direkt am unteren Stengelende zu einem Bündel sehr zahlreicher dünner Nebenwurzeln (Getreidetypus) oder bildet zunächst eine dicke Pfahlwurzel, die ihrerseits zahlreiche und stark verzweigte Seitenwurzeln trägt (Dikotylentypus). Die Gesamtlänge aller Wurzelzweige erreicht eine enorme Größe, so wird z. B. diejenige von Weizen zu 500 bis 600 m, diejenige einer Kürbispflanze zu 25 km gemessen (SACHS, 1887).

Die unter gleichen Außenbedingungen gewachsenen Pflanzen gleichen Alters, die aber zu verschiedenen systematischen Arten gehören, haben gewöhnlich eine ungleiche Verzweigung und Länge der Wurzeln. Samen von Kiefer (Pinus silvestris), Rottanne (Picea excelsa) und Weißtanne (Abies alba) wurden im Frühling nebeneinander in den Sandboden ausgesät. Im Herbst wurde die Gesamtlänge der Wurzeln der Pflanzen gemessen und zeigte sich bei Kiefer 6 mal größer als bei Rottanne und 12 mal größer als bei Weißtanne. Man ist also berechtigt anzunehmen, daß Kiefern besser als Rottannen und diese besser als Weißtannen zur Wasseraufnahme aus trockenen Böden angepaßt sind.

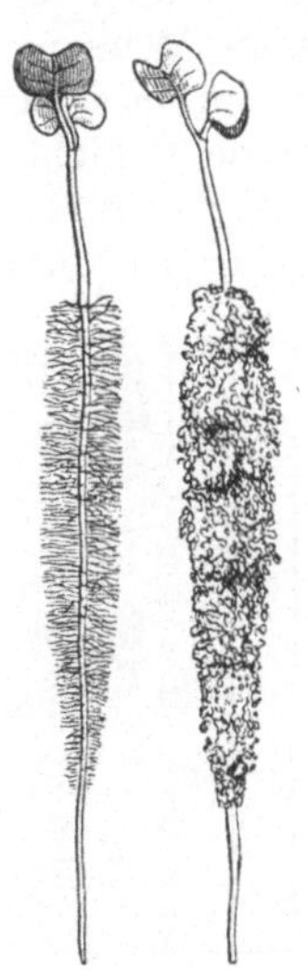

Abb. 6. Junge Senfpflanzen (Sinapis alba), die sich im Sand entwickelt haben und deren Wurzel mit Wurzelhaaren bedeckt ist. Rechts nach dem Abschütteln, links nach der Abwaschung. (Nach SACHS.)

Leider gibt uns die Gesamtlänge der Wurzeln noch kein Maß für die aufsaugende Oberfläche derselben, weil nur ganz junge Wurzeln von einer für Wasser permeablen Haut bekleidet sind, während die Oberfläche älterer Wurzeln allseitig von einem für Wasser impermeablen Korkgewebe bedeckt ist. Aus der Gesamtlänge der Wurzeln kann man also nur annähernd auf die relative Größe der wasseraufsaugenden Wurzeloberfläche schließen. Außerdem wird die Vergrößerung dieser Oberfläche bei der Mehrzahl der Pflanzen auch durch Ausbildung der Wurzelhaare (fadenförmige Fortsätze der Hautzellen) erzielt, die oft eine bedeutende Länge (0,1—8 mm) erreichen und die Wurzeloberfläche sehr dicht bedecken. Man zählt z. B. 430 Haare auf jeden Quadratmillimeter der Wurzeloberfläche von Mais (Zea mays). Durch die Wurzelhaare wird die wasseraufnehmende Oberfläche auf das Vielfache vergrößert (so z. B. bei Mais auf das $5^{1}/_{2}$fache, bei Gerste auf das 12fache, bei Scindapsus auf das 18fache usw.). (Vgl. Abb. 6.)

Um sich den Vorgang der Wasseraufsaugung durch die Wurzel und Wurzelhaare richtig vorzustellen, muß man sich daran erinnern, daß Wasser nur ausnahmsweise Interstitien zwischen Bodenteilchen vollkommen erfüllt (im Moor). Gewöhnlich enthält aber der Boden außer Wasser, das durch Kapillarkräfte festgehalten wird, noch eine bedeutende Luftmenge; Wasser bildet um die Bodenteilchen nur eine dünne Schicht, deren Dicke von der Größe und chemischen Beschaffenheit der Teilchen abhängig ist. Je kleiner dieselben sind, desto größer ist offenbar ihre relative Oberfläche[1]) und desto mehr Wasser

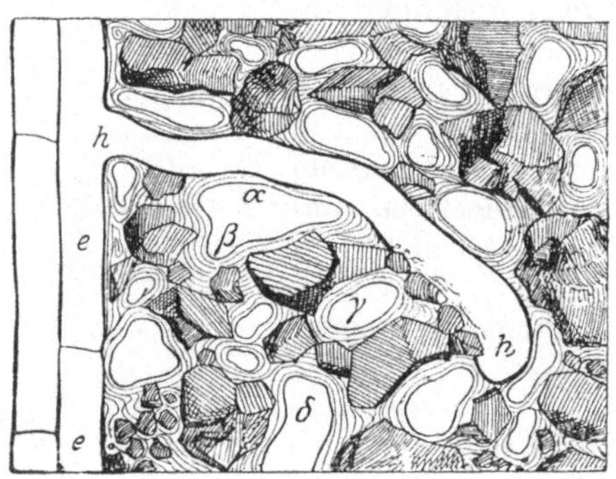

können sie durch ihre Oberflächenkräfte festhalten. In der Tat enthält frisch begossener Lehm- oder Humusboden nach Abfluß überschüssigen Wassers 50 % Wasser (in Volumsprozenten), während feinkörniger Sand 30 %, grobkörniger Sand 10 % und Kies nur 4 % Wasser festhalten kann.

Auf der Abb. 7 ist ein Wurzelhaar zu sehen, das zwischen mit Wasser benetzten Bodenteilchen hineingewachsen ist. An den Berührungsstellen der Bodenteilchen miteinander und mit dem Haar bildet Wasser Menisken, deren Krümmung durch Kapillarkräfte bestimmt wird. Setzen wir voraus, daß das Härchen Wasser am Punkt „α" aufsaugt,

Abb. 7. Schematische Abbildung eines Wurzelhaares h, das einen fadenförmigen Fortsatz der Hautzelle der Wurzel e darstellt, und das zwischen mit Wasser benetzten Bodenteilchen hineingewachsen ist. $α$, $β$ Wasseroberfläche; $γ$, $δ$ Lufträume. Wasser ist mit wellenartigen, Bodenteilchen mit geraden Linien schraffiert. (Nach SACHS und JOST.)

so daß die Dicke der bedeckenden Wasserschicht abnimmt und die Menisken abgeflacht werden. Infolgedessen fließt das die Nachbarteilchen bedeckende Wasser an die Aufsaugungsstelle heran und die Menisken nehmen ihre frühere Form an, die die Bodenteilchen bedeckende

---

[1]) Daß die relative Oberfläche der Teilchen mit Verkleinerung ihrer Größe wächst, kann man sich leicht vorstellen, wenn man sich einen Würfel, dessen Seite 1 cm lang ist, in acht Würfel mit $^{1}/_{2}$ cm Seitenlänge zerschnitten denkt. Die Oberfläche der erhaltenen Würfel ist doppelt so groß wie diejenige des großen Würfels. Wenn wir ihn zu 27 kleinen Würfeln mit $^{1}/_{3}$ cm Seitenlänge zerschnitten hätten, so würde die gesamte Oberfläche dreimal so groß sein wie die Oberfläche des großen Würfels usw.

Wasserschicht wird aber dünner und das Wasser wird mit immer wachsender Kraft durch dieselben festgehalten. Schließlich tritt ein Kraftgleichgewicht ein; das Wasser kann jetzt nicht mehr an die Aufsaugungsstelle heranfließen, das Haar hört auf, es aufzusaugen, und die Pflanze beginnt abzuwelken.

Aus dem angegebenen Schema der Wasseraufsaugung ist zunächst zu ersehen, daß die Wurzel nicht nur ihre Oberfläche benetzendes, sondern auch umgebende Bodenteilchen bedeckendes Wasser aufzunehmen vermag, so daß die Pflanze das Wasser des gesamten von ihren Wurzeln durchdrungenen Bodenvolums ausnützen kann. Andererseits ergibt sich aus dem angeführten Schema, daß die Pflanze abwelken muß, bevor der Boden sein ganzes Wasser abgegeben hat und je größer die Kraft ist, mit welcher der Boden Wasser festhält, desto bedeutender wird der Wassergehalt desselben noch bei Beginn des Abwelkens sein. Wir können also erwarten, daß die Pflanze das im Humus- oder Lehmboden enthaltene Wasser nicht so vollständig ausnützen kann, wie das im Sandboden enthaltene. Unsere Erwartung wird in der Tat durch den Versuch von Sachs (1887), in welchem der Wassergehalt des Bodens nach dem Abwelken der Tabakpflanzen bestimmt wurde, bestätigt.

Boden	Ursprünglicher Wassergehalt in %	Wassergehalt nach dem Abwelken der Tabakpflanzen in %
Sand, gemischt mit Humus	46,0	12,3
Lehmboden	52,1	8,0
Grober Sand	20,8	1,5

Da aber der Lehm- oder Humusboden im gleichen Volumen eine größere Wassermenge enthält als der Sandboden (vgl. S. 52), so ist die absolute Wassermenge, welche die Pflanze aus dem Lehm- oder Humusboden entnehmen kann, größer als diejenige, welche aus dem Sandboden aufgenommen wird.

4. Passive Wasseraufnahme und ihre Ursachen.

Nachdem wir die Äußerlichkeit der Erscheinung der Wasseraufnahme durch die Pflanze kennen gelernt haben, versuchen wir jetzt die Frage zu beantworten, welche inneren Ursachen die Wasseraufnahme ermöglichen.

Wie wir aus dem Kapitel 6 und 7 (I. Teil, A) wissen, stellt jede Pflanzenzelle einen kleinen Pfefferschen Osmometer dar, der, in Berührung mit Wasser gebracht, dasselbe aufsaugt. Der sich infolgedessen bildende Turgordruck wird offenbar durch Elastizitätskräfte der Zellwände ins Gleichgewicht gesetzt.

Wenn die Wasseraufnahme durch die oberflächlich gelagerten Zellen höherer Pflanzen stattfindet, ist die Erscheinung insofern komplizierter, als die inneren Gewebe, die sich mit den oberflächlichen Zellen in Berührung befinden, Wasser aus ihnen entnehmen können. Infolge der Wasseraufnahme wird die Saftkonzentration dieser Zellen kleiner als diejenige in den Zellen der inneren Gewebe und ein Teil des durch die oberflächlichen Zellen aufgenommenen Wassers muß (den osmotischen Gesetze zufolge) in die inneren Zellen übergehen. Solche osmotische Wasserbewegung verbreitet sich offenbar von Zelle zu Zelle über alle Pflanzenteile, welche mit Wasser noch nicht gesättigt sind. Der osmotische Druck erreicht schließlich überall seine maximale Höhe und wird durch Elastizitätskräfte der Zellwände ins Gleichgewicht gebracht. Die Wasseraufnahme hört also auf.

Wenn an irgendeiner Stelle der Pflanze eine fortwährende Abgabe von Wasser, z. B. in Dampfform, stattfindet, so können sich die Wasser abgebenden Zellen nicht mit Wasser sättigen und die erwähnte osmotische Wasserbewegung und die Wasseraufnahme dauert fort. Sie wird also durch dieselben Kräfte bewirkt, welche die Entfernung von Wasser aus der Pflanze verursachen. Die osmotischen Eigenschaften der Zellen bedingen nur eine regelmäßige Leitung des Wassers von den aufnehmenden Zellen nach dem Ort der Abgabe. Wären diese Zellen getötet, so würde die Wasserbewegung nicht aufhören, die vermittelnde Wirkung der osmotischen Kräft würde aber durch diejenige der Kapillaritätskräfte ersetzt. Die Wasser aufnehmenden Zellen verhalten sich also passiv und die Wasseraufnahme selbst dürfte passiv genannt werden. Solche Wasseraufnahme wird z. B. bei einer teilweisen Benetzung der Blätter höherer Pflanzen oder bei Pilzen beobachtet.

Anders verhalten sich die Wasser aufnehmenden Zellen der Wurzel, welche für eine fortdauernde Wasseraufnahme keiner Kraft bedürfen, die Wasser aus der Pflanze entfernt hätte. Die Wasser aufnehmende und weiter treibende Kraft befindet sich also in diesem Falle in den Wasser aufnehmenden Zellen selbst und wir möchten solche Wasseraufnahme als aktiv bezeichnen.

5. Aktive Wasseraufnahme.

Die Wurzel saugt Wasser aus dem Boden auf und treibt es in den Stengel unabhängig davon, ob Wasser aus anderen Pflanzenteilen entfernt wird oder nicht. Sie spielt also die Rolle einer automatisch wirkenden Wasserpumpe. Um sich von dieser Rolle zu überzeugen, muß man den Stengel einer vorher gut begossenen Pflanze abschneiden und an dem zurückbleibenden Stengelstumpf mittels eines Kautschukschlauchs ein gebogenes Glasrohr befestigen, wie es auf der Abb. 8 zu sehen ist. Bald nach der Operation beginnt Wasser aus dem Stengelstumpf herauszutreten und sammelt sich in einem Glaszylinder. Der Versuch gelingt am besten im Frühling oder im Frühsommer (bei Kräutern).

Die herausfließende Wassermenge ist bisweilen sehr ansehnlich, so z. B. bei Ahornarten und Birken, welche (vor dem Knospenspringen) auch aus Bohröffnungen am Stamm je nach dem Baumalter 1—70 Liter Saft täglich ausscheiden können.

Die folgenden Versuchsresultate von HOFMEISTER (1862) zeigen, daß das während 2—4 Tagen herausfließende Wasservolum bei manchen Krautpflanzen viel größer, als das Wurzelvolum selbst, ist.

Pflanzennamen	Dauer des Versuchs	Herausgeflossene Wassermenge	Wurzelvolum
Urtica urens	99 Std.	3025 ccm	1350 ccm
	40 „	11260 „	1450 „
Solanum nigrum	48 „	1800 „	1530 „
	65 „	4275 „	1900 „

Die beschriebene Erscheinung war unter dem Namen „Bluten der Pflanzen" lange bekannt, wurde aber erst von HALES (1748) experimentell untersucht. Man verwandte den von Ahornbäumen erhaltenen Saft schon lange zur Darstellung von Zucker (in Amerika auch jetzt in großem Maßstabe) und denjenigen von Birken zur Erhaltung verschiedener Getränke.

Die aus der Wurzel und den Stammlöchern tropfende Flüssigkeit ist nie destilliertes Wasser, sondern stellt eine Lösung verschiedener organischer und anorganischer Substanzen dar. So enthält z. B. der Saft von Birken 1—1$^1/_2$ % Fruktose, derjenige von Ahornarten 2—10 % Rohrzucker, derjenige von Agaven 8 % Glykose usw. Außerdem enthält die sich ausscheidende Flüssigkeit oft organische

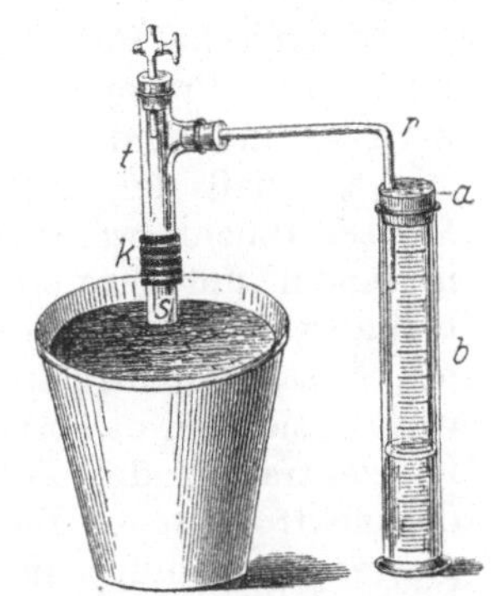

Abb. 8. Wasserausscheidung durch die Wurzel. *s* der Stengelstumpf, *k* der Kautschukschlauch, *t* das Glasrohr, das durch das ausgeschiedene Wasser erfüllt ist, *r* die Ableitröhre, *a* der den Meßcylinder *b* verschließende Pfropfen.

Abb. 9. Das Manometer zur Abmessung des Wurzeldrucks (vgl. auch Abb. 8). (Nach PFEFFER.)

Säuren, Eiweißkörper und Mineralsalze. Bei einigen Pflanzen (bei Kräutern, Weinrebe) enthält sie dagegen nur 0,1—0,3 % Substanz in Lösung.

HALES versuchte die Wasserausscheidung aus dem Stummel der Weinrebe durch Verbinden der Wunde mit einer Blase zu verhindern; das Wasser trat aber mit so einer großen Kraft heraus, daß die Blase platzte. Diese als Wurzeldruck bezeichnete Kraft wurde später mit einem an dem Stengelstumpf befestigten Manometer gemessen (vgl. Abb. 9) und erwies sich bei Bäumen als besonders hoch. So wurde der Druck bei Ahornbäumen und Birken zu 1—2$^1/_2$ Atm., bei der Weinrebe zu 1—1$^1/_2$ Atm. gemessen, während er bei Krautpflanzen $^1/_2$ Atm. kaum überstieg (so war er z. B. bei der Nessel 20—30 cm, bei Chenopodium 16 mm usw.).

Die Menge und Konzentration der sich ausscheidenden Flüssigkeit nimmt langsam ab und nach Verlauf von 1—2 Monaten (Bäume) oder manchmal nur von einigen Tagen (Kräuter) hört das Bluten gänzlich auf. Das Aufhören wird auch nach dem Absterben der Wurzel beobachtet[1]).

6. Physikalisch-chemische Ursachen der aktiven Wasseraufnahme.

Wir versuchen jetzt, die aktive Wasseraufnahme vom Standpunkte der physikalischen Chemie aus zu erklären. Da die Wasser treibende Kraft durch die Wasser aufnehmenden Zellen selbst geliefert wird, so dürfte unsere Aufgabe aus einer Erklärung der pumpenartigen Wirkung einer lebenden Zelle bestehen. Solche Wirkung wird am besten durch das physikalisch-chemische Schema erklärt, das zuerst von PFEFFER (1877) vorgeschlagen war und später vom Verfasser entwickelt und experimentell geprüft wurde.

Auf der Abb. 10 ist eine typische Pflanzenzelle zu sehen, welche aus der festen Zellhaut (h), dem Protoplasmaschlauch (p), dem Zellkern (k) und dem Zellsaft (s) besteht. Nehmen wir an, daß der untere Teil der Zelle B in Wasser taucht, während der obere Teil A sich in einem mit Wasserdampf gesättigten Raum befindet, so ist die Zellhaut in allen Zellteilen mit Wasser durchtränkt, und im Zellinneren entwickelt sich ein osmotischer Druck, der von der Konzentration des Zellsafts, der Temperatur, der elektrolytischen Dissoziation und der Protoplasmapermeabilität für im Zellsaft gelöste Substanzen abhängig ist (vgl. S. 35).

Wie früher erwähnt, kann die Permeabilität des Protoplasmas in verschiedenen Zellen ein und derselben Pflanze ungleich groß sein, so daß es vollkommen möglich erscheint, daß diese Permeabilität auch in verschiedenen Teilen ein und derselben Zelle ungleich ist. Wir nehmen an, daß die Permeabilität im oberen Teil unserer Zelle größer ist, als im unteren Teil derselben; infolgedessen ist der osmotische Druck im ersteren P_A kleiner als derjenige im letzteren P_B.

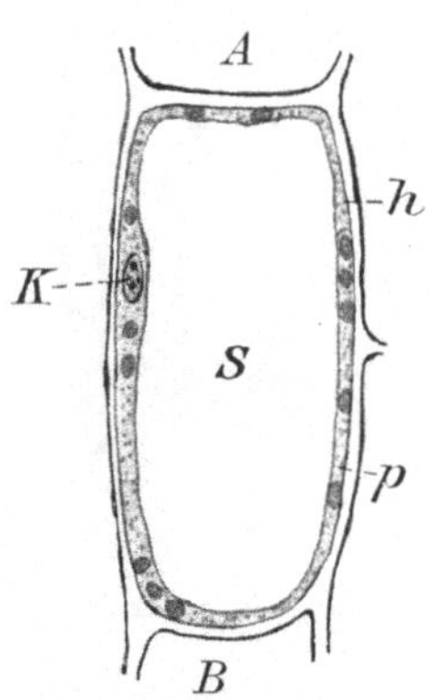

Abb. 10. Die als eine Wasserpumpe funktionierende Zelle.

Die Annahme, daß der Protoplasmateil A den Druck P_A in der Zelle entwickelt, setzt voraus, daß jeder Druck in derselben, der größer als P_A ist, eine Rückfiltration von Wasser aus der Zelle durch den Protoplasmateil A nach außen bewirken muß (vgl. S. 20). Erreicht also der hydrostatische Druck in der Zelle die Größe P_A, so ruft eine jede weitere Vergrößerung desselben eine Wasserausscheidung aus der Zelle in A hervor. Da aber $P_B > P_A$, so setzt die Zelle die Wasseraufnahme durch ihren Teil B auch nach der Erreichung der Größe P_A durch den hydrostatischen Druck fort, weil die Wasseraufnahme durch

---

[1]) Die aktive Wasseraufnahme kann manchmal auch an abgeschnittenen Zweigen beobachtet werden, die mit dem unteren Ende in Wasser tauchen. Die Bedingungen für solch eine Wasseraufnahme sind aber nur wenig bekannt, so daß die Versuche bei weitem nicht immer gelingen.

diesen Teil erst nach der Einstellung des Drucks P_B in der Zelle aufhört. Infolgedessen ist der Druck in der letzteren immer größer als P_A und kleiner als P_B, so daß ein fortwährender Wasserstrom durch die Zelle beobachtet wird. Die Zelle spielt also die Rolle einer Wasserpumpe; sie nimmt Wasser durch ihren unteren Teil B auf und treibt es nach oben durch den oberen Teil A heraus.

Später werden wir erfahren, daß der einseitige Wasserstrom durch die lebende Zelle bei einzelligen Schimmelpilzen und Algen in Übereinstimmung mit dem angegebenen Schema stattfindet. Dasselbe erklärt aber auch die aktive Wasseraufnahme durch die Wurzel sehr gut, wenn wir annehmen, daß die Wasser aufnehmenden Zellen konzentrische Schichten um den Zentralzylinder der Wurzel bilden, unabhängig davon, ob diese Schichten die Oberfläche der Wurzel einnehmen oder sich im Inneren der Wurzelrinde befinden. Wenn das Protoplasma in den äußeren Teilen der Wasser aufnehmenden Zellen für gelöste Stoffe weniger permeabel ist, als in den Teilen, die dem Zentralzylinder näher sind, so muß sich ein fortwährender Wasserstrom von außen durch die Wurzelrinde in den Zentralzylinder einstellen, so daß die Wurzel als eine Wasserpumpe arbeiten kann.

Da das Protoplasma seine selektive Permeabilität nach dem Absterben einbüßt, so erklärt das angegebene Schema das Aufhören des Blutens der Pflanzen nach der Abtötung der Wurzel. Dieses Schema erklärt auch die Tatsache, daß in der durch die Wurzel ausgeschiedenen Flüssigkeit verschiedene Substanzen gelöst sind. Da nun die Permeabilität des Protoplasmas in den äußeren Teilen der Wasser aufnehmenden Zellen geringer ist, werden diese Substanzen nicht nach außen, sondern nach dem Wurzelinneren abgegeben und durch ausgeschiedenes Wasser in den Stengel mitgebracht. Diese Substanzen fehlen im Boden (z. B. Zucker, Eiweißkörper) oder sind da in viel kleineren Konzentrationen anwesend (z. B. Salze).

Da die Wasser aufnehmenden Zellen in Übereinstimmung mit dem Schema die in ihrem Zellsaft gelösten Substanzen mit Wasser nach dem Wurzelinneren und weiter nach dem Stengel ausscheiden, so nimmt die Konzentration dieser Substanzen im Zellsaft und der osmotische Druck desselben während des Blutens der Pflanzen fortwährend ab und wird schließlich so gering, daß er nicht mehr ausreicht, um Wasser aus der Zelle herauszupressen. Das Bluten muß also nach dem Schema, nach Verlauf von Tagen oder Monaten, je nach dem Stoffvorrat der Wasser aufnehmenden Zellen aufhören. Wie erwähnt, wird dies auch in der Natur beobachtet (vgl. S. 55).

Das angegebene Schema erklärt auch die bedeutende Größe des Wurzeldrucks. Wasser wird offenbar unter dem Druck aus der Zelle herausgepreßt, dessen Größe dem Unterschiede zwischen den Drucken P_B und P_A gleich ist. Da aber der osmotische Druck in den Wurzelzellen selten kleiner als $6-10$ Atmosphären ist und die Permeabilität des Protoplasmas in äußeren Zellteilen doppelt so klein wie in den inneren Teilen sein kann, so kann $P_B - P_A$ 1—2 Atmosphären erreichen [1]).

Bei der Erklärung physiologischer Erscheinungen ist man gewöhnlich durch die Beschreibung ihrer Äußerlichkeit nicht befriedigt; man stellt Versuche an, die zeigen sollen, wie verschiedene Reize die zu untersuchenden Erscheinungen beeinflussen und aus den erhaltenen Versuchsresultaten schließt man dann auf die Tauglichkeit der aufgestellten Hypothese. Um die Ursachen der aktiven Wasseraufnahme durch die Wurzel feststellen zu können, haben wir also auch den Einfluß verschiedener Reize auf diese Erscheinung kennen zu lernen.

7. Beeinflussung der aktiven Wasseraufnahme durch verschiedene Reize.

Veränderungen der Außenbedingungen beeinflussen am stärksten die Geschwindigkeit der Wasseraufnahme. Um diese Geschwindigkeit zu bestimmen, mißt man entweder das Volumen der sich beim Bluten ausscheidenden Flüssigkeit (vgl. S. 55) oder das Volumen durch die Wurzel aufgenommenen Wassers mittels eines einfachen Apparates, der gewöhnlich als Potetometer bezeichnet wird. Derselbe besteht aus

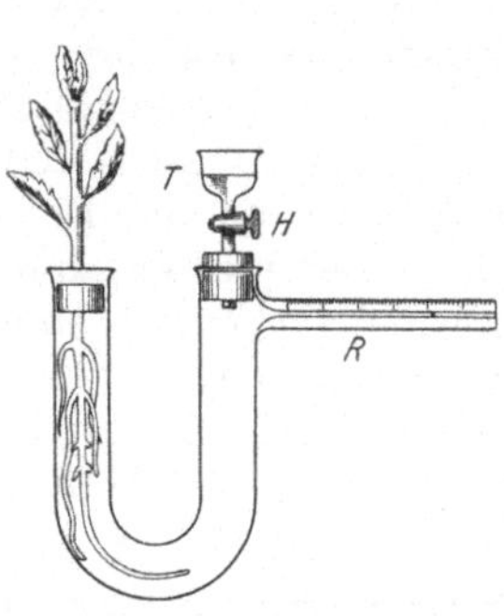

Abb. 11. Potetometer.

einem U-förmigen Glasrohr, das mit zwei Gummipfropfen (jeder mit einer Öffnung) verschlossen ist und das eine dickwandige kapillare Seitenröhre trägt (R auf der Abb. 11). In die Öffnung eines Pfropfens ist ein Trichter (T) eingesetzt, der mit einem Hahn (H) versehen ist und zur Füllung des Apparates mit Wasser dient.

Man läßt die Samen in Sägespänen keimen; nachdem die Wurzeln sich gut entwickelt haben, führt man sie in die Öffnung des mit Wasser gefüllten Potetometers hinein. Die zwischen dem Gummipfropfen und dem Stengel der Pflanze zurückbleibenden Löcher dichtet man mit einem Gemisch von Kakaobutter und Wachs. Nachdem der Potetometer sorgfältig mit Wasser gefüllt ist, läßt man etwas Wasser durch die Kapillarröhre herausfließen und verschließt dann den Hahn. Jede Verminderung des Wasservolums im Apparate setzt jetzt den Wassermenisk in der Kapillarröhre in Bewegung. Da aber diese Verminderung nur infolge einer Wasseraufsaugung durch die Wurzel stattfinden kann, so kann man aus der Bewegung des Menisks in der Kapillarröhre, deren Volumen bekannt ist, auf die aufgesogene Wassermenge schließen.

---

[1]) Der Druck $P_B = P(1 - \mu_B)$; $P_A = P(1 - \mu_A)$ (vgl. S. 35), wo P der theoretische osmotische Druck des Zellsafts ist. Daher: $P_B - P_A = P(\mu_A - \mu_B)$. Wenn $P = 10$ Atm., $\mu_A = 0{,}2$ und $\mu_B = 0{,}1$, so ist $P_B - P_A = 1$ Atm. Wenn $\mu_A = 0{,}3$ und $\mu_B = 0{,}1$, so ist $P_B - P_A = 2$ Atm. usw.

Wir wenden uns jetzt zu den Angaben der Versuche über die Abhängigkeit der Geschwindigkeit der Wasseraufnahme von verschiedenen Außenbedingungen. Da dieselbe einen osmotischen Prozeß darstellt, würde es interessant sein, zunächst den Einfluß der Anwesenheit osmotisch wirksamer Substanzen in der die Wurzel umgebenden Flüssigkeit zu betrachten.

Das Begießen der Pflanzen mit konzentrierten Salzlösungen oder der Ersatz von Wasser im Potetometer durch solche Lösungen führt stets zum Aufhören der Wasseraufnahme und schließlich zum Welken. Der osmotische Druck der Salzlösungen setzt den osmotischen Druck des Zellsafts der Wasser aufnehmenden Zellen teilweise oder vollkommen ins Gleichgewicht; die Abnahme oder das Verschwinden des osmotischen Drucks in diesen Zellen muß aber offenbar eine Verminderung oder das Aufhören der Wasserbewegung durch dieselben (nach dem oben angegebenen Schema) hervorrufen[1].

Nach Untersuchungen von WIELER (1893) bewirkt Eintauchen der Wurzeln in eine 1—2 proz. Glyzerin- oder Salpeterlösung zunächst das Aufhören des Blutens, das nach Verlauf von einigen Stunden oder Tagen von neuem anfängt und nach dem Übertragen der Wurzel in Wasser mit größerer Energie als früher stattfindet. Nach WIELER kann man durch Eintauchen der Wurzeln in die angegebenen Lösungen auch bei solchen Pflanzen das Bluten hervorrufen, die vorher keine Wasserausscheidung zeigten.

Die Versuchsergebnisse WIELERS stehen mit dem oben angeführten Schema, welches das Bluten erklärt, vollkommen im Einklange. In der Tat muß das Eintauchen in eine Glyzerin- oder Salpeterlösung zunächst den osmotischen Druck in den Wasser aufnehmenden Zellen vermindern und das Bluten hindern. Wie wir wissen, ist aber das Protoplasma' für Glycerin und Salpeter permeabel; der osmotische Druck in den Zellen nimmt nach dem Eindringen dieser Stoffe in den Zellsaft zu, das Bluten wird wieder möglich und kann sogar noch kräftiger als früher stattfinden, weil sich Salpeter oder Glyzerin den Zellstoffen zugesellen und den osmotischen Druck des Zellsafts vergrößern. Auch wenn derselbe nicht ausreicht, um die Wasserausscheidung durch die Wurzel zu bewirken, kann das Eindringen von Salpeter oder Glycerin in den Zellsaft den osmotischen Druck vergrößern und somit den Pflanzen das Bluten ermöglichen.

Versuche über das Bluten und über die Wasseraufnahme im Potetometer zeigten, daß das Volumen des durch die Wurzel aufgenommenen Wassers nach einer Temperaturerhöhung zunimmt. Nach WIELER ist z. B. die durch die Wurzeln ausgeschiedene Wassermenge bei $38—40^\circ$ C 8 mal größer als bei 8° C. Bei niedrigen Temperaturen des Bodens ist die Wasseraufnahme sehr gering, hört aber noch bei $3—4^\circ$ C unter Null nicht auf, wenn Bodenwasser ungefroren bleibt. Das Bluten hört

---

[1] Die Wasser treibende Kraft $P_B — P_A$ vermindert sich, um schießlich gleich Null zu werden.

nach WIELER auf, wenn die Wurzel in Chloroformwasser übertragen wird, oder nach dem Ersatz der Bodenluft durch Kohlenstoffdioxyd oder Wasserstoff.

Diese Versuchsergebnisse stehen ebenfalls mit dem oben angegebenen Schema im Einklange, weil Temperatur, Chloroform und Kohlenstoffdioxyd die Permeabilität des Protoplasmas für Zellsaftstoffe verändern. Wir wissen schon, daß die Permeabilität durch Temperaturerhöhung stark vergrößert wird und daß Chloroform (bzw. CO_2) sie vermindert. Eine Zunahme der Permeabilität muß aber, nach dem Schema, eine Beschleunigung, eine Abnahme derselben eine Verlangsamung der aktiven Wasseraufnahme verursachen[1]). Was nun das Aufhören des Blutens in einer sauerstofffreien Atmosphäre anbelangt, so ist der Stoffwechsel der Zellen unter solchen Bedingungen anormal; zwar bilden sich Stoffe in den Zellen, die entweder die Permeabilität vermindern oder das Protoplasma töten.

Wir kommen also zu dem Schlusse, daß die Erforschung der Einwirkung verschiedener Reize auf die aktive Wasseraufnahme durch die Wurzel das oben angegebene Schema der Erklärung dieser Erscheinung (vom Standpunkt der physikalischen Chemie aus) vollkommen bestätigt[2]).

8. Transpiration der Pflanzen.

Bekanntlich verlieren alle mit Wasser durchtränkten Körper (z. B. nasses Papier, nasser Boden usw.), die sich in freier Luft befinden, fortwährend Wasser in Dampfform. Die Wassermoleküle werden in diesem Prozeß durch die thermische Energie des umgebenden Raums in solch eine kräftige Bewegung gebracht, daß sie sich trotz der Anziehungskräfte in die umgebende Luft entfernen.

Da die Haut jeder lebenden Zelle mit Wasser durchtränkt ist, gibt ihre Luftoberfläche stets Wasser in Dampfform ab, wenn sie durch keine besonderen Einrichtungen vor Verdunstung geschützt ist. Infolge der Einwirkung der Kapillarkräfte saugt die austrocknende Zellhaut Wasser aus dem Protoplasma auf, das seinerseits aus dem Zell-

---

[1]) Die Wasser treibende Kraft ist gleich $P(\mu_A - \mu_B)$ (vgl. Anm. 1, S. 58). Vergrößern sich z. B. μ_A und μ_B zu $a\mu_A$ und $a\mu_B$, so nimmt auch diese Kraft zu, weil sie jetzt gleich $Pa(\mu_A - \mu_B)$ ist.

[2]) Unter anderen Hypothesen, welche die Ursachen der aktiven Wasseraufnahme durch die Wurzeln zu erklären suchen, soll noch das zweite Pffeffersche Schema erwähnt werden, das von WIELER verteidigt wurde. Dieses Schema setzt voraus, daß das Protoplasma der Wurzelzellen in einer Zellhälfte mehr osmotisch wirkende Substanzen produziert, als in der anderen. Infolgedessen ist der osmotische Druck in einem Zellteile größer; er verbreitet sich nach den Gesetzen der Hydrostatik nach dem anderen Zellteile und bewirkt hier die Wasserausscheidung. Außer einer unverständlich langsamen Diffusion der im Zellsaft entstehenden Stoffe verlangt das Schema eine stetige Stoffbildung in ihm und also eine Konzentrationssteigerung des Safts der Wurzelzellen während des Blutens, die in Wirklichkeit nicht beobachtet wird. Zur Zeit kennen wir kein anderes Schema, das die aktive Wasseraufnahme durch die Wurzel besser erklären könnte als das oben entwickelte Schema einer ungleichen Permeabilität des Protoplasmas in verschiedenen Zellteilen.

saft Wasser entnimmt. Die Konzentration des Zellsaftes nimmt also zu. Schließt eine Zelle sich an andere Zellen, deren Saftkonzentration geringer ist an, oder befindet sie sich mit Wasser in Berührung, so saugt sie Wasser wieder auf. Da aber sich die Verdunstung von der Zelloberfläche weiter fortsetzt, so stellt sich ein fortdauernder Wasserstrom durch die Zellen ein, der durch thermische Energie erhalten wird.

Die Abgabe von Wasser in Dampfform durch die Pflanzen nach dem angegebenen Schema bezeichnet man gewöhnlich als Transpiration. In einfachster Form wird dieser Prozeß bei dem einzelligen Botrydium beobachtet (Abb. 12). Die unteren verzweigten Zellteile dieser Alge nehmen Wasser aus feuchtem Boden auf, während die oberen Zellteile es fortwährend in Dampfform abgeben. Komplizierter gestaltet sich der Prozeß bei mehrzelligen niedrigen Pflanzen, z. B. bei Schimmelpilzen, deren Luftfäden transpirieren, während Fäden, die ins Substrat untertauchen, Wasser aufsaugen. Der osmotische Wasserstrom stellt sich in diesem Falle durch viele Zellen der Pflanze ein.

Die Transpiration höherer Pflanzen findet nicht nur an ihrer Oberfläche, sondern auch in ihrem Inneren statt, weil die inneren Zellen von der Luft der Interzellularräume umgeben sind. Der in diesen Interzellularräumen gebildete Wasserdampf tritt durch die Spaltöffnungen nach außen[1]); der Wasserverlust wird durch die osmotische Aufsaugung von Wasser aus den Gefäßen gedeckt.

Die Kapillarkräfte sind größer als die osmotischen Kräfte; die thermische Energie, durch welche die Transpiration bewirkt wird,

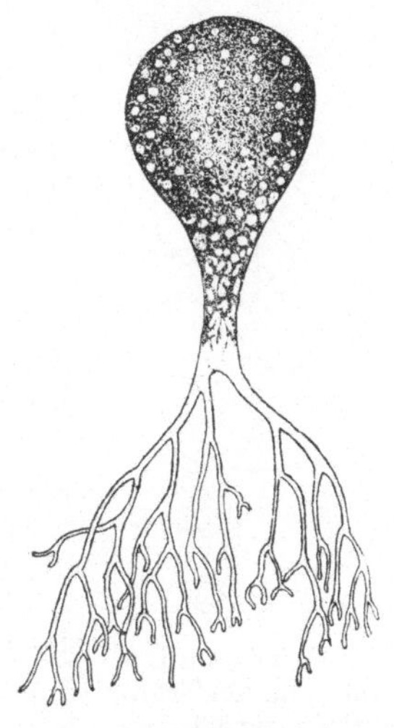

Abb. 12. Einzellige Alge Botrydium. (Nach Jost.)

ist im umgebenden Raum in unbegrenzter Menge vorhanden. Dementsprechend muß die Transpiration an jeder durch keine impermeable Hülle geschützten Oberfläche der Pflanze stattfinden, so lange die Pflanze noch etwas Wasser enthält.

Bei niedrigen Landpflanzen, z. B. bei Algen, Schimmelpilzen, Flechten usw., deren Zellhäute für Wasser gut permeabel sind, geht die Transpiration so rasch vor sich, daß das Leben der genannten Pflanzen nur in feuchter Luft möglich ist.

Ein anderes Bild wird bei höheren Landpflanzen beobachtet, die die verschiedensten Einrichtungen besitzen, um die Transpiration an der Oberfläche zu hemmen. Alle Samenpflanzen, Farne, Schachtelhalme und

---

[1]) Spaltöffnungen der Haut werden von zwei etwas gebogenen Hautzellen gebildet, zwischen denen eine Öffnung bleibt, durch die das Organinnere mit der umgebenden Luft verbunden ist. Die Spaltöffnungen sind die einzigen Öffnungen der Haut, deren übrige Zellen dicht miteinander verwachsen sind.

Lebermoose besitzen eine Epidermis, deren Zellen von außen mit einer Kutikularschicht bekleidet sind. Je mehr fett- und wachsartige Substanzen diese Schicht enthält, desto schwieriger wird sie mit Wasser benetzt und durchtränkt und desto vollständiger verhindert sie die Transpiration. Die Pflanzen, welche lederartige, immergrüne Blätter besitzen (so z. B. Kamelie, Moorbeere, Nadelbäume), haben eine so gut entwickelte und so wenig für Wasser permeable Kutikula, daß die Transpiration an der Oberfläche oder die sogenannte kutikulare Transpiration bei diesen Pflanzen beinahe vollkommen fehlt und die Ausscheidung von Wasserdampf nur durch die Spaltöffnungen möglich ist.

Wie vollständig eine stark kutinisierte Haut die Oberfläche der Pflanze vor Transpiration schützt, ist aus dem folgenden Versuche zu ersehen. Ein unversehrter Apfel, der mit einer stark kutinisierten Haut, die keine Spaltöffnungen hat, bekleidet ist, verliert durch Transpiration nur 0,005 g Wasser von jedem Dezimeter der Oberfläche in einer Stunde, ein unversehrtes Blatt von Aloe verliert 0,007 g Wasser. Nach der Entfernung der Haut verliert der Apfel von derselben Oberfläche und in derselben Zeit 0,125 g Wasser, das Aloeblatt 0,175 g Wasser, d. h. die Transpiration vergrößert sich um das 25fache.

Außer der Kutikula entwickeln mehrjährige Pflanzen auf ihrer Stamm- und Wurzeloberfläche ein Korkgewebe (Periderm), das die Transpiration an dieser Oberfläche vollkommen hemmen kann.

Um die Transpirationsgröße an verschiedenen Stellen der Oberfläche zu vergleichen, kann man am einfachsten die Kobaltprobe anwenden. Dieselbe basiert auf der bekannten Eigenschaft von rosa Kobaltsalzen, nach einem vollständigen Austrocknen ihr Krystallisationswasser zu verlieren und sich blau zu färben. Filtrierpapier, das mit einer 1- bis 5proz.

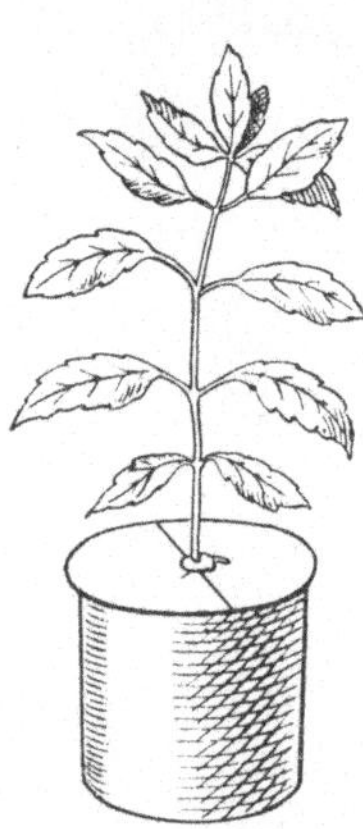

Abb. 13. Das zur Bestimmung der Transpirationsgröße dienende Zinkgefäß mit einem halbierten Deckel (vgl. S. 63).

Lösung von Kobaltchlorid durchtränkt und bei hoher Temperatur ausgetrocknet worden ist, sieht blau aus, wird aber in feuchter Atmosphäre wieder rosa. Um die Transpirationsgröße annähernd zu schätzen, befestigt man ein kleines Stückchen blauen Papiers an der Oberfläche der Pflanze und bedeckt es mit einem Objektträger zum Schutze gegen atmosphärische Feuchtigkeit. Aus der Geschwindigkeit der Verfärbung des Papierstückchens in rosa schließt man auf relative Transpirationsgröße.

Um die absolute Menge transpirierten Wassers zu bestimmen, bedient man sich gewöhnlich einer Wage, die zu diesem Zwecke besonders eingerichtet sein darf. Die beobachtete Gewichtsabnahme der Pflanze entspricht dem Wasserverlust durch Transpiration, wenn man den Topf mit der Pflanze vor dem Versuche in ein Zink bzw. Glasgefäß stellt, das man mit einem halbierten Deckel bedeckt, der an den Rändern und am Stengel der Pflanze mit Speck oder Kakaobutter gedichtet wird (vgl. Abb. 13). Durch diese Einrichtung wird die Abgabe von Wasserdampf von der Oberfläche der Erde und des Topfs vermieden. Dehnt sich der Versuch über einige Tage aus, so muß der Deckel zwei Öffnungen haben, in die man zwei Glasröhren einsetzt: die eine zum Begießen der Pflanze und die andere zum Durchlüften des Gefäßes.

Bestimmt man die Transpirationsgröße abgeschnittener Zweige, so stellt man sie in ein mit Wasser gefülltes Glasgefäß, das man zum Schutze gegen die Abgabe von Wasserdampf an der freien Wasseroberfläche mit einer Ölschicht bedeckt.

Zur Bestimmung der Transpirationsgröße unversehrter Pflanzen oder abgeschnittener Zweige kann man sich auch des früher beschriebenen Potetometers bedienen (vgl. S. 58). Die in demselben aufgesogene Wassermenge entspricht jedoch nur dann der Transpirationsgröße, wenn der Wassergehalt der Pflanze unverändert bleibt.

9. Einfluß der Kutikula und der Spaltöffnungen auf die Transpirationsgröße.

Nach Untersuchungen von UNGER (1861) und HARTIG (1861) ist die von einer Flächeneinheit des Blattes transpirierte Wassermenge bei verschiedenen Pflanzen bei weitem nicht gleich. So transpirierten die untersuchten Pflanzen in den Versuchen UNGERS folgende Wassermengen (in Gramm) von 1 qdm ihrer Blattoberfläche in 24 Stunden: Sonnenrose 4 g, Gurken 7 g, Verbascum Thapsus 2 g, Erle 12 g, Rottanne 1 g usw. Die ungleiche Transpiration der genannten Pflanzen hängt mit der ungleich starken Entwickelung der Kutikula und der ungleichen Anzahl der Spaltöffnungen bei diesen Pflanzen zusammen. So besitzt z. B. die Rottanne eine am stärksten entwickelte Kutikula und die kleinste Anzahl der Spaltöffnungen, und zeigt die kleinste Transpirationsgröße. Nach HÖHNEL (1879) ist dieselbe bei allen Nadelbäumen 8—10 mal geringer als bei Laubbäumen.

Die große Bedeutung der Anzahl der Spaltöffnungen für die Transpiration kann man am leichtesten durch die Kobaltprobe beweisen: die Transpiration ist immer an derjenigen Blattseite, welche die größte Anzahl von Spaltöffnungen hat, stärker. Einige Pflanzen besitzen nur an der unteren Blattseite Spaltöffnungen (z. B. Linde, Pappel, Eiche, Pflaume usw.) und zeigen eine rasch stattfindende Rosafärbung von Kobaltpapier nur an dieser Seite, während die Rosafärbung an der oberen Blattfläche auch bei einer verhältnismäßig schwach entwickelten Kutikula erst nach 5—60 Minuten auftritt. Ist aber die Kutikula gut entwickelt, so verfärbt sich Kobaltpapier erst nach einigen Stunden oder Tagen. Eine genauere Bestimmung der Transpirationsmenge an den Blättern, deren untere Fläche vorher mit einem Gemisch von Kakaobutter und Wachs bestrichen worden war, ergab eine Transpirationsgröße von nur 0,03—0,1 g pro 1 qdm und 24 Stunden (STAHL, 1894).

Die Bedeutung der Anzahl der Spaltöffnungen und der Kutikula tritt bei der Untersuchung der Transpiration von ganz jungen, in Entwickelung begriffenen Blättern besonders demonstrativ hervor. Junge Blätter unserer einheimischen Laubbäume haben nur eine sehr schwach entwickelte Kutikula und transpirieren daher stärker als erwachsene Blätter, obwohl ihre Spaltöffnungen noch nicht in genügender Anzahl vorhanden sind. Je mehr aber die Kutikula sich verdickt und für Wasser impermeabel wird, desto schwächer wird die Transpiration, um bei erwachsenen Blättern, die viele Spaltöffnungen besitzen, wieder zu steigen (HÖHNEL, 1878).

Spaltöffnungen stellen also Öffnungen dar, durch welche die Hauptmenge des Wasserdampfs bei höheren Pflanzen abgegeben wird; die Transpiration vollzieht sich in der Hauptsache im Inneren der Gewebe, also in den Interzellularräumen, und der sich dort bildende Wasserdampf diffundiert durch die Spaltöffnungen nach außen. Es ist also vollkommen verständlich, daß die Transpiration von einer bestimmten Blattoberfläche viel langsamer (nach UNGER 1,4 — 6,9 mal so langsam) als die Wasserdampfabgabe von einer gleich großen freien Wasseroberfläche stattfindet.

Die Gesamtmenge des durch unsere einheimischen Bäume während eines Sommers abgegebenen Wasserdampfes ist trotzdem nach HÖHNEL sehr groß. So ist der Wasserverlust durch die Transpiration von je 100 g Blättern bei der Birke gleich 67 Kilo, bei der Linde 61 Kilo, bei der Fichte 5,8 Kilo. Wir sehen also, daß nur ein unbedeutender Teil des durch die Pflanze aufgenommenen Wassers in derselben zurückbleibt; die Hauptmenge dieses Wassers wird an die umgebende Luft ganz verschwenderisch abgegeben. Wie in einem der folgenden Kapitel auseinandergesetzt wird, ist diese scheinbar unnütze Wasserabgabe vollkommen zweckmäßig. Freilich ist sie aber nur dann möglich, wenn eine Pflanze Wasser im Überschuß hat.

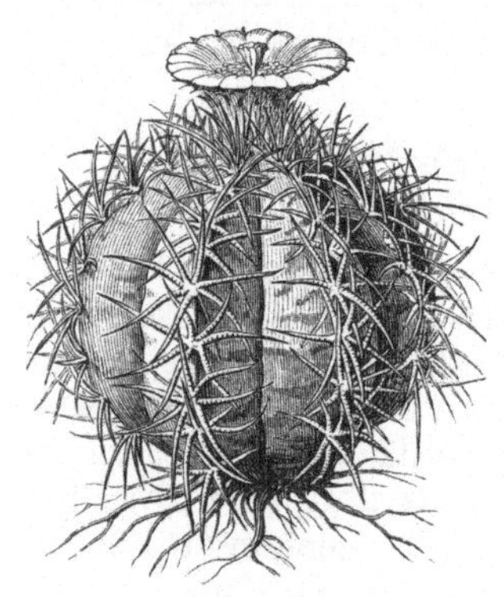

Abb. 14. Echinocactus. (Nach KERNER.)

In Ländern, in denen Wasser in beschränkter Menge vorhanden ist (z. B. in den Wüsten), ist dagegen nur die Existenz derjenigen Pflanzen möglich, deren Transpiration stark reduziert ist. Wie früher erwähnt, kann solche Reduktion durch eine starke Entwicklung der Kutikula und durch eine Verminderung der Anzahl der Spaltöffnungen erzielt werden. Außerdem wird bei den Pflanzen trockener Länder (Xerophyten) eine starke Reduktion der Oberfläche und öfters auch eine mächtige Entwicklung von Haaren beobachtet, die den aus der Pflanze ausgeschiedenen Wasserdampf zurückhalten. Auf der Abb. 14 ist eine der interessantesten Xerophyten, Echinocactus, zu sehen, die in steinigen Wüsten Mexicos verbreitet ist. Nach NOLL (1893) ist die Oberfläche dieser Pflanzen 300 mal kleiner als die unserer einheimischen Schmuckpflanze Aristolochia von gleichem Gewicht. Infolge einer starken Entwicklung der Kutikula und einer kleinen Anzahl von Spaltöffnungen ist die Transpiration bei Echinocactus 6000 mal schwächer als bei Aristolochia.

10. Die Transpiration der Pflanzen als eine physiologische Erscheinung.

Bei der Betrachtung der Transpiration der Pflanzen ist man vollkommen berechtigt die Frage aufzuwerfen, ob man diese Erscheinung als physiologisch bezeichnen darf. In der Tat werden physiologische Erscheinungen ausschließlich in lebenden Organismen beobachtet, während die Transpiration, d. h. die Abgabe des Wasserdampfs, von der Oberfläche aller nassen, auch der leblosen Körper stattfindet. Eine nähere Betrachtung der Transpirationserscheinung läßt aber die aufgestellte Frage bejaend beantworten.

Als eine rein physikalische Erscheinung kann man offenbar nur die Wasserverdampfung aus den Zellhäuten an der Pflanzenoberfläche oder in den Interzellularräumen betrachten, während der Wassertransport von Zelle zu Zelle zur Verdampfungsstelle durch osmotische Eigenschafen der lebenden Zellen bedingt ist. Wäre das Protoplasma für gelöste Stoffe leicht permeabel, so hätte sich der osmotische Wasserstrom von Zelle zu Zelle nicht einstellen können, und ein transpirierendes Organ würde konzentrisch austrocknen, so daß die direkt unter der Haut liegenden Zellen ihr Wasser erst nach einem vollständigen Austrocknen der Hautzellen nach außen abgeben würden. Die selektive Permeabilität des Protoplasmas bedingt also eine gleichmäßige und gleichzeitige Wasserabgabe durch alle Gewebe der Pflanze.

Die Bedeutung der selektiven Permeabilität des lebenden Protoplasmas für das gleichmäßige Austrocknen der Pflanze wird am besten an saftigen Wurzeln und Obst demonstriert. Wenn z. B. lebende Rüben, Äpfel, Kartoffelknollen usw. austrocknen, so werden sie gleichmäßig in allen ihren Teilen welk. Waren sie aber vorher durch Kochen abgetötet worden, so trocknen ihre oberflächlich gelagerten Schichten vollkommen aus, bevor ihre inneren Teile anfangen trocken zu werden.

Außerdem findet die Transpiration bei höheren Pflanzen in der Hauptsache durch die Spaltöffnung statt. Diese stellen aber physiologische Apparate dar, die sich verschließen oder öffnen und somit die Transpiration hindern oder fördern können. Wir sehen also, daß die Gesamterscheinung der Transpiration einen komplizierten Vorgang darstellt, der sich aus rein physikalischen und zugleich aus physiologischen Erscheinungen zusammensetzt.

11. Beeinflussung der Transpiration durch verschiedene Reize.

Wie erwähnt, besteht die Transpiration im kompliziertesten Falle (d. h. bei höheren Pflanzen) aus drei Arten einfacherer Erscheinungen: 1. Verdampfung von Wasser aus Zellhäuten (an der Oberfläche der

Pflanze und in den Interzellularräumen), 2. osmotischer Wasserstrom von Zelle zu Zelle nach der Verdampfungsstelle und 3. Diffusion des Wasserdampfs aus den Interzellularräumen durch Spaltöffnungen nach außen. Veränderungen der Außenbedingungen können alle drei Erscheinungsarten beeinflussen. Wir betrachten zunächst die Beeinflussung der rein physikalischen Wasserverdampfung durch verschiedene Eingriffe.

Die Geschwindigkeit der Wasserabgabe in Dampfform durch nasse Körper hängt bekanntlich von Temperatur, Luftfeuchtigkeit, barometrischem Druck, Oberflächengröße der Körper und teilweise von der Form dieser Oberfläche ab. So ist die Wasserdampfspannung bei $20°$ unter Null gleich 0,93 mm, bei $0°$ 4,6 mm, bei $20°\,\mathrm{C}$ ·17,4 mm, bei $50°\,\mathrm{C}$ 92 mm usw. Je größer aber die Wasserdampfspannung ist, desto rascher findet die Verdampfung statt. Außerdem ist die Größe der letzteren dem atmosphärischen Druck umgekehrt proportional und vermindert sich bei Vergrößerung der Luftfeuchtigkeit, so daß sie in einem mit Wasserdampf gesättigten Raum gleich Null ist, vorausgesetzt, daß die Temperatur dieses Raums der Wassertemperatur gleich ist.

Die Geschwindigkeit der Wasserverdampfung vergrößert sich mit der Oberfläche des nassen Körpers, aber ist derselben nicht proportional, weil der Wasserdampf von der Mitte der Oberfläche langsamer aufsteigt, als von den Rändern. So ist z. B. diese Geschwindigkeit im Falle einer flachen und runden Oberfläche dem Diameter derselben proportional, während eine dreieckige Oberfläche 1,12 mal mehr Wasser als eine gleichgroße runde Oberfläche verdampft [1]). Auch wenn der gebildete Wasserdampf durch den Wind entfernt wird, ist die Verdampfung viel stärker, aber dann hat die Oberflächenform keine Bedeutung.

Wir betrachten jetzt die Diffusion des in den Interzellularräumen gebildeten Wasserdampfs durch die Spaltöffnungen nach außen. Die Gesetze der Diffusion der Gase sind denjenigen gelöster Stoffe vollkommen gleich, so daß die für die Diffusion der letzteren angegebene Formel (vgl. S. 19) auch für die des Wasserdampfs gültig ist. Diese Formel muß aber für die Diffusion durch die Spaltöffnungen korrigiert werden. Nach Untersuchungen von BROWN und ESCOMBE (1900) ist zwar die Geschwindigkeit der Diffusion durch sehr kleine Öffnungen nicht ihrer Fläche, sondern ihrem Durchmesser ungefähr proportional, so daß „q" unserer Formel den Durchmesser der Öffnung bedeuten soll.

---

[1]) DALTON (1803) gab folgende Formel, die die Abhängigkeit der Geschwindigkeit der Verdampfung V von der Verdampfungsoberfläche S, dem barometrischen Druck H, der Dampfdruckspannung F bei Wassersättigung und derjenigen f in der Luft, in welcher die Verdampfung stattfindet, ausdrückt: $V = \dfrac{AS(F-f)}{H}$, wo A eine Konstante ist. Eine genauere Formel ist von STEFAN (1882) gegeben: $V = 4\,K\,r\,\lg_n \dfrac{H-f}{H-F}$, wo r — Gefäßradius und K — Diffusionskonstante des Wasserdampfs ist. Die Stefansche Formel ist nur für unbewegliche Luft gültig.

Die Diffusionskonstante vergrößert sich mit der Temperatur und die Diffusionsgeschwindigkeit wächst mit dem Konzentrationsunterschied am Anfang- und Endpunkte der Diffusion ($C_1 - C_2$). Wenn also die Außenluft trocken ist, so findet die Diffusion des Wasserdampfs durch die Spaltöffnungen besonders schnell statt. Die Entfernung des Dampfes von der Oberfläche der Pflanze wirkt ebenfalls beschleunigend. Außerdem ist die Diffusionsgeschwindigkeit proportional der Öffnungsweite der Spaltöffnungen, so daß alle Eingriffe, die ein Schließen der Öffnungen veranlassen, diese Geschwindigkeit vermindern müssen und umgekehrt.

Am weitesten sind die Spaltöffnungen der mit Wasser gesättigten Pflanzen geöffnet, während ein Wassermangel den Verschluß der Spaltöffnungen hervorruft. Eine Ausnahme machen nur Moorpflanzen, deren Spaltöffnungen gewöhnlich unbeweglich sind. In den meisten Fällen funktionieren also die Spaltöffnungen als Einrichtungen, die die Transpiration regulieren. Ihr Verschluß infolge zu rascher Wasserabgabe schützt die Pflanze gegen weiteren Wasserverlust.

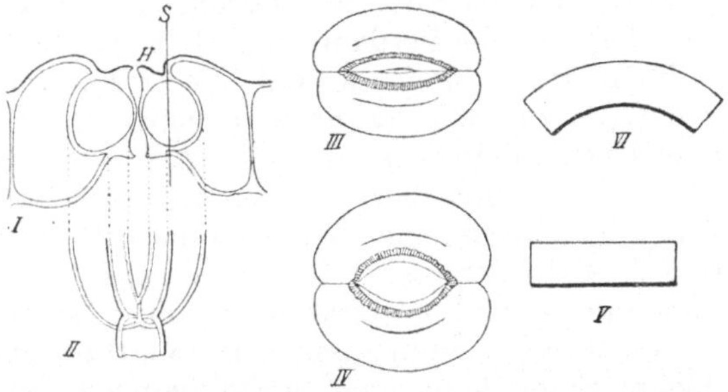

Die Öffnungsweite der Spaltöffnungen hängt auch von der Beleuchtung ab. Wenn die Pflanze direkten Sonnenstrahlen ausgesetzt ist, erreicht die Öffnungsweite ihre maximale Größe. In der Nacht verschließen sich die Spaltöffnungen gewöhnlich, obwohl es auch Pflanzen gibt, deren Spaltöffnungen sich in der Nacht öffnen.

Abb. 15. Spaltöffnungen von Amaryllis formosissima (nach Schwendener). *I* Querschnitt, *II* halbe Flächenansicht, *III* Flächenansicht der geschlossenen, *IV* Flächenansicht der geöffneten Spaltöffnung. *V*, *VI* Schema der Wirkung des inneren Drucks auf die Form eines Kautschukrohrs, dessen eine Seite dicker als die andere ist. Das Rohr wird gekrümmt (nach Jost).

Die Ursache der angegebenen Veränderungen der Öffnungsweite der Spaltöffnungen liegt nach Mohl (1856) in einem besonderen Bau der Schließzellen derselben. Die Wände dieser Zellen sind nicht gleichmäßig verdickt: sie sind an der Seite des Spaltes dicker, als an der entgegengesetzten Seite (vgl. Abb. 15). Die Verdickungen haben gewöhnlich die Gestalt von zwei Streifen, von welchen die äußere eine scharfe Kante trägt (*H*). Infolge solcher Verdickungen sind die Wände der Schließzellen an der Seite des Spaltes weniger dehnbar und werden also durch jede Erhöhung des Turgordrucks dieser Zellen an der entgegengesetzten Seite mehr gedehnt; die Schließzellen werden dadurch gebogen (vgl. Abb. 15, III und IV) und öffnen die Spaltöffnungen. Jede Verminderung des Turgordrucks ruft dagegen eine Verflachung der gebogenen Schließzellen und den Verschluß der Spaltöffnungen hervor. Eine analoge Bewegung kann man auch an einem Kautschukrohr beobachten, dessen eine Seite dicker als die andere ist (vgl. Abb. 15, *V* und *VI*).

Da der Turgordruck durch das Aufsaugen von Wasser zustande kommt, ist es verständlich, daß ein Wasserverlust zu einer Verminderung dieses Drucks in den Schließzellen der Spaltöffnungen und zum Verschluß der letzteren führt. Andererseits wissen wir, daß der osmotische Druck in der Zelle von der Konzentration des Zellsafts abhängig ist; eine Verstärkung der Beleuchtung ruft aber eine Zuckerbildung in den Schließzellen hervor (vgl. III, Kap. 3), weil diese Zellen (im Gegensatz zu den anderen Hautzellen) Chloroplasten enthalten, welche wie wir wissen, im Lichte Kohlendioxyd in organische Stoffe verwandeln (vgl. S. 4 und 14).

Es soll noch über den osmotischen Wasserstrom gesprochen werden, der nach der Verdampfungsstelle zieht. Veränderungen der Außenbedingungen können sowohl die Geschwindigkeit der Wasserosmose von Zelle zu Zelle als auch diejenige der Wasseraufnahme durch die Pflanze verändern und dadurch den Wassergehalt der transpirierenden Pflanzenteile und der Schließzellen der Spaltöffnungen modifizieren. Eine Erschwerung des Wassertransports nach der Verdampfungsstelle ruft z. B. Verschluß der Spaltöffnungen und damit eine starke Verminderung der Transpiration hervor. Umgekehrt verursacht eine erleichterte Wasseraufnahme eine Verstärkung der Transpiration. In diesem Sinne kann man wahrscheinlich die verstärkte Transpiration der abgeschnittenen und in Wasser gestellten Blätter und Zweige deuten: der Weg aufgenommenen Wassers ist im abgeschnittenen Blatte kürzer als in der intakten Pflanze und der Wasserbewegung wirkt also eine geringere Reibung entgegen. Auch durch den Einfluß verschiedener Eingriffe, welche die Permeabilität des Protoplasmas verändern, wäre die angegebene Veränderung des Wassertransports zu erklären, z. B. die Transpirationsvergrößerung nach dem Begießen der Pflanze mit Säurelösungen usw.

Nachdem wir den Einfluß verschiedener Veränderungen der Außenbedingungen auf die die Transpiration zusammensetzenden Erscheinungen betrachtet haben, wird es leicht sein, auch die Einwirkung der Reize auf die Transpiration im ganzen zu erklären. So kann man erwarten, daß die Temperaturerhöhung eine Transpirationsverstärkung in einer feuchten Atmosphäre hervorruft und umgekehrt; aber die Transpiration dürfte auch bei sehr niedrigen Temperaturen stattfinden, weil die Wasserdampfspannung noch bei 20 °C unter Null gleich 0,93 mm ist. Diese letzte Voraussetzung wird durch Beobachtungen an Nadelbäumen vollkommen bestätigt. Auch ist die Größe der Transpiration in feuchter Atmosphäre der Temperatur beinahe proportional.

Man kann außerdem erwarten, daß die Transpiration sich mit Verminderung des atmosphärischen Drucks (z. B. auf hohen Bergen) und mit Vergrößerung der Lufttrockenheit verstärkt; eine zu starke Transpiration kann aber Abnahme des Wassergehalts und den Verschluß

der spaltüffnungen hervorrufen, der seinerseits eine starke Verminderung der Transpiration zur Folge hat. Alle diese Erwartungen werden durch direkte Beobachtungen bestätigt.

Weiter kann man eine Verstärkung der Transpiration durch Licht, und eine besonders hohe Transpirationsgröße im direkten Sonnenlicht erwarten, weil direkte Sonnenstrahlen auch die Temperatur der Pflanze erhöhen. Diese Erwartung wird ebenfalls bestätigt; es zeigt sich zugleich, daß die Transpiration durch rote Strahlen besonders stark beschleunigt wird, weil grüne Blätter gerade diese Strahlen am stärksten absorbieren und durch diese Strahlen erwärmt werden.

12. Wassertransport in der Pflanze.

In vorhergehenden Kapiteln haben wir die Wasseraufnahme und die Wasserabgabe in Dampfform betrachtet. Um ein vollkommenes Bild der Wasserbewegung in der Pflanze zu gewinnen, haben wir noch den die beiden genannten Erscheinungen verbindenden Prozeß, den Wassertransport von den wasseraufnehmenden Zellen nach den transpirierenden Organen zu betrachten.

Im einfachsten Falle kann der Wassertransport auch in einer einzigen Zelle stattfinden, wie es z. B. bei der oben erwähnten Alge, Botrydium, vorkommt. Bei mehrzelligen niedrigen Pflanzen wird der Wassertransport durch den osmotischen Wasserstrom bewirkt (vgl. S. 61). Es läßt sich aber verstehen, daß die durch diesen Strom zur Transpirationsstelle gebrachte Wassermenge nicht ausreichen kann, wenn dieser sich verhältnismäßig langsam bewegende Strom durch sehr viele Zellen fließen muß. Untersuchungen über die Transpiration verschiedener Gewebe zeigen, daß die Zellenreihe, durch welche transpirierende Zellen Wasser auf osmotischem Wege aufsaugen, selbst in feuchtem Raume nur einige Zentimeter lang sein darf, um eine genügende Wassermenge für die Transpiration hinleiten zu können. Infolgedessen wären höhere Pflanzen, deren transpirierende Organe von den wasseraufnehmenden Organen weit entfernt sind, zum Tode verurteilt, wenn sie keine Einrichtungen zu einer raschen Wasserleitung hätten. Solche Einrichtungen bestehen bei höheren Pflanzen in einem speziell zur Wasserleitung eingerichteten Gewebe.

Eine direkte Beobachtung des Wasseraustritts aus den Baumstümpfen beim Bluten zeigt, daß Wasser immer aus dem Holz heraustritt. Eine gleiche Erscheinung wird auch bei einem künstlichen Hineinpressen von Wasser in ein abgeschnittenes Stengelstück beobachtet: Wasser tritt immer aus dem Holz heraus.

Daß die Wasserbewegung im Holz der Pflanze stattfindet, wurde zum ersten Male von HALES (1748) durch folgenden Versuch bewiesen. Wenn man an einem Baume einen Rindenstreifen rund um den Stamm herum herausschneidet, wie es auf Abb. 16 zu sehen ist, so welkt die Pflanze auch nach mehreren Wochen nicht ab. An abgeschnittenen Zweigen läßt sich aber zeigen, daß nicht nur die Entfernung der Rinde, sondern auch diejenige des Marks keine Verminderung der Transpiration durch die Blätter herbeiführt. Im Gegensatz dazu welkt die Pflanze sofort, wenn das Holz des Zweiges entfernt wird.

Wenn somit auch festgestellt worden ist, daß der Transport des durch die Wurzel aufgenommenen Wassers im Holz stattfindet, so muß man doch gestehen, daß es noch nicht gelungen ist, alle Einzelheiten dieser Erscheinung vollkommen zu erklären.

Mikroskopische Untersuchungen zeigen bekanntlich, daß das Holz zwei Arten von röhrenförmigen Zellen enthält: 1. Gefäße (Tracheen), die gewöhnlich einige Zentimeter lang (bei Eiche 2 m lang) sind und die nur stellenweise durchlöcherte Scheidewände tragen, und 2. Gefäßzellen (Tracheïden), deren Länge gewöhnlich 1 mm nicht übertrifft (nur bei Nadelbäumen sind sie bis 4 mm lang) und die enger als Gefäße sind. Man kann also erwarten, daß in den Pflanzen, die in ihrem Holz beide Zellenarten enthalten, die Gefäße die Hauptrolle in der Wasserleitung spielen.

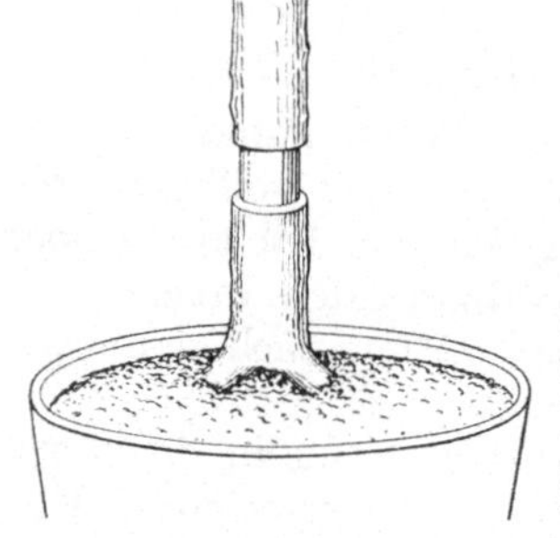

Abb. 16. Ringelungsversuch. (Nach HALES.)

Um die Wasserbahnen der Pflanze festzustellen, setzt man abgeschnittene Zweige oder noch besser Blütenschäfte in eine konzentrierte Lösung irgendeines Anilinfarbstoffes (z. B. Methylenblau oder Eosin) und veranlaßt die Pflanze, den Farbstoff aufzusaugen. Das Mikroskop zeigt dann, daß fast ausschließlich Gefäßwände gefärbt worden sind. Wenn für den Versuch Zweige der Balsamine oder blütentragende Maiglöckchenschäfte verwendet werden, kann man mit bloßem Auge sehen, wie sich die Gefäße der Pflanzen sehr bald mit Farbstoff füllen, der immer höher hinaufgesogen wird und Blatt- und Blumennerven blau oder rot färbt.

Das das Wasser leitende Gewebe (Xylem) bildet die Hauptmasse der sekundär gebauten Stengel und den oberen Teil der Blattnerven, die in der Blattlamina sehr stark verzweigt sind. Durch solche Verzweigung ist die Versorgung der lebenden Blattzellen mit Wasser gesichert, die dasselbe entweder direkt oder durch Vermittlung von höchstens 2—3 Zellen aus den Gefäßbündeln aufsaugen.

Der erste Naturforscher, der Gefäße in der Pflanze entdeckte, war MALPIGHI (1671), der zu dem Schluß kam, daß sie immer mit Luft erfüllt sind und eine ähnliche Rolle wie Tracheen bei Insekten spielen. In der Tat bestätigten auch spätere Forscher einen bedeutenden Luftgehalt der Gefäße. Infolgedessen sprach SACHS (1878) sogar den Gedanken aus, daß Wasser nicht im Gefäßlumen, sondern in den Gefäßwänden, die mit Wasser durchtränkt sind, transportiert wird. Diese Annahme von SACHS wurde aber durch spätere Untersuchungen nicht bestätigt. Nach ELFVING (1882), ERRERA (1886), VESQUE (1884), KOHL (1886) und STRASBURGER (1891) kann sich Wasser nur im Gefäßlumen bewegen, was z. B. aus dem folgenden Versuche zu ersehen ist:

Man stellt abgeschnittene Zweige für eine kurze Zeit in geschmolzene Gelatine oder Kakaobutter; nachdem die Zweige eine kleine Menge dieser Stoffe aufgesogen haben, kühlt man sie im kalten Wasser ab, wobei Gelatine oder Kakaobutter erstarren und dadurch das Gefäßlumen verstopfen. Erneuert man jetzt die Schnittfläche (um Gefäßwände in Berührung mit Wasser zu bringen) und stellt man dieselben in Wasser ein, so welken sie ab. Man kann zu demselben Zwecke auch den Stengel unversehrter Pflanzen an einer Stelle mittels einer Klemmschraube zusammenquetschen, so daß die Gefäße nicht gebrochen, aber doch zusammengepreßt sind; solche Pflanzen welken bald ab, nehmen aber wieder ihr früheres Aussehen an, wenn die Klemme nach kurzer Zeit gelöst wird.

Untersuchungen von HÖHNEL (1876) zeigten, daß man beim Mikroskopieren kein Wasser in den Gefäßen findet, weil sie außer Wasser noch verdünnte Luft enthalten, deren Druck viel niedriger als derjenige der umgebenden Atmosphäre ist. Beim Abschneiden der Zweige tritt die Außenluft in die geöffneten Gefäße hinein und treibt in ihnen befindliches Wasser in obere Pflanzenteile. Wenn man dagegen den Stengel an zwei Stellen gleichzeitig durchschneidet (mittels einer Doppelscheere), so kann man in den Gefäßen auch beim Mikroskopieren stets Wasser finden. Es ist daher zu empfehlen, die für die Versuche über Aufsaugung von Farbstoffen usw. verwendeten Zweige unter Wasser zu durchschneiden; statt atmosphärischer Luft tritt dann Wasser in die Gefäße hinein.

Außer den Gefäßen sind beim Wassertransport in der Pflanze auch die Tracheïden (Gefäßzellen) in manchen Fällen beteiligt. Einige Pflanzenarten, z. B. Nadelbäume, Farne u. a., haben keine Gefäße in ihrem Holz, so daß Wasser in diesem Falle nur in den Tracheïden transportiert werden kann. Ein derartiger Wassertransport geht aber freilich viel langsamer von statten, weil Wasser dabei durch sehr viele Querwände hindurchgehen muß. Wie groß der Widerstand der Zellwände bei der Wasserfiltration durch das Holz ist, kann man z. B. aus den Versuchsergebnissen von STASBURGER (1891) ersehen:

Eine 50 cm hohe Wassersäule ging durch ein 8 cm langes Stück von Fichtenholz bei der Filtration in Längsrichtung in einer Stunde hindurch, während in Querrichtung keine Filtration bemerkt werden konnte. Erst nach Erhöhung des Drucks bis auf 50 cm Quecksilbersäule gelang es, etwas Wasser in Querrichtung zu filtrieren. Im Fichtenholz sind die Tracheïden 4 mm lang und 0,03 mm breit, so daß Wasser bei der Filtration in Querrichtung durch eine 133mal größere Anzahl von Zellwänden hindurchgehen muß, als bei der Filtration in Längsrichtung.

Um sich ein richtiges Bild von der Wasserbewegung in den Gefäßen und Gefäßzellen zu machen, muß man sich daran erinnern, daß die Leitungsbahnen nicht nur Wasser, sondern auch Luft enthalten. Gewöhnlich wechseln 0,1—0,5 mm lange Wassersäulchen mit 0,3 mm langen Luftbläschen ab, so daß eine Wasser-Luft-Kette, die sogenannte

GAMINsche Kette entsteht. Ob diese Kette im Gefäßlumen als solche transportiert wird, oder ob Wasser sich unabhängig von den Luftbläschen an den Gefäßwänden entlang bewegen kann, ist bis jetzt noch nicht entschieden[1]). Zweifellos steht aber fest, daß eine große Luftmenge im Holz die Wasserleitung hindert und sogar gänzlich hemmt.

Andererseits wissen wir, daß der Druck in den Gefäßen (und auch im Holz überhaupt, vgl. das folgende Kapitel) kleiner als der atmosphärische Druck ist; da alle Interzellularräume der Pflanze sich mit der Außenluft in Verbindung befinden, strebt die Luft allmählich aus diesen Räumen durch die Zellwände in die Gefäße und Tracheide einzudringen (auf dem Wege der Osmose, weil die Wände mit Wasser durchtränkt sind). Infolgedessen sind die innersten, ältesten Holzschichten, die oft als Kernholz bezeichnet werden, bei den meisten Bäumen an der Wasserleitung nicht beteiligt. Entfernt man also die äußersten Holzschichten an Eiche, Fichte, Kirschbaum, Pflaumenbaum usw., so gehen die Pflanzen an Wassermangel zugrunde.

13. Wasser bewegende Kräfte in der Pflanze.

Wie früher erwähnt, findet die Transpiration und Wasserbewegung bei einzelligen Algen und mehrzelligen Schimmelpilzen auf Kosten thermischer Energie statt. Der größte Teil dieser Energie wird zur Umwandlung von Wasser in Dampf verwendet, ein geringerer Teil verwandelt sich aber in osmotische Energie, weil durch die Wasserverdampfung der Zellsaft konzentriert wird. Die osmotische Energie bewirkt alsdann die Wasserbewegung von Zelle zu Zelle nach der Transpirationsstelle und verwandelt sich somit in mechanische Energie.

Da die Stellen der Transpiration und der Wasseraufnahme bei höheren Pflanzen oftmals weit voneinander entfernt liegen und der Wassertransport hauptsächlich im Holz stattfindet, bezieht sich das angegebene Schema des Energiewechsels nur auf die osmotische Wasserbewegung durch die Zellenreihe zwischen der Transpirationsstelle und den nächstliegenden Gefäßen (bzw. Gefäßzellen). Um aber die Wasserbewegung im Holz zu erklären, muß man die Kräfte kennen, welche Wasser veranlassen, sich bis zu den obersten Blättern innerhalb der Pflanze emporzusteigen.

Wie wir aus dem Kapitel 5 und 6 wissen, stellt der Wurzeldruck die Kraft dar, die Wasser in den Stengel treibt und die sich auf Kosten osmotischer Energie der Wurzelzellen bildet. Nach Untersuchungen von SACHS (1878) reicht aber die Wassermenge, welche durch die aktive Wasseraufnahme seitens der Wurzel geliefert wird, nicht aus, um den Wasserverlust durch die Transpiration zu decken. So verdunstete in den Versuchen des genannten Forschers eine Tabakpflanze ungefähr

---

[1]) Einige Forscher (z. B. JANSE, 1908) nehmen sogar an, daß die Wasserbewegung in Gefäßen, die Luft enthalten, überhaupt nicht möglich ist, und schreiben den Tracheiden die Hauptrolle im Wassertransport zu. Die Angaben von BODE (1923), der annimmt, daß in den Gefäßen keine Luft enthalten ist, sind aber kaum richtig.

200 ccm Wasser in 5 Tagen, während nach dem Abschneiden des stengels die aus der Wurzel in 5 Tagen ausgeflossene Wassermenge nur 16 ccm betrug.

Andererseits erreicht der Wurzeldruck nur bei einigen Bäumen und nur im Frühling 1—2¹/₂ Atmosphären (vgl. S. 55), während er nach WIELER im Sommer kaum mehr als ¹/₂ Atmosphäre beträgt. Unter der Einwirkung eines solchen Wurzeldrucks könnte Wasser höchstens bis auf 5 m emporsteigen, während die Höhe unserer einheimischen Bäume nicht selten 10—15 m, die einiger Tropenbäume 35—40 m erreichen kann (solche Höhe ist z. B. bei Eucalyptus und Drachenbäumen beobachtet worden). Der Wurzeldruck reicht also nicht aus, um in so hohen Bäumen Wasser zur Transpirationsstelle zu befördern. Außerdem zeigt eine direkte Messung des Drucks im Holz mittels am Stamme oder an den Zweigen befestigter Manometer, daß der Druck während der Periode einer sehr starken Transpiration und Wasserbewegung (d. h. im Sommer) gewöhnlich negativ ist. Es wird nicht nur kein Wasseraustritt aus den am Stamme angebrachten Öffnungen beobachtet, sondern festgestellt, daß dargebotenes Wasser vom Holze begierig aufgesogen wird.

Die Abb. 17 gibt einen Versuch zum Nachweis des negativen Drucks im Holz wieder. Man befestigt an einem Baumzweige, dessen blättertragende Teile entfernt worden sind, einen Kautschukschlauch, der mit einem in Quecksilber tauchenden Glasrohr verbunden ist. Nach Verlauf von einigen Stunden steigt Quecksilber auf eine bedeutende Höhe empor.

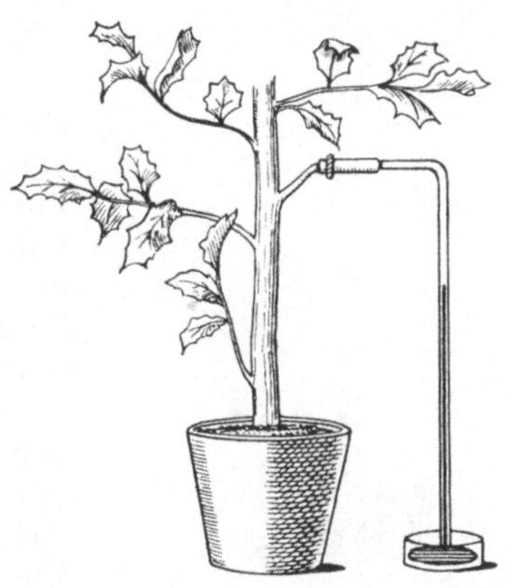

Abb. 17. Negativer Druck im Holz.

Wir kommen also zu dem Schlusse, daß der Wurzeldruck während einer starken Transpiraton keine bedeutende Rolle bei dem Wassertransport innerhalb des Holzes spielen kann. Da aber zugleich der Druck im Holze negativ ist, so muß das die Wurzeloberfläche berührende Bodenwasser unter der Einwirkung des atmosphärischen Drucks durch die Wurzelrinde in das Wurzelholz filtriert werden. Nur während einer schwachen Transpiration fängt der Wurzeldruck an, Wasser im Stengel zu bewegen, kann es aber nur auf eine Höhe von 0,2—25 m (je nach der Pflanzenart) emporheben. Dieser Druck ist also unter solchen Bedingungen nur zum Wassertransport in Krautpflanzen und nicht in hohen Bäumen ausreichend. Welche Kräfte sind es nun aber. die Wasser bis zu den obersten Blättern in hohen Bäumen während starker Transpiration emporheben?

Ein einfacher Versuch zeigt, daß Blattzellen das Wasser aus Gefäßbündeln mit einer bedeutenden Kraft aufsaugen. Man schneidet den Gipfel eines jungen Baumes (unter Wasser) ab und befestigt ihn mittels eines Kautschukschlauchs am oberen Ende eines mit Wasser gefüllten Glasrohrs, dessen anderes Ende in Quecksilber taucht. Die Blätter transpirieren, saugen Wasser aus dem Glasrohre auf und heben die Quecksilbersäule empor (ugl. Abb. 18.) Durch diesen Versuch kann man leider die aufsaugende Kraft der transpirierenden Blätter nicht messen, weil Luft durch die Interzellularräume der Pflanze in das Rohr eindringt; die Quecksilbersäule fällt allmählich, der Stengel wird durch die Luft vom Wasser abgetrennt und die Pflanze welkt ab. Diese aufsaugende Kraft kann man aber theoretisch berechnen, weil die Blattzellen Wasser aus dem Gefäßbündel mittels osmotischer Kräfte aufsaugen, und da der Zellsaft in den Blättern nicht selten einer Zuckerlösung der Konzentration 0,9—1,2 Gramm-Mol im Liter isotonisch ist, muß man die aufsaugende Kraft der Blätter zu 20—26 Atm. schätzen (vgl. S. 32). Eine derartig große Kraft würde Wasser bis auf die Höhe von 206—268 m emporheben, wenn sie auf die Wassersäule von unten her einwirken würde. Man weiß aber aus der Physik, daß bei einer Aufsaugung von Luft aus einer in Wasser tauchenden Röhre (z. B. in einer Wasserpumpe) Wasser nur unter der Einwirkung des atmosphärischen Drucks in die Röhre hineindringt. Dieser Druck kann aber Wasser nur bis auf die Höhe von 10 m emporheben. Scheinbar kann uns also die Mitwirkung der aufsaugenden Kräfte der Blätter nur das Aufsteigen des Wassers in Krautpflanzen, aber nicht in hohen Bäumen verständlich machen. Um auch das Steigen in sehr hohen Bäumen zu erklären, machte man auf molekulare Anziehungskräfte von Wasser aufmerksam.

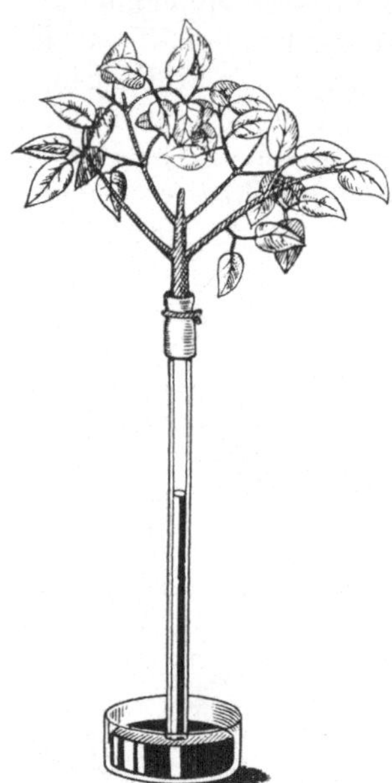

Abb. 18. Der die aufsaugende Kraft der Blätter beweisende Versuch. Erklärung im Text.

Bekanntlich wird die Anziehungskraft zwischen Wassermolekülen nach der Formel von VAN DER VAALS zu einigen tausend Atmosphären berechnet. Wenn man also eine schief gestellte, mit Wasser gefüllte, 15 m lange Glasröhre, die am oberen Ende zugeschmolzen ist und mit dem unteren Ende in Wasser taucht, vertikal stellt, so bildet sich kein leerer Raum am oberen Röhrenende, weil Wassermoleküle am Glas durch Kapillaritätskräfte festgehalten werden und außerdem einander anziehen.

Nach ASKENASY (1895) kann man die Möglichkeit des Wassersteigens bis auf eine Höhe, die größer als 10 m ist, folgendermaßen demonstrieren. Ein Glastrichter, dessen Röhre 1 m oder mehr lang ist, wird mit seinem breiten Teile in ein Gemisch von Wasser und gebranntem Gips getaucht. Nachdem das Gemisch erstarrt und der

Trichter durch eine dicke Gipsplatte verstopft ist, wird der freigebliebene Teil desselben mit gekochtem und abgekühltem Wasser gefüllt uud die Röhre in Quecksilber eingetaucht. Die Gipsplatte saugt Wasser auf und verdampft es an ihrer freien Oberfläche; infolgedessen steigt das Quecksilber in der Röhre empor, wie es auf der Abb. 19 zu sehen ist. In den Versuchen Askenasys war die maximale Steighöhe von Quecksilber 89 cm (= 11,6 m Wassersäule). Um das Eindringen von Luft durch die Plattenporen in den Trichter zu vermeiden, benutzte man später statt Gips Porzellanplatten, deren Poren durch eine Niederschlagsmembran verstopft waren, und man erhielt die Steighöhe 111,1 cm. In der letzten Zeit wurde frisches Holz zu demselben Zweck verwandt (Steighöhe 2 Atmosphären).

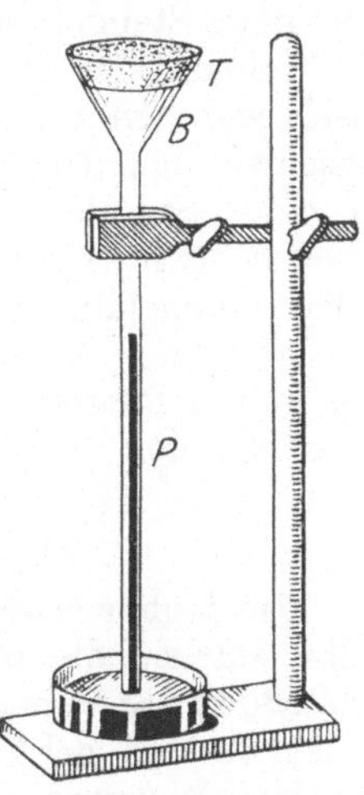

Eine der wichtigsten Bedingungen für eine bedeutende Steighöhe von Quecksilber im beschriebenen Apparate ist das Benutzen gekochten Wassers, das keine Luft enthält, weil nach einer Druckverminderung die Luft sich in Form von Bläschen ausscheidet und unter der Gipsplatte ansammelt. Nach physikalischen Untersuchungen kann die Wassersäule auch nach einer vorherigen, möglichst vollkommenen Entfernung von Luft nur eine bis 5 Atmosphären große Dehnung aushalten, ohne zu zerreißen.

Wie früher erwähnt, dringt die Luft der Interzellularräume allmählich in die wasserleitenden Holzzellen ein, so daß die zunächst ununterbrochene Wassersäule zerrissen wird. Es ist also sehr wahrscheinlich, daß bei sehr hohen Bäumen Wasser nur in jungen Gefäßen und Gefäßzellen (bei Nadelbäumen), die noch keine Luftblasen enthalten, transportiert werden kann. Experimentell ist aber diese Vermutung noch nicht bewiesen. Infolgedessen zweifeln einige Forscher daran, daß der

Abb. 19. Der Versuch von Askenasy. Erklärung im Text.

Wurzeldruck und die aufsaugende Kraft der Blätter für den Wassertransport in hohen Bäumen ausreichen; zugleich glauben sie den Transport nur durch die Annahme besonderer aktiver Zellen im Holz erklären zu können, die Wasser von unten aufsaugen und es nach oben treiben und somit den wasseraufsaugenden Wurzelzellen ähnlich sind.

Freilich ist nichts Unwahrscheinliches darin, daß solche Zellen im Holz vorhanden sind; man kann aber daran zweifeln, daß sie den Wassertransport auf irgendeine Weise fördern können. Die Gefäße bzw. die Gefäßzellen besitzen keine Klappen, die die Wasserbewegung nur in einer Richtung möglich machen würden. Das von aktiven Zellen ausgeschiedene Wasser kann sich deshalb mit gleicher Wahrscheinlichkeit sowohl nach unten als auch nach oben bewegen. Der folgende Versuch Strasburgers (1891) zeigt, daß die Wasserbewegung im Holz nach beiden Richtungen hin gleich leicht stattfinden kann.

Der genannte Autor ließ die Gipfel zweier junger Buchen miteinander verwachsen und durchschnitt den Stamm einer der Buchen an der Wurzel; trotzdem blieben die Blätter beider Pflanzen frisch und gesund. Der Wassertransport in einer Richtung, die der normalen Richtung entgegengesetzt ist, reichte also vollkommen aus, um den Wasserverlust durch die Transpiration zu decken.

Um den Wassertransport in der Pflanze zu erklären, muß man außerdem noch die Frage beantworten, ob die treibenden Kräfte das Wasser mit einer ausreichenden Geschwindigkeit bewegen können. Diese Geschwindigkeit kann man auf folgendem Wege bestimmen. Man begießt Pflanzen ein- und derselben Art mit einer Lösung von Lithiumsalzen; in bestimmten Zeitintervallen macht man Querschnitte aus dem Stengel der Pflanzen in verschiedener Höhe. Nach dem Verbrennen der Querschnitte wird Lithium in der Asche spektroskopisch wahrgenommen (rote Flamme). Solche Versuche zeigen, daß die Geschwindigkeit der Wasserbewegung im Stengel gewöhnlich 0,6—1,5 m in einer Stunde beträgt. Andererseits zeigten Versuche von STRASBURGER (vgl. S. 70), daß Wasser unter dem Druck von 0,05 Atmosphären ungefähr mit gleicher Gechwindigkeit durch Fichtenholz filtriert werden kann. Diese Ergebnisse veranlassen uns zu dem Schlusse, daß die in der Pflanze vorhandenen Kräfte genügen, um Wasser mit einer ausreichenden Geschwindigkeit im Holz zu bewegen.

14. Ausscheidung flüssigen Wassers.

Wie früher erwähnt, ruft eine fortdauernde Transpiration, falls dieselbe stärker als die Wasseraufsaugung ist, eine Verminderung und schließlich das Verschwinden der Turgorerscheinung hervor. Die Pflanze welkt ab und geht zugrunde. Man kann sich aber vorstellen, daß die Wasseraufsaugung stärker als die Transpiration ist, so daß der Wassergehalt der Pflanze immer zunimmt. Dieser Fall ist selbstverständlich nur bei einer aktiven Wasseraufnahme möglich (vgl. S. 54).

Wenn die Wasseraufsaugung durch eine einzellige Pflanze die Transpiration derselben übertrifft, so kann der zunehmende Turgordruck entweder zum Platzen der Zelle oder zu einer Ausscheidung von überflüssigem Wasser aus der Zelle führen. Beide Fälle werden z. B. bei einem Mist bewohnenden einzelligen Pilze, Pilobolus, beobachtet. Sein Mycelium entwickelt sich im Pferdemist und bildet unter passenden Bedingungen einzellige, in die Luft ragende und vollkommen durchsichtige Sporangienträger, die in ihrem oberen Teile etwas aufgebläht sind und ein schwarzes, abgeflachtes Sporangium tragen (vgl. Abb. 20)[1].

---

[1] Um die Bildung von Sporangien bei Pilobolus beobachten zu können, bringt man Pferdemist (runde Körper) und etwas Wasser auf einen Teller, bedeckt ihn mit einer Glasglocke und stellt ihn in einen Thermostat (oder ein warmes Zimmer), wo die Temperatur auf 25—28° C erhalten wird. Nach 2 Tagen vernichtet man (am einfachsten durch Abbrennen mit einer Gasflamme) die sich auf dem Mist entwickelnden weißen Fäden von Schimmelpilzen (Mucor). Am dritten oder vierten Tage der Kultur erscheinen gelbe sporogene Fäden von Pilo-

Einige sporogene Fäden von Pilobolus können platzen, wenn ihre aktive Wasseraufnahme die Transpiration überwiegt; die meisten von ihnen gehen aber zu einer Wasserausscheidung in Tropfenform über, welche nach der Entwicklung der Sporangien ihre maximale Stärke erreicht (vgl. die Abb.). Nach vollständiger Sporenreifung verschleimen die Sporangienränder, so daß die Sporangien nur locker an den Sporangienträgern sitzen. Bald hört die Wasserausscheidung auf und der Turgordruck der Zelle fängt infolgedessen an, zuzunehmen. Er wird (gegen Mittag) so hoch, daß die Zellhaut an ihrer dünnsten Stelle, unter dem Sporangium, zerreißt, der Zellinhalt mit einem knackenden Geräusch herausgespritzt und das Sporangium mindestens einen Meter hoch geschleudert wird.

Die Wasserausscheidung in Tropfenform kommt bei Pilobolus nach dem oben angegebenen Schema zustande (vgl. S. 56): das Protoplasma der Sporangienträger ist in seinen oberen Teilen permeabeler als in den unteren. Infolgedessen ist der osmotische Druck, den die unteren Zellteile entwickeln können, größer, als der in den oberen, und dieser Unterschied bewirkt die Wasserausscheidung. Daß der osmotische Druck, welchen die oberen Protoplasmateile entwickeln können, in der Tat kleiner ist, wird durch den folgenden Versuch bewiesen.

Wie erwähnt, sind die Sporangienträger von Pilobolus in ihren oberen Teilen etwas aufgebläht. Diese Aufblähung kommt unter der Einwirkung des Turgordrucks zustande; das geht daraus hervor, daß ein vorheriges Übertragen der sich entwickelnden Sporangienträger auf eine Zuckerlösung, also eine Verminderung des Turgordrucks, die Entwicklung der Aufblähung unmöglich macht. Es wird ebenfalls keine Aufblähung beobachtet, wenn man die Sporangienträger umdreht und sie veranlaßt, Wasser durch ihre oberen Teile aufzusaugen.

Abb. 20. Wasserausscheidung bei Pilobolus crystallinus. Vergrößert $^{10}/_1$. (Nach PFEFFER.)

Im übrigen ist die Entwicklung der Sporangienträger und der Sporangien auch in diesem Falle vollkommen normal. Das Protoplasma der oberen Zellteile ist also für Zellsaftstoffe so stark permeabel, daß der entstehende osmotische Druck nicht imstande ist, die Aufblähung dieser Teile hervorzurufen.

Bei mehrzelligen Schimmelpilzen wird in feuchter Luft ebenfalls eine Ausscheidung überflüssigen Wassers beobachtet, wobei sich die wasserausscheidenden Zellen wie die das Wasser aktiv aufnehmenden Zellen verhalten. Bei höheren Pflanzen kommen zweierlei Organe vor: die einen, die gewöhnlich als Wasserdrüsen bezeichnet werden, scheiden überflüssiges Wasser aktiv aus; die anderen Organe, die sogenannten Wasserspalten, stellen dagegen nur Austrittstellen für das durch die

---

bolus (Größe 2—10 mm), die sich am nächsten Morgen (der Teller muß auf das Fensterbrett gestellt werden) zu durchsichtigen Sporangienträgern entwickeln.

Wurzeln aktiv aufgenommene Wasser dar. Beide Arten von Organen werden öfters mit HABERLANDT als Hydathoden bezeichnet.

Die Wasserdrüsen sind gewöhnlich mehrzellige Härchen, die oft nur auf der unteren Blattseite zerstreut sitzen. Werden gut begossene Pflanzen in warme und sehr feuchte Luft gestellt, so scheiden sie mittels dieser Härchen Wasser aus. Auf der Abb. 21 ist ein wasserausscheidendes Härchen der Feuerbohnen (Phaseolus multiflorus) zu sehen, das aus 5—6 Zellen besteht und Wasser nur mittels der zwei oberen Zellen sezerniert. Wie bei Pilobolus stellt die Wasserausscheidung auch in diesem Falle einen osmotischen Vorgang dar, welcher durch eine künstliche Erhöhung des osmotischen Drucks in den aktiven Zellen (z. B. durch Einlegen der Blätter mit der unteren Seite in eine Glyzerin- oder Salpeterlösung (vgl. S. 36) beschleunigt und durch Chloroform und Äther sistiert wird.

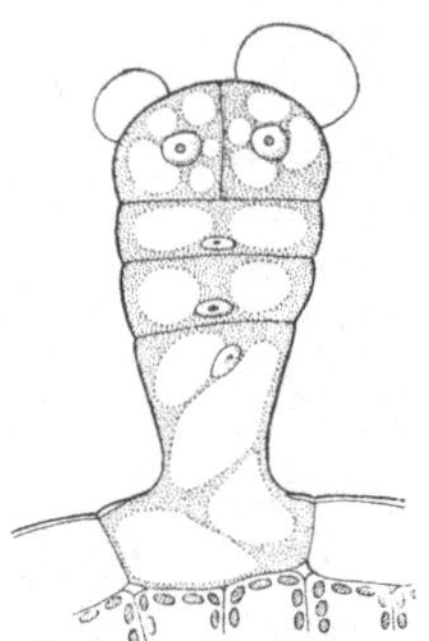

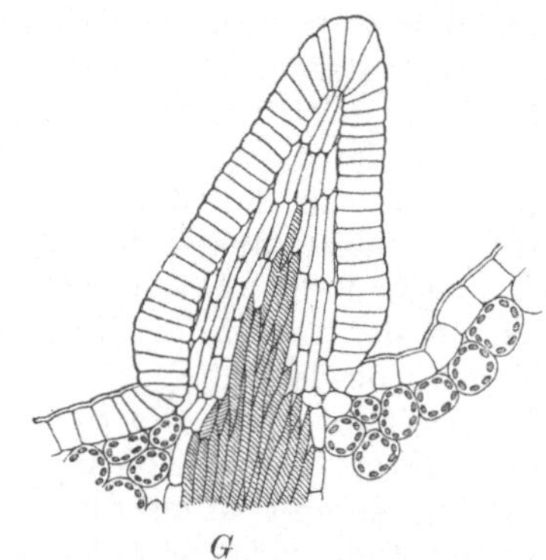

Abb.21. Wasserausscheidung mittels Wasserdrüsen bei Phaseolus multiflorus. Vergrößerung $^{200}/_1$.

Abb. 22. Wasserdrüse der Kamelie (schematisch); Vergrößerung $^{100}/_1$.
G Gefäßbündelendigung.

Einige Pflanzen, z. B. Kamelie und Teepflanze, besitzen komplizierter gebaute Wasserdrüsen, die aus vielen Zellen bestehen und farblose konische Bildungen an den Blatträndern bilden, deren innerste Teile durch erweiterte Endigungen der Gefäßbündel eingenommen werden. Auf der Abb. 22 ist eine Wasserdrüse der Kamelie zu sehen.

Die Wasserspalten sind Öffnungen, die durch zwei Hautzellen gebildet werden und gewöhnlich über den Gefäßbündelendigungen der Blätter gelagert sind. Diese etwas erweiterten Endigungen sind öfters in ein aus kleinen Zellen bestehendes Gewebe (Epithema) eingebettet, das die Wasserausscheidung aus den Wasserspalten erleichtert (vgl. Abb. 23).

Versetzt man eine gut begossene, Wasserspalten tragende Pflanze in sehr feuchte Luft (bedeckt man sie z. B. mit einer innen mit nassem Papier ausgelegten Glasglocke), so wird die Transpiration sistiert, und da die Wurzel auch weiterhin Wasser aufsaugt, füllt sich das ganze Gefäßsystem der Pflanze mit Wasser, das allmählich aus den Gefäßen und Gefäßzellen der Blätter in die Interzellularräume eindringt. Die erweiterten Gefäßbündelendigungen der Wasserspalten tragenden Pflanzen sind die Stellen der leichtesten Wasserfiltration. Das aus diesen Endigungen ausgetretene Wasser füllt den Raum unter der Wasserspalte aus (Abb. 23) und scheidet sich in Tropfenform aus. Da die Wasserspalten sich gewöhnlich an den Blattzähnchen befinden, treten dort die Wassertropfen aus, wie es Abb. 24 zeigt. Selbstverständlich hört die Wasserausscheidung sofort auf, wenn der die Blätter tragende Zweig durchschnitten wird. Ersetzt man aber den Wurzeldruck durch einen künstlichen Druck (preßt man z. B. in den Zweig Wasser mittels einer 10—20 cm hohen Quecksilbersäule hinein), so beginnt die Wasserausscheidung durch die Wasserspalten aufs neue.

Wenn die Pflanzen keine Wasserspalten besitzt, so kann das aus den Gefäßbündeln in die Interzellularräume ausgetretene Wasser durch gewöhnliche Spaltöffnungen ausgeschieden werden, wie es z. B. bei den Getreidearten,

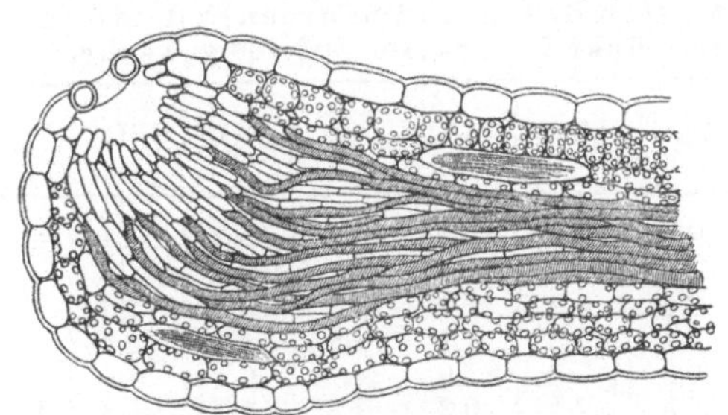

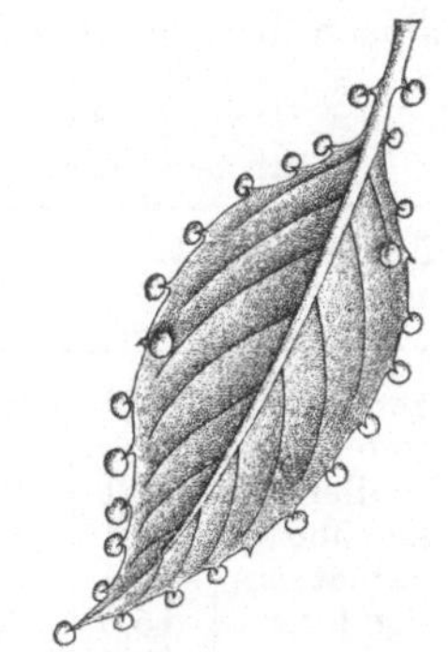

Abb. 23. Längsschnitt eines Wasserspalts von Fuchsia hybridat. Vergrößerung $^{100}/_1$. (Nach Pfeffer.)

Abb. 24. Wasserauscheidung aus einem Blatt von Impatiens sultani. (Nach Pfeffer.)

der Erbsen- und Bohnenpflanze der Fall ist. Bei der Erbse scheidet sich Wasser durch die Spaltöffnungen des Stengels, bei den übrigen Pflanzen durch die der Blätter aus.

II. Mineralstoffe der Pflanzen.

1. Zusammensetzung der Mineralstoffe der Pflanze.

Früher wurde erwähnt, daß von den anorganischen Stoffen außer Wasser noch Mineralsalze in der Pflanze stets vorhanden sind (vgl. S. 16). Die Menge der nach der Verbrennung zurückbleibenden Asche variiert nicht nur bei verschiedenen Pflanzen, sondern auch bei verschiedenen Organen; es kann sogar das gleiche Organ derselben Pflanze während verschiedener Perioden seiner Entwicklung eine ungleiche Menge von Mineralsalzen enthalten. In den meisten Fällen beträgt der Aschengehalt der trockenen Pflanzen 2—5 %; nur bei manchen Wasserpflanzen erreicht er 10—30 %. Der größte Salzgehalt wird bei Seealgen beobachtet, die nicht selten 30—60 % Mineralstoffe enthalten.

Die Asche stellt in der Hauptsache ein Gemisch von phosphor-, schwefel- und teilweise kohlensauren Salzen von K, Na, Ca, Mg und Fe dar, an die sich noch Kieselsäure und Chlorverbindungen der genannten Metalle anschließen. Außer diesen Substanzen enthält die Asche der Pflanzen oft kleine Mengen von Mangan und Aluminium, außerdem Spuren von Kupfer, Vanadium, Molybdän, Chrom usw. Unter passenden Bedingungen können in der Asche auch größere Mengen von Zink- und sogar Bleisalzen, Spuren von Lithium, Strontium, Barium, Bor, Arsen, Jod, Brom, Fluor u. a. vorkommen[1]).

Die folgende Tabelle gibt den Gehalt verschiedener Basen und Säurenanhydride in der Asche verschiedener Pflanzen (in Gramm auf 100 g Asche) an. Die angeführten Zahlen sind freilich nur Durchschnittszahlen, die auf Grund der Ergebnisse zahlreicher chemischer Analysen berechnet sind.

Tabelle 4. Gehalt der wichtigsten Basen und Säureanhydride in der Pflanzenasche, ausgedrückt in Gramm auf 100 g Asche.

Pflanzen- name	K_2O	Na_2O	CaO	MgO	Fe_2O_3	P_2O_5	SO_3	SiO_2	Cl
Weizensamen	30,3	1,7	2,8	11,9	0,5	48,9	1,3	1,4	0,5
Kartoffel- knollen .	60,1	2,9	2,6	4,9	1,1	16,8	6,5	2,0	3,5
Zuckerrübe .	53,1	8,9	6,1	7,8	1,1	12,2	4,2	2,3	4,8
Tabakblätter	29,1	3,2	36,0	7,3	1,9	4,6	6,1	5,8	6,7
Seealge Fucus	15,0	24,5	9,8	7,1	0,3	1,3	1,2	1,3	15,0
Steinpilze .	57,7	0,9	5,9	2,4	1,0	26,0	8,4	wenig	3,5
Tuberkel- bazillen .	6,3	13,6	12,6	11,5	wenig	55,2	wenig	0,6	wenig

Außer den angegebenen Säureanhydriden enthält die Pflanzenasche oft eine bedeutende Menge von Kohlensäureanhydrid (d. h. kohlensauren Salzen). So enthält die Asche der Blätter und Stengel von Buchweizen 15—30% CO_2, die von Sonnenrose 14,3%, von Roggen 12—15% usw. Die Pflanzenasche dient als Ausgangsprodukt bei der Darstellung von Pottasche (K_2CO_3).

Aus der angeführten Tabelle ist zu ersehen, daß der Gehalt einzelner Elemente in der Asche verschiedener Pflanzen bei weitem nicht gleich ist. Es sei außerdem darauf aufmerksam gemacht, daß die Asche einiger Pflanzenarten eine bedeutende Menge derjenigen Elemente enthalten kann, welche bei der Mehrzahl der übrigen Pflanzen fehlen oder nur in Spuren vorkommen. So enthält z. B. die Asche einiger Bärlappgewächse (Lycopodium alpinum, clavatum u. a.) 10—33% Aluminiumoxyd, das in der Asche der meisten anderen Pflanzen 0,3% nicht übertrifft (gewöhnlich nur 0,1% oder weniger). Die Asche von Buchen (Fagus silvatica), Teepflanzen (Thea viridis) und Wassernuß (Trapa natans)

---

[1]) In der Asche einiger Pflanzen wurden außerdem noch Spuren von Rubidium, Cäsium, Kobalt, Nickel, Quecksilber, Silber, Gold, Zinn, Titan und Thallium gefunden.

enthält 7—15% Mangan (Mn_3O_4), während dieses Element in der Pflanzenasche gewöhnlich fehlt oder nur in sehr geringen Quantitäten vorkommt.

Bei der Beurteilung der Angaben chemischer Analysen darf man nie vergessen, daß die Mineralsubstanzen der Asche und die der lebenden Pflanze voneinander verschieden sein können. So verwandelt sich Salpeter, das im Zellsaft lebender Pflanzen vorhanden sein kann, beim Verbrennen der Pflanzen in Salze anderer beständigerer Säuren (z. B. in Sulfate und Phosphate), während Ammoniumsalze dabei in Dampf verwandelt werden. Andererseits bildet sich ein Teil der Schwefel- und Phosphorsäure der Asche aus organischen Stoffen, die Schwefel und Phosphor enthalten, während der größte Teil der kohlensauren Salze der Asche sich aus Salzen verschiedener organischer Säuren bildet. Mineralsalze einer lebenden Pflanze kann man also nur durch eine chemische Analyse der Pflanzensäfte oder der Extrakte bestimmen, die durch Behandlung trockener Pflanzen mit Wasser oder Säuren erhalten werden. Leider sind solche Analysen nur selten gemacht worden und außerdem beziehen sie sich in der Hauptsache auf die Arzneipflanzen.

Um Mineralsalze lebender Pflanzen qualitativ zu untersuchen, bedient man sich gewöhnlich einer mikrochemischen Analyse. Man bringt mikroskopische Schnitte der zu untersuchenden Gewebe oder Tropfen des Zellsafts auf einen Objektträger und unterwirft sie der Einwirkung verschiedener Reagentien, die mit Salzen bestimmter Metalle und Säuren Niederschläge ergeben, welche unter dem Mikroskop durch ihre krystallinische Struktur gekennzeichnet sind[1]). Solche Untersuchungen zeigten, daß Pflanzensäfte fast immer Kaliumsalpeter und Kaliumphosphat enthalten; außerdem werden in denselben oft Chlorkalium und -natrium, saures Calcium- und Magnesiumphosphat, Kalium-, Natrium-, Calcium- und Magnesiumsulfat und auch Ammoniumsalze gefunden. In einzelnen Fällen hat der Zellsaft alkalische Reaktion, die durch kohlensaures Kalium bedingt ist, meistenteils reagiert er aber mehr oder minder sauer.

Einige Pflanzen enthalten im Zellsaft saures kohlensaures Calcium, das leicht CO_2 verliert und sich in unlöslichen kohlensauren Kalk (Calciumcarbonat) verwandelt; durch dieses Salz sind oft Zellhäute von Algen (besonders von Seealgen) imprägniert (verkalkt), die 80 bis 96% Kalk enthalten können. Die Zellhäute einiger Pflanzen sind mit Kieselsäure durchtränkt; in der Asche von Schachtelhalmen (Equisetum) und Getreidearten findet sich 60—70% Kieselsäure.

---

[1]) Man verwendet z. B. für den Nachweis von Kaliumsalzen Chlorplatin ($PtCl_4$), das mit diesen Salzen Krystalle von Kaliumplatinchlorid ergibt. Für den Nachweis von Calciumsalzen setzt man Schwefelsäure zur Flüssigkeit hinzu und läßt das Präparat etwas trocknen: am Tropfenrande bilden sich nadelförmige Krystalle von Gips. Mg wird durch Natriumphosphat und Ammoniak nachgewiesen (Krystalle von Magnesium-Ammoniumphosphat) usw.

2. Herkunft der Mineralstoffe der Pflanzen.

Zur Zeit zweifelt niemand daran, daß alle in der Pflanze befindlichen Mineralsubstanzen in dieselbe aus der Außenwelt eingedrungen sind. Die Frage über die Herkunft der Mineralstoffe der Pflanzen wurde aber nicht immer so einfach beantwortet. Aus der Einleitung wissen wir, daß die Anhänger der vitalistischen Theorie des Lebens die Entstehung chemischer Verbindungen im Organismus der Lebenskraft zuschrieben. Im Jahre 1800 kündigte die Berliner Akademie der Wissenschaften eine Aussprache über die Frage der Herkunft von Mineralstoffen in der Pflanze an und belohnte mit erstem Preis das Werk, das als bewiesen betrachtete, daß die Mineralstoffe der Pflanze durch die Lebenskraft aus Luft und Wasser erschaffen werden. Nach 42 Jahren wurde jedoch dieselbe Frage, welche von der Göttinger Akademie aufgestellt worden war, im Sinne unserer jetzigen Ansichten beantwortet. WIEGMANN und POLSTORFF bewiesen die Unmöglichkeit der Bildung von Mineralstoffen aus Luft und Wasser durch die Kultur der Pflanzen in künstlichen Böden, die keine Salze enthielten, z. B. in ausgeglühtem Sand oder in einem Boden aus zerschnittenem Platindraht usw. Die in solchen Böden gewachsenen Pflanzen enthielten eine ganz gleiche Aschenmenge wie der Samen.

Nachdem die Herkunft der Mineralsalze der Pflanze erklärt war, machte man den Versuch, eine Pflanze zu züchten, die keine Mineralstoffe enthält. Dieser Versuch gelang nicht: Mineralstoffe stellen offenbar ein ebenso wichtiges Nährmaterial der Pflanze dar, wie es das Wasser ist.

3. Bedeutung der Mineralstoffe als Nährstoffe.

Die Notwendigkeit der Anwesenheit von Salzen im Boden für eine normale Entwicklung der Pflanze war schon am Anfang des XIX. Jahrhunderts den bedeutendsten Naturforschern klar. Diese Notwendigkeit wurde aber erst in der zweiten Hälfte des genannten Jahrhunderts allgemein anerkannt[1].

Versuche, in welchen Sand, der durch Kochen mit Säuren von seinen Beimengungen befreit wurde, Pulver aus Bergkrystallen und Kohle als künstliche Böden dienten, zeigten dann, daß eine normale Entwicklung der Pflanze nur bei der Anwesenheit der in der Asche befindlichen Salze im Boden möglich ist. Es zeigte sich zugleich, daß nicht alle Bestandteile der Asche notwendig sind und die Pflanzen sich z. B. in einem Boden, der keine Natriumsalze enthält, normal entwickeln. Die Bedeutung der Chlorverbindungen für die Pflanze war zweifelhaft. Andererseits mußte man zu den künstlichen Böden noch Salpeter zusetzen, um das Wachstum der Pflanze zu ermöglichen, was übrigens auch vollkommen verständlich ist, weil die Eiweißkörper der

---

[1] Schon in den Werken von SENEBIER (1800) und SAUSSURE (1804) treffen wir Hinweise auf die Notwendigkeit der Aschenstoffe für die Pflanze; SPRENGEL (1837) wies darauf hin, daß nicht alle Aschenstoffe notwendig sind. Eine ausführlichere Behandlung der Frage verdanken wir BOUSSINGAULT (1837 und 1860).

Pflanze stickstoffhaltige Stoffe sind[1]). Die ausschlaggebende Bedeutung für die Feststellung des Nährwerts einzelner Mineralstoffe für die Pflanze hatte die Methode der Wasserkultur der Pflanzen.

Diese Art der Kultur wurde zuerst von SACHS (1858) und KNOP (1861) vorgeschlagen und besteht darin, daß man die Pflanzen veranlaßt, ihre Wurzeln nicht in der Erde, sondern in Wasser zu entwickeln, dem alle notwendigen Mineralstoffe zugesetzt worden sind. Man läßt die Samen gewöhnlich in nassen Sägespänen oder Papier aufkeimen; dann befestigt man jeden Samen (mit Watte) an der runden Öffnung eines lackierten Zinkdeckels über einem mit Salzlösung gefüllten Glaszylinder so, daß die Keimwurzel in die Lösung taucht. Bläst man von Zeit zu Zeit Luft in die Lösung ein, so geht die Entwicklung der Pflanze vollkommen normal vor sich, wie es z. B. auf Abb. 25, I zu sehen ist. Die Salzlösung darf aber nicht mehr als 2—5 g Salze im Liter enthalten, sonst ist ihr osmotischer Druck zu hoch und die Wasseraufnahme, und also auch das Wachstum der Pflanze findet zu langsam statt. Um die Entwicklung von Algen in der Lösung zu vermeiden, bedeckt man den Glaszylinder mit schwarzem Papier oder Tuch; die Entwicklung von Bakterien, die manchmal eine Fäulnis der Wurzel bedingen, wird durch eine schwache Ansäuerung der Lösung mit Phosphorsäure beseitigt.

Die Versuche von SACHS und KNOP, in welchen die Wasserkultur auf die Erforschung des Nährwerts einzelner Mineralsalze angewendet wurde, zeigten, daß außer den salpetersauren Salzen auch phosphorsaure und schwefelsaure Salze von Kalium, Magnesium, Calcium und Eisen für die Entwicklung der Pflanzen durchaus notwendig sind, während Natriumsalze, Chlor- und Kieselsäureverbindungen sich als überflüssig erwiesen. Außerdem zeigten die erwähnten Versuche, daß es vollkommen gleichgültig ist, mit welchen Säuren die geannnten Metalle verbunden sind; notwendig ist nur, daß die in der Kulturlösung befindlichen Salze alle genannten Metalle und Säuren enthalten. Dieses Ergebnis ist vom Standpunkt der physikalischen Chemie aus vollkommen begreiflich, weil Salze in der Lösung zu Ionen dissoziiert

Abb. 25. Wasserkultur von Buchweizen in einer vollständigen Lösung (*I*) und in einer Lösung, die keine Kaliumionen enthält. (Nach JOST.)

---

[1]) Die Versuche über die Entwicklung der Pflanzen in künstlichen Böden wurden von SALM-HORSTMAR (1856) gemacht. Später gebrauchte dieselbe Methode auch HELLRIEGEL (1868).

sind (vgl. S. 25) und die letzteren gerade diejenigen Bestandteile der Salze sind, welche an chemischen Reaktionen beteiligt sind. Nach dem Eindringen in die Zelle wirken also die für die Pflanze notwendigen Salze in der Hauptsache durch ihre Ionen: K, Mg, Ca, Fe, NO_3, SO_4 und PO_4.

Bei der Anfertigung der Kulturlösungen muß man beachten, daß Eisensalze nur in sehr kleinen Konzentrationen ungiftig sind. Man setzt daher der Kulturlösung entweder schwer lösliches Eisenphosphat oder 1—2 Tropfen einer 10 proz. Lösung von Eisenchlorid zu. Die einfachsten und gebräuchlichsten Lösungen sind die zwei folgenden:

<table>
<tr><td colspan="2">1. Lösung von KNOP.</td><td colspan="2">2. Lösung von CRONE.</td></tr>
<tr><td>1000 ccm</td><td>Wasser</td><td>1000 ccm</td><td>Wasser</td></tr>
<tr><td>$^1/_4$ g</td><td>KCl</td><td>1 g</td><td>KNO_3</td></tr>
<tr><td>$^1/_2$ „</td><td>KH_2PO_4</td><td>$^1/_2$ „</td><td>$MgSO_4$</td></tr>
<tr><td>$^1/_2$ „</td><td>$MgSO_4$</td><td>$^1/_2$ „</td><td>$CaSO_4$</td></tr>
<tr><td>2 „</td><td>$Ca(NO_3)_2$</td><td>$^1/_4$ „</td><td>$Ca_3(PO_4)_2$</td></tr>
<tr><td colspan="2">Ein Tropfen einer</td><td>$^1/_4$ „</td><td>$FePO_4$</td></tr>
<tr><td colspan="2">10 proz. Lösung von $FeCl_3$</td><td colspan="2">(Die Reaktion der Lösung ist</td></tr>
<tr><td colspan="2">(Die Reaktion der Lösung ist</td><td colspan="2">neutral.)</td></tr>
<tr><td colspan="2">schwach sauer.)</td><td colspan="2"></td></tr>
</table>

Bei Verwendung der angegebenen Lösungen zur Wasserkultur entwickeln sich die Pflanzen vollkommen normal und bilden normale Blüten und Früchte. Fehlt aber nur ein einziges der notwendigen Ionen, so hört das Wachstum der Pflanze bald auf und dieselbe geht schließlich zugrunde. Auf der Abb. 25 (S. 83) ist die Wasserkultur von Buchweizen in einer vollständigen Lösung (I) und in einer Lösung, die keine Kaliumionen enthielt (statt KNO_3 und KH_2PO_4 enthielt sie $NaNO_3$ und NaH_2PO_4), zu sehen. Der Unterschied zwischen beiden Pflanzen ist auffallend, trotzdem die Buchweizensamen eine kleine Menge von Kaliumsalzen enthalten (ungefähr 0,5 %). In einem ähnlichen Versuche vermehrte sich die trockene Substanz der Pflanze bei der Kultur:

in einer vollständigen Lösung auf das 138 fache
bei Abwesenheit von K   „   „   9,2 „
   „   „   „ Ca   „   „   1,3 „
   „   „   „ Mg   „   „   5,1 „
   „   „   „ Fe   „   „   7,3 „
   „   „   „ P   „   „   6,5 „
   „   „   „ S   „   „   35,4 „

Bei der Kultur der Pflanzen bei Abwesenheit von Fe wird außer einer schwachen Entwicklung eine allmähliche Sistierung der Chlorophyllbildung beobachtet, so daß nur die untersten Blätter der Pflanzen grün sind (sie erhielten Fe aus dem Samen), während die anderen Blätter gelblich aussehen. Setzt man aber etwas Fe zur Kulturlösung zu, so werden die Blätter wieder normal grün.

Wie alle höheren Pflanzen, so bedürfen auch die niedrigen chlorophyllosen Pflanzen, z. B. Bakterien, Hefen, Schimmelpilze usw. derselben Ionen zu ihrer normalen Entwicklung. Eine Ausnahme macht Ca; dessen Abwesenheit übt keine Wirkung auf das Wachstum und die

Vermehrung dieser Pflanzen aus. Kultiviert man sie in künstlichen Lösungen, so gibt man gewöhnlich als organische Nahrung (diese Pflanzen sind ja heterotroph, vgl. S. 17) Zuckerarten, Asparagin, Weinsäure u. a.; statt Salpeter verwendet man Ammoniumsalze, die eine bessere Entwicklung der niedrigen Pflanzen ergeben. Die einfachsten und gebräuchlichsten Lösungen sind:

<table>
<tr><td colspan="2">Für Hefe und Schimmelpilze.</td><td colspan="2">Für Bakterien.</td></tr>
<tr><td>1000 ccm</td><td>Wasser</td><td>1000 ccm</td><td>Wasser</td></tr>
<tr><td>100 g</td><td>Rohrzucker</td><td>10 g</td><td>Glykose</td></tr>
<tr><td>10 „</td><td>Weinsaures Ammonium</td><td>10 „</td><td>Asparagin</td></tr>
<tr><td>1 „</td><td>KH_2PO_4</td><td>1 „</td><td>K_2HPO_4</td></tr>
<tr><td>1 „</td><td>$MgSO_4$</td><td>1 „</td><td>$MgSO_4$</td></tr>
<tr><td colspan="2">Spuren von $FeCl_3$</td><td colspan="2">Spuren von $FeCl_3$</td></tr>
<tr><td colspan="2">(Die Reaktion der Lösung muß neutral oder sauer sein.)</td><td colspan="2">(Die Reaktion der Lösung wird durch Zusatz von K_2CO_3 etwas alkalisch gemacht.)</td></tr>
</table>

Alle Pflanzen bedürfen also der Kationen K, Mg, und Fe und der Anionen SO_4 und PO_4; für chlorophyllhaltige Pflanzen ist außerdem noch das Kation Ca notwendig. Aber auch andere, nicht durchaus notwendige Ionen können einen Einfluß auf die Pflanzenentwicklung ausüben. Einige von ihnen, z. B. die Ionen von Ba, Zn, Cu, Hg u. a. Schwermetallen deprimieren das Pflanzenwachstum; andere üben dagegen einen günstigen Einfluß aus, so z. B. Cl. SACHS und KNOP empfehlen daher, zu Kulturlösungen etwas (z. B. 0,03%) KCl oder NaCl zuzusetzen. Einige Literaturangaben machen sogar wahrscheinlich, daß es Pflanzen gibt, die ohne Cl keine Blüten und Früchte entwickeln (z. B. Buchweizen). Eine analoge Wirkung übt wahrscheinlich auch Ca auf die Entwicklung von Bakterien und Hefen aus: seine Anwesenheit in der Kulturlösung scheint die Sporenbildung dieser Pflanzen zu begünstigen usw.

Einige Physiologen halten für sehr wahrscheinlich, daß auch Silicium einen günstigen Einfluß auf das Pflanzenwachstum ausüben kann. Mit Hilfe der Wasserkultur gelingt es nicht, die Pflanzen vollkommen von SiO_2 zu befreien, weil das Wasser sie aus den Wänden der Glasgefäße auslaugt. Kieselsäure bildet aber nur kolloidale Lösungen in Wasser und es wäre kaum anzunehmen, daß sie an chemischen Reaktionen, die sich im Protoplasma abspielen, beteiligt ist. Wohl kann sie jedoch für Diatomeen notwendig sein, deren Schalen mit Kieselsäure außerordentlich stark imprägniert sind. Wenn diese Doppelschalen nicht so hart sein würden, würden sie kaum so fest ineinander klappen können.

Es muß noch erwähnt werden, daß Na teilweise K ersetzen kann, wenn das letztere in der Kulturlösung oder im Boden fehlt oder nur in ungenügender Menge anwesend ist. Bei einzelligen blaugrünen Algen (Cyanophyceen) können beide Ionen sich gegenseitig vertreten, während bei Bakterien K durch Cäsium und Rubidium ersetzt werden kann (BENECKE, 1907).

Zum Schlusse soll noch erwähnt werden, daß es Ionen gibt, die in größeren Konzentrationen giftig sind und doch eine günstige Wirkung auf die Pflanze ausüben, wenn sie in kleinen Konzentrationen in der Kulturlösung anwesend sind. So wissen wir z. B., daß das für die Pflanze notwendige Eisenion in größeren Konzentrationen giftig ist. Die Ionen Zn und Mn sind in größeren Konzentrationen ebenfalls giftig, während sie in niedrigen Konzentrationen die Entwicklung von Schimmelpilzen begünstigen.

4. Die Ursachen der physiologischen Ionenwirkung auf die Pflanze.

Wir wissen aus dem vorhergehenden Kapitel, daß bestimmte Ionen für die Entwicklung der Pflanze notwendig sind, so daß sie als nicht minder wichtige Nährstoffe als das Wasser selbst angesehen werden müssen. Wie kann man diese große Bedeutung der Ionen für das Wachstum der Pflanze erklären?

Die Wichtigkeit einiger Ionen ist leicht zu erklären. So ist z. B. SO_4 durchaus notwendig, weil alle Eiweißkörper, die gemeinsam mit Lipoiden die lebende Materie zusammensetzen, S enthalten (vgl. S. 45). Außerdem ist unter den schwefelhaltigen Ionen das Ion SO_4 das einzige ungiftige. Es ist sehr wahrscheinlich, daß dieses Ion in einigen Fällen durch organische schwefelhaltige Stoffe ersetzt werden kann; jedenfalls entwickeln sich Bakterien in Flüssigkeiten, die als einzige Schwefelquelle Eiweißkörper enthalten[1].

Die Notwendigkeit des Ions PO_4 ist auch vollkommen verständlich, weil Phosphorsäure einen Bestandteil der Nucleoproteide bildet, die sowohl den Zellkern als auch das Protoplasma zusammensetzen (vgl. S. 46 und 10). Außerdem enthalten einige wichtige fettartige Substanzen (Phosphatide) Phosphor.

Von den Kationen ist Mg für grüne Pflanzen schon deshalb notwendig, weil das Chlorophyllmolekül Magnesium enthält. Dieses Ion ist aber auch für chlorophylllose Pflanzen notwendig, so daß man vermuten darf, daß es an irgendwelchen chemischen Reaktionen, die für das Leben notwendig sind, beteiligt ist. Mg gemeinsam mit K kommt in größeren Mengen in wachsenden Regionen höherer Pflanzen vor, die viel Protoplasma enthalten. Vielleicht ist die Neubildung der lebenden Materie selbst an die Anwesenheit dieser Ionen gebunden. Näher kann man die Bedeutung beider Ionen zur Zeit nicht definieren.

Das Ion Fe, das nur in kleinen Quantitäten in der Pflanze vorkommt (vgl. Tabelle S. 48), ist, wie erwähnt, nicht nur für grüne, sondern auch für chlorophyllose Pflanzen notwendig. Chlorophyll enthält kein Eisen und die Unmöglichkeit der Chlorophyllbildung bei grünen Pflanzen, die in eisenfreien Lösungen kultiviert werden, weist offenbar nur auf irgendwelche wichtigen chemischen Reaktionen hin, die in der lebenden Materie stattfinden und bei Abwesenheit von Eisen un-

---

[1] Einige Bakterien (Schwefelbakterien) können Schwefel auch in Form von H_2S aufnehmen, obwohl Schwefelwasserstoff für andere Pflanzen giftig ist.

möglich sind. Da die Pflanze nur einer sehr kleinen Eisenmenge bedarf, so liegt der Gedanke nahe, daß das Eisen an irgendwelchen enzymatischen Prozessen, die vielleicht eine Synthese der lebenden Materie bewirken, als Aktivator beteiligt ist (vgl. S. 48).

Die Ca-Ionen sind, wie wir wissen, nur für höhere Pflanzen notwendig, so daß sie kaum am Aufbau der lebenden Materie beteiligt sein können. Auch weist die Anwesenheit der Hauptmenge von Calciumsalzen in den erwachsenen Pflanzenorganen darauf hin, daß sie für irgendwelche Funktionen der fertigen Zellen dieser Organe wichtig sind. Die Notwendigkeit von Ca-Ionen rührt wahrscheinlich von ihrer entgiftenden Wirkung auf einige Säuren, die als Nebenprodukte des Stoffwechsels entstehen, her. Calcium bildet unlösliche Salze mit mehreren organischen Säuren, so z. B. mit giftiger Oxalsäure, die bei Oxydationsprozessen der Pflanzen entsteht: Calciumoxalat (Krystalle) ist bekanntlich bei höheren Pflanzen weit verbreitet. Außerdem üben Calcium-Ionen eine entgiftende Wirkung auf einwertige Ionen (K, NH$_4$, Na) aus, die auf das Protoplasma koagulierend wirken. Diese antagonistische Ionenwirkung hängt wahrscheinlich mit der gegenseitigen Verminderung ihrer koagulierenden Eigenschaften zusammen, die auch bei Koagulation anorganischer Kolloide beobachtet wird.

5. Aufnahme der Mineralstoffe durch die Pflanze.

Wie wir wissen, können feste Stoffe nur in gelöster Form in die Pflanze eindringen. Mineralstoffe werden stets gemeinsam mit Wasser aufgenommen. Bei Wasserpflanzen, Bakterien, Hefen und Schimmelpilzen dringen diese Stoffe durch die ganze mit Wasser benetzte Oberfläche der Pflanze in die Zellen ein, während bei Landpflanzen die Aufnahme der Mineralstoffe durch die in die Luft ragenden Organe keine Bedeutung hat. Eine ausreichende Menge der notwendigen Salze kann in die Landpflanze nur aus dem Boden eindringen.

Nur in einigen Fällen, wenn die Landpflanzen infolge ihrer besonderen Lebensart oder weil sie keine Wurzeln besitzen nur atmosphärisches Wasser aufnehmen können, müssen sie sich mit den in diesem Wasser gelösten Salzen begnügen.

Alle Mineralsalze können nur auf dem Wege der Osmose zunächst in die oberflächlich gelagerten Zellen eindringen und sich weiter von Zelle zu Zelle über die ganze Pflanze verbreiten. Aber die lebenden Zellen verhalten sich gegen die durch sie diffundierenden Salze nicht gleichgültig. Früher wurde erwähnt, daß die in die Zellen eindringenden Stoffe im Protoplasma und im Zellsaft aufgespeichert werden können (vgl. S. 37).

Dieselbe Erscheinung wird auch bezüglich der in die Pflanze eindringenden Salze beobachtet. Die Aufspeicherung der letzteren ist besonders demonstrativ bei Wasserpflanzen zu sehen. So enthält z. B. die sich in Teichen entwickelnde Wasserlinse (Lemna) ungefähr 90 % Wasser und 1 % Mineralsalze (12 % der Trockensubstanz); wenn also dieselben im Zellsaft der Pflanze einfach gelöst wären, so wäre die Konzentration desselben ungefähr 1%, während Teichwasser nur 0,01—0,04% Mineralsubstanzen enthält. Man kann also kaum daran zweifeln, daß Salze im Protoplasma oder im Zellsaft der genannten Pflanze aufgespeichert sind. Die chemische Analyse der Asche dieser Pflanze zeigt zugleich, daß verschiedene Salze in ungleichen Mengen aufgespeichert sind, wie es aus der folgenden Zusammenstellung der Bestandteile der Asche und der im Teichwasser gelösten Salze zu sehen ist.

Gehalt von verschiedenen Basen und Säurenanhydriden in 100 g Asche von Lemna und in 100 g trockner Substanz von Teichwasser.

	K_2O	Na_2O	CaO	MgO	Fe_2O_3	P_2O_5	SO_3	SiO_2	Cl
Wasser	5,15	7,60	45,56	16,00	0,94	3,42	10,79	4,23	7,99
Lemna	18,29	4,06	21,86	6,60	9,97	11,35	7,91	16,05	5,55

Ein anderes Beispiel der Aufspeicherung von Salzen ergeben Seealgen, die Jodmetalle (Jodide) in ihren Zellen aufspeichern. So enthält die Asche von Fucus serratus ungefähr 1% Jodmetalle (d. h. 0,1% frischen Pflanzengewichts), während Seewasser nur 0,01% Jodmetalle in gelöster Form enthält.

Die Aufspeicherung von Mineralsalzen hängt offenbar von der Anwesenheit bestimmter Substanzen im Protoplasma oder im Zellsaft ab; diese Substanzen scheinen eingedrungene Salze in einen Zustand überführen zu können, in welchem sie nicht durch das Protoplasma zu diffundieren vermögen. Wahrscheinlich bilden Salze Adsorptionsverbindungen (vgl. Anm. Kap. 6) mit Eiweiskörpern des Protoplasmas und des Zellsafts. Ist dieser Vorgang zu Ende, so findet die Osmose der Mineralsalze bis zum Ausgleich ihrer Konzentrationen innerhalb und außerhalb der Pflanze statt.

Die Menge der adsorbierten und durch die Osmose in die Pflanze eingedrungenen Salze vergrößert sich mit Zunahme der Konzentration derselben im umgebenden Wasser. Infolgedessen enthalten Seepflanzen und auf salzreichen Böden wachsende Pflanzen viel mehr Kochsalz, als die auf gewöhnlichen salzarmen Böden wachsenden Pflanzen. Die Pflanze vermag jedoch Nährsalze aus sehr verdünnten Lösungen aufzunehmen (vgl. auch S. 37), wie es z. B. durch Wasserpflanzen bewiesen wird, welche ihren Salzbedarf aus Fluß- bzw. Teichwasser decken, das nur 0,003 bis 0,05% gelöste Salze enthält.

Wir betrachteten bis jetzt die Aufnahme der Salze durch die Pflanze absichtlich als eine Aufnahme von ganzen Salzmolekülen, obwohl Salze in verdünnten Lösungen, wie wir wissen, zu Ionen dissoziiert sind. Früher wurde betont, daß Ionen eines Moleküls sich voneinander nur in dem Falle entfernen können, wenn ihre gegenseitige elektrische Anziehung durch irgendwelche Kraft (z. B. durch chemische Anziehung) ins Gleichgewicht gesetzt wird. Begegnen aber in die Pflanze eindringende Salzmoleküle anderen Elektrolyten in den Zellen, so können

Ionen beider Elektrolyte ausgetauscht werden und die Erscheinung macht den Eindruck einer Aufnahme oder Ausgabe freier Ionen durch die Pflanze.

Dringt z. B. Na_2SO_4 in die Wurzelzellen ein und befindet sich KCl im Protoplasma (bzw. im Zellsaft) derselben in Form einer Adsorptionsverbindung, so kann das Ion SO_4 gegen Cl ausgetauscht werden, und da die Ionen Cl und Na in den Zellen nicht aufgespeichert werden, so zeigt die chemische Analyse, daß die Konzentration der Na-Ionen in der Außenlösung unverändert bleibt, während die Konzentration der Cl-Ionen zunimmt und diejenige der SO_4-Ionen abnimmt. Man könnte also zu dem falschen Schlusse kommen, daß das Na-Ion von Na_2SO_4 in die Pflanze nicht eindringen kann, obwohl das SO_4-Ion in dieselbe eindringt, und daß freie Cl-Ionen aus der Pflanze nach außen diffundieren können.

6. Aufnahme der Mineralsubstanzen durch die Wurzel.

Der Boden entsteht bekanntlich aus Mineralien, die von kieselsauren Salzen aller für die Pflanzen notwendigen Metalle (K, Ca, Mg, Fe) gebildet werden und die außerdem, als eine Beimischung, phosphorsaure Salze derselben Metalle (Apatit, Vivianit u. a.) und Gips ($CaSO_4$) enthalten. Der Boden ist also eine natürliche Quelle von Nährsalzen; nach Zusatz von Salpeter enthält er alle für die Pflanze notwendigen Metalle und Säuren. Die Hauptmasse der Mineralsalze des Bodens ist aber in Wasser unlöslich und verwandelt sich unter der Einwirkung von Bodenwasser und in demselben gelöster Kohlensäure nur sehr langsam in lösliche Salze.

Nach der Behandlung von 1000 g Boden mit Wasser geht gewöhnlich nur 0,2 — 1 g Mineralsubstanzen in Lösung. Bodenwasser enthält ebenfalls nicht mehr als 0,05 % gelöste Mineralsalze, obwohl im Boden selbst sicher mehr lösliche Salze vorhanden sind; dieselben sind aber an Bodenteilchen adsorbiert[1]).

---

[1]) Als Adsorption bezeichnet man Konzentrationsänderungen gelöster Stoffe an der Oberfläche einer Lösung, unabhängig davon, ob diese Oberfläche an der Grenze eines gasförmigen, flüssigen oder festen Körpers entsteht. Die Konzentration des gelösten Stoffes kann abnehmen (negative Adsorption) oder zunehmen (positive Adsorption); im letzteren Falle kann sie so groß werden, daß sich der gelöste Stoff in fester Form ausscheidet. Einige Stoffe (z. B. Anilinfarbstoffe, Eiweißkörper) scheiden sich an der Luftgrenze aus und bilden feste Oberflächenhäute („Haptogenmembranen"). Die Mehrzahl gelöster Stoffe scheidet sich aber nur an der Grenze fester Körper aus, wobei die Menge des sich ausscheidenden Stoffes offenbar mit der Oberflächengröße zunimmt, so daß die Adsorptionserscheinung an porösen oder feinzerteilten Körpern (z. B. Erdboden, Kohle, Watte usw.) am besten ausgeprägt ist. Am leichtesten kann man die Adsorption von Anilinfarbstoffen demonstrieren. Man taucht einen Streifen von Filtrierpapier in eine 1 proz. Lösung von Fuchsin, Methylenblau u. a. ein, wobei Papier dieselbe infolge der Kapillarkräfte aufsaugt; farbloses Wasser steigt schnell empor, der Farbstoff wird aber an Papier adsorbiert. Man kann zu demselben Zwecke Lösungen von Farbstoffen mit Knochenkohle-Pulver schütteln, das die Farbstoffe adsorbiert und die Lösungen entfärbt. Durch wiederholtes Waschen mit reinem Wasser kann der adsorbierte Stoff wieder in

Um die Adsorptionsfähigkeit des Bodens (z. B. feinen Sands) zu demonstrieren, bringt man denselben in ein weites, 1—2 m langes Glasrohr, dessen untere Öffnung mit Leinstoff zugebunden ist und gießt in die obere Öffnung des vertikal gestellten Rohrs eine schwache Lösung eines Anilinfarbstoffs oder Mistextrakt. Der Farbstoff wird durch Bodenteilchen adsorbiert und die abtropfende Flüssigkeit ist farblos. Um den Farbstoff von Bodenteilchen wegzuwaschen, muß man den Boden wiederholt mit großen Wassermengen behandeln. Da die Adsorption an der Oberfläche der Bodenteilchen stattfindet, so ist sie offenbar desto stärker, je größer diese Oberfläche ist, d. h. die Adsorptionsfähigkeit verstärkt sich mit der Verkleinerung der Bodenteilchen (vgl. S. 52): sie ist größer bei Lehm- und Humusböden als bei Sandböden.

Die Filtration verschiedener Lösungen durch den Boden zeigt, daß Schwermetallsalze am stärksten durch denselben adsorbiert werden; weiter folgen Alkalisalze und schließlich Erdalkalisalze, die am schwächsten adsorbiert werden. Kalium- und Ammoniumsalze werden stärker als Natriumsalze, Magnesiumsalze stärker als Calciumsalze, Phosphate und Sulfate stärker als Nitrate und Chloride adsorbiert. Die wiederholte Behandlung des Bodens mit verschiedenen Lösungen zeigt außerdem, daß stärker adsorbierbare Kationen schwächer adsorbierbare Kationen aus adsorbierten Salzen verdrängen können. So stellen sich K- und Mg-Ionen bei Behandlung des Bodens, der adsorbierte Ca-Salze enthält, an die Stelle von Ca-Ionen, deren äquimolekulare Menge dadurch in Lösung gebracht wird.

Infolge der Adsorption enthält der Boden stets einen Vorrat von löslichen Mineralsalzen, deren geringer Teil nach dem Regen oder Begießen der Pflanze mit Wasser in Lösung übergeht und durch die Pflanze aufgenommen wird. Die Wurzel vermag aber nicht nur gelöste, sondern auch ungelöste und sogar unlösliche Salze aufzunehmen.

Die Wurzelspitze und die Wurzelhaare legen sich sehr dicht an Bodenteilchen an und verwachsen sogar mit ihnen, so daß die Wurzelhaare sich nur schwierig von den Bodenteilchen befreien lassen (vgl. Abb. 26 und S. 51 Abb. 6). Wasser, das die Zellhäute der Wurzel durchtränkt, kann somit auf Bodenstoffe direkt einwirken. Aus dem Protoplasma und Zellsaft der Wurzelzellen werden aber gewöhnlich Kohlensäure und vielleicht organische Säuren ausgeschieden, die neutrale unlös-

---

Lösung gebracht werden. Die Ursache der Adsorption liegt nach Gibbs in der Einwirkung gelöster Stoffe auf die Oberflächenspannung von Wasser. Jeder Stoff, der dieselbe erniedrigt, soll sich an der Oberfläche der Lösung sammeln und umgekehrt. Mineralsalze erhöhen jedoch die Oberflächenspannung von Wasser und zeigen zugleich eine positive Adsorption. Man kann also in diesem Falle die Adsorption als eine gewissermaßen chemische Bindung von Salzen an den adsorbierenden Stoff (Adsorbent) betrachten. Das Gesagte bezieht sich insbesondere auf die Adsorption an Eiweißkörper, die als eine chemische Adsorption betrachtet werden kann. Die dabei entstehenden lockeren Verbindungen zwischen Eiweißkörpern und adsorbierten Stoffen kann man als Adsorptionsverbindungen bezeichnen.

liche Phosphate und Carbonate in saure lösliche Salze verwandeln, so z. B. $CaCO_3 + CO_2 + H_2O = Ca(HCO_3)_2$; $Ca_3(PO_4)_2 + 4CO_2 + 4H_2O = Ca(H_2PO_4)_2 + 2Ca(HCO_3)_2$.

Die lösende Wirkung der Wurzel auf Mineralien, die kohlensaure Salze von Erdalkalien enthalten (z. B. auf Dolomit, Kalk, Marmor u. a.), wurde schon LIEBIG (1862) bekannt, der derselben eine große Bedeutung für die Aufnahme von Mineralsubstanzen durch die Pflanze zuschrieb. Die Abb. 27 gibt einen Abdruck einer Wurzel wieder, der sich an einem Kalkstein infolge der erwähnten lösenden Wirkung derselben gebildet hat. Später erhielt SACHS (1865) ähnliche Bilder, wenn er an den Boden des Topfs, in welchem eine Pflanze kultiviert wurde, eine polierte Marmor- oder Dolomitplatte zu Beginn der Kultur brachte.

Weitere Versuche von CZAPEK (1897), PRJANISCHNIKOFF (1900—1907), SCHULOW (1913), MITSCHERLICH (1922) u. a., in denen künstliche

Abb. 26. Ein mit Bodenteilchen verwachsenes Wurzelhaar. (Nach NOLL.)

Abb. 27. In der Natur gefundene Wurzelcorrosionen auf einer Platte von Solenhofer Schiefer. Natürliche Größe. (Nach PFEFFER.)

Platten verwendet wurden, die aus Gips, kohlen- und phosphorsauren Salzen verschiedener Metalle gemacht worden waren, zeigten, daß, obwohl die lösende Wirkung der Wurzel in den meisten Fällen von einer Ausscheidung der Kohlensäure aus der Wurzel herrührt, einige Pflanzen (z. B. Leguminosen) wahrscheinlich auch organische Säuren auszuscheiden vermögen.

7. Transport der Mineralstoffe in der Pflanze.

Aus den vorhergehenden Kapiteln wissen wir, daß die Pflanze nur in Wasser gelöste Mineralstoffe aufnehmen kann. Nach dem Eindringen in ihre Zellen verbreiten sich dieselben auf dem Wege der Osmose von Zelle zu Zelle. Besitzt aber die Pflanze ein Gefäßsystem, so dringen diese Stoffe dort allmählich ein und werden gemeinsam mit Wasser nach der Transpirationsstelle transportiert. Die lebenden Zellen des Stengels und der Blätter nehmen also ihnen notwendige Salze aus der das Gefäßsystem erfüllenden Lösung auf (direkt oder durch Vermittlung einer Zellenreihe). Um also die Versorgung der Stengel- und Blattzellen mit Salzen zu untersuchen, müssen wir wissen, ob die das Gefäßsystem erfüllende Lösung eine ausreichende Salzmenge enthält. Eine für die chemische Analyse genügende Menge dieser Lösung erhält man, wenn man die beim Bluten oder aus den Wasserspalten austretende Flüssigkeit sammelt. Der Salzgehalt dieser Flüssigkeit ist nur sehr gering, wie aus der folgenden Zusammenstellung zu ersehen ist.

Salzgehalt der beim Bluten und aus Wasserspalten ausgeschiedenen Flüssigkeit in Prozenten.

Pflanzenname	Kartoffelpflanze	Birke	Mais	Colocasia
Salzgehalt	0,14	0,07	0,03	0,01

Aus der angegebenen Zusammenstellung folgt, daß der Salzgehalt der das Gefäßsystem erfüllenden Lösung nur etwas größer als derjenige der Bodenlösung oder demselben gleich ist. Nehmen wir an, daß die Wasserbewegung im Gefäßsystem aufgehört hat, so kommen wir zu dem Schlusse, daß in diesem System befindliche Salze sehr bald durch lebende Zellen aufgenommen und verbraucht werden und daß die weitere Versorgung der Stengel- und Blattzellen mit Salzen praktisch aufhört, weil die Diffusion der letzteren aus dem Boden durch die ganze Pflanze zu viel Zeit verlangt. Ein stetiger Wassertransport von der Wurzel zu den Blättern hat also eine große Bedeutung für die Versorgung der Pflanze mit Salzen. Dieser Transport wird aber gewöhnlich durch die Transpiration und nur ausnahmsweise durch den Wurzeldruck erhalten. Die große Bedeutung der Transpiration, die uns manchmal zu verschwenderisch zu sein schien, tritt also klar hervor.

Die Geschwindigkeit der Wasserbewegung im Gefäßsystem ist so groß, daß bei weitem nicht alle im Wasser enthaltenen Salze durch die lebenden Stengelzellen aufgenommen werden können. Da aber die Blätter während der ganzen Vegetationsperiode eine sehr große Wassermenge transpirieren (vgl. S. 64), so muß in den Blättern eine Konzentrierung der fortwährend dorthin transportierten Lösung stattfinden. Wir können also eine fortdauernde Erhöhung des Salzgehalts der ausgewachsenen Blätter erwarten. In der Tat enthalten die Blätter stets mehr Salze, als die Wurzeln oder der Stengel, wie aus der folgenden Zusammenstellung zu ersehen ist.

Aschengehalt in 100 g trockener Substanz der Krautpflanzen.

Pflanzenname	Erwachsene Blätter	Stengel	Wurzel
Primula	11,7	5,9	8,3
Hedera	12,6	4,9	6,3
Lupinus	6,1	3,8	4,1
Cynara	21,4	3,3	9,9

Außerdem zeigt die chemische Analyse, daß die alten Blätter immer mehr Salze enthalten als die jungen, und daß der Salzgehalt der Blätter bei Bäumen während der ganzen Vegetationsperiode fortwährend zunimmt, wie es aus der folgenden Zusammenstellung zu ersehen ist:

Aschengehalt der Blätter in Gramm auf 1000 g frische Substanz.

Rübe (Beta vulgaris)	Akazie (Robinia Pseudacacia)	Fichte (Pinus silvestris)
Junge Blätter . 5,5	2. Mai 16,56	Junge Blätter . . 3
Alte Blätter . . 9,5	3. Juni 27,82	4 Jahre alte Blätter 19
—	7. September . . 36,41	—
—	13. Oktober . . . 52,36	—

Obwohl der Stengel und die Wurzeln der Krautpflanzen weniger Salze als die Blätter enthalten, so ist doch ihr Salzgehalt verhältnismäßig hoch, weil diese Organe bei Krautpflanzen in der Hauptsache aus lebenden Zellen bestehen, welche in ihrem Protoplasma und Zellsaft Salze aufspeichern können (vgl. S. 37). Nach dem Absterben der Zellen, welches das sekundäre Wachstum der Pflanzen begleitet, werden die im Protoplasma und im Zellsaft befindlichen Salze frei und durch den Wasserstrom hingerissen. Infolgedessen enthält der Stamm der Bäume viel weniger Salze, als der Stengel der Krautpflanzen und diese Salze befinden sich in der Hauptsache in lebenden Zellen der Rinde und des Cambiums, während das fast ausschließlich aus toten Zellen bestehende Holz nur geringe Salzmengen enthält. So ergibt z. B. trockene Substanz der Rinde bei der Rottanne 1%, beim Ahorn 8,5% und bei der Eiche 3,8% Asche, während trockene Substanz des Holzes der genannten Pflanzen nach der Verbrennung nur 0,3—0,6% Asche zurückläßt. Je mehr Zellen der Rinde abgestorben sind, desto weniger Salze enthält dieselbe. So ergibt z. B. trockene Substanz der Rinde der Rottanne in jungen Zweigen 2—3% Asche, diejenige in einem hundertjährigen Stamme 1,4% und diejenige in einem zweihundertjährigen Stamm nur 0,94% Asche.

Was nun den Gehalt einzelner Salze in verschiedenen Teilen der Pflanze anbetrifft, so sind die Literaturangaben darüber nur mangelhaft. Man kann aber als feststehend betrachten, daß gewöhnlich mindestens drei Viertel der Asche wachsender Blätter aus Kaliumphosphat besteht. Mit der Zeit (ungefähr bis zu Anfang Juni) vergrößert sich der Gehalt der Alkalisalze und Phosphate in den Blättern, erreicht aber bald sein Maximum, während der Gehalt an CaO fortwährend zunimmt. So enthielten z. B. 500 Blätter einer Platane im Juni 1,5 g K_2O und 2,5 g CaO, im Juli 2 g K_2O und im Herbst 2 g K_2O und 9 g CaO.

Nach dem Absterben der Zellen werden hauptsächlich nur in Wasser, gut lösliche Salze (z. B. Alkalisalze) durch den Wasserstrom hingerissen, während schwerlösliche Salze in den Zellen zurückbleiben. Infolgedessen enthält das Holz und die Rinde alter Bäume in der Hauptsache nur $CaCO_3$ ($^3/_4$ Asche).

8. Ausscheidung der Mineralstoffe durch die Pflanze. Erschöpfung des Bodens.

Mineralsalze werden gewöhnlich im gelösten Zustand ausgeschieden. Wir wissen schon, daß sich beim Bluten ausscheidende Flüssigkeit 0,03—0,17% Salze enthält; etwas mehr enthält die Lösung, die von Pilobolus abgesondert wird (vgl. S. 77), deren Salzgehalt zu 0,5% geschätzt wird. Unter gelösten Salzen sind K_2CO_3, Na_2CO_3, KCl, NaCl, $Ca(HCO_3)_2$, Na_2SO_4 u. a. zu nennen. Außerdem scheiden einige auf Salzböden wachsende Pflanzen mit ihren Wasserdrüsen eine bedeutende Menge von Kochsalz aus.

Die Menge von Mineralsalzen, die durch Wasserspalten und Haare höherer Pflanzen ausgeschieden wird, ist freilich so gering, daß ein solcher Salzverlust keinen merklichen Einfluß auf den Salzgehalt der Pflanze ausüben kann. Ein bedeutender Salzverlust findet aber beim Abwerfen der Blätter der Bäume im Herbst oder beim Absterben der Luftteile der mehrjährigen Krautpflanzen im Winter statt. Die abgestorbenen Teile behalten fast alle ihre Salze außer phosphorsauren Alkalien, deren Gehalt kurz vor dem Abwerfen der Blätter (wahrscheinlich infolge des Absterbens einer Anzahl der Zellen) abnimmt. Im Frühling müssen also die genannten Pflanzen ihre Salzspeicherung von neuem anfangen.

Die abgeworfenen Pflanzenreste unterliegen einer ziemlich raschen Fäulnis, so daß die in denselben enthaltenen Salze wieder frei werden und in den Boden übergehen. Außerdem werden unter der Einwirkung von CO_2 und Wasser unlösliche Mineralstoffe des Bodens allmählich in lösliche Salze verwandelt. Trotz der Auswaschung dieser Salze durch den Regen, nimmt also der Gehalt der für die Pflanze notwendigen Salze unter natürlichen Bedingungen im Boden nicht ab, sondern vergrößert sich sogar mit der Zeit.

Ganz anders ist der Salzgehalt des Bodens bei künstlicher Kultur der Pflanzen. Mit der Ernte wird vom Felde ein sehr großer Vorrat von Mineralsalzen weggenommen. So wird z. B. mit der Roggenernte von jedem Hektar jährlich ungefähr 30 kg K_2O, 10 kg CaO, 8 kg MgO, 8 kg P_2O_5 und 4 kg SO_3 (außer Salpeter) entnommen, so daß auch ein sehr fruchtbarer Boden bei künstlicher Pflanzenkultur schnell erschöpft wird.

Da der Boden besonders arm an salpeter- und phosphorsauren Salzen ist, so bezieht sich die erwähnte Erschöpfung des Bodens vor allem auf die genannten Salze. Infolgedessen muß derselbe gedüngt werden, d. h. man muß in denselben verschiedene organische Reste, die viel Stickstoff und Phosphor enthalten (z. B. Mist), oder außerdem noch Salpeter, Calciumphosphat, unlösliches $Ca_3(PO_4)$ (Phosphorit) oder lösliches $CaHPO_4$ (Superphosphat), einführen. Enthält aber der Boden zu wenig Kalium, so führt man ihm auch Mineralien zu, die dieses Element enthalten (z. B. Karnallit, Kainit u. a.). Nur auf diese Weise läßt sich der Boden vor einer Erschöpfung bewahren.

III. Organische Stoffe der Pflanze.

1. Zusammensetzung der organischen Stoffe der Pflanze.

Wir wissen aus der ersten Hälfte dieses Teils, daß die Hauptmasse der Trockensubstanz der Pflanze aus organischen Stoffen besteht, unter denen die einfachsten nur C und H, die komplizierteren außerdem O und N und oft auch S und die kompliziertesten noch P und Metalle enthalten können.

Die wichtigsten organischen Stoffe der Pflanzen kann man in 10 Gruppen einteilen:

I. Gruppe. Kohlenhydrate, die gewöhnlich 50—90% der Trockensubstanz der Pflanze ausmachen (vgl. S. 17). Zellulose bilden gewöhnlich die Zellwände (2—50%); sie kann als Beimischung auch Hemizellulosen enthalten, deren Menge nur bei Leguminosen und Palmen sehr bedeutend ist. Die Zellwände der Lupinussamen enthalten z. B. 75%, diejenigen der Palmensamen 20—30% Hemizellulose. Stärke kommt in Knollen und Wurzeln in großen Mengen vor (bis 70% der Trockensubstanz), während ihr Gehalt in anderen Teilen höherer Pflanzen nur 15—30% erreicht. Pilze, Bakterien und einige Kormophyten enthalten keine Stärke. Bei Pilzen und Bakterien kommt aber oft Glykogen (5—20%) vor, dessen Eigenschaften denjenigen von Amylodextrin ähnlich sind (vgl. S. 42). Der Zellsaft der Pflanzen enthält gewöhnlich verschiedene Gummiarten, unter denen Inulin bei Compositen sehr verbreitet ist und 20—50% der Trockensubstanz ausmacht (in Knollen von Dahlia u. a.). Andere Pflanzen enthalten Dextrine (bis 2%) und verschiedene Monosaccharide und Disaccharide. In Zuckerrüben erreicht der Zuckergehalt 85% der Trockensubstanz (Saccharose), in süßen Früchten 60—70% (Glukose und Fruktose).

II. Gruppe. Lipoide. Fette, die zu dieser Gruppe gehören, kommen in kleinen Mengen in allen Pflanzen vor (0,2—2%). Ölige Samen enthalten aber 30—60% Fett (vgl. auch S. 77). Fette werden stets von verschiedenen fettartigen Substanzen begleitet, die gemeinsam mit Fetten als Lipoide bezeichnet werden. Unter diesen Substanzen sind Phytosterine und Phosphatide (Lecithide u. a.) überall, wenn auch nur in kleinen Mengen verbreitet. Die ersteren sind Alkohole mit einer sehr langen Kohlenstoffkette (vgl. S. 39, Anm. 2), die letzteren sind Glyzeride (vgl. S. 43), die N und P enthalten[1]. Lipoide sind in Wasser unlöslich, lösen sich dagegen in Chloroform, Äther, Benzol und

---

[1] Lecithine stellen esterartige Verbindungen von Phosphorsäure, Glyzerin, Cholin und Fettsäuren dar. Ein Wasserstoffatom der Phosphorsäure ist gegen Glyzerid-Rest, ein anderes Wasserstoffatom gegen Cholin-Rest ausgetauscht:

$$(OH)PO {<}{\begin{array}{l} O{-}CH_2CH(OR_1) \cdot CH_2(OR_2) \\ O{-}CH_2{-}CH_2N(CH_3)_3(OH) \end{array}},$$

wo R_1- und R_2-Fettsäurereste sind. Cholin $(HO)CH_2 \cdot CH_2N(CH_3)_3(OH)$ kann man als Ammoniumhydroxyd $(NH_4)OH$ betrachten, in welchem 3 Wasserstoffatome durch 3 CH_3 und ein Wasserstoffatom durch $CH_2 \cdot CH_2(OH)$ ersetzt sind. Alle solche Stoffe besitzen einen alkalischen Charakter und verbinden sich mit Säuren.

Benzin; mehrere von ihnen lösen sich auch in Alkohol. Zur Lipoidgruppe gehören auch Wachs, Cutin und Suberin (im Kork), die teilweise aus sehr komplizierten Alkoholen, teilweise aus Estern von Fettsäuren bestehen. Zusammensetzung von Cutin und Suberin ist noch nicht vollständig bekannt.

III. Gruppe. Organische Säuren (vgl. S. 40, Anm. 1). Diese Substanzen sind gewöhnlich im Zellsaft gelöst und bedingen den sauren Geschmack der Früchte. Unter den Säuren sind die zweiwertigen bei Pflanzen besonders stark verbreitet [1]). Die einfachste ist Oxalsäure (Kleesäure) $COOH—COOH$, deren Salze fast bei allen Chlorophyllpflanzen vorkommen. Unlösliches Kalksalz dieser Säure bildet in den Zellen verschiedenartige Krystalle (Drusen, Raphiden usw.), saures Kaliumsalz bedingt den sauren Geschmack der Kleeblätter. Von anderen Säuren ist Bernsteinsäure $(COOH)—CH_2—CH_2—(COOH)$ in kleinen Mengen fast überall vorhanden, während Apfelsäure $(COOH)—CH_2—CH(OH)—(COOH)$, Weinsäure $(COOH)—CH(OH)—CH(OH)—(COOH)$ und Zitronensäure $(COOH)—CH_2—C(OH)(COOH)—CH_2—(COOH)$ den sauren Geschmack der Früchte hervorrufen. Andere Säuren kommen nur in sehr kleinen Mengen vor.

IV. Gruppe. Glukoside. Mit diesen Namen benennt man Verbindungen von Glukose mit anderen organischen Körpern (Säuren, Alkoholen, Aldehyden usw.). Zur Zeit sind einige Hundert Glukoside bekannt. Das verbreitetste ist Tannin, das eine Verbindung von Gallussäure mit Glukose darstellt und gut in Wasser löslich ist. Einige der Glukoside sind giftig, z. B. Saponine, andere geben bei der Hydrolyse Farbstoffe, z. B. Alizarin (aus der Wurzel von Rubia tinctoria), oder Indikan, das durch Oxydation in Indigo verwandelt wird (aus Indigofera tinctoria).

V. Gruppe. Ätherische Öle. Diese Verbindungen bedingen die verschiedenartigen Gerüche der Blüten und Pflanzensäfte und bilden Harze. Einige von ihnen bestehen nur aus C und H, so z. B. Terpentinöl, Zitronöl $(C_{16}H_{10})$, Kautschuk $[(C_5H_8)_2]_x$, der in Form einer feinen Emulsion den Milchsaft der Milchpflanzen bildet. Andere Öle enthalten außerdem O. Zu solchen gehören Nelkenöl $(C_{10}H_{12}O_2)$, Pfefferminzöl (Menthol, $C_{10}H_{20}O$), Kümmelöl $(C_{10}H_{14}O)$, Kampfer $(C_{10}H_{16}O)$ usw. Bei Liliaceen, Cruciferen u. a. kommen Substanzen vor, die schwefelhaltige Öle mit einem unangenehmen Geruch bilden, so z. B. Knoblauchöl $(C_6H_{10}S)$, Senföl usw. Harze, die wahrscheinlich als Kondensations- oder Oxydationsprodukte von ätherischen Ölen anzusehen sind, kommen als Beimischungen dieser Öle vor. Nach Verdampfung derselben bleibt immer

---

[1]) Zweiwertige organische Säuren enthalten zwei Carboxyle. So ist z. B. $CH_3·(COOH)$ eine einwertige Säure und $(COOH)·CH_2(COOH)$ eine zweiwertige Säure. Der Wasserstoff eines oder beider Carboxyle kann gegen Metalle ausgetauscht werden. Man erhält dabei saure oder neutrale Salze. So ist z. B. $COOH—COOK$ saures Kaliumsalz der Oxalsäure und $COOK—COOK$ neutrales Kaliumsalz derselben (vgl. auch S. 40, Anm. 1).

Harz (Harzsäuren) zurück. Auch stickstoffhaltige ätherische Öle kommen in den Pflanzen vor (z. B. Skatol-, Indol- und Antraninverbindungen).

VI. Gruppe. Eiweißkörper (vgl. S. 44). Proteine bilden in der Hauptsache Vorratstoffe der Samen, welche gewöhnlich 10—20% Vitellin und 1—2% Globulin enthalten. Nur bei Bohnenpflanzen erreicht der Eiweißgehalt der Samen 20—40%. Proteide bilden den wichtigsten Bestandteil des Protoplasmas. Bei Bakterien erreicht der Proteidgehalt 60—80%, bei Plasmodien 37% trockener Substanz.

VII. Gruppe. Aminosäuren (vgl. S. 44, Anm. 1). Bei höheren Pflanzen kommt besonders oft und in größeren Mengen (10—30% trockener Substanz) Asparagin, das Amid der Asparaginsäure, vor: $(COOH) \cdot CH_2 - CH(NH_2) - CO(NH_2)$[1]. In kleinen Mengen kommen auch Phenylalanin, Tyrosin, Leucin, Arginin, Asparaginsäure, Glutaminsäure, Glutamin u. a. vor.

VIII. Gruppe. Organische Basen[2]. Unter diesen Substanzen kommen Purinbasen nur bei einigen Pflanzenarten in größeren Mengen vor, so z. B. Coffein (in Teeblättern und Kaffeebohnen 1—2% trockener Substanz) und Theobromin (in Kakaobohnen)[3]. In kleinen Mengen sind bei Pflanzen auch Xanthin, Guanidin u. a. Basen gefunden worden. Unter organischen Basen sind Alkaloide sehr giftige Substanzen, die nur bei bestimmten Pflanzenarten vorkommen. Die bekanntesten sind Chinin (aus der Rinde von Cinchona, bis 12%), Cocain (aus Blättern von Erythroxylon Coca), Atropin (aus Atropa Belladonna und Datura), Morphin (aus Opium, das aus dem Milchsaft der Mohnpflanze dargestellt wird), Nicotin (aus Tabakblättern) und die stärksten aller bekannten Gifte: Strychnin und Brucin (aus Samen und Wurzeln von Strychnos nux vomica, bis 5%). Zur Zeit sind mehr als 200 Alkaloide

---

[1] Als Amide der Säuren bezeichnet man Verbindungen, die durch Ersatz des Hydroxyls (OH) der Carboxylgruppe COOH durch die Aminogruppe NH_2 entstehen. Asparaginsäure ist Aminobernsteinsäure $(COOH) - CH_2 - CH(NH_2) - COOH$.

[2] Organische Basen kann man als substituiertes Ammoniak betrachten. Die einfachsten sind Methylamin: $NH_2(CH_3)$, Dimethylamin $NH(CH_3)_2$ und Trimethylamin $N(CH_3)_3$. Organische Basen verbinden sich mit Säuren zu salzartigen Substanzen.

[3] Purinbasen kann man als Abkömmlinge von Harnstoff betrachten, der als das Diamid von Kohlensäure aufzufassen ist: Kohlensäure $CO(OH)_2$, Harnstoff $CO(NH_2)_2$. Man kann Harnstoff auch als substituiertes Ammoniak betrachten, weil er basische Eigenschaften besitzt: Ammoniak $NH_3 + NH_3$, Harnstoff: $NH_2 - CO - NH_2$. Zwei Moleküle Harnstoff mit einem Molekül Glutarsäure $COOH - CH_2 - COOH$ ergeben ein Molekül Harnsäure:

$$CO \Big\langle {{NH-CO} \atop {NH-C}} \Big\rangle {=} {{C-NH} \atop {NH}} \Big\rangle CO .$$

Coffein ist reduzierte Trimethylharnsäure:

$$CO \Big\langle {{N(CH_3)-CO} \atop {N(CH_3)-C}} \Big\rangle {=} {{C-N(CH_3)} \atop {N}} \Big\rangle CH .$$

Theobromin ist reduzierte Dimethylharnsäure.

bekannt, aber einige von ihnen sind chemisch noch nicht untersucht, weil sie nur in sehr kleinen Mengen vorkommen[1]).

IX. Gruppe. Pigmente (Farbstoffe). Diese Gruppe umfaßt Körper verschiedener physikalischer und chemischer Eigenschaften, die im Zellsaft und in den Chromatophoren der Pflanzen vorkommen und den letzteren ihre grüne oder bunte Färbung geben. Vereinzelt kommen auch Pigmente vor, die Zellwände (im Holz) durchtränken, so färbt z. B. Hämatein das Holz des Kampeschebaumes, Santalin das des Santalbaumes rot. Unter den im Zellsaft gelösten Pigmenten sind Anthocyane, die blaue, violette und rote Färbung der Blüten bedingen, am besten bekannt. Nach WILLSTÄTTER sind sie Glukoside, die ein oder zwei Moleküle Monosaccharide enthalten. Die gefärbten Substanzen sind als Abkömmlinge von gelben Pigmenten, Flavonolen aufzufassen, von denen manche auch in größeren Mengen (in Form von Glucosiden) in einigen Pflanzen vorkommen (z. B. Quercitrin, Pigment der Farbeiche — Quercus tinctoria). Durch Reduktion dieser Pigmente erhält man Anthocyanidine, die mit Glukose oder anderen Monosacchariden Anthocyane (Anthocyanine) ergeben. Umgekehrt erhält man durch Hydrolyse der letzteren Monosaccharide und Anthocyanidine; so verwandelt sich z. B. das Cyaninchlorid der Kornblume bei der Hydrolyse in Cyanidinchlorid und Glukose: $C_{27}H_{31}O_{16}Cl = C_{15}H_{11}O_6Cl + 2 C_6H_{12}O_6$. Alle Anthocyane sind stickstofffreie Substanzen und verbinden sich sowohl mit Säuren als auch mit Basen zu salzartigen Verbindungen. Die Verbindungen mit Säuren sind rot, die mit Basen sind blau, während freie Verbindungen violett gefärbt sind.

Chromatophoren enthalten drei Pigmentarten: Karotine, Xanthophylle und Chlorophylle, die in Wasser unlöslich, in Alkohol und Benzin (oder Benzol) löslich sind. Karotine sind orangerot, Xanthophylle gelb, Chlorophylle grün. Die Chromatophoren der Mohrrübe enthalten nur Karotin (Mohrrübe = Daucus Carota), die der gelben Blüten enthalten etwas Karotin und viel Xanthophyll, während Chloroplasten alle drei Pigmentarten enthalten. Hinsichtlich der chemischen Zusammensetzung dieser Pigmente ist bekannt, daß Karotine Kohlenwasserstoffe sind (Karotin der Mohrrübe hat die Formel $C_{40}H_{56}$), während Xanthophylle sauerstoffhaltige Verbindungen darstellen. Chlorophylle enthalten außerdem noch N und Mg; nach WILLSTÄTTER ist die Formel des Chlorophylls a: $(MgN_4C_{32}H_{30}O)CO_2CH_3 \cdot CO_2 \cdot C_{20}H_{39}$. Grüne Lösungen dieses Pigments zeigen rote Fluorescenz. Die chemische Konstitution des Chlorophylls steht der des Hämatins der roten Blutkörperchen nahe, weil das aus dem ersteren durch Behandlung mit Säuren und Alkalien darge-

---

[1]) Die chemische Konstitution der Alkoloide ist sehr kompliziert. Als ein Beispiel sei hier die Konstitution von Atropin angegeben:

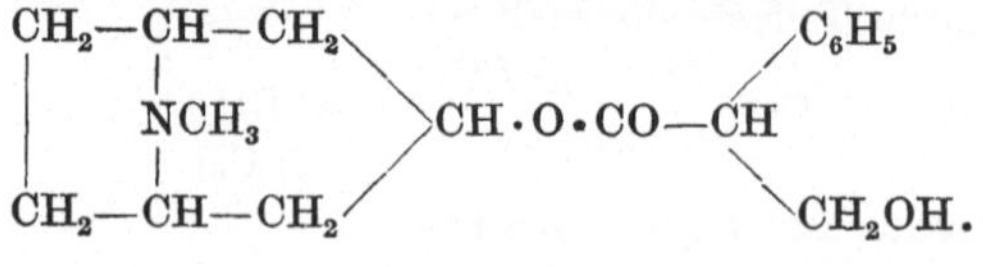

$$\begin{array}{ccc}
CH_2-CH-CH_2 \diagdown & & \diagup C_6H_5 \\
| \quad | & & \\
\quad NCH_3 & CH \cdot O \cdot CO-CH & \\
| & & \\
CH_2-CH-CH_2 \diagup & & \diagdown CH_2OH.
\end{array}$$

stellte Phylloporphyrin durch Oxydation Hämatinsäuren ergibt, die auch durch Oxydation aus dem durch Behandlung von Hämatin mit Säuren dargestellten Hämatoporphyrin entstehen[1]).

Die Chromatophoren einiger Algen enthalten außer Chlorophyll noch ein in Wasser lösliches Pigment, das bei blaugrünen Algen blau (Phycocyan), bei roten Algen (Rhodophyceen) rot ist (Phycoerythrin) usw.

X. Gruppe. Diese Gruppe umfaßt alle organischen Verbindungen die in sehr kleinen Mengen in allen Pflanzen anwesend sind, die aber auch in solch geringen Mengen bedeutende chemische Einwirkungen auf Pflanzenstoffe ausüben können. Zu diesen Substanzen gehören Enzyme (vgl. S. 39 ff.), Vitamine (oder Completine) und Toxine. Vitamine wirken wahrscheinlich katalytisch und beschleunigen verschiedene chemische Reaktionen in der Pflanze. Toxine werden von Bakterien und Pilzen ausgeschieden und wirken tödlich auf das Protoplasma von tierischen und pflanzlichen Zellen. Der chemische Bau dieser Körper ist wenig bekannt, weil man sie nur in sehr kleinen Mengen erhalten kann.

In unserer Übersicht über die organischen Stoffe der Pflanzen müssen wir uns auf die Angaben der wichtigsten beschränken; wollten wir alle organischen Stoffe der Pflanzen aufzählen, so würde das zu weit führen und Hunderte von Seiten füllen. Auch diese kurze Übersicht veranlaßt uns zu dem Schlusse, daß die organischen Stoffe der Pflanze außerordentlich verschiedenartig sind.

Schon bei der Betrachtung der Mineralsubstanzen der Pflanze wurde betont, daß die quantitative und qualitative chemische Zusammensetzung nicht nur bei verschiedenen Pflanzenarten, sondern bei verschiedenen Individuen ein und derselben Art variiert. Das Gesagte bezieht sich noch mehr auf organische Stoffe der Pflanzen. So kommen z. B. einzelne organische Substanzen bald in bestimmten Pflanzenfamilien, bald in bestimmten Pflanzenarten vor (Inulin kommt bei der Mehrzahl von Compositen vor, Strychnin nur bei Strychnos nux vomica). Andererseits ist die quantitative Zusammensetzung organischer Stoffe auch bei zwei Individuen ein und derselben Art, die sich unter vollkommen gleichen Bedingungen entwickelt haben, nicht ganz gleich. Veränderungen der Wachstumsbedingungen rufen oft so große Veränderungen der quantitativen Zusammensetzung hervor, daß man bei der Betrachtung der Angaben der chemischen Analyse manchmal denken kann, daß man es nicht mit zwei Individuen ein und derselben Art, sondern mit zwei Pflanzenarten zu tun habe.

Die ungleiche qualitative Zusammensetzung organischer Stoffe verschiedener Pflanzenarten beruht wahrscheinlich darauf, daß das Protoplasma bei verschiedenen Pflanzenarten aus verschiedenen Eiweißkörpern und Lipoiden aufgebaut ist. Die Aminosäuren, aus denen Eiweißkörper zusammengesetzt sind, können bei verschiedenen Pflanzenarten nicht nur qualitativ ungleich sein, sondern auch in ungleicher Molekülanzahl vor-

---

[1]) Die chemische Formel von Phylloporphyrin ist $(C_{16}H_{18}N_2O_2)_2$, die von Hämatoporphyrin: $(C_{17}H_{19}N_2O_3)_2$.

handen und in ungleicher Reihenfolge miteinander gekettet sein. In letzter Zeit ist bei den Botanikern eine Methode der Untersuchung der systematischen Verwandtschaft zwischen Pflanzen üblich, die auf einer Verschiedenheit von Eiweißkörpern bei verschiedenen Pflanzenarten beruht. Man impft den Saft einer zu prüfenden Pflanze ins Blut eines Kaninchens ein. Das Tier entwickelt in seinem Blut Antikörper, die der giftigen Wirkung der Eiweißkörper der Pflanze entgegenwirken. Die Antikörper sind verschieden bei der Einführung verschiedener Eiweißkörper und wirken nur auf die Eiweißkörper entgiftend, welche ihre Entstehung hervorgerufen haben. Wenn man also demselben Kaninchen den Saft einer anderen zu prüfenden Pflanze einimpft, so wirkt er giftig, wenn die in ihm befindlichen Eiweißkörper von denen der ersten Pflanze verschieden sind. Wenn dagegen die Eiweißkörper beider Pflanzen gleich sind, so übt der Saft keine schädliche Wirkung aus, weil seine Eiweißkörper durch die im Blute des Tieres befindlichen Antikörper unschädlich gemacht werden. In dieser Weise kann man zeigen, daß Eiweißkörper verschiedener Pflanzenarten ungleich sind.

Zum Schuß sei noch darauf aufmerksam gemacht, daß organische Stoffe, die durch eine chemische Analyse bestimmt werden, von denen, welche im lebenden Organismus in Wirklichkeit anwesend sind, verschieden sein können, weil viele organische Stoffe durch Reagentien verändert werden. Man kann z. B. behaupten, daß organische Stoffe, die das Protoplasma zusammensetzen, viel komplizierter gebaut sind, als die durch die chemische Analyse desselben gefundenen Stoffe. Diese Analyse zeigt z. B., daß das Protoplasma Lipoide und Nucleoproteide enthält[1]). Die Unmöglichkeit der Färbung des lebenden Protoplasmas mit Anilinfarbstoffen und die bei der Einwirkung von anästhesierenden Stoffen auf das Protoplasma erhaltenen Resultate lassen aber vermuten, daß freie Eiweißkörper und Lipoide im lebenden Protoplasma nicht vorkommen, so daß man annehmen muß, daß diese Körper in demselben miteinander verbunden sind.

2. Herkunft der organischen Stoffe der Pflanze.

Wie wir aus der Einleitung wissen, nahm die Mehrzahl der Naturforscher zu Ende des achtzehnten Jahrhunderts an, daß es im lebenden Organismus eine Seele oder besondere Lebenskräfte gibt, die alle physiologischen Erscheinungen hervorrufen und alle organischen Stoffe erschaffen. Wir haben gehört, daß sogar das Vorhandensein der Mineralstoffe in der Pflanze diesen mystischen Kräften zugeschrieben

---

[1]) Die chemische Analyse des Plasmodiums des Schleimpilzes Fuligo varians ergibt die folgende Zusammensetzung der Trockensubstanz seines Protoplasmas: Wasserlösliche Körper, die in der Hauptsache in Vakuolen gelöst sind: Monosaccharide 14,2 %, Eiweißkörper 2,2 %, Aminosäuren, Purinbasen, Asparagin usw. 24,3 %. In Wasser unlösliche Stoffe sind: Nucleoproteide 32,3 %, Nucleinsäuren 2,5 %, Globulin 0,5 %, Lipoproteide (Plasmatin) 4,8 %, Fette 6,8 %, Phytosterin 3,2 %, Phosphatide 1,3 %, Polysaccharide, Harze usw. 3,5 % und Mineralsalze 4,4 %.

wurde (vgl. S. 82). Man zweifelte gar nicht daran, daß die Pflanze ihre organischen Stoffe mit Hilfe solcher Kräfte aus Luft und Wasser darzustellen vermag.

Um solche merkwürdigen Eigenschaften der Lebenskräfte der Pflanze zu beweisen, stellte VAN HELMONT (1648) den folgenden Versuch an: In einen Pflanzentopf, in den man 200 Pfund trockene Erde geschüttet hatte, pflanzte man ein 5 Pfund schweres Weidenreis ein. Der Topf wurde durch einen Deckel vor Staub geschützt und die Pflanze mit Regenwasser alle Tage begossen. Nach 5 Jahren war das Gewicht des Reises, das sich zu einem kleinen Baum entwickelt hatte, größer als 10 Pfund, während die Erde im Topfe nur 2 Unzen verloren hatte. VAN HELMONT kam zu dem Schlusse, daß alle neu entstandenen Stoffe durch die Pflanze aus Luft und Wasser dargestellt worden waren.

Wir wissen, daß die künstliche Darstellung einiger organischer Stoffe eine ausschlaggebende Bedeutung für die Entwicklung unserer modernen physiologischen Kenntnisse hatte. Zur Zeit sind viele organische Substanzen der Pflanze künstlich dargestellt, so z. B. alle Monosaccharide, Fette, organische Säuren, Aminosäuren, viele organische Basen (auch einige Alkaloide), mehrere Glukoside, viele ätherische Öle und einige Pigmente (Alizarin, Indigo, Anthocyane). Obwohl bei weitem nicht alle organischen Stoffe der Pflanze synthetisch dargestellt sind, so beweisen doch die aufgezählten Synthesen, daß die Bildung organischer Stoffe keiner besonderen mystischen Kräfte bedarf. Mögen organische Substanzen der Pflanze auch außerordentlich kompliziert gebaut sein, so können sie doch nur auf dem Wege chemischer Reaktionen aus Stoffen entstanden sein, welche alle diese Substanzen aufbauenden Elemente enthalten. Solche Reaktionen sind freilich sehr kompliziert und verschiedenartig, und wir können zur Zeit oft nur Hypothesen bezüglich ihres Verlaufs aussprechen; wir hoffen aber, daß sie allmählich ihre Erklärung finden werden. Die Aufgabe der modernen Pflanzenphysiologie ist es gerade, diese Reaktionen zu erklären und die sie hervorrufenden Reagentien zu erforschen.

Was nun den Versuch von VAN HELMONT anbelangt, so war er richtig angestellt und beweist, daß die Pflanze alle ihre organischen Stoffe aus Luft, Wasser und Bodenbestandteilen aufzubauen vermag. Zu jener Zeit aber, als der genannte Gelehrte seinen berühmten Versuch anstellte, wußte man gar nicht, daß es in der Luft einen Bestandteil gibt, der das Grundelement aller organischen Verbindungen enthält. Dieser Bestandteil ist CO_2. Wir können aber jetzt die Versuchsergebnisse von VAN HELMONT etwas anders formulieren: jede chlorophyllhaltige Pflanze vermag alle ihre organischen Substanzen aus Kohlensäuregas, Wasser und Bodenbestandteilen aufzubauen.

Andererseits wissen wir, daß heterotrophe Pflanzen, die kein Chlorophyll enthalten, diese Fähigkeit nicht besitzen und organische Nahrung brauchen. Diese Nahrung kann aber bisweilen nur aus einer einzigen organischen Verbindung bestehen und doch vermag die Pflanze aus derselben alle ihre organischen Stoffe aufzubauen. Chemische Reaktionen, welche in heterotrophen Pflanzen stattfinden, sind also nicht minder kompliziert als diejenigen, die sich in autotrophen Pflanzen abspielen.

Wir wissen schon aus der Einleitung, daß der Stoffwechsel nur in denjenigen Zellen der Pflanze möglich ist, welche die lebende Materie enthalten, und daß diese Materie das einzige Laboratorium der Pflanze darstellt, wo alle oben erwähnten chemischen Reaktionen stattfinden können. Dieses Laboratorium ist unseren Laboratorien insofern nicht ähnlich, als alle in ihm stattfindenden chemischen Reaktionen bei ge-wöhnlicher Zimmertemperatur verlaufen und bei der Darstellung ver-schiedenartiger Verbindungen in ihm keine Krystallisation oder Destil-lation verwendet wird.

Betrachten wir den Stoffwechsel der autotrophen Pflanzen, so finden wir, daß sie bei der Synthese ihrer organischen Verbindungen ent-weder Lichtenergie oder chemische Energie ausnützen. Sie bauen also ihre Stoffe auf dem Wege der Photosynthese oder der Chemosynthese, die wir in den folgenden Kapiteln eingehend betrachten werden.

Was nun die heterotrophen Pflanzen anbelangt, so nehmen sie ihre organischen Stoffe entweder aus lebenden Organismen auf und werden dann als Parasiten bezeichnet, oder sie nehmen diese Stoffe aus abgestorbenen Organismen oder aus Substanzen auf, welche aus denselben entstanden sind, und werden in diesem Falle als Sapro-phyten bezeichnet.

Den für die Bildung von Eiweißkörpern und anderen Stoffen nötigen Stickstoff nehmen die Pflanzen entweder direkt aus der Luft, oder aus dem Boden (in Form stickstoffhaltiger Mineralsubstanzen), oder schließlich aus organischen Stoffen auf. In den folgenden Kapiteln betrachten wir nacheinander alle diese Wege des Aufbaus organischer Substanzen in der Pflanze.

3. Bildung der organischen Stoffe der Pflanze auf dem Wege der Photosynthese.

PRISTLEY (1772), der den Sauerstoff entdeckte, beobachtete zum ersten Male, daß die Pflanzen die durch die Tiere verdorbene Luft „reinigen", d. h. sie wieder für die Atmung und Verbrennung taug-lich machen. Die Untersuchung der Gasbläschen, die sich an der Oberfläche der im Lichte befindlichen Wasserpflanzen ausscheiden, ver-anlaßte den genannten Forscher zu dem Schlusse, daß die Pflanzen eine „deflogistonisierte" Luft, d. h. Sauerstoff, ausscheiden.

Bald nach der erwähnten Entdeckung zeigte INGENHOUSZ (1779), daß die „deflogistonisierte" Luft nur durch grüne Pflanzenteile und nur im Lichte ausgeschieden wird. Die Ursache dieser Eigenschaft grüner Pflanzenteile wurde bald von SENEBIER (1783) erklärt; dieser kam zu dem Schlusse, daß grüne Pflanzen Kohlensäure im Lichte ab-sorbieren, wobei Sauerstoff frei wird, während Kohlenstoff mit Wasser organische Verbindungen bildet. Sowohl INGENHOUSZ als auch SENE-BIER stellten jedoch ihre Versuche nur an Wasserpflanzen an; der zuletzt genannte Forscher nahm außerdem an, daß auch Landpflanzen Kohlensäure aus dem Boden oder der Luft aufnehmen.

Erst nach zwanzig Jahren bewies SAUSSURE (1804), daß Landpflanzen Kohlensäuregas aus der Luft aufnehmen und daß diese Pflanzen die für das Leben nötigen organischen Substanzen nur aus dem Kohlenstoff des genannten Gases bilden können. Die Versuche SAUSSURES erwiesen, daß die Entwicklung der grünen Pflanzen nur in einer kohlensäurehaltigen Atmosphäre möglich ist.

Die Zersetzung von CO_2 durch die grünen Pflanzen kann man am einfachsten an Wasserpflanzen demonstrieren. Schneidet man den Stengel der Wasserpflanze Elodea canadensis in der Nähe der Wurzel ab und befestigt man die Pflanze in einem mit Wasser gefüllten Glaszylinder so, daß der durchschnittene Stengelteil oben ist, so beobachtet man bei einer guten Beleuchtung einen ununterbrochenen Austritt kleiner Gasbläschen aus den durchschnitttenen Luftgängen des Stengels der Pflanze (vgl. Abb. 28). Das ausgeschiedene Gas kann man in ein Reagenzglas aufsammeln, wie es auf der Abbildung zu sehen ist. Die Erscheinung ist folgendermaßen zu erklären.

In Wasser gelöste Kohlensäure dringt auf dem Wege der Osmose durch die äußeren Zellwände ins Zellinnere der Pflanze ein, wo seine Assimilation stattfindet (vgl. S. 15). Der befreite Sauerstoff, der nur schwer in Wasser löslich ist, scheidet sich im Zellinneren nicht aus, weil der innere Druck in der Zelle zu groß ist, diffundiert aber durch die Zellwände teilweise in das

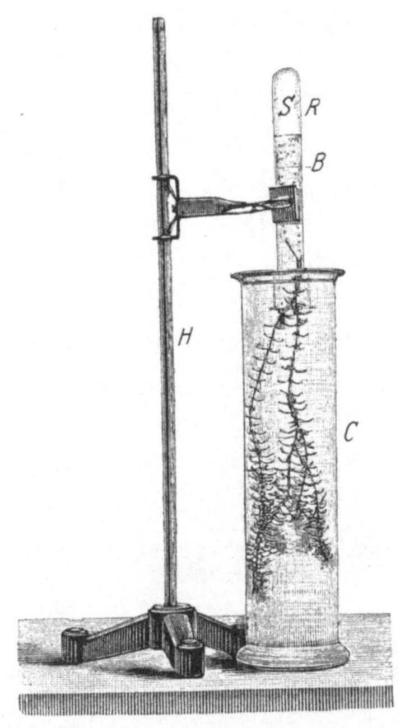

Abb. 28. Ausscheidung der Gasbläschen aus dem abgeschnittenen Stengel von Elodea canadensis. (Nach NOLL.)

umgebende Wasser, teilweise in die die Blätter und den Stengel durchsetzenden Luftgänge und tritt an der Schnittfläche aus.

Setzt man zu Wasser, in dem sich Elodea befindet, etwas Kalkmilch hinzu, die in Wasser gelöstes CO_2 bindet, so hört die Ausscheidung der Bläschen sofort auf; sie beginnt aber wieder, wenn Kohlensäuregas durch das Wasser geblasen wird. Die Ausscheidung der Bläschen hört ebenfalls auf, wenn die Pflanze verdunkelt wird.

Um das durch Wasserpflanzen während der Belichtung ausgeschiedene Gas chemisch zu untersuchen, bringt man eine größere Menge derselben in einen mit Wasser gefüllten Glaszylinder ein, in dessen oberen Teil ein mit Wasser gefüllter und mit einem Hahn (h) versehener

Trichter (*t*) befestigt ist (vgl. Abb. 29). Nach einigen Stunden sammelt sich das ausgeschiedene Gas in dem Trichter, und man kann sich von seinem Sauerstoffgehalt dadurch überzeugen, daß man den Trichter in Wasser taucht, den Hahn aufdreht und zugleich eine glühende Kohle vor die Hahnöffnung hält. Das Erscheinen einer Flamme weist auf Sauerstoff hin. Die chemische Analyse zeigt, daß das ausgeschiedene Gas nicht reiner Sauerstoff ist, sondern nur $25—85\%$ O_2 enthält, weil im Wasser und in den größeren Luftgängen der Wasserpflanzen außer Sauerstoff auch Stickstoff vorhanden ist, der durch den ausgeschiedenen Sauerstoff mitgerissen wird.

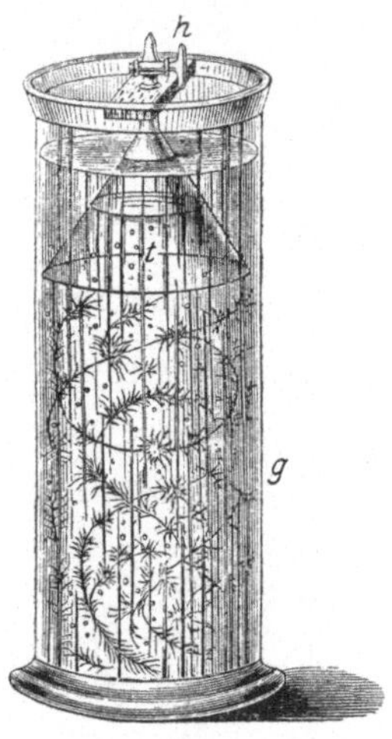

Abb. 29. Das von Wasserpflanzen ausgeschiedene Gas sammelt sich in einem Trichter.

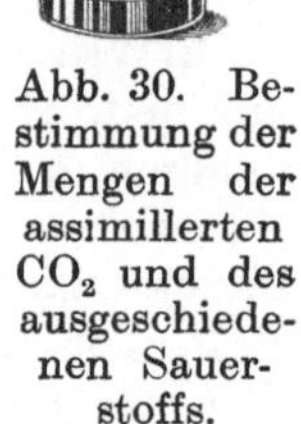

Abb. 30. Bestimmung der Mengen der assimilierten CO_2 und des ausgeschiedenen Sauerstoffs.

Um also den Gaswechsel der grünen Pflanzen bei Belichtung quantitativ zu bestimmen, muß man mit Landpflanzen experimentieren. Man bringt eine kleine Pflanze oder deren Blätter in ein verschlossenes Glasgefäß und nach einigen Stunden bestimmt man die Zusammensetzung der im Gefäße enthaltenen Luft mittels einer chemischen Gasanalyse. Am einfachsten kann man den Versuch folgendermaßen anstellen. Ein Blatt wird mit einem Draht oder Hölzchen in einem Eudiometer (in $^1/_{10}$ ccm eingeteilten Meßzylinder) befestigt, der über Quecksilber umgekippt ist, wie es auf Abb. 30 zu sehen ist. Man saugt mit Hilfe eines dünnen Kautschukschlauchs aus dem Eudiometer etwas Luft ein, so daß das Quecksilberniveau in demselben etwas gehoben wird; um die Luft in demselben feucht zu machen, führt man dann etwas Wasser ein, das sich über das Quecksilber schichtet. Man mißt das Volumen der Luft im Eudiometer und führt in das Eudiometer einige ccm Kohlensäuregas ein. Nachdem das Kohlensäuregas das Wasser über dem Quecksilber gesättigt hat, mißt man das Luftvolumen wieder und stellt den Apparat ins Sonnenlicht. Nach einigen Stunden mißt man nochmals das Luftvolumen im Eudiometer, führt etwas Kalilauge ein, die CO_2 absorbiert, und wiederholt die Messung des Luftvolumens. Der Unterschied zwischen diesen zwei Messungen ergibt die Menge des zurückgebliebenen Kohlensäuregases; der Vergleich dieser Menge mit derjenigen der eingeführten CO_2 ergibt die Menge der durch das Blatt assimilierten CO_2. Da das Blatt an Stelle der assimilierten CO_2 Sauerstoff ausgeschieden hat, so stellt das Luftvolumen im Eudiometer (nach der Absorption von CO_2 durch Kalilauge) die Summe des Volumens der vor dem Versuche im Apparat gewesenen Luft und des durch das Blatt ausgeschiedenen Sauerstoffs dar.

Der beschriebene Versuch wurde zum ersten Male von SAUSSURE angestellt, der zu dem Schlusse kam, daß das Volumen der durch die Pflanze assimilierten CO_2 gleich ist dem Volumen des ausgeschiedenen O_2. Da im gleichen Gasvolumina eine gleiche Anzahl von Molekülen anwesend ist vgl. S. 23, Anm.), so bedeutet das Ergebnis SAUSSURES, daß auf jedes Molekül CO_2 ein Molekül O_2 ausgeschieden wird, d. h., der ganze Sauerstoff des Kohlendioxyds wird von der Pflanze nach außen abgegeben. Spätere genaue Untersuchungen (BOUSSINGAULT 1868, u. a.) zeigten, daß das Volumen des bei der Assimilation von CO_2 ausgeschiedenen Sauerstoffs gewöhnlich um $^1/_{10}$ bis $^1/_4$ größer als das Volumen von CO_2 ist. Die Erklärung dieser Erscheinung wird im IV. Kapitel S. 156 gegeben.

Wie erwähnt, sind nur chlorophyllhaltige Pflanzen zur Assimilation von CO_2 und Ausscheidung von O_2 bei Belichtung fähig. Durch den folgenden Versuch kann man beweisen, daß dieser Prozeß nur in Chloroplasten stattfindet. Bringt man eine Chloroplasten enthaltende Zelle in eine mit ihrem Zellsaft isosmotische Zuckerlösung auf den Objektträger und schneidet man die Zelle entzwei, so tritt ihr Protoplasma in die Lösung über. Setzt man zu der letzteren Bakterien hinzu, die sich nur bei Anwesenheit von Sauerstoff bewegen können, und bedeckt man das Präparat mit einem Deckgläschen, das am Rand mit Vaseline gedichtet wird, so bewegen sich die Bakterien zunächst. Bringt man aber das Präparat ins Dunkle, so hört die Bewegung allmählich auf, weil der Sauerstoff der Lösung verbraucht worden ist. Bringt man jetzt das Präparat wieder ins Licht, so beginnt die CO_2-Assimilation, und die Chloroplasten scheiden Sauerstoff aus, der den Bakterien die Bewegung ermöglicht. Dieselben sammeln sich um die Chloroplasten an und bewegen sich nur in ihrer Nähe (ENGELMANN 1881).

Die lebende Materie kann also die Zersetzung von CO_2 nur bei Anwesenheit von Chlorophyll hervorrufen. Die Zellen, die keine Chloroplasten enthalten, so z. B. die Zellen der Wurzeln und Blüten, haben keine Bedeutung bei der Ernährung der grünen Pflanze durch Kohlensäure; die Zellen der Blätter werden aber zu diesem Prozesse nur dann fähig, wenn in ihnen Chlorophyll entsteht. Kultiviert man normal grüne Pflanzen im Dunkeln, so bildet sich kein Chlorophyll in sich entwickelnden Blättern, die infolgedessen gelblich aussehen und gewöhnlich als „chlorotisch" bezeichnet werden. Solche Blätter zeigen keine Assimilation von CO_2 im Lichte; denn nur die Bildung von Chlorophyll, die durch die Beleuchtung hervorgerufen wird, macht die Zersetzung dieses Gases möglich. (PFEFFER 1881; ZIMMERMANN 1893.)

Sehr oft bezeichnet man die Kohlensäureassimilation und die Verwandlung des Kohlendioxyds in organische Stoffe im Lichte einfach als „Assimilation" oder als „Photosynthese". Wir betrachten jetzt die bei diesem Prozesse entstehenden organischen Stoffe.

4. Assimilationsprodukte.

Wie erwähnt, gibt die Pflanze den aus CO_2 gewonnenen Sauerstoff nach außen ab, während der Kohlenstoff sich in organische Stoffe verwandelt, die gewöhnlich als Assimilationsprodukte oder Assimilate bezeichnet werden. Von diesen Stoffen ist die Stärke seit langem bekannt.

In den Chloroplasten beobachtet man bekanntlich vielfach kleine Körnchen, die sich mit Jod blau färben und sich als Stärkekörnchen erweisen. SACHS (1862) zeigte, daß dieselben nur unter der Einwirkung des Lichts in den Chloroplasten entstehen, während sie im Dunkeln allmählich verschwinden und sich in Zucker verwandeln, der in den Zellsaft und weiter durch die Nachbarzellen in die Gefäßbündel diffundiert.

Die Stärkebildung im Lichte läßt sich nach SACHS am einfachsten folgendermaßen demonstrieren.

Entfärbt man grüne Blätter in Alkohol (die Pigmente der Chloroplasten werden gelöst), erhitzt man sie in Wasser bis zum Sieden (Stärke bildet Kleister) und bringt man sie in eine schwache, wässerige Jodlösung, so färben sich diejenigen Blattstellen, in denen Stärke anwesend ist, dunkelblau. SACHS verwandte diese sogenannte Jodprobe zum Nachweis der Stärkebildung in belichteten Blättern. Man wiederholt den Versuch von SACHS gewöhnlich folgendermaßen:

Abb. 31. Eine durch die Kohlensäureassimilation erhaltene Abbildung der Buchstaben auf einem Blatte. Erklärung im Text. (Nach PFEFFER.)

Eine Topfpflanze (im Winter z. B. Primula obconica) wird ins Dunkle gebracht. Die Stärke der Blätter verschwindet allmählich und die Jodprobe fällt schließlich (nach 5 bis 6 Tagen) negativ aus. Man schneidet jetzt ein Blatt der Pflanze ab, legt es mit der unteren Seite auf ein Stückchen nassen Fließpapiers und umwickelt Blatt und Papier allerseits mit Staniol, in welchem vorher einige Buchstaben ausgeschnitten worden waren. Diese Buchstaben sollen auf die obere Blattseite kommen. Dann stellt man das Blatt mit dem Stiel in Wasser und beleuchtet die obere Seite mit starkem Licht (direktes Sonnenlicht oder mit einer Glaslinse kondensiertes künstliches Licht). Da Staniol für das Licht impermeabel ist, so werden nur diejenigen Blatteile beleuchtet, welche den ausgeschnittenen Buchstaben entsprechen. Nach einigen Stunden macht man die Jodprobe und findet Stärke gerade in diesen Blatteilen, so daß man eine dunkelblaue Abbildung der Buchstaben auf dem Blatt erhält (vgl. Abb. 31).

Stärke bildet sich also in den Blättern nur im Lichte. Daß sie aber ein Produkt der Assimilation des Kohlendioxyds darstellt, wird dadurch bewiesen, daß sie in einer von diesem Gas befreiten Atmosphäre trotz einer starken Belichtung nie erscheint. Den Versuch kann man folgendermaßen anstellen: Eine Pflanze, die einige Tage lang im Dunkeln gestanden hatte und entstärkt war (vgl. Abb. 32), wird unter eine Glasglocke über einen mit Kalilauge gefüllten Teller S gestellt. Kalilauge absorbiert alles unter der Glasglocke befindliche Kohlensäuregas. Um aber das Eindringen desselben von außen zu verhindern, wird ein gebogenes, mit Ätzkalistücken gefülltes Glasrohr pg in den Tubus der Glocke eingesetzt. Die Stärkeprobe zeigt, daß unter solchen Bedingungen in den Blättern keine Stärke (auch bei starker Belichtung) entsteht, und daß bereits vorhandene Stärke mit der Zeit sogar verschwindet.

Die Stärkemenge, welche sich bei verschiedenen Pflanzenarten unter der Einwirkung der gleichen Belichtung und aus ein und derselben Menge von CO_2 bildet, ist ungleich. Einige Pflanzen (z. B. Bananen) können Stärke nur beim Überschuß von CO_2 bilden, während andere Pflanzen (von den Liliiflorae z. B. Allium, Iris, Hyacinthus) überhaupt keine Stärke bilden können. Die Assimilationsprodukte solcher Pflanzen sind offenbar irgendwelche anderen Kohlenstoffverbindungen. Nach A. MEYER (1885) entstehen in diesem Falle an Stelle von Stärke verschiedene Zuckerarten, in der Hauptsache Glukose, Maltose, Saccharose und Fructose (vgl. S. 39). Auch da, wo nur eine geringe Stärkemenge gebildet wird, entsteht gleichzeitig Zucker, dessen Menge variieren kann. So ist bei der Sonnenrose (Helianthus annuus) $1/8$ der Assimilationsprodukte Stärke und $7/8$ Zucker, während die Assimilationsprodukte der Tabakpflanze fast ausschließlich aus Stärke bestehen.

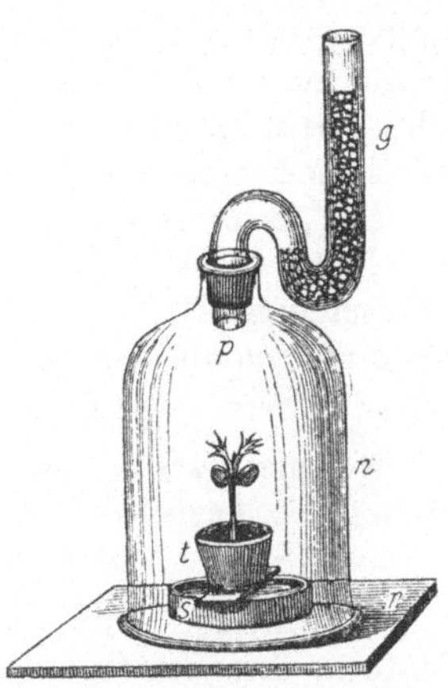

Abb. 32. Versuch zum Beweis, daß die grüne Pflanze auch im Lichte keine Stärke bildet, wenn sie keine Kohlensäure zur Verfügung hat. t die Versuchspflanze, s Kalilauge, n eine Glasglocke, r ein geschliffenes Glasbrett, pg ein mit Ätzkali gefülltes Glasrohr. (Nach PFEFFER.)

Die Stärkebildung in den Chloroplasten beginnt wahrscheinlich erst bei einer bestimmten Zuckerkonzentration in den assimilierenden Zellen, die bei verschiedenen Pflanzen ungleich groß ist. In den Blättern von Bananen und Iris, die unter normalen Verhältnisseu keine Stärke produzieren, entsteht doch Stärke, wenn die Zuckerableitung aus den Blättern in den Stengel gehemmt ist (wenn man z. B. mit abgeschnittenen Blättern experimentiert). Diejenigen Pflanzen aber, welche auch beim Überschuß von CO_2 oder nach dem Abschneiden ihrer Blätter keine Stärke bilden (z. B. Hyacinthus), bilden dieselbe, wenn ihre Blätter in eine 10—20 proz. Zuckerlösung gebracht werden. Doch gelingt es auch durch ein solches Verfahren nicht, Stärkebildung in den Blättern der Zwiebelpflanze (Allium Cepa) hervorzurufen.

Die mitgeteilten Tatsachen lassen vermuten, daß in allen Fällen bei der Assimilation des Kohlendioxyds zunächst Zucker gebildet wird, welcher sich erst sekundär in Stärke verwandelt. Diese Vermutung wird durch die Beobachtung Famintzins (1866) bestätigt, nach welchem Stärke in Algenzellen (z. B. bei Spirogyra, Oedogonium u. a.) bei der Belichtung mit direkten Sonnenstrahlen erst nach 5 Minuten in den Chloroplasten entsteht, während sie bei einer schwächeren Belichtung erst nach 30 Minuten gebildet wird, obwohl die Sauerstoffausscheidung sofort nach dem Übertragen der Algen ins Licht beginnt [1]. Andererseits zeigte Böhm (1883), daß die Chloroplasten und Leukoplasten auch im Dunkeln Stärke aus Zucker zu bilden vermögen, wenn man die Blätter auf einer Zuckerlösung schwimmen läßt. Diese Chromatophoren besitzen wahrscheinlich Enzyme, die Stärke aus Zucker synthesieren können (vgl. S. 47).

Die Bildung von Kohlenhydraten auf Kosten des assimilierten Kohlendioxyds muß offenbar von einer gleichzeitigen Assimilation von Wasser begleitet werden. Schematisch kann man sich diesen Prozeß folgendermaßen vorstellen:

$$n\,CO_2 + m\,H_2O = n\,O_2 + Cn(H_2O)m \quad (I).$$

Nehmen wir an, daß bei der Assimilation nur Monosaccharide entstehen, so gestaltet sich die Gleichung folgendermaßen:

$$6\,CO_2 + 6\,H_2O = 6\,O_2 + C_6H_{12}O_6 \quad (II).$$

Wie früher erwähnt, nahm schon Senebier an, daß die lebende Materie der Blätter nicht nur CO_2, sondern auch gleichzeitig Wasser assimiliert. Experimentell wurde aber diese Assimilation erst von Saussure erwiesen, nach welchem die Gewichtszunahme der trockenen Pflanzensubstanz nach der Assimilation von CO_2 größer als der Unterschied zwischen den Gewichten von absorbiertem CO_2 und ausgeschiedenem O_2 ist. Der genannte Forscher zeigte außerdem, daß diese Gewichtszunahme der Assimilation eines Moleküls Wassers auf jedes Molekül CO_2 entspricht, d. h. die Assimilation verläuft nach der oben angegebenen Gleichung (II), so daß die gemachte Annahme, daß bei der Assimilation von CO_2 Monosaccharide entstehen, bestätigt wurde.

5. Aufnahme des Kohlensäuregases durch die Pflanze.

Wir wissen schon, daß Wasserpflanzen CO_2 mit ihrer ganzen Oberfläche aufnehmen, weil die Kutikula ihrer Blätter für Wasser und gelöste Substanzen gut permeabel ist. Anders verhalten sich Landpflanzen, deren Kutikula für gelöste Substanzen und Gase nur verhältnismäßig wenig permeabel oder vollkommen impermeabel ist. Dementsprechend findet die Aufnahme von CO_2 und die Abgabe von O_2 bei den genannten Pflanzen fast ausschließlich durch die Spaltöffnungen statt. Verklebt man die untere Seite der Blätter, welche nur

---

[1] Die Ausscheidung von O_2 aus den Algen läßt sich am einfachsten durch die Bewegung der Bakterien beweisen (vgl. S. 105), wie es zum ersten Male Engelmann gezeigt hat (1881).

auf dieser Seite Spaltöffnungen tragen, mit einem Gemisch von Kakaobutter und Wachs, so hört der Gaswechsel beinahe vollkommen auf.

Nachdem Kohlensäuregas durch die Spaltöffnungen ins Blattinnere eingedrungen ist, verbreitet es sich offenbar auf dem Wege der Diffusion in den Interzellularräumen, dringt durch die Zellhäute ins Zellinnere und in den Chloroplasten ein, wo es assimiliert und chemisch verarbeitet wird.

Da die Luft nur ungefähr 0,03 % CO_2 enthält (3 Vol. CO_2 auf 10 000 Vol. Luft), so konnte man bezweifeln, daß chlorophyllhaltige Pflanzen ihren notwendigen Kohlenstoff ausschließlich aus der Luft aufnehmen. Versuche von BOUSSINGAULT (1864—1878) bewiesen aber, daß solche Pflanzen ihren Kohlenstoffbedarf auf Kosten von CO_2 im vollen Maße zu decken vermögen. J. MOLL (1877) zeigte außerdem, daß chlorophyllhaltige Pflanzen bei Abwesenheit von CO_2 in der umgebenden Luft auch dann nicht wachsen können, wenn sie auf einem organische Stoffe enthaltenden Boden (z. B. auf Humusboden) kultiviert werden.

Unter natürlichen Bedingungen bleibt der CO_2-Gehalt der Luft an der Oberfläche der Pflanze infolge einer stetigen Luftbewegung (Wind, Erwärmung niedriger Luftschichten) ungefähr konstant. Sind also die Spaltöffnungen der Pflanzen geöffnet, so findet eine ununterbrochene Diffusion von CO_2 ins Blattinnere statt. Außerdem zeigten Versuche von BROWN und ESCOMB (vgl. S. 66), daß die Diffusion der Gase durch sehr kleine Öffnungen dem Durchmesser derselben proportional ist, d. h. die Diffusion durch kleine Öffnungen findet schneller als durch große statt[1]).

Diese Versuchsergebnisse erklären, weshalb das Blatt CO_2 nur 5 bis 6 mal so langsam absorbiert als eine seiner Oberfläche gleiche Oberfläche einer konzentrierten Natronlauge, trotzdem die Spaltöffnungen nur 1 — 3 % der Blattoberfläche einnehmen.

Die Menge der durch eine bestimmte Blattoberfläche absorbierten Kohlensäure kann man nach der Formel (II) (vgl. S. 108) aus der Menge der gebildeten Kohlenhydrate berechnen. Diese Menge wird gewöhnlich auf dem Wege der Vergleichung des Trockengewichts der Blätter vor und nach der Assimilation bestimmt. Die Blätter werden in zwei gleiche Teile (z. B. dem Hauptnerven entlang) geschnitten. Der eine Teil der Blatthälften wird sofort analysiert, der andere nach der Assimilation CO_2. Die durch das Blatt absorbierte CO_2-Menge

---

[1]) Dringt z. B. p Gramm eines Gases während einer Stunde durch eine runde Öffnung ein, deren Fläche 4 qmm beträgt, so geht $\frac{p}{4}$ g Gas durch jedes qmm dieser Öffnung hindurch. Durch eine Öffnung von 1 qmm Flächenraum soll nach BROWN $\frac{\sqrt{4}}{1}$ mal weniger Gas hindurchgehen, d. h. während einer Stunde $\frac{p}{2}$ g Gas. Durch die gleiche Fläche der kleineren Öffnung dringt also eine doppelte Gasmenge ein.

läßt sich auch direkt bestimmen, wenn man die Assimilation in einer künstlich zusammengesetzten Atmosphäre untersucht (vgl. S. 104, Abb. 30).

Die auf die angegebene Weise angestellten Versuche zeigen, daß jedes qm Blattoberfläche bei guter Belichtung $0,3-3$ g Kohlenhydrate in einer Stunde bilden kann, was $250-1500$ ccm oder $0,5-3$ g absorbierter CO_2 entspricht.

Nach einer Berechnung von BECQUEREL (1868) absorbiert jedes von Wald bedeckte Hektar der Erde in Mitteleuropa 1800 kg Kohlenstoff in einem Jahre, jedes mit einer Wiese bedeckte Hektar ungefähr 3500 kg Kohlenstoff, was einer alljährlichen Absorption von $6000-12\,000$ kg CO_2 aus der Luft entspricht. Nimmt man an, daß nur eine Hälfte des trockenen Landes der Erde, d. h. ungefähr 60 000 000 qkm mit Pflanzen bedeckt ist, so kommt man zu dem Schlusse, daß nicht weniger als 50 Billionen kg CO_2 jährlich aus der Luft entnommen werden. Andererseits enthält die atmosphärische Luft ungefähr 2500 Billionen kg CO_2, so daß das vorhandene Kohlendioxyd der Erde nur für 500 Jahre ausreichen würde, wenn es nicht auf der Erde Prozesse geben würde, die den Kohlensäuregehalt der Luft wieder anreichern. Diese Prozesse sind die Atmung der Tiere, Fäulnis, Verbrennung organischer Körper, Ausscheidung von CO_2 aus der Erde usw. Dank diesen Prozessen bleibt der CO_2-Gehalt der atmosphärischen Luft ungefähr konstant und wird durchschnittlich zu 0,03 % bestimmt.

6. Energiewechsel bei der Photosynthese.

Bekanntlich verwandeln sich organische Stoffe bei der Verbrennung in CO_2 und H_2O, wobei in diesen Stoffen befindliche chemische Energie zum Teil von CO_2 und H_2O übernommen wird, in der Hauptsache aber frei wird und sich in Wärme verwandelt. Bei der Verbrennung von 1 g Zucker zu CO_2 und H_2O entstehen 3,348 Kilogrammkalorien Wärme[1]. Dieselbe Wärmemenge muß man offenbar auch aufwenden, um umgekehrt CO_2 und Wasser in Zucker zu verwandeln. Aus der Gleichung (II) (vgl. S. 108) folgt, daß aus jedem Gramm CO_2 bei der Assimilation ungefähr 0,68 g Zucker gebildet wird. Dementsprechend muß die Pflanze für jedes Gramm von ihr assimilierten CO_2 $0,68 \times 3,348 = 2,277$ Kalorien aufwenden. Diese Energiemenge entnimmt die Pflanze offenbar der Strahlungsenergie, und nur mit Hilfe dieser Energie vermag sie ihre organischen Stoffe aufzubauen. Wärme und chemische Energie sind nicht imstande, die Lichtenergie zu ersetzen, die für alle grünen Pflanzen nötig ist, weil sie fertige organische Stoffe nicht aufzunehmen vermögen.

Die grüne Pflanze kann man also vom Standpunkt der Physik aus als einen strahlende Lichtenergie in chemische Energie umwandelnden Mechanismus betrachten. Nehmen wir an, daß die ganze Pflanzenwelt 50 Billionen kg CO_2 in einem Jahre aufnimmt (vgl. 4. Abschnitt S. 106),

---

[1] 1 Kilogrammkalorie ist die Wärmemenge, welche nötig ist, um die Temperatur von einem Kilogramm Wasser um einen Grad Celsius zu steigern.

so absorbiert sie alljährlich ungefähr hunderttausend Billionen Kalorien in Form strahlender Sonnenenergie, die sie in die chemische Energie ihrer organischen Stoffe umwandelt. Diese durch die Pflanzenwelt alljährig absorbierte Energiemenge reicht ungefähr aus, um einen aus Wasser bestehenden Würfel mit einer Seitenlänge von 10 km bis zum Sieden zu erhitzen.

Aber nur ein kleiner Teil dieser durch autotrophe Pflanzen angehäuften Energie wird durch die Pflanzen selbst verbraucht. Die Hauptmenge wird durch heterotrophe Pflanzen und Tiere von den grünen Pflanzen entnommen und ausgenützt und der Mensch erhält dabei den größten Anteil; er verwendet diese Energie nicht nur zu seinen physiologischen Bedürfnissen (Ernährung, Erwärmung), sondern auch zur Bewegung seiner Dampfmaschinen.

Die Sonne entsendet ungefähr 600 Kilogrammkalorien auf jedes qm der Erdoberfläche in der Stunde. Da aber bei der CO_2-Assimilation, wie erwähnt, durchschnittlich nur 1 g Kohlenhydrate auf je 1 qm Blattoberfläche in einer Stunde gebildet wird, wobei ungefähr $3^1/_2$ Kalorien Strahlungsenergie in chemische Energie verwandelt werden, so macht also die bei der chemischen Verarbeitung von CO_2 angehäufte Energie nur ungefähr $^1/_2$ % der Gesamtenergie aus, die von der Sonne auf das Blatt entsandt wird. Andererseits absorbieren die Blätter nach BROWN nicht weniger als 30—80 % der auf ihre Oberfläche fallenden Strahlungsenergie; die Hauptmenge dieser Energie wird aber zur Verdampfung von Wasser im Transpirationsprozeß aufgewandt (vgl. S. 60).

Wir bezogen die Menge des assimilierten CO_2, der Assimilate und der Energie auf die Blattoberfläche, weil diese Menge der letzteren ungefähr proportional ist. Die Oberfläche der Blattstiele und Stengel, die CO_2 assimilieren können, bildet nur einen kleinen Teil der ganzen assimilierenden Oberfläche der Pflanze. Infolge seiner großen Oberfläche stellt das Blatt ein zur Aufnahme von CO_2 und strahlender Sonnenenergie speziell eingerichtetes Organ dar. In denjenigen Fällen, in denen die Oberfläche der Pflanze außerordentlich reduziert ist und die Blätter sich in Dorne und Stacheln verwandelt haben (vgl. S. 64), findet die Ernährung der Pflanze mit CO_2 und infolgedessen auch das Wachstum derselben nur sehr langsam statt.

7. Ursachen der Photosynthese.

Die Verwandlung des Kohlendioxyds und Wassers in Kohlenhydrate, die von einer Ausscheidung freien Sauerstoffs und von einer Absorption strahlender Lichtenergie begleitet wird, ist vom Standpunkt der Chemie aus eine photochemische Reaktion, die als ein Reduktionsvorgang definiert werden kann. Die bekannten chemischen Reduktionsvorgänge, die von einer Ausscheidung gasförmigen Sauerstoffs begleitet werden, finden jedoch entweder nur bei sehr hohen Temperaturen, oder bei Zimmertemperaturen, aber ohne eine Energieaufnahme statt. So wird z. B. Bariumsuperoxyd nur durch hohe Temperaturen zerstört ($2\,BaO_2 = 2\,BaO + O_2$), während die Zersetzung von Wasserstoffsuperoxyd, obwohl sie auch bei Zimmertemperatur stattfinden kann, von keiner Energieaufnahme begleitet wird und durch Katalysatoren beschleunigt werden kann: $2\,H_2O_2 = 2\,H_2O + O_2$ (vgl. S. 38). Zur Zeit kennt man überhaupt keine photochemische Reaktion, in welcher Sauerstoff in Gasform ausgeschieden wird.

Die Reduktion von CO_2 in den Chloroplasten läßt sich also vorläufig nicht auf bekannte physikalische und chemische Prozesse zurückführen. Wir können aber einige Vermutungen bezüglich der Ursachen der Photosynthese aussprechen, die auf Ergebnissen der in chemischen Laboratorien gemachten Beobachtungen über analoge chemische Reaktionen basieren.

Die einfachsten Kohlenhydrate wurden zum ersten Male von BUTLEROW (1861) durch Erhitzen fester Polymerisationsprodukte von Formaldehyd[1]) mit Kalkmilch künstlich dargestellt. Die erhaltenen Kohlenhydrate stellten ein Gemisch verschiedener Hexosen dar (vgl. S. 39): $(CH_2O)_3 + (CH_2O)_3 = C_6H_{12}O_6$. Aus diesem Gemisch erhielt später E. FISCHER (1889) alle Monosaccharide künstlich.

Auf Grund dieser Synthese von Zuckerarten sprach BAYER (1870) die Vermutung aus, daß Kohlenhydrate auch in den Chloroplasten aus Formaldehyd entstehen. Der genannte Forscher stellte sich vor, daß CO_2 in den Chloroplasten zu CO und O zersetzt wird, wonach CO (Kohlenoxyd) mit Wasser Formaldehyd ergibt, das sich weiter zu Kohlenhydraten polymerisiert. Wäre die Vermutung BAYERs richtig, so stellte CO einen Stoff dar, aus dem die Chloroplasten Kohlenhydrate synthesieren können. Spätere Untersuchungen zeigten jedoch, daß dieses für die Pflanzen ungiftige Gas keinen Nährstoff und kein Ausgangsprodukt für die Kohlenhydratbildung in den Chloroplasten darstellen kann. Es ist viel wahrscheinlicher, daß die Bildung von Formaldehyd infolge einer Reduktion von Kohlensäure zu Ameisensäure stattfindet, die ihrerseits zu Formaldehyd reduziert wird, wie es ERLENMEYER (1877) annahm[2]). Formaldehyd polymerisiert sich aber im weiteren zu Kohlenhydraten.

$$CO_2 + H_2O = CO {<}^{OH}_{OH}; \quad CO {<}^{OH}_{OH} - O = CO {<}^{H}_{OH}; \quad CO {<}^{H}_{OH} - O = CO {<}^{H}_{H}$$

Kohlen-   Kohlen-   Ameisen-   Ameisen-   Formal-
säure.   säure.   säure.   säure.   dehyd.

---

[1]) Formaldehyd (oder Ameisensäurealdehyd) CH_2O (vgl. S. 39, Anm. 2) ist ein giftiges Gas, dessen wässerige Lösung (40%) im Handel unter dem Namen „Formalin" bekannt ist. Dieses Gas polymerisiert sich in seinen Lösungen zunächst zu $(CH_2O)_2$ (Paraformaldehyd) und im weiteren zu $(CH_2O)_3$ (Trioxymethylen), einem weißen krystallinischen, aber in Wasser unlöslichen Körper. Bei der Polymerisation von Formaldehyd zu Monosacchariden (unter Einwirkung von Laugen) entstehen auch Glykolaldehyd und Glyzerinaldehyd als Zwischenprodukte: $2\,CH_2O = CH_2(OH) \cdot CHO$ und $3\,CH_2O = CH_2(OH) \cdot CH(OH) \cdot CHO$.

[2]) Die Reduktion von Kohlensäure zu Ameisensäure findet unter der Einwirkung von Wasserstoff (in status nascendi) statt. Außerdem kann Ameisensäure unter der Einwirkung einer langsamen Entladung durch das Gemisch von CO_2 und Wasserdampf erhalten werden. Kohlensäure wird unter der Einwirkung von Mg direkt in Formaldehyd verwandelt (Mg wirkt zunächst auf H_2O und bildet Wasserstoff, der die Reduktion herbeiführt).

WILLSTÄTTER (1918) nahm neuerdings an, daß sich Kohlensäure direkt in Formaldehydperoxyd verwandelt, das überschüssigen Sauerstoff, wie andere Peroxyde (z. B. H_2O_2), unter der Einwirkung eines Enzyms abspaltet und Formaldehyd ergibt. Enzyme, welche Peroxyde, z. B. Wasserstoffperoxyd, veranlassen, ihren überschüssigen Sauerstoff abzuspalten, werden gewöhnlich als Katalasen bezeichnet und sind überall in lebenden Organismen nachgewiesen. Da aber Kohlensäure ohne weiteres nicht in Formaldehydperoxyd umgewandelt werden kann, so nahm WILLSTÄTTER an, daß Kohlensäure vorher eine Additionsverbindung mit Chlorophyll bildet, und in dieser Verbindung unter der Einwirkung von Lichtenergie die erwähnte Verwandlung durchmacht.

Der wichtigste der Einwände, die gegen die Annahme erhoben wurden, daß Formaldehyd als Zwischenprodukt bei der Assimilation von CO_2 entsteht, ist der, daß dieser Stoff sehr giftig ist. So sterben z. B. Bakterien und Algen ab, wenn in ihrer Kulturlösung 0,01 % Formaldehyd anwesend ist. Hefe und höhere Pflanzen sind nicht so empfindlich, und doch hören verschiedene Funktionen auch bei diesen auf, wenn die Kulturflüssigkeit $1/2$ % Formaldehyd enthält. Kleinere Konzentrationen von Formaldehyd (z. B. in gasartigem Zustand) werden jedoch von höheren Pflanzen vertragen; wenn dasselbe sich sofort nach seiner Entstehung in Kohlenhydrate verwandelte, so würde seine Giftigkeit keine Bedeutung haben. Andererseits kann Formaldehyd als Ausgangsprodukt für die Kohlenhydratbildung dienen, wenn es der Pflanze in Form einer lockeren ungiftigen Verbindung mit Alkohol dargereicht wird (Methylal, Äthylal): nach BOKORNY (1897) bildet sich Stärke in der Alge Spirogyra, wenn sie statt CO_2 diese Verbindung erhält.

Wir haben noch die Bedeutung des Chlorophylls bei der Assimilation von CO_2 zu betrachten. WILLSTÄTTER nimmt eine chemische Beteiligung dieses Farbstoffs an der Assimilation an. Eine ähnliche Ansicht wurde viel früher von TIMIRJASEFF ausgesprochen. Man könnte aber die Rolle des Chlorophylls auch vom physikalischen Standpunkt aus betrachten.

Es sind viele chemische Reaktionen bekannt, die unter der Einwirkung der Strahlungsenergie stattfinden. Als Beispiel kann die photochemische Reaktion dienen, die in der Photographie ausgenützt wird und eine Zersetzung von Brom- und Chlorsilber im Lichte darstellt. Die Geschwindigkeit dieser Reaktion in Strahlen verschiedener Wellenlänge ist nicht gleich und erreicht ein Maximum in violetten und ultravioletten Strahlen, während sie in roten Strahlen so klein ist, daß man gewöhnlich photographische Platten bei rotem Licht entwickelt. Man kann aber die Empfindlichkeit jeder photochemischen Reaktion für Strahlen bestimmter Wellenlänge vergrößern, wenn man zu lichtempfindlichem Stoffe einen Farbstoff beimischt, der die roten Strahlen absorbiert. Nach BECQUEREL (1879) kann man z. B. Chlorsilber veranlassen, sich nicht nur in violetten und ultravioletten, sondern auch in roten Strahlen zu zersetzen, wenn man diesem Stoffe Chlorophyll beimischt, das rote Strahlen absorbiert (es ist grün in-

folge einer starken Absorption von roten Strahlen). Um photographische
Platten für grüne Strahlen empfindlich zu machen, mischt man rote
Farbstoffe (z. B. Eosin) zu Bromsilber usw. Solche Stoffe werden oft
als physikalische Sensibilisatoren bezeichnet.

Es ist durchaus nicht unwahrscheinlich, daß auch Chlorophyll bei
der Assimilation von CO_2 die Rolle eines Sensibilisators spielt. Setzt
man voraus, daß die Photosynthese von Kohlenhydraten aus CO_2
und H_2O sehr langsam auch ohne Chlorophyll stattfinden kann, so
muß dasselbe diesen Prozeß für diejenigen Lichtstrahlen empfindlich
machen, welche es, als Sensibilisator, absorbiert, d. h. für rote
Strahlen. Um also die sensibilisierende Wirkung des Chlorophylls zu
prüfen, hat man die Absorption verschiedener Strahlen des Spektrums
durch dasselbe mit der Assimilation von CO_2 in diesen Strahlen zu
vergleichen.

Um die Absorption verschiedener Strahlen des Spektrums durch
Chlorophyll festzustellen, läßt man Sonnenstrahlen durch eine Lösung
desselben in Alkohol hindurchgehen und sich im Prisma eines Spektro-

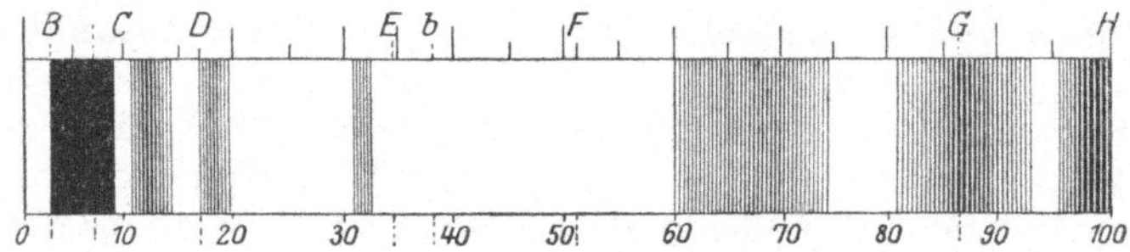

Abb. 33. Absorptionsspektrum des Chlorophylls.

skops brechen. Das auf diese Weise erhaltene Absorptionspektrum
des Chlorophylls ist durch einige dunkle Steifen verschiedener Breite
und Stärke unterbrochen, die einer mehr oder minder starken Absorption von Lichtstrahlen bestimmter Wellenlänge entsprechen. Der
dunkelste Streifen liegt in den roten Strahlen zwischen den Fraunhoferschen Linien B und C (vgl. Abb. 33); er ist auch bei schwachen
Konzentrationen (bzw. bei geringer Dicke der Chlorophyllschicht) deutlich und bedingt die grüne Färbung der Lösung. Gleichzeitig wird
auch eine merkliche Absorption von violetten und blauen Strahlen
(zwischen Linien F und G) beobachtet. Vergrößert man die Konzentration der Lösung, so ruft man eine Verstärkung und Verdickung der
erwähnten Absorptionsstreifen und die Erscheinung neuer Streifen hervor (zwischen Linien C und D, auch neben Linien D und E). Eine
weitere Vergrößerung der Konzentration verursacht eine Verschmelzung
aller Streifen, so daß nur ein Teil der roten Strahlen durch die Lösuug
hindurchgehen kann.

Was nun die Bedeutung der Strahlen verschiedener Wellenlänge
für die Assimilation von CO_2 anbelangt, so war es schon SENEBIER
bekannt, daß die Photosynthese in den Strahlen der linken Spektrumhälfte ausgiebiger ist. Um nur Strahlen einer Spektrumhälfte auf die
Pflanze einwirken zu lassen, verwandte der genannte Forscher ein

doppelwandiges, glockenförmiges Glasgefäß, dessen Raum zwischen den Wänden mit einer konzentrierten Lösung von Kaliumbichromat oder einer Lösung von Kupferhydroxyd in Ammoniak gefüllt war (vgl. Abb. 34). Die erste Lösung (gelb) absorbiert alle Strahlen der rechten Spektrumhälfte, die zweite Lösung (blau) diejenigen der linken Seite (d. h. rote, orange und gelbe Strahlen). Es zeigte sich, daß die Assimilation von CO_2 nur in Strahlen der linken Spektrumhälfte merkbar war.

Um die Bedeutung einzelner Strahlen des Spektrums zu erforschen, bediente man sich später bei der Belichtung der Pflanze einzelner Spektralbereiche. Die Stärke der Photosynthese bestimmte man aus dem Volumen der absorbierten CO_2-Menge (vgl. S. 104) oder man verglich die Anzahl der bei Wirkung verschiedener Strahlen ausgeschiedenen Gasbläschen (vgl. S. 103, Abb. 28).

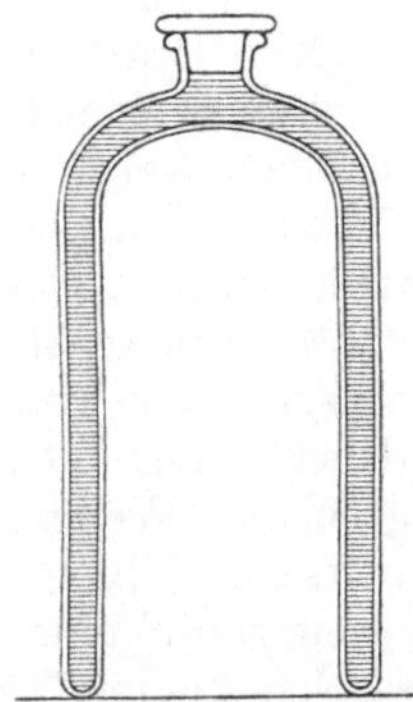

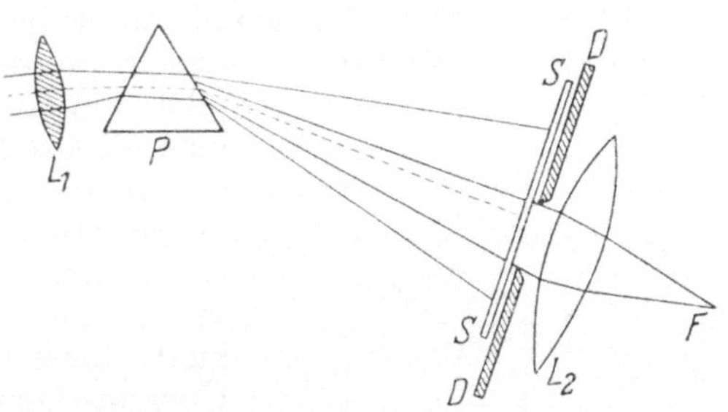

Abb. 34. Ein glockenförmiges doppelwandiges Glasgefäß. Der mit einer farbigen Lösung gefüllte Raum ist schraffiert.

Abb. 35. Diagramm des Spektrophors nach REINKE L_1 projizierende Linse, P Prisma, SS Skala mit Wellenlängen der Strahlen, D Diaphragma zum Abblenden der auszuschließenden Strahlen, L_2 Sammellinse, F Stellung der Versuchspflanze:

Auf Grund solcher Versuche kamen SACHS (1864) und PFEFFER (1871) zu dem Schlusse, daß die stärkste Assimilation von CO_2 in gelben Strahlen stattfindet. Spätere Untersuchungen zeigten aber, daß dieser Schluß nicht ganz korrekt war. Nach TIMIRJASEFF und REINKE (1884) liegt das Maximum der Assimilation in roten Strahlen (zwischen Fraunhoferschen Linien a, B und C). REINKE konzentrierte direkte Sonnenstrahlen mit Hilfe einer Heliostatlinse L_1 (vgl. Abb. 35) und ließ sie im Prisma P brechen, so daß auf einem Mattglas SS ein objektives Spektrum erschien. Mittels der beweglichen Wände DD konnte der genannte Forscher die Wirkung eines beliebigen Spektrumteils auf die Assimilation prüfen; er konzentrierte das Spektrum mit Hilfe einer Linse L_2 und ließ es auf die Pflanze bei F einwirken.

Besonders demonstrativ wurde aber die Bedeutung verschiedener Spektralbezirke für die Photosynthese durch ENGELMANN (1881) mittels seiner bakteriologischen Methode veranschaulicht. Der genannte Forscher brachte eine Fadenalge in einen Wassertropfen, in dem sich

Bakterien befanden, die infolge von Sauerstoffmangel ihre Bewegung sistiert hatten (vgl. S. 105), und beleuchtete die Alge von unten mit einem Spektrum (in einem Mikrospektrophotometer). Das Mikroskop

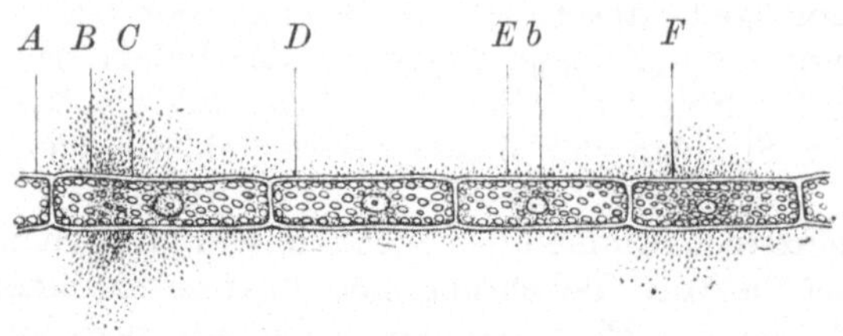

Abb. 36. Ansammlung der Bakterien an einem Algenfaden, der mittels eines Spektrums beleuchtet ist. *A, B, C, D E, F* Fraunhofersche Linien.

zeigte, daß die Bakterien sich zwischen den Fraunhoferschen Linien *B* und *C* am stärksten ansammelten. Außerdem wurde auch eine zweite Anhäufung der Bakterien in blauen Strahlen neben der Linie *F* beobachtet (vgl. Abb. 36). Man kann also für

bewiesen halten, daß die stärkste Photosynthese zwischen den Linien *B* und *C* stattfindet, d. h. gerade in denjenigen Strahlen, welche durch Chlorophyll am stärksten absorbiert werden (vgl. S. 114). Die Abb. 37

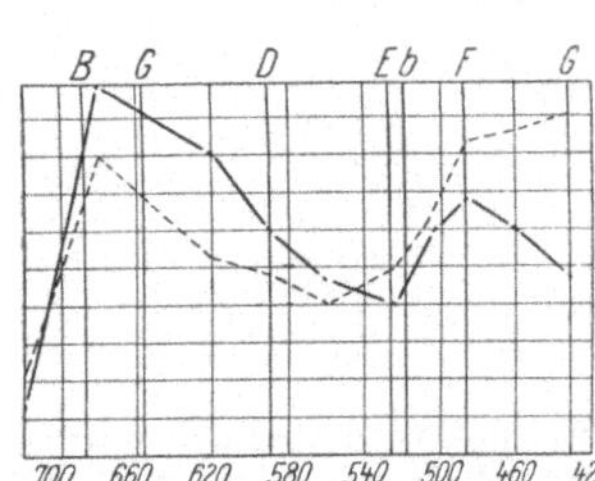

Abb. 37. Die ausgezogene Linie ist die Assimilationskurve, die die Assimilationsgröße in verschiedenen Spektralbezirken (Fraunhofersche Linien *B, C, D, E, F* und *G*) angibt. Die gestrichelte Linie ist die Absorptionskurve, die die Absorption dieser Bezirke durch Chlorophyll angibt. Die Zahlen unten bedeuten die Wellenlänge der betreffenden Strahlen ($\lambda = 420$ bis 700). (Nach Engelmann.)

gibt zwei Kurven wieder, von denen die eine die Größe der Photosynthese und die andere die Absorptionsgröße in verschiedenen Strahlen ausdrückt. Die letzteren sind durch die angegebene Wellenlänge und durch Fraunhofersche Linien markiert. Diese Kurven weisen auf eine gute Übereinstimmung zwischen beiden Größen hin, obwohl die Absorptionskurve hinter der Linie *F* steigt und bei *G* die höchste Lage erreicht, während die Assimilationskurve hinter der Linie *F* fällt. Diese Nichtübereinstimmung der Kurven rührt davon her, daß die violetten Strahlen zwischen den Linien *F* und *G* nur eine geringe Stärke haben; sie werden stark absorbiert, können aber nur eine unbedeutende photochemische Wirkung ausüben.

Es ist also sehr möglich, daß Chlorophyll die Rolle eines Sensibilisators bei der Photosynthese spielt, und daß dieselbe deshalb in denjenigen Lichtstrahlen am stärksten ist, welche durch Chlorophyll absorbiert werden. Ist aber diese Vermutung richtig, so muß die Photosynthese auch in anderen Lichtstrahlen ohne Chlorophyll stattfinden können.

In der botanischen Literatur findet man in der Tat Hinweise auf eine schwache Sauerstoffausscheidung durch chlorotische und andere nicht grüne Pflanzen im Lichte. Es ist aber nicht ausgeschlossen, daß bei solchen Pflanzen eine kleine Chlorophyllmenge in den Chloroplasten vorhanden ist. Ob aber die Photosynthese in diesem Falle durch andere, z. B. ultraviolette Strahlen, hervorgerufen werden kann, bleibt vorläufig dahingestellt.

Jedenfalls ist die Geschwindigkeit der Photosynthese dem Chlorophyllgehalt verschiedener Pflanzen nicht proportional, obwohl diese mit dem Chlorphyllgehalt in den Chloroplasten ein und derselben Pflanzenart zunimmt.

8. Beeinflussung der Photosynthese durch verschiedene Reize.

Im vorhergehenden Kapitel haben wir die Photosynthese als eine Reihe unbekannter chemischer Reaktionen betrachtet, unter denen einige oder alle nur unter der Einwirkung der Strahlungsenergie stattfinden können. Man darf aber nicht vergessen, daß diese Reaktionen in der lebenden Materie verlaufen, welche einen besonderen Bau besitzt. Wir wissen z. B., daß sie unter der Einwirkung verschiedener chemischer und mechanischer Eingriffe ihre kolloidale Struktur verändern kann (vgl. S. 10, 36 und 60). Dementsprechend rufen manche Reize solche Veränderungen der Photosynthese hervor, die nicht beobachtet werden könnten, wenn die betreffenden chemischen Reaktionen in einem der in unseren Laboratorien üblichen Lösungsmitteln stattfänden, z. B. in Wasser, Alkohol usw.

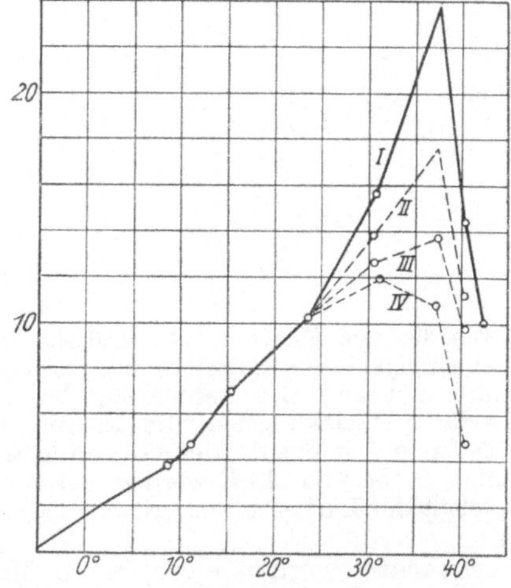

Abb. 38. Abhängigkeit der CO$_2$-Assimilation von der Temperatur nach MATTHAEI. Auf der horizontalen Achse (Abszisse) ist die Temperatur angegeben; die Ordinaten geben die Menge der zerlegten CO$_2$ in Milligramm pro 50 qcm Blattfläche an. Die gestrichelten Kurven erhält man bei einem längeren Aufenthalt der Pflanze bei hohen Temperaturen: die Assimilationsgröße fällt von Stunde zu Stunde.

Andererseits wissen wir, daß das Kohlensäuregas ins Blattinnere der Landpflanzen nur durch Spaltöffnungen eindringen kann. Üben also die verwandten Reize irgendeinen Einfluß auf die Bewegung der Spaltöffnungen aus, so müssen sie auch die Photosynthese indirekt beeinflussen. Wenn sich z. B. die Spaltöffnungen unter der Einwirkung dieser Reize verschließen, so müssen sie offenbar auch die Photosynthese hemmen, obwohl sie keine Wirkung auf die sie zusammensetzenden chemischen Reaktionen ausüben. Betrachten wir zunächst die Einwirkung der Temperatur auf die Photosynthese.

Alle chemischen Reaktionen werden durch jede Temperaturerhöhung um 10° C ungefähr 2—3mal beschleunigt. Eine analoge Wirkung übt die Temperatur auch auf die Photosynthese aus, wenn die Temperatur 40° C nicht übersteigt: jede Temperaturerhöhung um 10° C ruft eine Vergrößerung der Geschwindigkeit der Photosynthese mehr als um das Doppelte hervor, wie es aus der Kurve der Abb. 38 zu ersehen ist. Diese Kurve zeigt, daß die Photosynthese auch unter Null stattfindet, vorausgesetzt, daß die Pflanze bei so niedrigen Temperaturen nicht erfriert. Nach einer Temperaturerhöhung bis 38° C beginnt aber eine rasche Verminderung der Geschwindigkeit, so daß bei 50—55° die Photosynthese vollkommen aufhört. Die schädliche Wirkung hoher Temperaturen rührt von der Denaturierung der die Chloroplasten zusammensetzenden Eiweißkörper (vgl. S. 9), die besonders empfindlich für hohe Temperaturen sind, her. Auch können solche Temperaturen eine schädliche Wirkung auf die Schließzellen der Spaltöffnnngen ausüben, die sich schließen und das Eindringen von CO_2 ins Blattinnere verhindern.

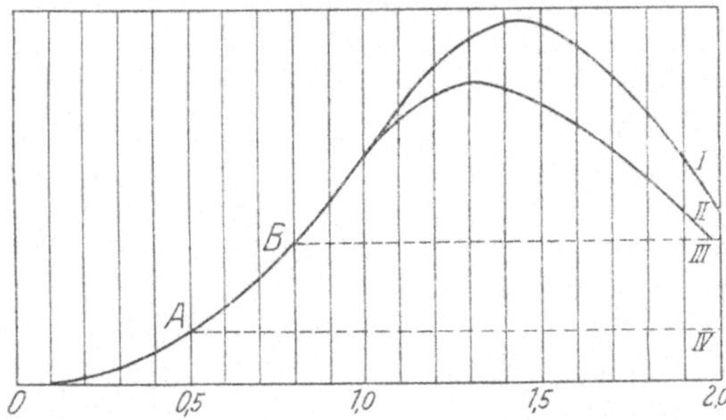

Abb. 39. Die Kurven *AB I* und *AB II* geben die Abhängigkeit der Assimilationsgröße von der Lichtintensität an. Die Zahlen an der horizontalen Achse (Abszisse) geben die Lichtintensitäten (in Teilen der Intensität des Sonnenlichtes). Die Linien *B III* und *A IV* werden bei geringem CO_2-Gehalt der Luft erhalten. (Nach BLACKMAN, 1911.)

Die niedrigste Temperatur, bei welcher noch eine physiologische Erscheinung stattfinden kann, bezeichnet man gewöhnlich als „Minimum". Die Temperatur der größten Geschwindigkeit nennt man „Optimum" und die höchste Temperatur, bei welcher diese Erscheinung noch beobachtet werden kann, wird „Maximum" genannt. Das Minimum der Photosynthese liegt bei Nadelbäumen 35—40° unter Null, während die übrigen Pflanzen nur selten 5—10° unter Null ertragen. Das Optimum liegt gewöhnlich (je nach den Heimatsbedingungen) bei 25 bis 35° C, während das Maximum gewöhnlich bei 45 bis 55° C liegt. Je länger die schädliche Wirkung der Temperatur anhält, desto niedriger liegt das Optimum, weil auch diejenigen hohen Temperaturen, die bei einer kurzen Einwirkungsdauer keine merkliche Denaturierung der Eiweißkörper hervorrufen, bei einer langen Einwirkungsdauer denaturierend wirken (vgl. die mit gestrichelten Linien gezeichneten Kurven der Abb. 38).

Alle photochemischen Reaktionen werden durch eine Verstärkung der Belichtung beschleunigt. Eine analoge Wirkung übt dieselbe auch auf die Photosynthese aus, obwohl die Belichtung, die stärker als die durch direkte Sonnenstrahlen ist, einen schädlichen Einfluß auf die lebende Materie der Chloroplasten ausübt, die Photosynthese hindert und sie schließlich zum Stillstand bringt (vgl. Abb. 39). Eine solche Belichtung wirkt auf Eiweißkörper denaturierend.

Das Optimum der Temperatur- und Belichtungseinwirkung kann unter natürlichen Bedingungen nicht erreicht werden, weil die umgebende Luft zu wenig CO_2 enthält. Bei einer Erhöhung der Temperatur und der Belichtung tritt stets ein Stadium der Photosynthese ein, in welchem alle in das Blatt eindringende CO_2 assimiliert wird und die Assimilationsgeschwindigkeit bei weiterer Steigerung von Temperatur und Belichtung unverändert bleibt. Die Kurve verwandelt sich in eine horizontale Linie, wie es Abb. 39 wiedergibt. Um eine optimale Photosynthese zu beobachten, muß man den CO_2-Gehalt der Luft künstlich erhöhen.

Was nun den Einfluß der Feuchtigkeit auf die Photosynthese anbelangt, so hört die Photosynthese bei niedrigen Pflanzen, die noch keine Spaltöffnungen besitzen, erst beim Austrocknen auf. Bei höheren Pflanzen kann aber schon eine Verminderung des Wassergehalts zum Verschluß der Spaltöffnungen (vgl. S. 67) und zur Hemmung der Photosynthese führen.

Die Vermehrung des Gehalts an Kohlendioxyd in der umgebenden Luft oder im Wasser, wirkt, wie auch zu erwarten war, beschleunigend auf die Geschwindigkeit der Photosynthese. Dieselbe wächst, in Übereinstimmung mit dem Massenwirkungsgesetz, fast proportional dem CO_2-Gehalt. Eine zu starke Konzentration von CO_2 (z. B. 10 %) übt aber einen schädlichen Einfluß auf die lebende Materie aus und bewirkt das Aufhören der Photosynthese. Eine ähnliche schädliche und koagulierende Wirkung von Alkohol, Äther, Chloroform und anderen anästhesierenden Stoffen auf die lebende Materie (vgl. S. 10) verursacht eine Verminderung und schließlich das Aufhören der Photosynthese.

Nach dem Massenwirkungsgesetz hindern die Reaktionsprodukte die chemische Reaktion, so daß sie nach Erreichung eines bestimmten Konzentrationsgleichgewichts aufhört (vgl. S. 47). Ähnlich wirken die gebildeten Kohlenhydrate auf die Photosynthese. Die letztere findet am stärksten statt, wenn die Blätter vorher entstärkt waren, vermindert sich aber allmählich, wenn der Abfluß der Assimilationsprodukte in den Stengel verhindert ist (wenn z. B. die Blätter abgeschnitten sind), um schließlich aufzuhören.

9. Bildung organischer Stoffe auf dem Wege der Chemosynthese.

Die Synthese organischer Stoffe aus Kohlendioxyd mit Hilfe chemischer Reaktionen wird nur bei wenigen Bakterienarten beobachtet. Chemische Reaktionen, welche diese Bakterien hervorrufen und durch die sie die für die CO_2 Assimilation nötige Energie erhalten, haben eine große Bedeutung im Haushalt der Natur. Wir betrachten zunächst die Hämosynthese durch die sogenannten nitrifizierenden Bakterien, die Ammoniak in salpetrige Säure und diese in Salpetersäure umwandeln und sich im Humusboden und in Abwässern entwickeln.

Die Entwicklung von Ammoniak bei der Fäulnis verschiedener pflanzlicher und tierischer Abfälle und die Umwandlung desselben im Boden in Salpeter war unter dem Namen „Nitrifikation" lange bekannt. Man betrachtete aber diesen Prozeß als einen rein chemischen und vermutete, daß Ammoniak durch Sauerstoff oder Ozon der Luft oxydiert wird, obwohl sich solche Oxydation (bei Zimmertemperatur) in Laboratorien nicht wiederholen läßt. PASTEUR (1852) sprach zuerst die Vermutung aus, daß die Nitrifikation durch irgendwelche Mikroorganismen hervorgerufen wird. Diese Vermutung wurde später von SCHLOESING und MÜNZ (1877—1879) bestätigt.

Die genannten Forscher filtrierten Abwässer, die Ammoniumsalze enthielten, sehr langsam durch ein Gemisch von grobem Sand und Kreide, das sich in einer langen, unten mit einem Netz verschlossenen Glasröhre befand, in die ein Luftstrom von unten eingeleitet wurde. Unter solchen Bedingungen entstand die Nitrifikation in der Röhre; die aus der letzteren abtropfende Flüssigkeit enthielt keine Ammoniumsalze mehr, sondern Salpeter, das vorher gefehlt hatte. Ein Zusatz von Chloroform, das auf Mineralsubstanzen keine Einwirkung ausübt, hemmte die Nitrifikation vollkommen.

Mehrere Versuche späterer Forscher, die Mikroorganismen der Nitrifikation in einer „Reinkultur" zu erhalten, d. h. sie bei Abwesenheit anderer Organismen zu kultivieren, hatten k einen Erfolg. Erst WINOGRADSKY (1890) gelang es endlich, Nitrifikationsbakterien auf einem keine organischen Stoffe enthaltenden Nährboden zu kultivieren. Die beste Kulturlösung enthielt:

$$
\begin{aligned}
&1000 \text{ ccm Wasser}\\
&2 \text{ g } (NH_4)_2SO_4\\
&2 \text{ g } NaCl\\
&1 \text{ g } K_2HPO_4\\
&0{,}5 \text{ g } MgSO_4\\
&0{,}4 \text{ g } FeSO_4\\
&10 \text{ g } MgCO_3 .
\end{aligned}
$$

Die Lösung wurde in Versuchen WINOGRADSKYS in eine flache Flasche eingegossen, wo sich die Flüssigkeit in einer dünnen Schicht auf dem Boden ausbreiten konnte (vgl. Abb. 40) und mit einer geringen Menge von Humuserde (z. B. Gartenerde) infiziert wurde. Die Flasche wurde mit einem Wattepfropfen verstopft und in den Thermostaten (bei 25—30° C) gestellt. Nach mehreren Tagen entwickelte sich ein Bakterienhäutchen auf der Flüssigkeitsoberfläche, und Salpetersäure ließ sich in der Lösung nachweisen, während Ammoniumsulfat allmählich verschwand. Die bei der Oxydation des letzteren entstandenen Säuren (Schwefel- und Salpetersäure) wurden allerdings durch

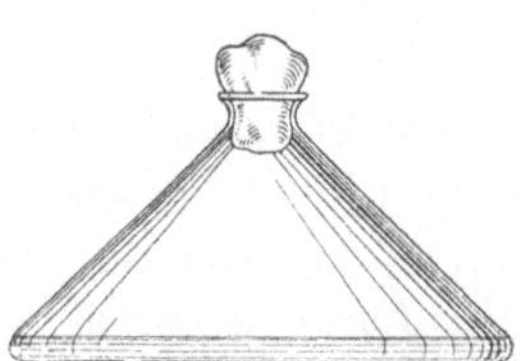

Abb. 40. Die von WINOGRADSKY verwendete Kulturflasche.

$MgCO_3$ unter Bildung von CO_2 sofort neutralisiert. Die Reaktion kann durch die folgende Gleichung ausgedrückt werden:

$$(NH_4)_2SO_4 + 4\,O_2 = H_2SO_4 + 2\,HNO_3 + 2\,H_2O.$$

Nach WINOGRADSKY wachsen die nitrifizierenden Bakterien in Lösungen, die keine Spuren von organischen Stoffen enthalten, obwohl die chemische Analyse eine bedeutende Menge dieser Stoffe in den entstehenden Bakterienmassen nachweist. Organische Stoffe sind sogar für die Entwicklung dieser Bakterien schädlich, so wird z. B. dieselbe durch 0,3 % Glukose, 0,1 % Pepton und 1 % Asparagin gehemmt.

Da die nitrifizierenden Bakterien sich gleich schnell im Dunkeln und im Lichte entwickelten, lag der Gedanke nahe, daß sie CO_2 für die Synthese organischer Stoffe verwenden und die dazu nötige Energie durch die Oxydation von Ammoniak zu Salpetersäure erlangen. In der Tat zeigten die Versuche WINOGRADSKYS, daß die Menge des durch die Bakterien assimilierten Kohlenstoffs der Menge oxydierten Ammoniaks beinahe proportional ist. Um 1 g Kohlenstoff in organische Verbindungen umzuwandeln, müssen die nitrifizierenden Bakterien ungefähr 40 g Ammoniak oxydieren.

Spätere Untersuchungen desselben Autors zeigten, daß die Nitrifikation aus zwei Prozessen besteht. Zuerst wird Ammoniak zu salpetriger Säure oxydiert: $2\,NH_3 + 3\,O_2 = 2\,HNO_2 + 2\,H_2O$; im weiteren wird auch diese Säure zu Salpetersäure oxydiert: $2\,HNO_2 + O_2 = 2\,HNO_3$. Jede Reaktion wird nach WINOGRADSKY durch eine besondere Bakterienart hervorgerufen. Die Bakterien, welche Ammoniak zu salpetriger Säure oxydieren, werden gewöhnlich als Nitrosobakterien bezeichnet, während die anderen Nitrobakterien genannt werden.

Zur Zeit kennt man einige Arten von Nitrosobakterien, die gewöhnlich beweglich sind, während die Nitrobakterien aller Länder gleich und unbeweglich sind.

Außer den nitrifizierenden Bakterien besitzen auch die sogenannten Schwefelbakterien die Fähigkeit zur Synthese organischer Stoffe aus Mineralsubstanzen. Diese Bakterien, unter denen die mehrzellige und fadenförmige Beggiatoa weit verbreitet ist (vgl. Abb. 41), kommen in schwefelhaltigem Wasser (z. B. in Schwefelquellen, Abwässern, Schwefelschlamm usw.) vor und entwickeln sich ausschließlich in Wasser, das Schwefelwasserstoff und nur eine sehr kleine Menge organischer Stoffe (0,0005 %) enthält. Sie entwickeln sich dagegen in den üblichen Nährlösungen, die viel Zucker oder Eiweißkörper enthalten, gar nicht.

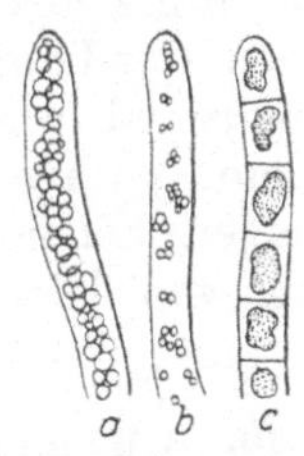

Abb. 41. Fadenspitzen von Beggiatoa alba. *a* die Fadenzellen sind mit Schwefeltropfen erfüllt; *b* derselbe Faden nach dem Versetzen der Bakterien in reines Wasser; *c* derselbe Faden nach dem Absterben: das Protoplasma ist zusammengeschrumpft und die Querwände sind sichtbar. Vergrößerung $^{300}/_1$.

Nach WINOGRADSKY wird Schwefelwasserstoff durch Schwefelbakterien zu Schwefel oxydiert, das sich in Bakterienzellen in Tropfenform anhäuft (vgl. Abb. 41): $2\,H_2S + O_2 = 2\,H_2O + 2\,S$. Beim Mangel von H_2S oxydieren Schwefelbakterien in ihren Zellen abgelagerten Schwefel zu Schwefelsäure: $S + H_2O + 3\,O = H_2SO_4$. Bei beiden Reaktionen wird chemische Energie frei, die von Schwefelbakterien zur Synthese ihrer organischen Stoffe ausgenützt wird. Für einige Arten dieser Bakterien (Thionsäurebakterien) ist sichergestellt, daß sie, wie die nitrifizierenden Bakterien, CO_2 assimilieren und es in organische Stoffe umwandeln (NATHANSON 1902).

Eine hämosynthetische CO_2-Assimilation ist auch bei sogenannten Wasserstoffbakterien beobachtet, welche nach KASERER (1905), NABOKICH und LEBEDEFF (1906) Wasserstoff und Methan zu CO_2 und H_2O zu oxydieren vermögen und dadurch die für die Bildung ihrer organischen Stoffe notwendige Energie erlangen.

Nach RUHLAND (1924) kann die Fähigkeit zur Kohlensäureassimilation unter Oxydation von Wasserstoff (also unter Knallgasverarbeitung) als eine bei Bakterien weit verbreitete bezeichnet werden. Das Volumen der assimilierten CO_2 beträgt nach dem genannten Verfasser die Hälfte des oxydierten H_2-Überschusses, weil nur 20% der bei der H_2-Oxydation gebildeten Energie ausgenützt wird.

Zur Zeit ist noch nicht bekannt, ob die in der Chemosynthese entstehenden Produkte den in der Photosynthese entstehenden gleich sind (vgl. S. 108). Es läßt sich aber vermuten, daß der Sauerstoff der assimilierten CO_2 frei und zur Oxydation von Ammoniak, Wasserstoff u. a. verwendet wird.

Es ist wohl möglich, daß auch die sogenannten Eisenbakterien, die in Mooren, Pfützen, Seen und Eisenquellen vorkommen, ihre organischen Stoffe aus Kohlensäuregas aufzubauen imstande sind. Diese Bakterien oxydieren in Wasser gelöstes kohlensaures Eisenoxydul zu Eisenhydroxyd und nützen vielleicht die dabei entstehende Energie zur Chemosynthese aus. Das braune Eisenoxyd häuft sich in den schleimigen Scheiden dieser Bakterien an und bedingt die braune Färbung von Wasser, in dem sie sich entwickeln.

10. Aufnahme organischer Stoffe durch Saprophyten.

In den vorhergehenden Kapiteln haben wir die Bildung organischer Stoffe bei den autotrophen Pflanzen betrachtet. Unter diesen können nitrifizierende Bakterien Kohlenstoff nur in Form von CO_2 aufnehmen, während die Mehrzahl dieser Pflanzen auch die Fähigkeit zur Ernährung mit organischen Stoffen besitzt. So verschwindet z. B. in den Chloroplasten angehäufte Stärke nach dem Versetzen der Pflanze ins Dunkle, indem Stärke als Nährstoff verbraucht wird (vgl. S. 107); andererseits vermögen, wie wir wissen, grüne Blätter verschiedene gelöste organische Stoffe aufzunehmen und sie in Stärke umzuwandeln (vgl. S. 108, 113). Auch ist die Möglichkeit einer Ernährung der grünen Pflanzen mit Zucker und anderen organischen Stoffen durch die Wurzel vielfach nachgewiesen. Einige einzellige Algen können nach ARTARI (1899) sogar Licht und Kohlensäuregas vollkommen entbehren, wenn sie auf einem Zucker oder Asparagin als Kohlenstoffquelle enthaltenden Nährboden kultiviert werden.

Die Mehrzahl der grünen Pflanzen kann also je nach der Art organischer Stoffe, die zu ihrer Verfügung gestellt sind, sich bald autotroph, bald saprophytisch ernähren. In denjenigen Fällen aber, in denen die zur Chemosynthese unfähigen Pflanzen entweder kein Chlorophyll oder nur eine so geringe Menge desselben bilden, daß sie durch die CO_2-Assimilation ihr Bedürfnis an Kohlenstoff nicht zu decken vermögen, können sie selbstverständlich die organischen Stoffe nicht entbehren. In diesem Kapitel betrachten wir solche Pflanzen, die orga

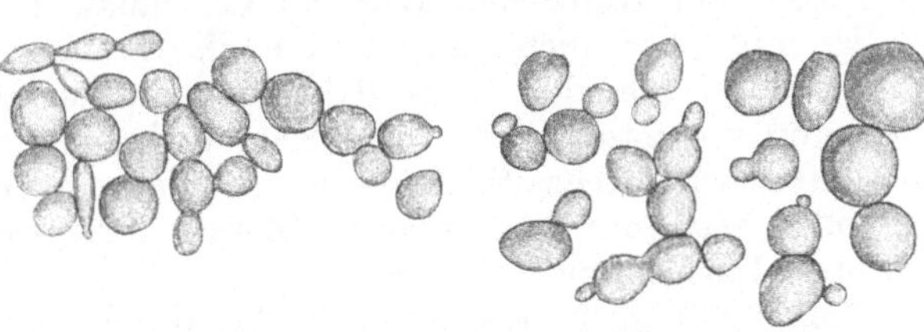

Abb. 42.   Hefeformen (Saccharomyces cerevisiae).   VerVergrößerung $^{360}/_1$.

nische Stoffe aus verschiedenen organischen Resten und Abfällen aufnehmen und als obligate Saprophyten bezeichnet werden.

Bekanntlich verderben verschiedene organische Produkte, z. B. Fleisch, Eier, gekochtes Gemüse usw., in einem warmen Raum und nehmen einen unangenehmen Geschmack und Geruch an. Das Mikroskop zeigt, daß sich in solchen Produkten eine große Menge Bakterien entwickelt haben (vgl. Abb. 43). Bleiben verdorbene Produkte längere Zeit in feuchter Luft, so entwickeln sich Schimmelpilze auf ihnen, unter denen grüner Tinten- oder Brotschimmel (Penicillium glaucum) am häufigsten vorkommt. In zuckerhaltigen Lösungen entwickeln sich außerdem oft Hefen, deren häufigste Form auf Abb. 42 zu sehen ist. Alle aufgezählten Pflanzen enthalten kein Chlorophyll und können sich nur mit organischen Stoffen ernähren, wobei unlösliche oder schwer lösliche organische Substanzen mittels

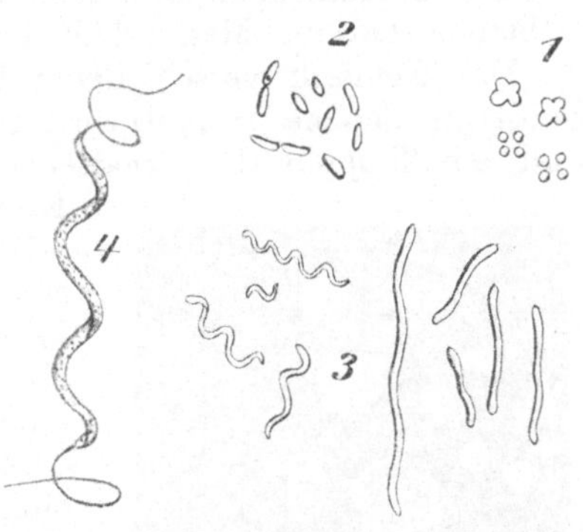

Abb. 43. Fäulnisbakterien. *1.* Coccen und Sorcinen. *2.* Bacillen. *3.* Spirillen und Lephotrix. *4.* Spirochaete. Vergrößerung $^{1000}/_1$.

verschiedener durch die Pflanze ausgeschiedener Enzyme gelöst werden.

Die Art der ausgeschiedenen Enzyme wird gewöhnlich durch chemische und physikalische Eigenschaften des natürlichen Substrats (Nährboden) bestimmt. So scheidet z. B. der Hausschwamm (Merulius domesticus), der sich in Holzteilen der Häuser entwickelt, Zytase aus, die Zellulose des Holzes in Glukose umwandelt (vgl. S. 43). Dieses Enzym wird auch durch Bakterien ausgeschieden, die sich auf nassem Papier und anderen pflanzlichen Resten entwickeln, die viel Zellulose enthalten.

Die auf nassem Brot und toten Samen wachsenden Schimmelpilze scheiden Diastase (Amylase) aus, die Stärke zu Glukose spaltet. Die sich in Bierwürze entwickelnden Hefearten scheiden Maltase aus, die die Maltose zu Glukose und Galaktose spaltet, während die Hefen der Milch (bei Zubereitung einiger orientalischer Getränke z. B. Kumis der Kalmüken und Kefir der Kaukasusvölker) Laktase ausscheiden (vgl. S. 43).

Es gibt aber auch Saprophyten, die mehrere Enzyme auscheiden können. So scheiden z. B. Bakterien, die im Humusboden vorkommen und die nasse Fäulnis der Kartoffelknollen verursachen (Bacillus mesentericus), gleichzeitig Amylase, Invertase und Protease aus, während der oben erwähnte Brotschimmel, Zytase, Protease, Pektase, Invertase, Maltase, Lipase usw. ausscheidet.

Seiner Fähigkeit, eine so große Anzahl der Enzyme zu bilden, verdankt offenbar der genannte Schimmelpilz seine außerordentlich weite Verbreitung.

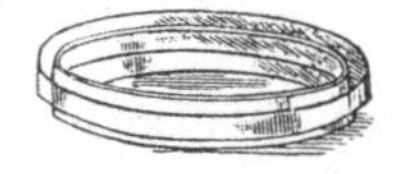

Abb. 44. Petrischale.

Um den Nährwert verschiedener organischer Verbindungen zu erforschen, kultiviert man Saprophyten auf künstlichen Substraten, die man aus gut bekannten chemischen Stoffen zubereitet. Man experimentiert jetzt ausschließlich mit Reinkulturen der Mikroorganismen, d. h. mit solchen Kulturen, die nur eine Art derselben enthalten. Man erhält Reinkulturen in folgender Weise:

Das Gemisch verschiedener Mikroorganismen (oder ein Stückchen Substrats, das sie enthält) wird mit reinem Wasser gründlich geschüttelt und ein Tropfen der erhaltenen Aufschwemmung, die Millionen von Keimen enthält, wird mit vorher stark erhitzter (zum Abtöten der Mikroorganismenkeime) und abgekühlter Fleischbrühe in einem vorher erhitztem Reagenzgläschen gemischt. Auf diese Weise wird der Keimgehalt der Flüssigkeit stark vermindert. Wiederholt man solche Verdünnung einige Male, so erhält man schließlich Fleischbrühe, die nur einige Keime der Mikroorganismen in einem Tropfen enthält. Danach mischt man einen Tropfen dieser Fleischbrühe mit 7—10 ccm keimfreier geschmolzener Nährgelatine (Fleischbrühe $+ 1\%$ Pepton $+ 10\%$ Gelatine $+ 2\%$ Zucker) und gießt diese in eine keimfreie Petrischale ein (eine flache Schale,

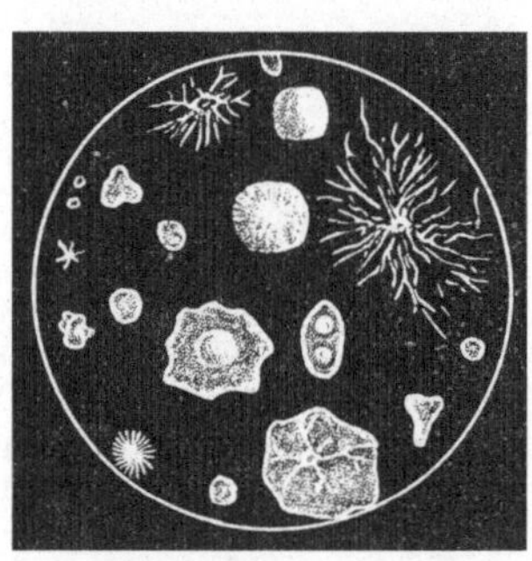

Abb. 45. Mikroorganismen, die sich in Nährgelatine entwickelt haben. Erklärung im Text.

die durch einen ähnlichen Deckel bedeckt ist, vgl. Abb. 44). Die geschmolzene Gelatine erstarrt bald und die in derselben befindlichen Keime werden in einem bestimmten Abstand voneinander fixiert. Nach einigen Tagen entwickeln sich die Keime zu Kolonien verschiedener Mikroorganismen, die mit unbewaffneten Augen gut sichtbar sind (vgl. Abb. 45). Da jede Kolonie sich nur aus einem Keime entwickelt hat, enthält sie nur Mikroorganismen ein und derselben Art. Es genügt jetzt, eine kleine Menge der ausgewählten Kolonie mittels einer keimfreien (d. h. vorher stark erhitzten) Platinnadel in ein mit Watte verschlossenes, keimfreies und Nährgelatine enthaltendes Gefäß zu übertragen, um eine Reinkultur des betreffenden Mikroorganismus zu erhalten.

Versuche mit Reinkulturen der Mikroorganismen in Lösungen, die alle notwendigen Mineralsalze und verschiedene organische Stoffe enthielten (vgl. S. 85), zeigten, daß die beste Kohlenstoffquelle für die Saprophyten Pepton und Zuckerarten sind. Einen geringeren Nährwert haben mehrere Hydroxyle enthaltende Alkohole, z. B. Mannit $C_6H_8(OH)_6$, Glyzerin $C_3H_5(OH)_3$ u. a. (vgl. S. 39, Anm. 2), aber je weniger Hydroxyle in denselben enthalten sind, desto geringer ist der Nährwert. Ein- und zweiwertige Alkohole (Äthylalkohol C_2H_5OH, Methylalkohol CH_3OH, Glykol $CH_3OH - CH_3OH$) besitzen nur einen minimalen Nährwert. Überhaupt gilt die Regel, daß organische Verbindungen nahrhafter sind, wenn sie viele Hydroxylgruppen enthalten. Auch besitzen z. B. Oxysäuren (vgl. S. 96) einen viel größeren Nährwert als Säuren, die Hydroxyle nur in Karboxylgruppen enthalten. Weinsäure, Zitronensäure, Apfelsäure sind nahrhafter als Bernsteinsäure, während einwertige Säuren (Essigsäure, Milchsäure) nur einen minimalen Nährwert besitzen (vgl. S. 40, Anm. 1).

Die synthetische Fähigkeit mancher Schimmelpilze (z. B. des Brotschimmels) ist aber so groß, daß sie ihre organischen Stoffe sogar aus giftigen Substanzen, so z. B. aus Karbolsäure, darzustellen vermögen, wenn ihnen keine andere Kohlenstoffquelle zur Verfügung steht. Selbstverständlich müssen solche Substanzen nur in sehr niedriger Konzentration in der Nährlösung anwesend sein.

Der Nährwert organischer Verbindungen hängt nicht nur von der chemischen Konstitution ihrer Moleküle, sondern oft auch von deren Konfiguration, d. h. von der Lage einzelner Atome im Raume ab. So sind z. B. unter den Zuckerarten manche künstlich dargestellten Monosaccharide, deren Konfiguration sich von derjenigen natürlicher Monosaccharide (Glukose und Fruktose) unterscheidet, nicht nahrhaft (so z. B. linksdrehende Glukose und linksdrehende Fruktose)[1].

Nach PASTEUR (1858) nimmt Penicillium glaucum aus dem Gemisch links- und rechtsdrehender Weinsäure (in Form von weinsaurem Ammonium), die sich voneinander nur durch verschiedene räumliche Lage ihrer (OH) und (COOH) unterscheiden (vgl. S. 40), zunächst nur rechtsdrehende Weinsäure auf, während linksdrehende Säure erst nach dem Verbrauch der rechtsdrehenden aufgenommen wird. Übrigens gibt es auch Bakterien, die linksdrehende Weinsäure vorziehen.

---

[1] Alle Monosaccharide werden gewöhnlich in zwei Gruppen eingeteilt. Die eine Reihe, die rechte, umfaßt alle in der Natur vorkommenden Monosaccharide und kann von der rechtsdrehenden Glukose (Dextrose) abgeleitet werden, während die andere Reihe, die linksdrehende, nur künstlich erhaltene Monosaccharide umfaßt, die von der linksdrehenden Glukose abgeleitet werden, deren (OH)- und (H)-Gruppen eine entgegengesetzte Lage im Molekül, im Vergleich mit dem Molekül der rechtsdrehenden Glukose, einnehmen (vgl. S. 40).

Alle diese Eigentümlichkeiten der Ernährung lassen vermuten, daß die die Umwandlung der Nährstoffe bewirkenden Reaktionen bei verschiedenen Saprophyten ungleich sind. Der Verlauf chemischer Reaktionen, die zur Bildung der organischen Stoffe der Pflanzen aus Nährstoffen führen, sind aber zur Zeit noch vollkommen unbekannt.

Von den Saprophyten gehören nur wenige den Samenpflanzen an. Die am häufigsten vorkommenden sind Monotropa und Neottia, deren Blätter und Stengel gelblich oder bräunlich aussehen und die die für sie notwendigen organischen Stoffe aus dem Bodenhumus aufnehmen. Derselbe stellt ein Gemisch verschiedener und meist wenig erforschter organischer Verbindungen dar, in dem in letzter Zeit Aminosäuren, Purinbasen, Trimethylamin, Nucleinsäuren u. a. gefunden worden sind (vgl. S. 44 und 46). Doch ist die Ernährung der saprophytischen Samenpflanzen mit Humussubstanzen wenig untersucht und man kann darüber nur Vermutungen aussprechen.

11. Insektenfressende Pflanzen.

Im vorhergehenden Kapitel haben wir die Aufnahme organischer Stoffe durch die obligaten Saprophyten betrachtet, die keine Fähigkeit zur Synthese derselben aus CO_2 und H_2O besitzen. Es gibt aber auch Pflanzen, welche, obwohl sie chlorophyllhaltig sind und ihre organischen Stoffe aus Mineralsubstanzen zu synthesieren vermögen, doch gelegentlich auch fertige organische Stoffe aufnehmen können. Diese Stoffe erhalten sie von Insekten, die durch besondere Einrichtung ihrer Blätter abgetötet und durch ausgeschiedene Enzyme verdaut werden. Man bezeichnet gewöhnlich solche Pflanzen als insekten- oder fleischfressende Pflanzen (Insectivora). Die Blätter unserer einheimischen, auf Torfmooren vorkommenden insektenfressenden Pflanze (Drosera rotundifolia) sind oberseits mit ziemlich langen Wimpern bedeckt, die von ihren Köpfchen Schleim ausscheiden, dessen Tröpfchen beim hellen Sonnenschein glänzen und kleine Insekten (hauptsächlich kleine Fliegen) anlocken. Setzt sich eine kleine Fliege auf ein Wimpertröpfchen, so klebt sie fest, und da sie sich zu befreien strebt, reizt sie die Pflanze, welche auf die Bewegungen des Insektes mit einer eigentümlichen, langsamen Bewegung der Wimpern antwortet. Dieselben krümmen sich in der Richtung der gereizten Stelle, wie es auf Abb. 46 zu sehen ist, zugleich beginnen sie (wahrscheinlich infolge einer erhöhten Permeabilität des Protoplasmas für Zellsaftstoffe) eine Flüssigkeit auszuscheiden, die proteolytische Enzyme (Proteasen) und Säure (als Aktivator) enthält. Das Insekt stirbt bald ab und seine Eiweißkörper werden allmählich gelöst und durch

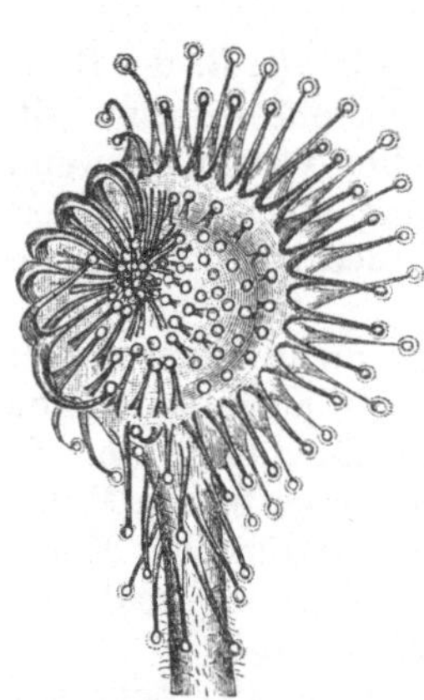

Abb. 46. Ein Blatt von Drosera rotundifolia von oben gesehen. (Nach DARWIN.)

die Pflanze aufgenommen. Legt man statt eines Insektes ein Stückchen Fleisch an die Blattwimper, dann geht derselbe Vorgang vor sich. Der Reiz ist aber in diesem Falle in der Hauptsache ein chemischer.

Nach DARWIN (1878) entwickelt sich Drosera vollkommen normal, wenn sie keine organische Nahrung erhält; doch begünstigt die Ernährung mit Fleisch das Wachstum der Pflanze. Es ist wohl möglich, daß die Ursache dieser günstigen Wirkung der Ernährung mit Fleisch in einem bedeutenden Stickstoffgehalt der Nahrung liegt, während die Pflanze eine genügende Menge stickstofffreier Substanzen durch die Protosynthese erhält.

Unter den anderen fleischfressenden Pflanzen sind die Tropenpflanzen Dionea und Nepenthes besonders interessant. Die erstere hat Blätter, die durch den Hauptnerven in zwei Hälften geteilt sind; auf der oberen Seite sitzen kleine Dörnchen (drei auf jeder Blatthälfte, vgl. Abb. 47). Setzt sich ein Insekt auf das Blatt und berührt die Dörnchen, so klappen die Blatthälften zusammen und drücken sich so

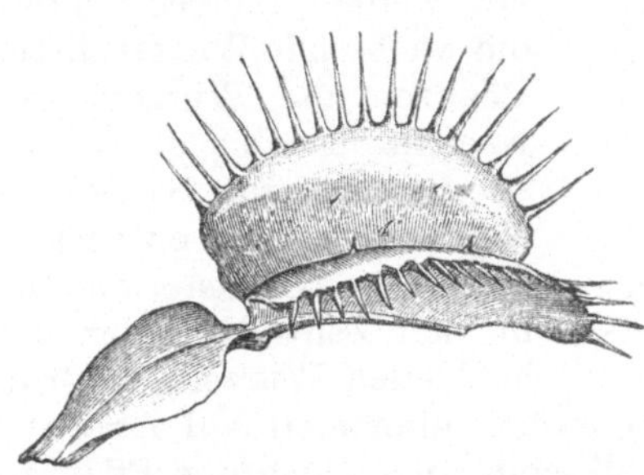

Abb. 47. Ein Blatt der Venusfliegenfalle (Dionea muscipula).
(Nach DARWIN.)

Abb. 48. Nepenthes robustra. Gewächshauspflanze. $^1/_9$ natürlicher Größe.
(Nach STRASBURGER.)

fest aneinander, daß das Insekt sehr bald abgetötet wird. Zugleich scheiden auf der Blattoberfläche sitzende kleine Haare eine enzym- und säurehaltige Flüssigkeit aus, die die Eiweißkörper des Insektes löst.

Bei Nepenthes dienen dem Tierfang kannenförmige Erweiterungen der Blätter, die oben kleine, an einen Deckel erinnernde Platten tragen (vgl. Abb. 48). Die Erweiterungen enthalten eine Flüssigkeit, welche sich teilweise aus Regenwasser, teilweise aus enzymhaltigem Sekret bildet, das von kleinen köpfigen Haaren in den unteren Teilen der Kannen ausgeschieden wird. Am oberen Rande der Kannen wird süßes, kleine Insekten anlockendes Sekret ausgeschieden. Die Tiere fallen in die Flüssigkeit hinein, sterben ab und werden teilweise verdaut. Bezüglich der Bedeutung des Tierfangs bei Dionea und Nepenthes für die Ernährung der Pflanze liegen noch keine Versuche vor.

12. Aufnahme organischer Stoffe durch Parasiten (Schmarotzer).

Aus den vorhergehenden Kapiteln wissen wir, daß es chlorophyllhaltige Pflanzen gibt, die in der Hauptsache autotroph sind und die trotzdem organische Stoffe aus getöteten Insekten aufnehmen können. Es gibt auch autotrophe grüne Pflanzen, die eine normale Photosynthese zeigen und trotzdem organische Stoffe von anderen lebenden Pflanzen entnehmen können und somit als Halbparasite (Halbschmarotzer) bezeichnet werden dürfen. Zu solchen Pflanzen gehören z. B.

Abb. 49. Saugorgan eines Halbschmarotzers (Rhinantus), der in den Zentralzylinder der befallenen Wurzel eindringt. (Nach KERNER.)

mehrere Scrophulariaceen und Santalaceen (Euphrasia, Melampyrum, Rhinanthus, Pedicularis usw.). Durch ihr Aussehen unterscheiden sich diese Pflanzen von den übrigen autotrophen Pflanzen gar nicht, und nur eine aufmerksame Untersuchung ihres Wurzelsystems zeigt, daß sie zu den Schmarotzern gerechnet werden müssen. Trifft die wachsende Wurzel dieser Pflanzen die Wurzeln der Nachbarpflanzen, so wächst sie an mehreren Stellen an dieselben an und entwickelt Saugorgane (Haustorien), die in den Zentralzylinder der befallenen Wurzeln eindringen und die in diesen befindlichen Nährstoffe aufnehmen (vgl. Abb. 49).

Nur selten kommt es vor, daß halbschmarotzende grüne Pflanzen ihre Wurzel einbüßen und sich nur in Verbindung mit einer anderen Pflanze entwickeln können. Zu solchen Pflanzen gehört z. B. die Mistel (Viscum album), deren Saugorgane nicht nur in die Rinde und das Cambium, sondern auch ins Holz der Bäume eindringen und von da aus Wasser aufnehmen.

Die meisten Parasiten (echte Schmarotzer) gehören zu den chlorophyllosen niedrigen Pflanzen, Bakterien und Pilzen. Unter den ersteren sind die pathogenen (d. h. Krankheiten erregenden) Bakterien wohl die bekanntesten; sie parasitieren fast ausschließlich in den Tieren und nur einige Arten befallen die Pflanzen. Die Mehrzahl der parasitischen Bakterien läßt sich auch auf künstlichen Nährböden kultivieren (z. B. in Fleischbrühe). Die Parasiten verwandeln sich also leicht in Saprophyten. Hier sollen nur folgende parasitische Bakterien genannt werden:

Kartoffelbakterien (Bacillus mesentericus vulgatus, vgl. S. 124), Tuberkelbakterien (Bacillus tuberculosis, Erreger der Schwindsucht), Cholerabakterien (Vibrio cholerae asiatica), Diphtheriebakterien (Bacillus diph-
theriae) und Milzbrandbakterien (Bacillus anthraxis). Einige von diesen
Bakterien entwickeln sich im Zellinnern (Tuberkelbakterien, Kartoffelbakterien, Milzbrandbakterien), andere wachsen dagegen auf der Oberfläche innerer Organe (auf der Schleimhaut) und scheiden sehr giftige
Substanzen (Toxine) aus, die den befallenen Organismus zum Absterben
bringen können.

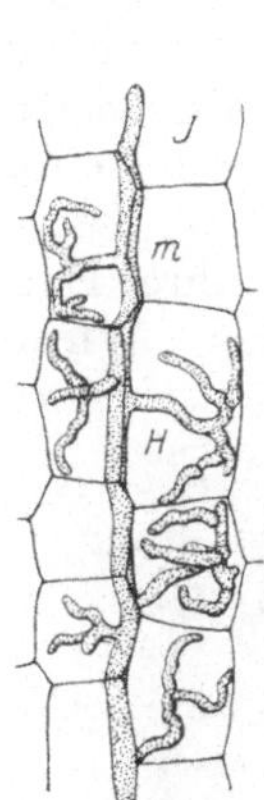

Abb. 50. Hau-
storien eines pa-
rasitischen Pil-
zes, die von
einem in den
Interzellular-
räumen wach-
senden Pilzfa-
den entsandt
werden (H).

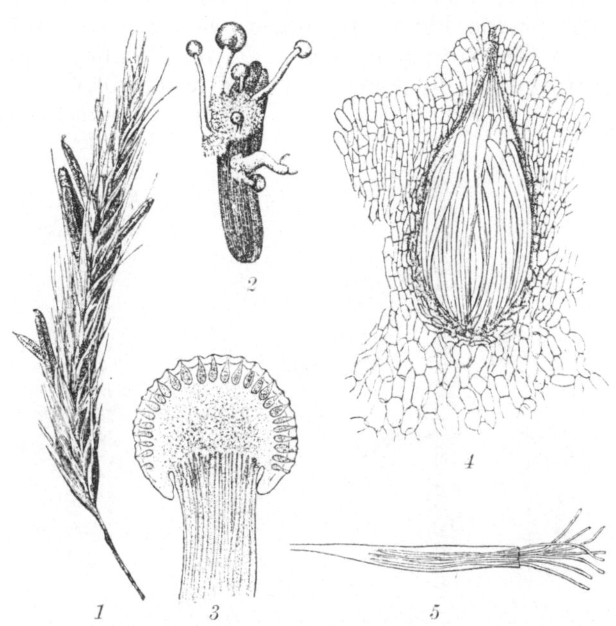

Abb. 51. Entwicklungsstadien des Mutterkorns. 1 Roggen-
ähre mit mehreren reifen Sklerotien. 2 gekeimtes Skle-
rotium mit gestielten Fruchtkörpern. 3 Längsschnitt durch
einen Fruchtkörper mit zahlreichen Perithecien. 4 einzel-
nes Perithecium, stärker vergrößert. 5 aufgeschlossener Ascus
mit acht fadenförmigen Sporen. Nach SCHENK und TULASNE.

Die parasitischen Pilze entwickeln sich gewöhnlich in den Interzellularräumen der Pflanzen. Zur Aufnahme der Nahrung entsenden
sie Fäden (Haustorien), die in die Zellen eindringen und dieselben
allmählich zum Absterben bringen (vgl. Abb. 50). Das Eindringen durch
die feste Zellhaut ins Zellinnere kann offenbar nur durch die Ausscheidung eines Zellulose lösenden Enzyms (Zellulase) zustande kommen.

Als Beispiele parasitischer Pilze können Mutterkorn (Claviceps pur-
purea), verschiedene Schwämme (Polyporus-Arten) und Rostpilze (z. B.
Puccinia graminis) dienen, die, wie auch andere Parasiten, nur bestimmte Pflanzenarten befallen. Mutterkorn entwickelt sich in den
Fruchtknoten des Roggens, deren Zellen durch den Parasiten voll-

kommen gelöst und verbraucht werden (die ausgeschiedenen Enzyme sind Zytasen, Proteasen, Nucleasen und andere proteolytische Enzyme, vgl. S. 46). Die Abb. 51 zeigt die Entwicklungsgeschichte des Pilzes. Eine starke lösende Kraft besitzen auch Polyporus-Arten, die das Holz der Bäume durch ausgeschiedene Zytase vollkommen erweichen, so daß der Baum zusammenbricht.

Unter den Rostpilzen parasitieren die meisten in zwei Pflanzenarten oder -familien nacheinander. So entwickelt sich z. B. Puccinia graminis im Sommer in den Blättern verschiedener Getreidearten und bildet braune Flecke auf ihnen, während sie im Herbst die Wintersporen (Teleutosporen) bildet, die im Frühling aufkeimen und wieder Sporen bilden, die jedoch nicht auf Getreideblättern keimen, sondern auf Berberitzeblätter übertragen werden müssen, um sich weiter entwickeln zu können. Diese Auswahl einer für ihre Entwicklung geeigneten Wirts-

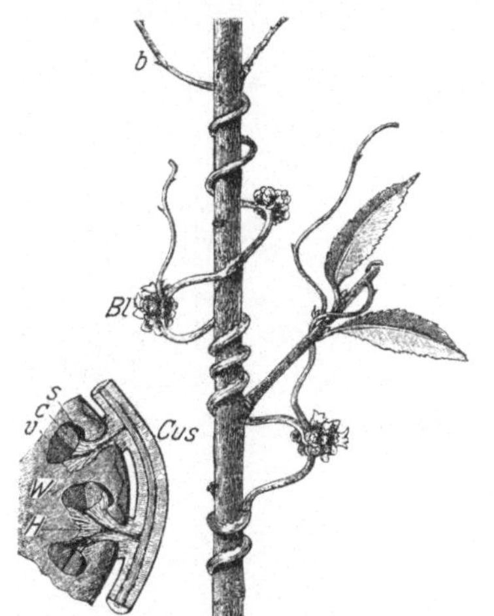

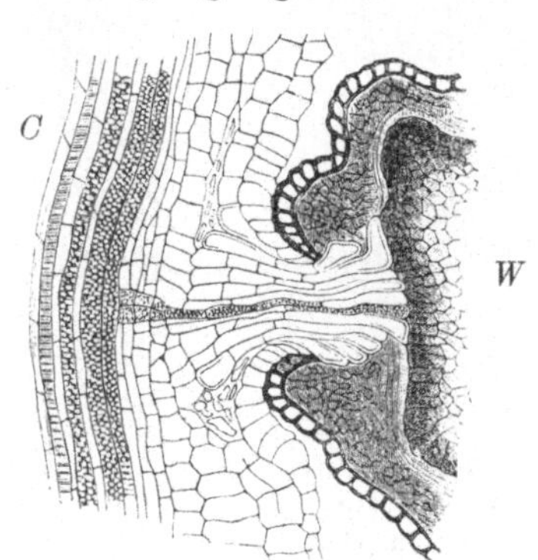

Abb. 52. Ein Weidenzweig, umwunden von Cuscuta. Links: Verbindung des Schmarotzers (*Cus*) mit der Wirtspflanze (*W*). (Nach NOLL.)

Abb. 53. Saugorgan von Cuscuta. *C* Cuscuta, *W* Wirtspflanze. Vergr. $^{100}/_1$.

pflanze ist für Parasiten im allgemeinen sehr charakteristisch und muß wahrscheinlich durch Eigentümlichkeiten ihrer Enzyme oder durch Anwesenheit irgendwelcher, das Wachstum der Parasiten fördernder Stoffe in der Wirtspflanze erklärt werden.

Was nun die parasitischen Samenpflanzen anbetrifft, so fehlt ihnen beinahe vollkommen das Chlorophyll; sie entwickeln gewöhnlich Saugorgane, die in den Stengel oder die Wurzel des Wirtes mit Hilfe verschiedener Enzyme eindringen und von da aus alle notwendigen Nährstoffe und auch Wasser aufnehmen. Als auf ein Beispiel solcher Pflanzen sei hier auf Cuscuta europaea hingewiesen, die die Brennnessel, den Hopfen und die Weide befällt (vgl. Abb. 52 u. 53).

Die größte Anpassung an das parasitische Leben zeigen die zur Familie der Rafflesiaceen gehörigen Tropenpflanzen, die sich in den

Interzellularräumen der Stengel und Wurzeln tropischer Bäume in
Fadenform entwickeln und nur von Zeit zu Zeit an die Oberfläche
des Wirtes durchbrechen, um hier Riesenblüten zu bilden (vgl. Abb. 54).

Der Stoffwechsel der Parasiten ist bis jetzt sehr wenig untersucht;
man stellte nur fest, daß sie Zellulose und Eiweißkörper spaltende
Enzyme ausscheiden (Zytase, Protease usw.); deshalb vermutet man,
daß die Nährstoffe, welche sie aus den durch sie befallenen Organismen
aufnehmen, denjenigen gleich sind, welche Saprophyten aus organischen
Resten und Abfällen aufnehmen.

Abb. 54. Ein von Rafflesia befallener Tropenbaum. Eine Riesenblüte (rechts),
die beinahe 1 m groß ist, und mehrere Blütenknospen sind aus der Baumwurzel
hervorgewachsen. (Nach KERNER.)

13. Symbiose.

Mit Symbiose[1]) bezeichnet man gewöhnlich ein Zusammenleben
von zwei Organismen, das beiden Teilen Nutzen bringt, das sich übrigens
in einen gegenseitigen Parasitismus umwandeln kann, wenn dieses Zusammenleben von einem gegenseitigen Kampfe beider Organismen begleitet wird, in dem bald der eine, bald der andere siegt.

Ein klassisches Beispiel für eine Symbiose bildet die unter dem
Namen „Flechten" bekannte Pflanzengruppe, die früher als eine ab-

---

[1]) Der Name „Symbiose" wurde zum ersten Male von DE BARY (1879) gebraucht.

gesonderte Pflanzenklasse betrachtet wurde (vgl. Abb. 55). Untersuchungen
SCHWENDENERs (1869—1872) zeigten jedoch, daß der Flechtenkörper aus
zwei selbständigen Organismen zusammengesetzt ist: aus einem Pilz und
einzelligen blaugrünen (seltener grünen) Algen. Die Hauptmasse des
Flechtenkörpers wird durch ein filzartiges Geflecht der Pilzfäden (Hyphen)
gebildet, zwischen denen sich Algen entwickeln (vgl. Abb. 56). Nach
FAMINTZIN und BARENETZKY sterben die Pilzfäden nach Übertragen
der Flechte in Wasser bald ab, während die Algen sich selbständig
weiter entwickeln und vermehren können. Andererseits findet die Vermehrung der Flechten durch Sporen statt, welche vom Pilze allein
gebildet werden, wobei der für den betreffenden Pilz charakteristische
Fruchtkörper entsteht (vgl. Abb. 55). Keimen die Sporen, so können
die Pilzfäden eine Zeitlang
ohne die Algen wachsen, treffen sie sie aber an, so um-
wachsen sie die Algen und
bilden eine Flechte.

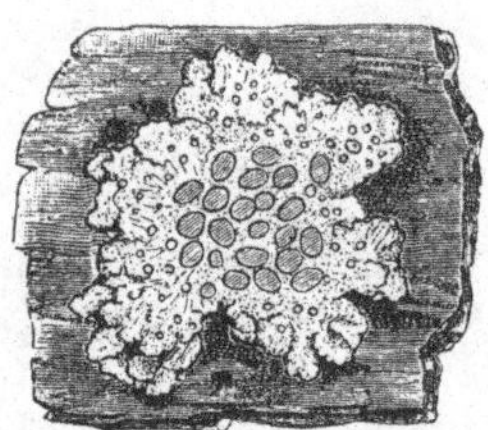

Abb. 55. Eine sich auf der Baum-
rinde entwickelnde Flechte, Xan-
thoria parietina. Natürliche Größe.
(Nach SACHS.)

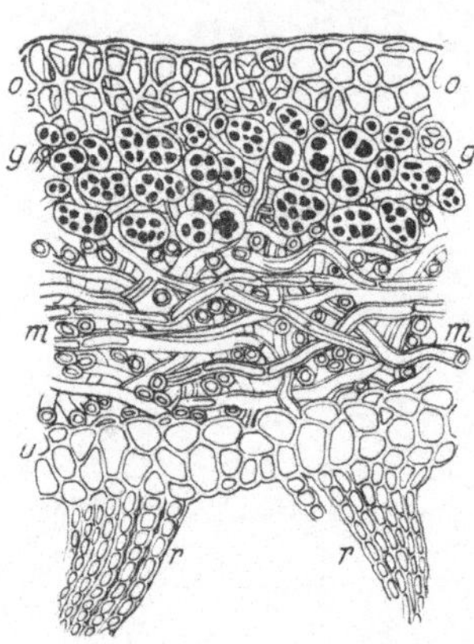

Abb. 56. Querschnitt eines Flechtenthal-
lus. *o*, *m*, *u* Pilzfäden. *g* Algenzellen
(blaugrün). *r*, *r* Rhizoide. Vergr. $240/_1$.

    Die Mehrzahl der Forscher betrachtet die Symbiose bei Flechten
als ein für beide Teile nützliches Zusammenleben der Organismen:
chlorophyllhaltige Algen versehen den Pilz mit organischen stickstofffreien Stoffen, während der Pilz seinerseits teilweise die Funktion der
Wurzel höherer Pflanzen erfüllt, indem er Wasser und Mineralstoffe
durch seine mit dem Substrat durch dünne Haare (Rhizoide) verbundene
Oberfläche aufnimmt. Teilweise versorgt der Pilz die Algen auch mit
Eiweißkörpern, die in Form von Pepton für die Flechtenalgen die
beste Stickstoffquelle darstellen. Bedenkt man aber, daß die Algenzellen sich auch allein entwickeln können, während der Pilz nicht die
Fähigkeit besitzt, während längerer Zeit selbständig zu wachsen, so
kommt man zu dem Schlusse, daß der Pilz mehr Nutzen von der
Alge, als diese vom Pilze hat. In manchen Flechten entwickelt sogar
der Pilz Haustorien, die an die der parasitischen Pilze erinnern, so
daß man vielleicht die Flechtensymbiose als einen vernünftigen Parasitismus betrachten kann, der die Alge nicht schädigt.

Die Algen können nicht nur mit Pilzen, sondern auch mit niedrigen Tieren zusammenleben, so z. B. mit Infusorien, Radiolarien, Spongien und Hydren. In diesem Falle können aber beide Organismen (Symbionten) auch einzeln leben.

Als Beispiel einer Symbiose, die sich beinahe in gegenseitigen Parasitismus umwandelt, kann man die Symbiose der Leguminosen mit Bakterien betrachten. Es war schon lange bekannt, daß die Wurzeln der Bohnen, Lupinen, Erbsen u. a. mit Knöllchen versehen sind (vgl. Abb. 57). Die Untersuchungen Woronins (1866) zeigten aber erst, daß die Zellen der Wurzelknöllchen stets mit stäbchenförmigen Bakterien erfüllt sind, die in alten Knöllchen eine unregelmä-

Abb. 57. Wurzelknöllchen der Lupine (Lupinus luteus). $1/3$ natürl. Größe. (Nach Pfeffer.)

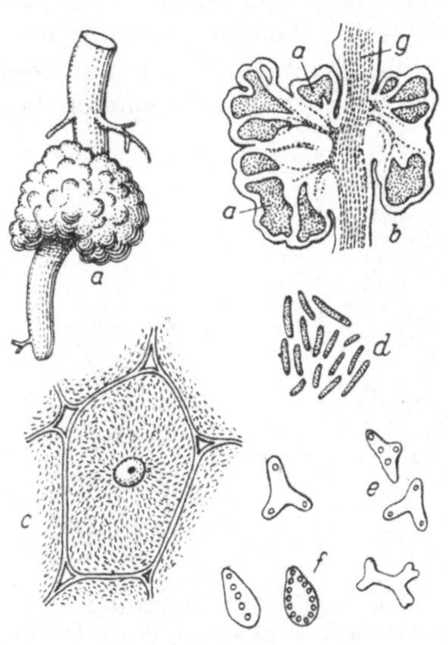

Abb. 58. Ein Wurzelknöllchen der Lupine (a); links von außen gesehen (Vergrößerung $5/1$); rechts Querschnitt durch dasselbe (a mit Bakterien gefüllte Gewebe); c eine Zelle aus a, die mit Bakterien gefüllt ist und in der Mitte noch einen Zellkern hat. Vergrößerung $200/1$. d Knöllchenbakterien. e Bakteroide. Vergrößerung $1000/1$. (Nach Fischer, schematisch.)

ßige Form annehmen und die sogenannten Bakteroide bilden (vgl. Abb. 58). Die Bakterien dringen aus dem Boden durch die Wurzelhaare in die Wurzel ein, verbreiten sich von Zelle zu Zelle und bilden bald ein Bakteroidgewebe in der Wurzelrinde. Die Bakterien benehmen sich also zu Beginn der Symbiose als typische Parasiten. Ist aber das Knöllchen fertig, so beginnt die höhere Pflanze zu siegen: die Bakterienzellen sterben allmählich ab, verblassen und verschmelzen zu einer einheitlichen, formlosen Masse, welche zur Ernährung der Pflanze dient. Wie wir später erfahren werden, besitzen die Knöllchenbakterien die Fähigkeit, atmosphärischen Stickstoff aufzunehmen und ihn zur Bildung ihrer stickstoffhaltigen organischen Stoffe zu verwenden. Die höhere Pflanze erhält auf diese Weise einen großen Vorrat von Stickstoff und bedarf keiner stickstoffhaltigen Mineralsubstanzen des Bodens, um sich üppig entwickeln zu können.

Eine ähnliche Symbiose der Bakterien mit der autotrophen Pflanze wird auch bei der Erle (Alnus) und bei Elaeagnus beobachtet. Bei einigen tropischen Küstenpflanzen (z. B. bei Pavetta indica) bilden sich Knöllchen auf den Blättern, in denen sich Bakterien entwickeln, die die autotrophe Pflanze mit Stickstoff ernähren. Nach MIEHE kommen ähnliche Bildungen auch bei anderen Tropenpflanzen vor. Bei dem Nadelbaum Podocarpus wird jedoch die Knöllchenbildung an der Wurzel durch Pilzfäden hervorgerufen.

Als eine Symbiose kann man vielleicht auch die Bildung der sogenannten Mykorrhiza (Pilzwurzel) bei unseren einheimischen Bäumen

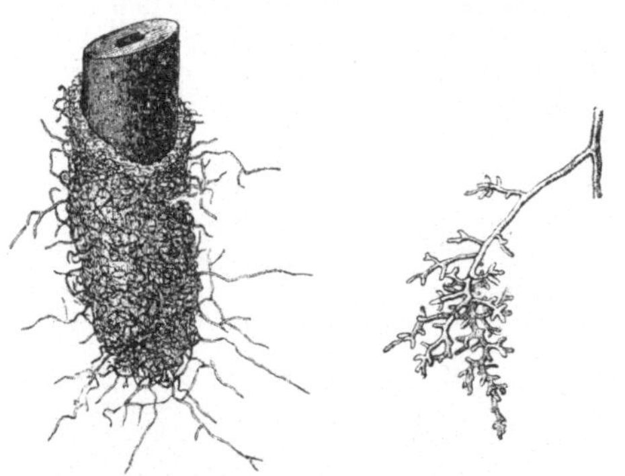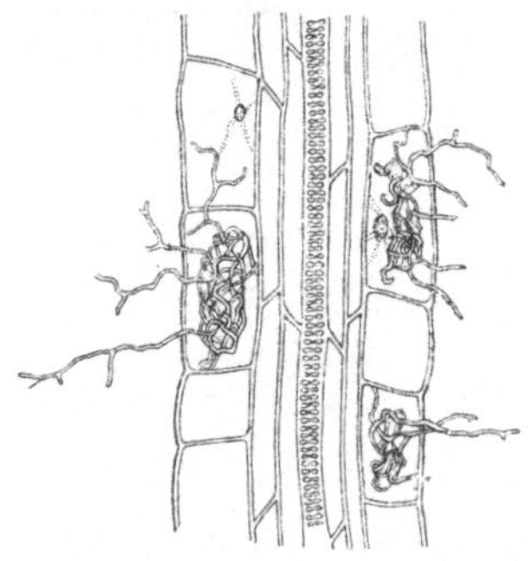

<table>
<tr><td>

Abb. 59. Ektotrophe Mykorrhiza der Buche (Fagus sylvatica). Links eine Wurzelspitze, an der oben der Pilzmantel entfernt ist. (Vergr. $^{30}/_1$.) Rechts Stück einer Mykorrhizawurzel. (Vergr. $^2/_1$.) (Nach PFEFFER.)

</td><td>

Abb. 60.   Schnitt durch die Wurzel von Colluna vulgaris (Heidekraut) mit endotropher Mykorrhiza. (Vergrößer. $^{375}/_1$.) (Nach PFEFFER.)

</td></tr>
</table>

und saprophytischen Krautpflanzen betrachten. Man unterscheidet ektotrophe und endotrophe Mykorrhizen.

Die ektotrophe Mykorrhiza stellt ein dichtes Geflecht von Pilzfäden dar, das eine Scheide um die Wurzel bildet. Sie wurde zum ersten Male von KAMENSKY (1881) bei der saprophytischen, chlorophyllfreien Monotropa beobachtet und später von FRANK (1885) auf den Wurzeln der Mehrzahl unserer einheimischen Bäume gefunden. Auf Abb. 59 ist z. B. die Mykorrhiza der Buche zu sehen.

STAHL (1900) sprach die Vermutung aus, daß die grüne Pflanze mit Hilfe der ektrotrophen Mykorrhiza Mineralsalze aus dem Humusboden aufnimmt, der (nach der Meinung STAHLs) nur eine ungenügende Menge der Salze enthält. Spätere Untersuchungen (MÖLLER 1903) zeigten jedoch, daß die Kiefer nur im Sandboden die Mykorrhiza bildet, obwohl sie auf diesem Boden schlechter wächst, als im Humusboden ohne Mykorrhiza. Es ist also wahrscheinlicher, daß der Pilz und nicht die höhere Pflanze einen Nutzen von der Symbiose hat, weil er vielleicht gewisse von der Wurzel ausgeschiedene organische Substanzen ausnützt.

Die endotrophe Mykorrhiza bildet sich ebenfalls an den Wurzeln saprophytischer Samenpflanzen, entwickelt sich aber in der Hauptsache im Inneren der Rindenzellen (vgl. Abb. 60). Die Pilzfäden dringen gewöhnlich in die oberflächlich gelagerten Wurzelzellen oder in die Zellen ein, die sich direkt unter der Haut befinden, und bilden Klümpchen im Zelleninneren, die von der Samenpflanze allmählich verdaut (gelöst) und aufgesogen werden. Da Pilze an das heterotrophe Leben im allgemeinen besser angepaßt sind, weil sie verschiedenartige Enzyme ausscheiden, ist nicht ausgeschlossen, daß nicht nur der Pilz von der höheren Pflanze, sondern auch die höhere Pflanze vom Pilze einen Nutzen hat.

14. Bildung stickstoffhaltiger organischer Stoffe aus mineralischen Stickstoffverbindungen.

In vorhergehenden Kapiteln haben wir die Bildung organischer Stoffe der Pflanze aus Kohlendioxyd und Wasser und die Aufnahme dieser Stoffe aus anderen Organismen oder ihren Resten betrachtet. Wir gingen dabei nur auf die Herkunft der organischen Substanzen der Pflanzen im allgemeinen ein, ohne die Bildung einzelner Stoffe zu verfolgen. Diese Aufgabe ist leider zur Zeit noch wenig erforscht und wir können nur die Bildung der wichtigsten dieser Stoffe kennen lernen. Wir wollen versuchen, die Bildung von Eiweißkörpern in der Pflanze zu verfolgen und verweilen deshalb zunächst bei der Aufnahme von Stoffen, die als Ausgangsmaterial für die Bildung dieser Körper dienen.

Wie früher erwähnt, gehören Eiweißkörper zu den Bestandteilen des Protoplasmas (vgl. S. 10 u. 97). Die Entwicklung der Pflanze ist also nur bei der Bildung dieser Körper im Pflanzeninneren möglich, wenn die Pflanze keine Eiweißkörperchen aus der umgebenden Welt aufnehmen kann, wie es bei den grünen Pflanzen der Fall ist.

Bei der Besprechung der Ernährung dieser Pflanzen mit Mineralsalzen wurde mehrmals betont, daß der künstliche Boden oder die Lösung, in welcher sich die Wurzeln der Pflanze entwickeln, stets Salpeter enthalten müssen, um ein normales Wachstum der Pflanze zu ermöglichen. Die höheren autotrophen Pflanzen vermögen also nicht, freien Stickstoff der Luft für die Bildung ihrer Eiweißkörper auszunützen. Diese Tatsache wurde zum ersten Male von BOUSSINGAULT (1838) durch die folgenden Versuche festgestellt.

Der genannte Forscher kultivierte verschiedene Pflanzen in ausgeglühtem Sand, zu dem in einigen Versuchen nur Asche der Pflanze, in anderen Versuchen dagegen außerdem noch Kalisalpeter zugesetzt worden war. Der Topf mit der Pflanze wurde unter eine Glasglocke (vgl. Abb. 61) gestellt, deren untere Ränder in eine mit Schwefelsäure gefüllte Schüssel eingetaucht waren, so daß die Luft unter der Glasglocke von der umgebenden Luft durch Schwefelsäure abgetrennt war, die das

Eindringen von in der Atmosphäre stets anwesendem Ammoniak ver-
hinderte. Die Röhren A und B dienten zum Begießen der Pflanze (B)
und zur Einführung von CO_2 unter die Glocke. Nach $2^1/_2$ Monaten
vergrößerte sich die Trockensubstanz der Pflanze bei Abwesenheit der
Nährsalze im Boden um das 3,6 fache, bei Anwesenheit der Salze, aber
Fehlen von Salpeter um das 4,6 fache, während sie sich in den Versuchen, in denen Asche und Salpeter zugesetzt worden waren, um das
198,3 fache vergrößerte.

Die Versuche von BOUSSINGAULT zeigten also, daß für autotrophe
Pflanzen Salpeter als Ausgangsstoff zur Synthese der Eiweißkörper
dienen kann. Dieses Ergebnis wurde später durch mehrere Forscher

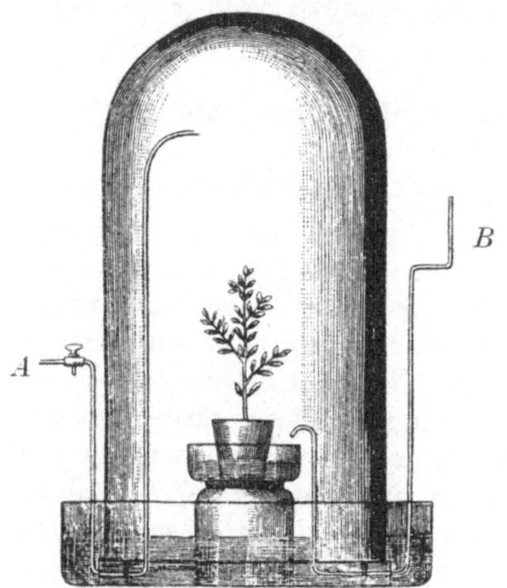

Abb. 61. Pflanzenkultur in ausgeglühtem Sand, zu dem nur Asche oder
außerdem noch Kalisalpeter zugesetzt
worden war. Erklärung im Text.
(Nach BOUSSINGAULT.)

Abb. 62. Günstige Wirkung der Düngung
des Bodens mit Salpeter auf das Wachstum des Hafers. O keine Düngung. KP
Düngung mit Kalium- und Phosphorverbindungen. KPS Düngung mit Kalium-,
Phosphorverbindungen und Salpeter.

bestätigt und vielfach auf die Agrikulturpraxis angewandt. Welche
günstige Wirkung auf die Ernte die Düngung des Bodens mit Salpeter
ausübt, zeigt z. B. die Abb. 62.

Andererseits zeigt die Verbesserung der Ernte nach dem Salpeterzu-
satz zum Boden, daß der letztere vor der Düngung keine ausreichende
Menge von Stickstoffverbindungen enthält. In der Tat enthält 1 kg des
ungedüngten Bodens ungefähr 25 mg Ammoniumsalze und nur Spuren
von Salpeter. Auf Grund solcher Ergebnisse der chemischen Bodenana-
lyse kam LIEBIG (1843) sogar zu dem Schlusse, daß mit dem Regen in
den Boden gelangtes atmosphärisches Ammoniak das Ausgangsmaterial
für die Synthese stickstoffhaltiger organischer Verbindungen der Pflanze
bildet. Die Anwesenheit von Salpeter in der Pflanze (Hafer enthält
z. B. 9 g, Kartoffeln 15 g, Mohnpflanzen 30 g auf 1000 g Trockensubstanz
an Salpeter) wurde durch Oxydation von Ammoniak im Pflanzeninneren

erklärt. Spätere Untersuchungen erwiesen aber, daß der Salpeter der Pflanze nie im Inneren derselben gebildet wird, sondern aus dem Boden in die Pflanze eindringt. Den niedrigen Salpetergehalt des Bodens kann man einerseits einer geringen Absorbierbarkeit von Salpeter an Bodenteilchen (vgl. S. 90), andererseits einer großen Permeabilität des Protoplasmas für Salpeter zuschreiben; durch die Nitrifikation entstehender Salpeter des Bodens (vgl. S. 120) wird schnell durch die Wurzeln aufgenommen oder durch den Regen weggewaschen.

Alle Versuche, in welchen die Nitrifikation des Bodens beseitigt war, zeigten, daß Ammoniumsalze ebenfalls ein geeignetes Ausgangsmaterial für die Bildung stickstoffhaltiger organischer Stoffe der Pflanze darstellen. Diese Salze können aber schädlich werden, wenn man ihre Eigentümlichkeiten nicht beachtet. Einige Ammoniumsalze, z. B. $(NH_4)_2CO_3$, zersetzen sich teilweise in wässerigen Lösungen unter Bildung von NH_3 (in Wasser NH_4OH), das giftige (OH)-Ionen bildet und obendrein sehr schnell in das Protoplasma der Pflanze eindringt. Andere Ammoniumsalze enthalten aber Anionen, die entweder fast gar nicht (z. B. Cl-Ionen) oder nicht so stark wie NH_4-Ionen assimiliert werden (z. B. SO_4-Ionen), so daß in der Pflanze und im Boden Anionen (Cl, SO_4-Ionen), d. h. Säuren, angehäuft werden, die sehr schädlich auf das Protoplasma einwirken. Wird aber Kalk zum Boden zugesetzt, so kann der Säureüberschuß neutralisiert und die schädliche Säurenwirkung gehemmt werden (PRJANISCHNIKOFF, 1905).

Nach MOLISCH (1887) sollen auch die Salze der salpetrigen Säure (d. h. Ionen NO_2) zur Ernährung der Pflanze geeignet sein.

Was nun die Ernährung heterotropher Pflanzen mit mineralischen Stickstoffverbindungen anbetrifft, so zeigten PASTEUR, MEYER u. a., daß die Hefe ihre organischen stickstoffhaltigen Verbindungen ausschließlich aus Ammoniumsalzen aufzubauen vermag. Nur wenige Hefearten sind imstande, sehr langsam salpetersaure Salze zu assimilieren. Einige Schimmelpilze entwickeln sich dagegen gleich gut sowohl in Ammoniumsalzen als auch in Nährlösungen, die salpetersaure Salze enthalten (Aspergillus niger), während andere Pilze Ammoniumsalze vorziehen. Aber auch bei der Ernährung der Schimmelpilze mit Ammoniumsalzen hat der Nährwert der Anionen nach CZAPEK (1902) eine Bedeutung. Wird z. B. zur Ernährung der Pflanze NH_4Cl verwandt, so wird das Ion NH_4 assimiliert, das Ion Cl bleibt aber zurück und bildet Salzsäure, die giftig ist. Am besten gedeihen also heterotrophe Pflanzen, wenn beide Ionen gleich stark assimiliert werden, wenn z. B. der Pflanze weinsaures Ammonium verabreicht wird, dessen Anion als Kohlenstoffquelle dienen kann. Andererseits hat nach CZAPEK auch die elektrolytische Dissoziation der Ammoniumsalze eine Bedeutung, da die Pflanze in der Hauptsache Ionen assimiliert (vgl. S. 83).

Der Nährwert der Kohlenstoffquelle spielt eine große Rolle; die Pflanze kann bei einer guten Ernährung mehr leisten. So entwickeln sich nach A. FISCHER (1887) Darm- und Heustäbchen (Bacillus coli communis und Bacillus subtilis) in einer Nährlösung, die als Kohlenstoffquelle Glyzerin und als Stickstoffquelle Salpeter enthält, gar nicht, während sie gut wachsen, wenn Glyzerin durch Glukose ersetzt wird (vgl. S. 85).

Die durch die Samenpflanze aufgenommenen mineralischen Stickstoffverbindungen werden durch den Wasserstrom im Holz gemeinsam mit anderen Mineralsalzen zu den Blättern gebracht. Andererseits zeigt die chemische Analyse, daß die Blätter weniger Salpeter und mehr organische Stickstoffverbindungen als die Wurzeln und der Stengel enthalten. Ein solches Ergebnis der Analyse läßt vermuten, daß gerade in den Blättern eine Umwandlung von mineralischen Stickstoffsubstanzen in organische Stickstoffverbindungen stattfindet.

In der Tat zeigte SCHIMPER (1888) mittels einer mikrochemischen Analyse (vgl. S. 81), daß die in die chlorophyllhaltigen Blattzellen gelangten Nitrate sehr bald verschwinden und durch Eiweißkörper ersetzt werden, welche am frühesten in den Chloroplasten erscheinen. Es ist wohl verständlich, daß Eiweißkörper gerade da gebildet werden, wo Kohlenhydrate im Überschuß vorhanden sind, weil sie offenbar Ausgangsstoffe gemeinsam mit Salpeter für die Synthese der Eiweißkörper darstellen können. In Übereinstimmung damit fand SALESSKY (1897), daß diese Körper in den Blättern der Sonnenrose (Helianthus annuus), die auf einer Zucker und Salpeter enthaltenden Lösung im Dunkeln schwimmen, reichlich gebildet werden, während die Menge der Eiweißstoffe in den auf einer Salpeterlösung (ohne Zucker) schwimmenden Blätter gering bleibt. Man kann also als bewiesen betrachten, daß die Synthese von Eiweißstoffen in der Hauptsache in den Blättern der grünen Pflanzen stattfindet. Theoretisch ist nichts Unwahrscheinliches daran, daß diese Synthese auch in den Zellen anderer Organe zustande kommen kann; diese Synthese ist aber bis jetzt nicht bewiesen.

Um sich jetzt den Verlauf der Synthese der Eiweißkörper aus stickstofffreien organischen Stoffen und mineralischen Stickstoffverbindungen vorzustellen, muß man sich vor allem an die chemische Struktur der Eiweißkörper erinnern. Die Eiweißkörper sind, wie wir wissen, aus α-Aminosäuren zusammengesetzt (vgl. S. 44); es ist also durchaus wahrscheinlich, daß auch die Eiweißkörper der Pflanze aus diesen Säuren synthetisch dargestellt werden. Die α-Aminosäuren stellen in der Tat die beste Stickstoffquelle für heterotrophe Organismen dar, während z. B. β- und γ-Aminosäuren [1]), deren Aminogruppen am zweiten und dritten Kohlenstoff stehen, zur Ernährung wertlos sind. Da aber Stickstoff in Salpeter mit Sauerstoff und in Aminosäuren mit Wasserstoff verbunden ist, muß Salpeter in der Pflanze zu Ammoniumverbindungen reduziert werden. Das erste Stadium der Reduktion der Nitrate besteht aber aus der Nitritbildung ($KNO_3 - O = KNO_2$).

---

[1]) Aminopropionsäure $CH_3CH(NH_2)COOH$ ist α-Aminosäure; $CH_2(NH_2)CH_2COOH$ ist β-Aminosäure. α-Aminovaleriansäure ist $CH_3CH_2CH_2CH(NH_2)COOH$, β-Säure ist $CH_3CH_2CH(NH_2)CH_2COOH$, γ-Säure ist $CH_3CH(NH_2)CH_2CH_2COOH$.

In der Tat sind Nitrite bei vielen Pflanzen nachgewiesen. Außerdem zeigten direkte Beobachtungen von GODLEWSKI (1901) und NABOKICH (1903), daß bei der Ernährung der Keimlinge mit Nitraten Nitrite angehäuft werden können, wenn sich die Pflanzen in einer sauerstofffreien Atmosphäre befinden. Die Fähigkeit zur Reduktion der Nitrate zu Nitriten wurde auch bei mehreren Bakterienarten beobachtet. Welche Reagentien aber sowohl diese Reduktion als auch die weitere Reduktion von Nitriten zu Ammoniumverbindungen und Aminogruppen bewirken, ist zur Zeit vollkommen unbekannt.

Die Reduktion der Nitrate zu Nitriten und Aminogruppen und die Bildung von Eiweißstoffen stellt eine endothermische Reaktion dar, d. h. sie kann nur durch einen Energieaufwand hervorgerufen werden[1]. Infolgedessen nahmen einige Forscher (z. B. SCHIMPER) an, daß bei der in den Chloroplasten stattfindenden Synthese von pflanzlichen Eiweißstoffen eine Aufnahme der Lichtenergie wie bei der Photosynthese stattfindet. Früher wurde aber erwähnt, daß die Synthese von Eiweißkörpern aus Nitraten und Zucker in den Blättern, nach SALESSKY, auch im Dunkeln stattfinden kann (vgl. S. 138). Man kann also kaum daran zweifeln, daß die für die Eiweißsynthese nötige Energie durch verschiedene exothermisch-chemische Reaktionen (d. h. solche Reaktionen, bei welchen Energie frei wird) geliefert wird.

15. Bildung stickstoffhaltiger organischer Stoffe durch Assimilation von gasförmigem Stickstoff.

Aus dem vorhergehenden Kapitel wissen wir, daß höhere autotrophe Pflanzen nicht imstande sind, gasförmigen Stickstoff zu assimilieren. Unter den heterotrophen niedrigen Pflanzen gibt es aber auch solche, die freien Stickstoff zur Synthese ihrer organischen Stickstoffverbindungen ausnützen.

Daß der Boden atmosphärischen Stickstoff absorbieren kann, wurde zum ersten Male von BERTHELOT (1885) beobachtet, der diese Erscheinung im Boden anwesenden Organismen zuschrieb, weil er gefunden hatte, daß der bis auf 100° C erhitzte Boden keinen Stickstoff zu binden vermag. Die Vermutung BERTHELOTS wurde später von WINOGRADKY (1894) bestätigt, der aus dem Boden Bakterien isolierte, die gasförmigen Stickstoff absorbierten; sie wurden von dem genannten Forscher als Clostridium Pasteurianum bezeichnet.

Diese Bakterien entwickelten sich in Nährlösungen, die keine Stickstoffverbindungen enthielten, und absorbierten gasförmigen Stickstoff. Sie vertrugen aber keinen Sauerstoff und konnten nur in einer sauerstofffreien Atmosphäre wachsen. Später isolierte BEYERINCK (1901)

---

[2]) Die Zersetzung von HNO_3 zu N, O_3 und H erfordert 41 große Kalorien, während bei der Bildung von NH_3 aus N und 3H nur 12,2 große Kalorien entstehen. Infolgedessen erfordert die Umwandlung von HNO_3 zu NH_3 ($HNO_3 + H_2 = NH_3 + 3\,O$) 41—12,2 = 28,8 große Kalorien. Andererseits ergibt die Verbrennung von 1 g Eiweiß ungefähr 4 Kalorien, während die von Zucker nur 3,3 Kalorien ergibt.

noch einige Bakterienarten aus dem Boden, die sich auch bei Anwesenheit von Sauerstoff entwickeln konnten und durch den genannten Forscher Azotobacter genannt wurden. Unter der Einwirkung beider Bakterienarten absorbiert der Boden atmosphärischen Stickstoff, so daß sein Stickstoffgehalt auch ohne eine Stickstoffdüngung zunimmt.

Unter den gasförmigen Stickstoff assimilierenden Bakterien spielen die im Kapitel 13 beschriebenen Knöllchenbakterien die wichtigste Rolle im Haushalt der Natur und des Menschen (vgl. S. 133). HELL-RIEGEL und WILFARTH (1889) machten zum ersten Male darauf aufmerksam, daß gerade hülsenfrüchtige Pflanzen (Leguminoseae), die nach agronomischer Praxis keiner Stickstoffdüngung bedürfen, an ihren Wurzeln Knöllchen entwickeln. Versuche der genannten Forscher zeigten, daß diese Pflanzen keine Knöllchen bilden, wenn sie in einem vorher bis auf 100°C erhitzten Boden kultiviert werden, weil alle in demselben befindlichen Bakterien durch Erhitzen getötet werden, zugleich büßen sie auch die Fähigkeit ein, ohne eine Stickstoffdüngung zu wachsen. Begießt man dagegen den auf diese Weise keimfrei gemachten Boden mit einem Wasseraufguß des frischen Bodens, so entwickelten sich die Wurzelknöllchen und die Pflanze konnte Stickstoffdüngung entbehren (vgl. Abb. 63).

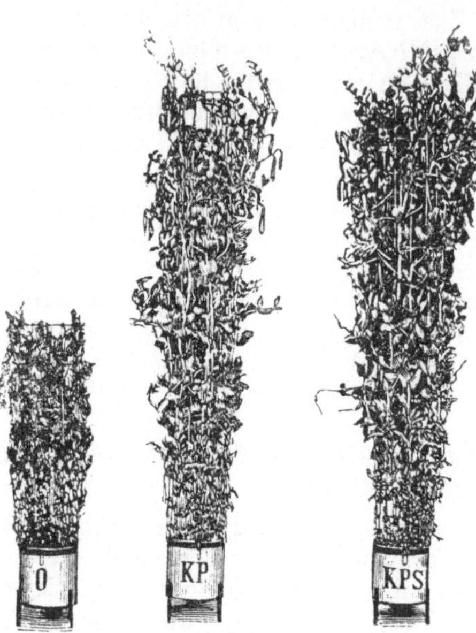

Abb. 63. Die Bildung der Wurzelknöllchen bei der Erbse ersetzt die Stickstoffdüngung. O keine Düngung. KP Phosphor- und Kaliumdüngung. KPS Salpeter-, Phosphor- und Kaliumdüngung. (Vgl. auch die Abb. 61.)

Die einzig mögliche Erklärung der Versuchsergebnisse von HELL-RIEGEL und WILFARTH ist die, daß die Knöllchenbakterien, wie Clostridium Pasteurianum, atmosphärischen Stickstoff assimilieren und ihn in Stickstoffverbindungen umwandeln können, die zur Ernährung der Bohnenpflanzen geeignet sind. Die ersten Versuche mit reinen Kulturen von Knöllchenbakterien vermochten jedoch nicht, ihre Stickstoff assimilierende Fähigkeit zu beweisen, und erst später gelang es MAZÈ (1897), die Absorption von Stickstoff durch diese Bakterien bei Kultivierung in einer aus Bohnenextrakt, Zucker ($2^{1}/_{2}$ %) und Kochsalz (1 %) bestehenden Lösung festzustellen.

Vom Standpunkt der Chemie aus kann man die Assimilation von freiem Stickstoff mit der Bindung dieses Gases durch verschiedene organische Stoffe, so z. B. durch Zellulose, Dextrine, Benzol u. a., vergleichen, die nach BERTHELOT (1876) unter der Einwirkung einer stillen elektrischen Entladung stattfindet. In der Pflanze kann elektrische Energie offenbar durch die chemische Energie der exothermischen Reaktionen ersetzt werden. Leider ist die Bindung von gasförmigem Stickstoff durch organische Körper noch nicht genügend erforscht, so daß man vorläufig noch nicht imstande ist, eine vollkommene Analogie zwischen beiden Prozessen aufzudecken.

16. Transport organischer Stoffe in der Pflanze.

Nicht alle Zellen höherer Pflanzen vermögen organische Stoffe selbständig aufzunehmen oder zu synthetisieren. Die Zellen der Wurzeln, der Blumenblätter und der Samen enthalten z. B. kein Chlorophyll und können sich nur von organischen Substanzen ernähren, die in chlorophyllhaltigen Blatt- und Stengelzellen synthetisiert werden. Andererseits werden die Vorratsstoffe der höheren Pflanzen gewöhnlich in speziellen Organen und Geweben abgelagert, deren Zellen kein Chlorophyll enthalten, so z. B. in Knollen, Zwiebeln, im Parenchymsystem der Wurzel und des Stengels usw.

Dementsprechend müssen die in den Blättern synthetisierten organischen Stoffe öfters durch die ganze Pflanze nach den Verbrauchsorten transportiert werden. Umgekehrt müssen sich organische Stoffe bei der Ausnützung der Vorratsnährstoffe, beim Knospenöffnen, Samenkeimen, Knollen- und Zwiebelkeimen in entgegengesetzter Richtung zu den sich entwickelnden Organen bewegen. Im einfachsten Falle kann die Bewegung organischer Stoffe auch im Inneren einer einzigen Zelle stattfinden, wie es z. B. bei Botrydium beobachtet wird (vgl. S. 61), das nur in den oberen Zellteilen Chlorophyll enthält.

Sind organische Nährstoffe, die in chlorophyllhaltigen Zellen gebildet oder als Vorratstoffe in chlorophyllosen Zellen abgelagert werden, unlöslich in Wasser, so ist ihre Bewegung selbstverständlich erst nach einer Umwandlung in lösliche und gut diffundierende Stoffe möglich. Wie bei der Ernährung mit unlöslichen Stoffen (vgl. S. 38), wird eine solche Umwandlung gewöhnlich mit Hilfe verschiedenartiger Enzyme zustande gebracht. Die stattfindende chemische Veränderung der Stoffe ist aber manchmal so gründlich, daß die ausschließliche Beteiligung der Enzyme hierbei kaum anzunehmen ist. So werden z. B. Fette in keimenden Samen zunächst unter der Einwirkung der Lipasen zu Glyzerin und Fettsäuren hydrolysiert (vgl. S. 43); diese verwandeln sich aber im weiteren in Monosaccharide.

Wollen wir zunächst den Transport organischer Stoffe von den chlorophyllhaltigen Blattzellen zu den chlorophyllfreien Organen betrachten.

Bei der Photosynthese werden bekanntlich Zuckerarten und Stärke gebildet, von denen die ersteren sich im Zellsaft anhäufen, während die letztere in den Chloroplasten in Form von Körnern abgelagert wird. Wie früher erwähnt, erscheint Stärke erst dann in den Chloroplasten, wenn sich eine genügend große Zuckermenge in den Zellen angehäuft hat (vgl. S. 107). Andererseits verschwindet die in den Chloroplasten abgelagerte Stärke, wenn die Pflanze in eine CO_2-freie Atmosphäre oder ins Dunkle versetzt ist, wobei auch der in den Zellen befindliche Zucker allmählich verbraucht wird.

In einem von MÜLLER-THURGAU (1885) angestellten Versuche enthielt die Trockensubstanz der Blätter nach der Assimilation von CO_2 während des ganzen Tages (bis 6 Uhr abends) 1,8 % Zucker und 42 % Stärke. In der Nacht ging der Zucker teilweise in den Stengel über; ein Teil der Stärke wurde infolgedessen gelöst, so daß am nächsten Morgen die Trockensubstanz der Blätter nur 0,4 % Zucker und 37 % Stärke enthielt.

Die beschriebene Erscheinung läßt vermuten, daß die Umwandlung der Stärke in Zucker eine Reihe umkehrbarer chemischer Reaktionen darstellt, deren Richtung nach dem Massenwirkungsgesetz durch die Menge der gebildeten Produkte bestimmt wird (vgl. S. 47). Die Anhäufung von Zucker in den Zellen ruft Stärkebildung hervor, während die Entfernung von Zucker aus den Zellen umgekehrt eine Hydrolyse (Auflösung) der Stärke bewirkt.

Die Auflösung der Stärke in den Blättern kommt unter der Einwirkung von Diastase (Amylase) zustande (vgl. S. 43), deren Menge in den Blättern variiert und jedenfalls kleiner ist als die in keimenden Samen. Eine besonders starke hydrolysierende Wirkung auf Stärke üben zu Pulver zerriebene trockene Blätter von Hülsenfrüchtler aus. Die Stärke wird zunächst zu Maltose gespalten, kann sich aber weiter in Monosaccharide und sogar in Saccharose verwandeln. Die Reagentien, welche diese weitere Umwandlung der Stärke bewirken, sind unbekannt.

Die in den Blättern gebildeten Kohlenhydrate wandern also (in gelöstem Zustande) fortwährend in den Stengel. Am Tage ist aber die Geschwindigkeit einer solchen Abgabe der Kohlenhydrate geringer als die der Neubildung, so daß Kohlenhydrate im Blatt angehäuft werden. In der Nacht und überhaupt im Dunkeln oder in einer CO_2-freien Atmosphäre hört die Neubildung der Kohlenhydrate auf, während das Abwandern in den Stengel andauert; infolgedessen verlieren die Blätter zunächst ihren Zucker und werden im weiteren entstärkt.

Die in den Blättern gebildeten Eiweißkörper werden ebenfalls gelöst und in gelöstem Zustande in den Stengel transportiert. Nach SUZUKI (1897) verwandeln sich die Eiweißstoffe der Blätter in der Nacht zum Teil in Aminosäuren, die in den Stengel ziehen, während am Tage der Gehalt an Eiweißkörpern in den Blättern durch Neubildung wieder hergestellt wird[1]).

---

[1]) Sowohl aus diesen Angaben SUZUKIS, als auch aus späteren Angaben SALESSKYS, der die Synthese von Eiweißkörpern im Licht ausgiebiger als im Dunkeln fand, ist zu schließen, daß Licht irgendeinen günstigen Einfluß auf die Eiweißbildung hat. Es ist möglich, daß die Tätigkeit der betreffenden „Enzyme" durch Licht beschleunigt wird, aber auch die Zufuhr des Ausgangsmaterials kann infolge einer durch Licht hervorgerufenen Vergrößerung der Protoplasmapermeabilität am Tage stärker werden.

Die angeführten Versuchsergebnisse veranlassen uns zu dem Schlusse, daß die synthetisierten organischen Stoffe die Blätter ziemlich schnell verlassen, so daß man kaum annehmen darf, daß ihr Transport auf dem Wege der langsam verlaufenden Osmose, von Zelle zu Zelle, stattfindet. Es ist im Gegenteil viel wahrscheinlicher, daß die Pflanze ein zum Transport speziell eingerichtetes Gewebe besitzt, das eine rasche Entfernung der synthetisierten Stoffe gestattet. Am meisten gerechtfertigt scheint die Vermutung zu sein, daß organische Stoffe aus den chlorophyllhaltigen Blattzellen auf dem Wege der Osmose in die Gefäßbündel gelangen, wo sie weiter transportiert werden.

In der Tat zeigte CZAPEK (1897), daß die Gefäßbündel eine große Bedeutung für den Transport organischer Stoffe aus den Blättern in den Stengel haben. Der genannte Forscher durchschnitt an den Blättern der Weinrebe am Abend einige Nerven; am nächsten Morgen zeigte die Jodprobe (vgl. S. 106), daß nur diejenigen Blatteile ihre Stärke zurückhielten, welche mittels Durchschneidens der Nerven vom Stengel abgesondert worden waren, während die Stärke in den Blatteilen fehlte, in denen die Nerven intakt waren.

Am Transport organischer Stoffe aus den Blättern in den Stengel sind wahrscheinlich nicht nur die Gefäßbündel, sondern auch die Gefäßbündelscheiden, die aus langen, chlorophyllosen Zellen bestehen, beteiligt. Wenigstens verschwand Stärke aus den Blättern von Plantago im Dunkeln in Versuchen von SCHIMPER (1895), trotzdem die Gefäßbündel (aber nicht die Gefäßbündelscheiden) entfernt (ausgezogen) worden waren.

Da im Holz der Gefäßbündel eine stetige Wasserbewegung von der Wurzel zu den Blättern stattfindet, dürfte man kaum annehmen, daß organische Stoffe der Blätter in den Stengel und weiter nach der Wurzel ebenfalls im Holz transportiert werden. Der Transport dieser Stoffe kann offenbar nur im Phloem (Siebteil) der Gefäßbündel stattfinden. In der Tat ist stets eine große Menge gelöster organischer Stoffe in den weitesten und längsten Elementen des Phloems, in den Siebröhren, anwesend. Nach KRAUS (1894) soll z. B. der aus den Siebröhren der Kürbispflanze nach dem Durchschneiden des Stengels herausfließende Saft 7—10 % organische Stoffe enthalten, von denen $^1/_5$ Eiweißkörper, $^2/_5$ Kohlenhydrate (Zucker, Gummiarten) und $^2/_5$ Aminosäuren sind.

Daß der Transport organischer Stoffe im Phloem (also in der Rinde) der Bäume stattfindet, kann auch mit Hilfe eines Ringelungsversuchs bewiesen werden (vgl. S. 70). Nach Vorschrift von HANSTEEN (1860) schneidet man einen Rindenstreifen rings um den abgeschnittenen Pappel- oder Weidenzweig aus und stellt ihn so in Wasser oder in den feuchten Boden, daß die ringförmige Schnittfläche mit Wasser bedeckt ist (vgl. Abb. 64). Nach einigen Wochen entwickeln sich nur wenige schwache Wurzeln am unteren kürzeren Stengelteil k' (unterhalb der Schnittstelle r), während oberhalb der Schnittfläche lange und kräftige Wurzeln entstehen. Außerdem bildet sich eine Anschwellung am Stengel

oberhalb der Schnittstelle (vgl. Abb. 64), welche auf ein verstärktes
Wachstum dieses Stengelteils hinweist. Der Transport der organischen
Stoffe des oberen Stengelteils in den unteren Teil wird also durch das
Ausschneiden der Rinde gehemmt. Die organischen Stoffe des ganzen
oberen Stengelteils häufen sich infolgedessen oberhalb der Schnittstelle
und rufen die Bildung der Anschwellung und der Wurzeln hervor,
während unterhalb die Bildung der Wurzeln nur auf Kosten der wenigen hier befindlichen organischen Substanzen stattfinden kann.

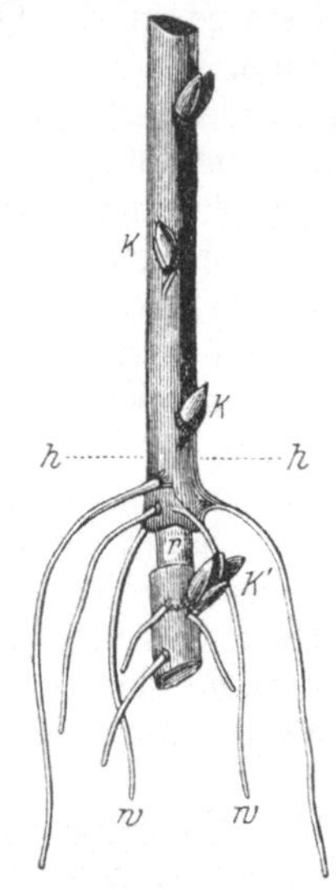

Abb. 64. Ringelungs-
versuch zum Beweis
des Transports orga-
nischer Stoffe in der
Rinde. *hh* Boden-
bzw. Wasseroberflä-
che. (Nach PFEFFER.)

Schneidet man die Rinde nicht vollkommen
aus, beläßt man z. B. eine kleine Brücke, die die
Rinde beider Stengelteile verbindet, so bilden sich
die Wurzeln am unteren Stengelteil gerade unter
der belassenen Brücke, so daß die unversehrte
Rinde die einzige Bahn darstellt, in welcher sich
organische Stoffe im Stengel nach unten bewegen
können.

Müssen aber organische Stoffe in die oberen
Pflanzenteile gelangen, so können sie offenbar wie
Mineralsubstanzen im Wasser des Holzes transportiert werden. In der Tat wissen wir schon, daß
die beim Pflanzenbluten herausquellende Flüssigkeit stets organische Stoffe in gelöstem Zustande
enthält, deren Menge im Frühjahr sehr bedeutend
ist, weil die Vorratsstoffe der Wurzel zu dieser Zeit
gelöst werden. Nach STRASBURGER (1891) sollen
organische Stoffe in Blütenschäften auch im Holz
transportiert werden, weil nach dem Durchschneiden des Phloems die Entwicklung der Früchte
normal fortschreitet.

Der Transport organischer Stoffe von unten
nach oben im Holz der Pflanze erscheint vom
Standpunkt der Physik aus vollkommen verständlich. Was aber die Kräfte anbetrifft, welche diese
Stoffe im Phloem transportieren, so können es nur
Diffusionskräfte oder zugleich Gravitationskräfte sein, weil das im
Phloem befindliche Wasser unbeweglich ist. Wir können uns die Tätigkeit der genannten Kräfte folgendermaßen vorstellen. Organische Stoffe
gelangen von oberen Pflanzenteilen ins Phloem; infolgedessen muß die
Konzentration dieser Stoffe in den oberen Teilen der Phloemzellen
stets größer sein, als in den unteren Teilen. Da aber eine konzentrier-
tere Lösung größere Dichtigkeit hat, so muß die in den oberen Zellteilen angehäufte Lösung organischer Stoffe nach unten fließen und
durch die untere verdünntere Lösung ersetzt werden. Durch die unteren
Zellwände dringen diese Stoffe weiter in die Nachbarzellen auf dem
Wege der Osmose ein.

Die Siebröhren, in welchen der Transport organischer Stoffe stattfindet, stellen lange lebende Zellen dar, deren Querwände fein durch-

löchert sind (daher der Namen: Siebröhren), so daß die aus den oberen Zellteilen herunterfließende Lösung direkt (ohne eine Osmose) in die nächstliegenden Zellen gelangen kann[1]). Auf diese Weise können organische Stoffe unvergleichlich schneller transportiert werden, als auf dem Wege der Osmose von Zelle zu Zelle. Im Gegensatz dazu ist der letztere Weg der einzig mögliche für den Fall, daß Stoffe im Phloem von unten nach oben transportiert werden.

In Übereinstimmung mit dem oben angegebenen Schema muß der Transport organischer Stoffe im Phloem aufhören, wenn die Konzentration dieser Stoffe in den Phloemzellen der der chlorophyllhaltigen Blattzellen gleich wird. Umgekehrt muß die Transportgeschwindigkeit ihre maximale Größe erreichen, wenn die in das Phloem gelangten organischen Stoffe durch die chlorophyllosen Pflanzenteile besonders schnell verbraucht werden. In der Tat hört die Auflösung der Stärke in den Blattzellen auf, wenn alle Organe der Pflanze, die organische Stoffe verbrauchen (z. B. Blüten, wachsende Früchte, Samen, Knollen usw.), entfernt sind. Umgekehrt löst sich die Stärke in zurückgebliebenen Blättern viel schneller auf, wenn die Mehrzahl der Blätter entfernt ist und die Knospen dadurch zum Wachstum veranlaßt werden.

17. Bildung und Ausnützung der Reservestoffe.

Wie wir aus dem vorhergehenden Kapitel ersehen haben, stellt die Umwandlung von Zucker in Stärke eine Reihe reversibler chemischer Reaktionen dar, deren Richtung durch die Menge der Reaktionsprodukte bestimmt wird. Eine analoge Erscheinung wird auch bei der Bildung und Ausnützung der Vorratsnährstoffe (Reservestroffe) beobachtet.

Die im Phloem transportierten organischen Stoffe, z. B. Zucker, können auf dem Wege der Osmose auch in die Zellen der das Phloem umgebenden Nachbargewebe, so z. B. in die Zellen der primären Rinde und der Markstrahlen eindringen, und von da aus auch in die lebenden Mark- und Holzzellen (Holzparenchym) gelangen. Steigt die Zuckerkonzentration in diesen Zellen genügend hoch, so kann sich in ihnen Stärke bilden; verringert sich aber diese Konzentration, so löst sich Stärke wieder auf. Im Sommer, also zur Zeit der stärksten Photosynthese, wird infolgedessen Stärke in allen lebenden Geweben des Stengels und der Wurzel mehrjähriger Pflanzen abgelagert, während im Frühling, wenn alle gelösten organischen Stoffe durch treibende Knospen verbraucht werden, die abgelagerte Stärke wieder aufgelöst wird[2]).

---

[1]) Daß sich der Zellsaft aller Siebröhren durch die Sieblöcher hindurch (d. h. durch die durchlöcherten Querwände) vermischen kann, wird dadurch bewiesen, daß das nach dem Durchschneiden der Siebröhren der Kürbispflanze herausfließende Flüssigkeitsvolumen so bedeutend ist, daß man annehmen muß, die Flüssigkeit sei der Zellsaft vieler Siebzellen.

[2]) Die Beobachtungen des Verfassers über den Beginn des Blutens bei der Birke im Frühling zeigten, daß die Feuchtigkeit und die Temperatur des Bodens zu dieser Zeit die wichtigsten Faktoren sind, die die Auflösung der Wurzelstärke und ihre Umwandlung in Zucker veranlassen. Wahrscheinlich bewirken

Die Auflösung der Stärke im Stengel kann auch künstlich hervorgerufen werden. Man stellt im Winter einen abgeschnittenen Zweig in ein warmes Zimmer in Wasser. Die Wärme veranlaßt die Knospen zum Öffnen, wobei der Zucker verbraucht wird; seine Konzentration in den stärkehaltigen Zellen des Zweiges vermindert sich und die Stärke wird aufgelöst.

Die chemische Analyse weist in unreifen Samen eine bedeutende Menge verschiedener Zuckerarten nach (z. B. Glukose, Fruktose, Saccharose), die sich allmählich in Stärke verwandeln. Die Menge der stärkeauflösenden Enzyme (Diastase) ist in diesen Samen nur gering, während die die Stärke synthesierenden Enzyme offenbar überwiegen. Bei der Keimung der Samen dagegen bilden sich in ihnen die die Stärke auflösenden Enzyme, so daß die Stärke vollständig in Zucker umgewandelt wird.

Die Aufnahme und Verarbeitung von Zucker durch den wachsenden Keim begünstigt die Auflösung von Stärke, weil sie die Zuckerkonzentration in den Stärke enthaltenden Zellen erniedrigt. Wird aber der gebildete Zucker nicht verbraucht (z. B. nach der Entfernung des Keims aus dem Samen), so löst sich auch die Stärke nicht. Nach PURIEWITSCH (1898) bildet sich sogar Stärke aufs neue, wenn die bei der Keimung entstärkten Kotyledonen der Leguminosen in eine Zuckerlösung gebracht sind. Nach demselben Autor kann man den Einfluß des Keimes auf die Auflösung von Stärke durch eine mit Wasser durchtränkte Gips- oder Porzellanplatte ersetzen. Der in den Kotyledonen gebildete Zucker diffundiert in das Wasser, das die Poren der Gipsplatte erfüllt, und die Stärke wird aufgelöst.

Die Umwandlung von Stärke in Zucker kann nicht nur durch die Zuckerkonzentration in den Stärke enthaltenden Zellen, sondern auch durch andere Agentien beeinflußt werden, z. B. durch die Temperatur. Bekanntlich erlangen Kartoffelknollen, die nach der Ernte lange Zeit in einem kalten Raum (0—6° C) aufbewahrt werden, süßen Geschmack. Nach MÜLLER-THURGAU (1882) verwandelt sich die Stärke der Knollen bei niedriger Temperatur zum Teil in Zucker (in der Hauptsache in Saccharose); in einem warmen Raum (20—30° C) bildet sich aus dem Zucker wieder Stärke. Die Temperaturerhöhung beschleunigt offenbar die Tätigkeit der die Stärke synthesierenden Enzyme mehr als die der die Stärke auflösenden Enzyme und umgekehrt.

Außer der beschriebenen Verwandlung von Zucker und Stärke, die einer Enzymtätigkeit zugeschrieben werden muß, werden bei der Ablagerung und Ausnützung der Reservestoffe auch kompliziertere chemische Reaktionen beobachtet, deren Reagentien uns zur Zeit noch unbekannt sind. So verwandelt sich ein Teil der im Stamm und in der Wurzel während des Sommers angehäuften Stärke im Spätherbst (September bis November) in Öl, das im Frühling wieder in Stärke

---

die Salze des Bodens, die durch vergrößerte Feuchtigkeit im Frühling aus dem Boden ausgewaschen werden, daß die die Stärke auflösenden Enzyme in Tätigkeit treten.

umgewandelt wird. Nach A. Fischer (1890) wird in einigen Bäumen (z. B. in der Birke, Fichte, Linde u. a.) die ganze Menge der abgelagerten Stärke in Öl umgewandelt, während bei anderen Bäumen (z. B. bei der Eiche) nur ein unwesentlicher Teil der Stärke sich in Öl verwandelt. Man unterscheidet daher Öl- und Stärkebäume.

Auch in reifenden Samen verwandeln sich Zucker und Stärke teilweise in Öl, dessen Menge in einigen Samen (z. B. in Kürbis-, Lein-, Senfsamen und anderen öligen Samen) 30—60% der Trockensubstanz ausmacht. Bei der Keimung solcher Samen werden Fette zunächst zu Fettsäuren und Glyzerin (durch Lipase) gespalten (vgl. S. 43), die sich jedoch bald in Monosaccharide verwandeln.

Wir wollen jetzt das Schicksal der durch Hydrolyse von Eiweißkörpern in den Blättern entstehenden Peptide und Aminosäuren betrachten, die in den Stengel und weiter zu den Verbrauchsstellen transportiert werden. In den Siebröhren verwandeln sie sich zum Teil wieder in Eiweißkörper, zum Teil aber in Asparagin (vgl. S. 97), das an den Verbrauchsstellen gemeinsam mit den übrigen Aminosäuren wieder zu Eiweißkörpern verarbeitet wird. Nach Borodin (1878) ist Asparagin stets in den Zweigen vieler Sträucher und Bäume vorhanden. Vermag aber die mikroskopische Untersuchung Asparagin nicht nachzuweisen (z. B. in den Zweigen des Ahorns und der Nadelbäume), so kann man seine Bildung durch Versetzen der Zweige ins Dunkle hervorrufen, weil Asparagin nur bei Anwesenheit der Kohlenhydrate weiter ·zu Eiweißkörpern verarbeitet werden kann (vgl. auch S. 138; Asparagin verhält sich also ähnlich wie Nitrate). Stellt man aber die Zweige mit treibenden Knospen in eine Zuckerlösung, so kann man die Anhäufung von Asparagin in ihnen vermeiden.

Bei der Keimung der Samen werden Eiweißkörper unter der Einwirkung proteolytischer Enzyme (Proteasen, Peptasen) zu Albumosen, Peptonen und schließlich zu Aminosäuren gespalten, die als Nahrung bei der Entwickelung des Keimes dienen und in ihm wieder zu Eiweißkörpern verarbeitet werden. Infolgedessen vergrößert sich die Menge der Aminosäuren zu Beginn der Keimung, während sie später wieder abnimmt. Ein Teil dieser Säuren verwandelt sich in Asparagin, das nur bei Anwesenheit von Kohlenhydraten zu Eiweißstoffen verarbeitet werden kann und sich bei der Keimung im Dunkeln (d. h. beim Fehlen der Photosynthese) in den Keimlingen sehr stark anhäuft, ebenso wie es in treibenden Zweigen gespeichert wird[1].

---

[1] Die Bildung von Asparagin aus einigen Aminosäuren, z. B. aus Asparaginsäure und Leucin, kann man leicht erklären, weil Asparagin Amid der Asparaginsäure darstellt: $(COOH) \cdot CH_2 \cdot CH(NH_2)(COOH) + NH_4OH =$
$$= (CONH_2)CH_2CH(NH_2)(COOH) + 2H_2O.$$

Leucin verwandelt sich aber zunächst in Asparaginsäure:
$$CH_3 : CH \cdot CH_2 \cdot CH(NH_2)(COOH) \rightarrow (COOH) \cdot CH_2 \cdot CH(NH_2)(COOH)$$
und weiter in Asparagin (Euler).

IV. Atmungsprozesse der Pflanze.

1. Definition des Begriffes „Atmungsprozesse".

In vorhergehenden Kapiteln haben wir verschiedene chemische Prozesse betrachtet, die zur Bildung organischer Stoffe in der Pflanze führen. Diese Prozesse werden sehr oft von einer Energieabsorption begleitet. Andererseits findet nur die Synthese von Kohlenhydraten bei autotrophen Pflanzen auf Kosten der Strahlungsenergie statt, während bei der Mehrzahl der synthetischen Prozesse und auch bei anderen physiologischen Erscheinungen (Wachstum, Bewegung) die chemische Energie verschiedenartiger exothermisch-chemischer Reaktionen ausgenützt wird (vgl. S. 14 und 139). Die Summe dieser Reaktionen wird gewöhnlich als Atmungsprozeß bezeichnet.

Die exothermischen Reaktionen, die wir bei der Besprechung der Chemosynthese kennen gelernt haben und in denen Mineralsubstanzen durch Sauerstoff oxydiert werden, kann man gleichfalls als Atmungsprozesse bezeichnen. Bei der Mehrzahl der autotrophen und heterotrophen Pflanzen werden Atmungsprozesse auch von einer Absorption von Sauerstoff begleitet; er wird aber zur Oxydation organischer Stoffe verwendet.

Andererseits können Atmungsprozesse zahlreicher Pflanzen auch ohne eine Beteiligung des gasförmigen Sauerstoffes verlaufen und in einer Zersetzung organischer bzw. anorganischer Stoffe bestehen, welche zur Bildung chemischer Verbindungen führt, die eine kleinere Energiemenge enthalten als die Ausgangsstoffe. Atmungsprozesse, die von einer Absorption des gasförmigen Sauerstoffes begleitet werden, bezeichnet man gewöhnlich als Atmung, während man die anderen Atmungsprozesse Gärung (bisweilen auch anaerobe Atmung) nennt.

Die Mehrzahl der Pflanzen kann unter passenden Bedingungen Atmungsprozesse beider Art aufweisen, obwohl bei höheren Pflanzen und auch bei vielen Bakterienarten und Pilzen unter normalen Bedingungen fast ausschließlich die Atmung beobachtet wird, während die Gärung erst nach dem Versetzen der Pflanzen in sauerstofffreie Atmosphäre auftreten kann. Solche Zwangsgährung ist gewöhnlich schädlich und führt schließlich zum Absterben der Pflanzen, welche also freien Sauerstoff nicht entbehren können und daher als obligate Aeroben bezeichnet werden. Im Gegensatz dazu kommen im Boden und in stagnierenden Gewässern Bakterien vor, die normal nur Gärung zeigen, während ihre Atmung nur künstlich hervorgerufen werden kann und sehr schädlich für sie ist. Solche Bakterien bezeichnet man gewöhnlich als obligate Anaeroben. Eine mittlere Stellung nehmen die sogenannten fakultativen Aeroben ein, zu denen mehrere Bakterien- und Hefearten gehören, für welche weder Atmung noch Gärung schädlich ist.

Wir betrachten zunächst die Atmung etwas eingehender.

2. Atmung der Pflanze.

Wie früher erwähnt, wies zum ersten Male INGENHOUSZ darauf hin, daß nur grüne Pflanzenteile und auch diese nur im Lichte „dephlogistonisierte Luft" ausscheiden. Chlorophyllfreie Pflanzenteile oder grüne Pflanzen im Dunkeln benehmen sich dagegen nach demselben Forscher ähnlich wie Tiere, d. h. sie scheiden fixierte Luft (Kohlensäure) aus. Bald darauf kam LAVOISIER (1780) zu dem Schlusse, daß die Atmung der Tiere mit der Verbrennung organischer Körper verglichen werden kann. Beide Prozesse werden von einer Absorption von Sauerstoff begleitet, der sich mit dem Kohlenstoff und Wasserstoff der organischen Körper verbindet, wobei Kohlendioxyd und Wasser entstehen und Wärme gebildet wird. Nach der Meinung LAVOISIERs stellte also die Atmung eine langsame Verbrennung dar.

Später übertrug SAUSSURE (1797) die Beobachtungen von LAVOISIER auf die Pflanzen und zeigte, daß sie bei Abwesenheit von Chlorophyll oder im Dunkeln den freien Sauerstoff der Luft absorbieren und Kohlendioxyd ausscheiden. Im Lichte absorbieren die grünen Pflanzen dagegen CO_2 und scheiden Sauerstoff aus.

Um die Absorption von gasförmigem Sauerstoff bei der Atmung zu demonstrieren, füllt man ein Glasgefäß mit in Wasser gequollenen Erbsensamen oder mit Blüten (gemischt mit kleinen Klümpchen von nassem Fließpapier) bis zur Hälfte und verschließt das Gefäß dicht mit einem Pfropfen. Nach einigen Stunden öffnet man das Gefäß und hält ein brennendes Hölzchen hinein. Die Flamme löscht sofort aus, weil der Sauerstoff durch die Pflanzen vollkommen absorbiert worden war.

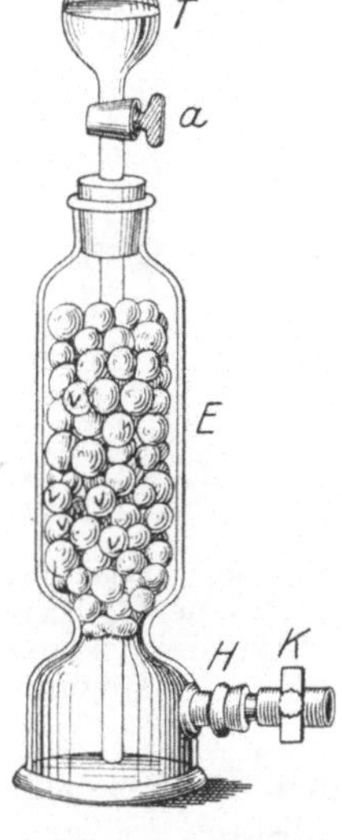

Abb. 65. Apparat zur Demonstration der CO_2-Ausscheidung bei der Atmung.

Die Bildung von CO_2 während der Pflanzenatmung kann man am einfachsten in dem Apparate beobachten, der auf der Abb. 65 zu sehen ist. Er besteht aus einem gewöhnlich zum Trocknen von Gasen dienenden Glasgefäß E, dessen untere Öffnung H mit einem durchbohrten Pfropfen verschlossen ist, in dessen Öffnung eine Glasröhre mit einem Kautschukschlauch und einer zugeschraubten Klemme K eingesetzt ist. Die obere Öffnung des Gefäßes ist mit einem durchbohrten Pfropfen verschlossen, in dessen Öffnung ein mit einem Hahn versehener Trichter T eingesetzt ist. Die Trichterröhre reicht bis zum Gefäßboden. Man füllt den oberen Gefäßteil mit gequollenen Erbsensamen oder mit Blüten (gemischt mit nassem Fließpapier) und verschließt den Hahn a. Nach einigen Stunden (am nächsten Morgen) gießt man eine klare Barytlösung in den Trichter T ein, schraubt die Klemme K auf und öffnet den Hahn a, so daß die

Lösung in den unteren Gefäßteil hinunterfließt. Da das Gefäß infolge der Atmung Kohlendioxyd enthält, wird die Barytlösung sofort trübe und scheidet sogar einen weißen Niederschlag von Baryumcarbonat aus.

Um gleichzeitig die Sauerstoffabsorption und die Ausscheidung von CO_2 zu demonstrieren, kann man sich eines Apparates bedienen, der auf Abb. 66 zu sehen ist. In eine mit gequollenen Erbsensamen gefüllte Flasche bringt man ein kleines mit Kalilauge gefülltes Reagenzgläschen K ein und verschließt die Flasche mit einem Pfropfen, in dessen Öffnungen zwei Glasröhren T_1 und T_2 eingesetzt sind; die Röhre T_2 taucht in Quecksilber, die Röhre T_1 ist durch eine Schraubenklemme verschlossen. Der Sauerstoff der in der Flasche befindlichen Luft wird durch die Samen absorbiert; das ausgeschiedene Kohlendioxyd verbindet sich mit Kaliumhydroxyd zu Kaliumcarbonat. Infolgedessen vermindert sich der Gasdruck in der Flasche, und Quecksilber steigt in der Röhre T_2.

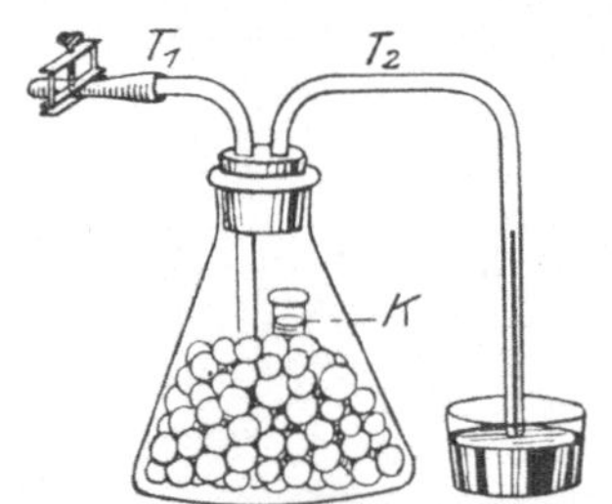

Abb. 66. Apparat zur Demonstration der O_2-Absorption und CO_2-Ausscheidung bei der Atmung.

Wie erwähnt, stellte LAVOISIER fest, daß bei der Atmung der Tiere außer CO_2 auch Wasser gebildet wird. Um die Wasserbildung bei der Atmung der Pflanzen zu beweisen, verglich SAUSSURE die Menge der ausgeschiedenen CO_2 mit dem Verlust der Trockensubstanz der Pflanze bei der Atmung. Wenn nur CO_2 gebildet wäre, so müßte die Trockensubstanz der Pflanze nur ihren Kohlenstoff verlieren, d. h. auf 44 g ausgeschiedene CO_2 müßte eine Verminderung der Trockensubstanz um 12 g (Atomgewicht C = 12, 0 = 16, $CO_2 = 12 + 32 = 44$) beobachtet werden. Die Versuche SAUSSURES zeigten aber, daß der Verlust der Trockensubstanz größer war, als es der Ausscheidung von CO_2 entsprach. Die Pflanze verlor also bei der Atmung nicht nur ihren Kohlenstoff, sondern auch ihren Wasserstoff und vielleicht auch Sauerstoff. Um den bei der Atmung stattfindenden Stoffwechsel quantitativ zu erforschen, maß der genannte Forscher nicht nur die Menge des ausgeschiedenen Kohlendioxyds, sondern auch die des absorbierten Sauerstoffes, und fand die Volumina beider Gase ungefähr gleich.

Um die Menge des absorbierten Sauerstoffes festzustellen, könnte man sich z. B. des oben beschriebenen Apparates (Abb. 66) bedienen. Man muß aber darauf achten, daß das Volumen der Luft in der Flasche nicht durch Temperaturwechsel oder Bewegungen des Pfropfens verändert wird. Aus der Höhe der Quecksilbersäule schließt man auf die Menge des absorbierten Sauerstoffes[1]).

---

[1]) In genauen Versuchen muß die Flasche mit einem eingeschliffenen Glaspfropfen versehen sein, der zwei eingeschmolzene Glasröhren trägt, von denen eine in Quecksilber taucht, während die andere mit einem geschliffenen Hahn versehen ist und zum Einstellen des anfänglichen Niveaus der Quecksilbersäule

Um das Volumen des bei der Atmung ausgeschiedenen Kohlendioxyds zu bestimmen, bringt man die Pflanze in ein verschlossenes Glasgefäß, durch das man während des ganzen Versuches Luft strömen läßt, die von CO_2 befreit ist und die durch die mit Kalilauge oder Baryt gefüllten Glasröhren geleitet wird und an diese Stoffe die aus dem Gefäße mitgerissene CO_2 abgibt. Aus der Gewichtszunahme der Röhren schließt man auf die Menge und das Volumen von CO_2.

Man kann die Volumina von Kohlendioxyd und Sauerstoff auch gleichzeitig bestimmen, wenn man die Pflanze in ein verschlossenes Gefäß bringt und von der in diesem Gefäße befindlichen Luft von Zeit zu Zeit Proben entnimmt und sie chemisch analysiert. Ist eine große Genauigkeit nicht erforderlich, so könnte man sich zu demselben Zwecke des oben beschriebenen Eudiometers bedienen (vgl. S. 104, Abb. 30). Die Menge der in ihm gebildeten CO_2 wird nach der Absorption dieses Gases durch Kalilauge und das Volumen des zurückgebliebenen Sauerstoffes nach seiner Absorption durch Pyrogallolkali bestimmt.

Die auf diese Weise angestellten Untersuchungen späterer Forscher bestätigten die oben erwähnten Angaben SAUSSURES und stellten fest, daß das Volumen des bei der Atmung absorbierten Sauerstoffes dem des ausgeschiedenen Kohlendioxyds ungefähr gleich ist. So ist das Verhältnis des Volumens von CO_2 zu dem von O_2, der sogenannte Atmungsquotient, bei Lorbeeren $\dfrac{CO_2}{O_2} = 1{,}18$, bei Oleander $\dfrac{CO_2}{O_2} = 0{,}97$. In den meisten Fällen ist dieser Quotient etwas kleiner als 1; doch kann seine Größe auch bei ein und der selben Pflanze variieren.

Da gleiche Volumina der Gase eine gleiche Anzahl von Molekülen enthalten (vgl. S. 23, Anm.), so folgt aus diesen Versuchsergebnissen, daß auf jedes absorbierte Sauerstoffmolekül ungefähr ein Molekül Kohlendioxyd ausgeschieden wird, d. h. der Sauerstoff wird in der Pflanze in der Hauptsache zur Oxydation von Kohlenstoff verwandt. Infolgedessen schien es schon SAUSSURE sehr wahrscheinlich zu sein, daß bei der Atmung Kohlenhydrate, z. B. Zucker, oxydiert werden:]

$$C_6H_{12}O_6 + 6\,O_2 = 6\,CO_2 + 6\,H_2O.$$

Dieser Gedanke SAUSSURES wurde später vielfach bestätigt. Es zeigte sich aber, daß die Pflanzen nicht nur Kohlenhydrate, sondern auch andere organische Stoffe bei der Atmung zu oxydieren vermögen und daß niedrige Pflanzen (Bakterien und Pilze) hinsichtlich ihrer oxydierenden Fähigkeit besonders verschiedenartig sind.

---

dient. Der ganze Apparat (oder wenigstens die Flasche) muß sich in Wasser von konstanter Temperatur befinden. Das Volumen der Flasche bestimmt man in der Weise, daß man sie mit Wasser füllt und wägt. Ist V das Flaschenvolumen, v das Volumen der Pflanze und der Kalilauge, und h die Höhe der Quecksilbersäule nach dem Versuche, so ist das Volumen des absorbierten Sauerstoffes $x = \dfrac{(V - v)h}{P}$, wo P den atmosphärischen Druck bezeichnet (vorausgesetzt, daß derselbe konstant ist).

3. Atmungsmaterial.

Wie wir soeben gesehen haben, lassen die bei der Erforschung des Gaswechsels während der Atmung erhaltenen Ergebnisse vermuten, daß in der Pflanze **Kohlenhydrate** als **Atmungsmaterial** verwandt werden, d. h. durch absorbierten gasförmigen Sauerstoff oxydiert werden.

Diese Vermutung bestätigt sich durch die Beobachtungen über die Abhängigkeit der Atmungsgeschwindigkeit von der Menge der in der Pflanze anwesenden Kohlenhydrate. Nach Borodin (1876) vermindert sich die Atmung der Zweige im Dunkeln, weil die in ihnen vorhandene Stärke allmählich verbraucht wird. Stellt man aber die abgeschnittenen Zweige ins Licht, so bildet sich aufs neue Stärke, und die Atmungsgeschwindigkeit vergrößert sich wieder. Nach Palladin (1893) kann man die geschwächte Atmung der Blätter durch künstliche Einführung von Zucker steigern. So schieden in seinen Versuchen 100 g chlorophyllfreie (also im Dunkeln gewachsene) Bohnenblätter durchschnittlich 90 mg CO_2 während 24 Stunden aus, während sie nach dem Übertragen auf eine Saccharoselösung 150 mg CO_2 abgaben.

Andererseits zeigt die chemische Analyse und die mikroskopische Beobachtung, daß die in den Zellen befindliche Stärke bei der Atmung allmählich verschwindet. Besonders auffallend ist das Verschwinden der in der dicken Blütenachse von Arum abgelagerten Stärke bei der Atmung. Die Trockensubstanz dieser Achse enthält ungefähr 80 % Stärke, die beim Öffnen der Blüte infolge einer Atmungssteigerung vollkommen verbraucht wird (Kraus, 1894—95).

Wenn somit bei der Atmung der höheren Pflanzen in der Mehrzahl der Fälle Kohlenhydrate oxydiert werden, so ist die Möglichkeit der Oxydation anderer organischer Stoffe bei diesen Pflanzen freilich nicht ausgeschlossen. So zeigten Untersuchungen Saussures (1841), daß der Atmungsquotient der keimenden Samen, die eine große Ölmenge enthalten, kleiner ist als 1. Bei Hanfsamen ist z. B. dieser Quotient $\dfrac{CO_2}{O_2} = 0{,}67$, bei Senfsamen $\dfrac{CO_2}{O_2} = 0{,}77$ usw. Später fanden Bonnier und Mangin (1884) einen noch kleineren Atmungsquotienten bei Leinsamen: $\dfrac{CO_2}{O_2} = 0{,}5$. Somit bedarf die Oxydation organischer Stoffe in **ölhaltigen Samen** mehr Sauerstoff als die Oxydation von Kohlenhydraten, und man kann kaum daran zweifeln, daß in diesen Samen **Fette** oxydiert werden; sie enthalten viel weniger Sauerstoff (ungefähr 10 %) als Kohlenhydrate (mehr als 50 %) und verbrauchen bei der Oxydation mehr Sauerstoff. So verlangt z. B. die Oxydation des verbreitetsten Bestandteils der pflanzlichen Fette, des Oleins

$$C_3H_5(O \cdot CO \cdot C_{17}H_{33})_3$$

(d. h. Glyzerids von Oleinsäure, vgl. S. 43) ungefähr $1\frac{1}{2}$ Volumen Sauerstoff auf 1 Volumen neu gebildeten CO_2, so daß bei der Fettoxydation der Atmungsquotient ungefähr gleich 0,7 sein muß:

$$C_3H_5(O \cdot CO \cdot C_{17}H_{33})_3 + 80\,O_2 = 57\,CO_2 + 52\,H_2O \quad \text{und} \quad \frac{CO_2}{O_2} = \frac{57}{80} = 0,71.$$

Olein   80 Vol.   57 Vol.

Bei der Keimung ölhaltiger Samen werden Fette hydrolysiert und verwandeln sich teilweise in Kohlenhydrate (vgl. S. 47); es ist zur Zeit noch nicht klar, ob Fette bei der Atmung direkt oxydiert werden oder zuerst in Kohlenhydrate umgewandelt und dann oxydiert werden[1]).

Es können nicht nur Kohlenhydrate und Fette, sondern auch Eiweißstoffe bei der Atmung der Tiere oxydiert werden. Die Oxydation dieser Stoffe bei der Atmung der höheren Pflanzen ist dagegen nur sehr unbedeutend, weil die chemische Analyse keine Abnahme von Eiweißstoffen bei der Atmung (z. B. in der Blütenachse von Arum) nachzuweisen vermag (KRAUS 1895). Diese Stoffe bilden aber wahrscheinlich das einzige Atmungsmaterial der Bakterien, die sich auf Nährböden entwickeln, die als einzigen organischen Nährstoff Pepton enthalten. Im allgemeinen vermögen Mikroorganismen sehr verschiedenartige Stoffe bei der Atmung zu oxydieren, so z. B. Glyzerin, Mannit, Tannin, Weinsäure, Oxalsäure, Milchsäure u. a.

In der Tat war der Atmungsquotient des Schimmelpilzes Aspergillus bei seiner Kultur in den verschiedene organische Stoffe enthaltenden Nährlösungen in Versuchen PURIEWITSCHs ungleich. Diese Stoffe drangen offenbar in die Zellen des Schimmelpilzes ein und wurden dort einer Oxydation ausgesetzt. So war z. B. der Atmungsquotient bei der Ernährung des Pilzes mit Glukose $\dfrac{CO^2}{O_2} = 0,9$, mit Saccharose 0,87, mit Glycerin 0,77, mit Mannit 0,66, mit Tannin 0,91 und mit Weinsäure 1,59.

Berechnet man die für eine vollkommene Oxydation der aufgezählten Stoffe (d. h. für ihre Verwandlung in CO_2 und H_2O) nötige Sauerstoffmenge und die Menge der bei dieser Oxydation gebildeten CO_2, so erhält man die folgenden theoretischen Atmungsquotienten: für Glukose und Saccharose $\dfrac{CO_2}{O_2} = 1$ (vgl. S. 151), für Glycerin $\dfrac{CO_2}{O_2} = 0,86 \Big(2\,C_3H_8O_3 + 7\,O_2 = 6\,CO_2 + 8\,H_2O;$ also $\dfrac{CO_2}{O_2} = \dfrac{6}{7} \Big)$, für Mannit $\dfrac{CO_2}{O_2} = 0,9 (2\,C_6H_{14}O_6 + 13\,O_2 = 12\,CO_2 + 14\,H_2O)$, für Tannin $\dfrac{CO_2}{O_2} = 1,1 (C_{14}H_{10}O_9 + 12\,O_2 = 14\,CO_2 + 5\,H_2O)$, für Weinsäure $\dfrac{CO_2}{O_2} = 1,6 (2\,C_4H_6O_6 + 5\,O_2 = 8\,CO_2 + 6\,H_2O)$.

Der Vergleich zwischen den theoretischen Atmungsquotienten und den an Aspergillus beobachteten veranlaßt uns zu dem Schlusse, daß nur

---

[1]) Während der ersten Tage der Keimung verwandeln sich Fette in Kohlenhydrate, so daß Sauerstoff aufgenommen, CO_2 aber nicht ausgeschieden wird. Infolgedessen ist der Quotient $\dfrac{CO_2}{O_2}$, nach BONNIER und MANGIN, am ersten Tage der Keimung 0,3, am zweiten Tage 0,34 und erst am fünften Tage 0,63.

Weinsäure (Atm. qu. $= 1,6$) bei der Atmung dieses Schimmelpilzes beinahe vollkommen zu CO_2 und H_2O oxydiert wird, während andere Stoffe kleinere Quotienten ergeben und wahrscheinlich teilweise zu irgendwelchen anderen Stoffen oxydiert werden. Durch eine solche unvollständige Oxydation kann man offenbar auch die Tatsache erklären, daß der Atmungsquotient bei höheren Pflanzen ebenfalls kleiner als 1 ist (vgl. S. 151). Im nächstfolgenden Kapitel erfahren wir, daß das Atmungsmaterial bei einer unvollständigen Oxydation zu organischen Säuren oxydiert wird.

4. Unvollständige Oxydation des Atmungsmaterials.

Als ein Beispiel einer unvollständigen Oxydation des Atmungsmaterials bei der Atmung betrachten wir die sogenannte „Essiggärung". Schon den Urvölkern war bekannt, daß verschiedene alkoholhaltige Getränke im warmen Raum sauer werden und sich in Essig verwandeln, wobei sich auf der Flüssigkeitsoberfläche eine graue Haut bildet. SAUSSURE (1804) zeigte später, daß der Alkohol der Getränke durch den Sauerstoff der Luft zu Essigsäure oxydiert wird:

$$CH_3CH_2OH + O_2 = CH_3COOH + H_2O.$$

Man hielt diese Oxydation lange Zeit für einen rein chemischen Prozeß, und erst PASTEUR (1862) gelang es zu beweisen, daß die Oxydation von Alkohol zu Essigsäure bei Zimmertemperatur nur mit Hilfe bestimmter Bakterien stattfinden kann. War die alkoholhaltige Flüssigkeit vorher gekocht worden und wird sie in einer mit Watte verschlossenen Flasche aufbewahrt, so kann sie nicht sauer werden. Bringt man aber etwas bakteriellen Niederschlag oder Haut von Essig in die Flasche, so beginnt der Prozeß sofort, und der Alkohol verwandelt sich vollständig in Essigsäure. Später wurden drei Arten von Essigbakterien (Bacterium aceti, Bacterium Pasteurianum und Bacterium Kützingianum) in sauer werdenden Getränken gefunden und in Reinkulturen gezogen (vgl. Abb. 70, $a-c$, S. 163).

Der Alkohol dringt, wie wir wissen, sehr leicht in lebende Zellen ein; er dringt offenbar auch in die Zellen der Essigbakterien ein und wird dort während der Atmung einer Oxydation ausgesetzt. Es bildet sich aber kein CO_2, weil die Oxydation unvollständig ist; es entsteht nur Essigsäure. Ist aber aller Alkohol verbraucht, so oxydieren die Essigbakterien auch Essigsäure weiter zu CO_2 und H_2O: $CH_3COOH + 2O_2 = 2CO_2 + 2H_2O$. Die Verwandlung von Alkohol zu Essigsäure ist also keine Gärung, sondern eine typische Atmung.

Schimmelpilze, z. B. Aspergillus und Penicillium, oxydieren nach WEHMER (1891) Zucker zum Teil zu Oxalsäure, obwohl die Hauptmenge desselben in CO_2 und H_2O umgewandelt wird: $C_6H_{12}O_6 + 9O = 3C_2H_2O_4 + 3H_2O$ (vgl. S. 96, Anm. 1). Die gebildete Säure diffundiert aus den Zellen der Schimmelpilze in die Nährlösung und häuft sich dort bis zu einer gewissen Konzentration (ungefähr $0,3\%$) an; dann hört die Ausscheidung der Säure auf, weil sie in den Zellen weiter zu CO_2 und H_2O oxydiert wird: $C_2H_2O_4 + O = 2CO_2 + H_2O$. Wird aber die ausgeschiedene Säure neutralisiert (z. B. durch zugesetzte Kreide, Pottasche oder Soda), so setzt sich die Ausscheidung der Säure fort und hört erst nach vollkommenem Verbrauch von Zucker auf.

Einige seltener vorkommende Schimmelpilze (z. B. Citromyces) oxydieren Zucker teilweise zu Zitronensäure, die sich nach der Neutralisation durch Calciumcarbonat in Form von unlöslichem Calciumzitrat auf dem Boden der Kulturflüssigkeit anhäuft und auf diese Weise auch teilweise technisch dargestellt wird.

Was nun die höheren autotrophen Pflanzen anbelangt, so wissen wir schon, daß ihr Zellsaft sehr oft eine saure Reaktion gibt und manchmal eine bedeutende Menge organischer Säuren (Zitronen-, Apfel-, Weinsäure, vgl. S. 96) enthält, während Oxalsäure in Form von Calciumoxalat bei diesen Pflanzen weit verbreitet ist. Da Kohlenhydrate, die das Ausgangsmaterial für die Bildung anderer organischer Stoffe der Pflanze darstellen, weniger Sauerstoff enthalten als organische Säuren (Glukose enthält z. B. 53 % Sauerstoff, während Oxalsäure 71 %, Weinsäure 68 %, Apfelsäure 60 % Sauerstoff enthalten), so wird die Bildung dieser Säuren aus Kohlenhydraten von einer Sauerstoffabsorption begleitet. Infolgedessen ist das Volumen der ausgeschiedenen CO_2 kleiner als das des absorbierten Sauerstoffes, und der Atmungsquotient $\dfrac{CO_2}{O_2}$ ist kleiner als 1.

Schon SAUSSURE machte darauf aufmerksam, daß das Luftvolumen in einem verschlossenen, mit Eichen- oder Roßkastanienblättern gefüllten Gefäße im Dunkeln abnimmt, so daß die Blätter mehr Sauerstoff aufnehmen, als sie CO_2 abgeben. Eine besonders große Volumenabnahme wurde bei der Atmung fleischiger Blätter, der sogenannten Sukkulenten (z. B. von Cacteen, Agaven, Sedum u. a.) beobachtet. Spätere Untersuchungen von AD. MAYER (1875—87) u. a. zeigten, daß der Atmungsquotient solcher Pflanzen im Dunkeln fortwährend abnimmt und schließlich gleich Null wird, d. h. trotz der Absorption von Sauerstoff scheiden die Blätter der Sukkulenten kein CO_2 aus. Gleichzeitig werden organische Säuren in ihren Geweben angehäuft: bei Cacteen Apfelsäure, bei Sedum Iso-Apfelsäure[1]) usw. Nachdem sich aber diese Säuren in den Geweben der Sukkulenten in größeren Mengen angehäuft hatten, beginnt ihre weitere Oxydation zu CO_2 und H_2O und der Atmungsquotient nimmt wieder zu.

Die im Gewebe der Sukkulenten bei Dunkelheit angehäuften Säuren werden durch das Sonnenlicht unter Bildung von CO_2 zersetzt, die sofort wieder durch die Chloroplasten assimiliert wird. Infolgedessen scheiden Sukkulenten Sauerstoff im Lichte aus, ohne Kohlendioxyd aufzunehmen. Die Zersetzung organischer Säuren im Lichte wird auch in wässerigen Lösungen beobachtet. Durch diese Zersetzung kann man

---

[1]) Die Apfelsäure der Cacteen dreht polarisiertes Licht links, während Iso-Apfelsäure es rechts dreht, eine andere Konfiguration hat und bei Trockendestillation Apfelsäureanhydrit ergibt.

vielleicht auch die früher erwähnte Tatsache erklären, daß das Volumen der bei der Photosynthese absorbierten CO_2 bei vielen Pflanzen kleiner als das ausgeschiedene Sauerstoffvolumen ist (vgl. S. 105).

Eine unvollständige Oxydation von Zucker bei der Atmung findet nicht nur bei Sukkulenten, sondern auch in den Früchten der Pflanzen (z. B. in den Äpfeln, Weintrauben u. a.) statt. Auch hier wird Zucker in organische Säuren umgewandelt, welche bei der Reifung weiter zu CO_2 und Wasser oxydiert werden, so daß das Obst seinen sauren Geschmack allmählich verliert. Da eine vollständige Oxydation organischer Säuren eine kleinere Sauerstoffmenge als die des Zuckers erfordert, so nimmt der Atmungsquotient bei der Obstreifung zu, um schließlich größer als 1 zu werden (WARBURG, 1886, GERBER, 1897).

5. Energieumwandlung bei der Atmung.

Alle in den vorhergehenden Kapiteln betrachteten Atmungsarten, in welchen Zucker, Fette, Säuren und andere organische und mineralische Substanzen oxydiert werden, stellen, wie wir wissen, exothermische chemische Reaktionen dar, d. h. werden von einer Energieabgabe begleitet. Ein Teil der bei der Atmung frei werdenden Energie wird für die Synthese komplizierter organischer Verbindungen (vgl. S. 148) und in verschiedenen physiologischen Prozessen ausgenützt, während ein anderer Teil dieser Energie sich gewöhnlich in Wärme, seltener aber auch in strahlende Lichtenergie umwandelt.

Die Energiemenge, welche bei der Atmung frei gemacht wird, ist bei verschiedenen Pflanzen und in verschiedenen Organen ein und derselben Pflanze ungleich. Als Regel kann man annehmen, daß in Entwicklung begriffene Organe und schnellwachsende Pflanzen stets eine stärkere Atmung als ausgewachsene Organe und langsam wachsende Pflanzen zeigen, wie es z. B. aus der folgenden Zusammenstellung zu ersehen ist, in welcher die durch jedes Gramm frischer Substanz der Pflanze während 24 Stunden absorbierte Sauerstoffmenge in Kubikzentimetern angegeben ist (AUBERT, 1892, GARREAU, 1851):

Die Menge des bei der Atmung absorbierten Sauerstoffes.

Pflanze	Sauerstoffmenge in ccm	Pflanze	Sauerstoffmenge in ccm
Kaktus Cereus	0,07	Fliederknospen	7,7
Kaktus Opuntia	0,36	Lindenknospen	11,5
Tannennadeln	1,0	Keimende Hanfsamen	11
Sedumblätter	1,7	Keimende Lactucasamen	18,2
Lupinusblätter	1,8	Keimende Mohnsamen	21,0
Blätter junger Weizenpflanzen	6,9	Blütenachse von Arum	50
Knospen von Sambucus	6,0		

Aus der angeführten Zusammenstellung ersieht man, daß die Atmung wachsender Pflanzenteile nicht schwächer als die der Tiere ist (der Mensch absorbiert ungefähr 7 ccm Sauerstoff auf jedes Gramm seines Körpergewichts in 24 Stunden). Wenn in Fliederknospen Kohlenhydrate bei der Atmung oxydiert werden, so gibt jedes Kilogramm dieser Knospen ungefähr 35 Kilogrammkalorien in 24 Stunden ab[1]). Da ein Teil dieser Energie wie bei der tierischen Atmung vermutlich in Wärme umgewandelt wird, so ist zu erwarten, daß die Temperatur energisch atmender Pflanzenteile höher als diejenige des umgebenden Raumes ist.

In der Tat wies schon LAMARCK (1777) darauf hin, das sich die Blütenachse von Arum beim Öffnen der Blüten merklich erwärmt. Genauere Untersuchungen darüber wurden von SAUSSURE (1822) gemacht. Das zwischen zusammengebundene Blütenachsen von Arum gestellte Thermometer zeigte in den Versuchen des genannten Forschers $44 - 50^{\circ}$ C, während die Temperatur des umgebenden Raumes 19° C betrug. Eine bedeutende Temperaturerhöhung wurde auch in den Blüten der Victoria regia und anderer Pflanzen beobachtet.

Um die Temperaturerhöhung bei der Atmung zu demonstrieren, füllt man nach GÖPPERT und WIESNER einen hölzernen, allerseits mit Filz bezogenen Kasten·mit keimenden Samen und verschließt ihn mit einem ebenfalls mit Filz bedeckten und mit einem Thermometer versehenen Deckel. Nach einigen Stunden zeigt das Thermometer, daß die Temperatur im Innern des Kastens um $5 - 10^{\circ}$ C höher als im umgebenden Raume ist. Das gleiche Resultat erhält man, wenn man statt des hölzernen Kastens die Dewarsche Flasche benutzt, die von den Physikern zur Aufbewahrung flüssiger Luft verwendet wird.

Bei der Zubereitung von Malz in den Brauereien wird gewöhnlich eine bedeutende Temperaturerhöhung (bis 64° C) der keimenden Gerstensamen beobachtet, die in einer dicken Schicht auf dem Boden der Malzkammer liegen. Nähere Untersuchungen zeigten, daß eine solche Temperaturerhöhung in der Hauptsache durch die Atmung verschiedener auf Malz wachsender Mikroorganismen bedingt wird, unter denen Bakterien und der Schimmelpilz Aspergillus fumigatus die Hauptrolle spielen.

Eine hervorragende Rolle spielen die Mikroorganismen auch bei der Selbsterhitzung des feuchten Heues, des Mistes usw., deren Temperatur oft so hoch wird, daß die Bildung einer bedeutenden Menge von Wasserdampf und sogar eine Selbstentzündung beobachtet wird. Die Selbsterhitzung des Heues wird nach MIEHE (1907) anfangs durch Bacillus coli hervorgerufen, das die Temperatur der inneren Heuschichten auf 41° C steigert und dadurch die Entwicklung thermophiler (d. h. nur bei hoher Temperatur wachsender) Bakterien ermöglicht. Die Atmung der letzteren steigert die Temperatur des Heues oft auf 70° C.

Um die bei der Atmung entstehende Wärmemenge zu messen, benutzte BONNIER (1893) das durch die Abb. 67 (S. 158) wiedergegebene Kalorimeter, das aus einem doppelwandigen Glasgefäß bestand

---

[1]) Aus der Gleichung $C_6H_{12}O_6 + 6O_2 = 6CO_2 + 6H_2O$ folgt, daß eine vollständige Oxydation von 180 g Zucker 192 g oder 135000 ccm Sauerstoff erfordert. Da aber bei der Verbrennung von 180 g Zucker ungefähr 603 Kilogrammkalorien gebildet werden, so werden bei der Absorption von 7700 ccm Sauerstoff 35 Kilogrammkalorien gebildet.

der Raum zwischen den äußeren und den inneren Wänden stand mit einem dickwandigen, gebogenen Glasrohr in Verbindung und wurde mit einer abgewogenen Quecksilbermenge gefüllt (schwarz auf der Abb.). Die untersuchten Pflanzen wurden in das Gefäß (*A*) gebracht, das sofort mit einem Deckel (*B*) dicht verschlossen wurde. Die bei der Atmung gebildete Wärme ließ das Quecksilber im Glasrohr steigen. Aus der Quecksilberhöhe schloß BONNIER auf die Quecksilbertemperatur und auf die durch die Pflanze ausgeschiedene Wärmemenge,

Nach BONNIER scheidet 1 kg in Wasser gequollener Erbsensamen 9 Grammkalorien in 1 Minute aus, während die Wärmemenge nach der Keimung der Samen auf 125 Kalorien steigt und dann wieder abnimmt. Die gleichzeitig gemessene, durch die Samen absorbierte Sauerstoffmenge zeigte, daß nur ein verhältnismäßig geringer Teil der bei der Oxydation entstehenden Energie durch die Pflanze für die Synthese organischer Stoffe und für andere physiologische Erscheinungen (Wachstum, Bewegung usw.) verwendet wird, während der größere Teil der Energiemenge als Wärme ausgeschieden wird. Dieses Ergebnis stimmte mit früheren Angaben RODEWALDs (1886) überein, nach denen mindestens 90—95 % der bei der Atmung freiwerdenden Energie in Form von Wärme abgegeben und in der Hauptsache zur Verdampfung von Wasser im Transpirationsprozeß verwendet wird.

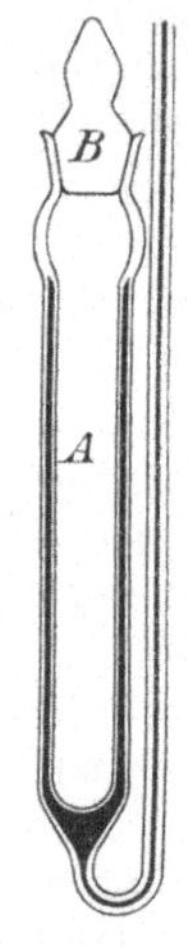

Abb. 67. Kalorimeter zur Abmessung der bei der Atmung der Pflanzen gebildeten Wärmemenge. (Nach BONNIER.)

Die Oberfläche der Pflanze ist im Verhältnis zu ihrem Volumen gewöhnlich so groß, daß beinahe die ganze bei der Atmung gebildete Wärme durch Transpiration verbraucht wird, und die Temperatur des Pflanzenkörpers unterscheidet sich kaum von der des umgebenden Raumes.

Wie früher erwähnt, kann die bei der Atmung entstehende freie Energie sich zuweilen nicht nur in Wärme, sondern auch in Licht verwandeln, und die zu dieser Verwandlung fähigen Pflanzen zeigen ein Leuchten (Phosphoreszenz).

Das Leuchten des faulenden Holzes, des Seewassers, des Fleisches usw. ist seit langem bekannt, wurde aber früher einer rein chemischen Oxydation dieser Substanzen zugeschrieben. Erst mikroskopische Untersuchungen von PFLÜGER (1875) zeigten, daß in allen diesen Fällen das Leuchten durch Bakterien hervorgerufen wird. Die leuchtenden Bakterien aus Fleisch und Seewasser wurden später in Reinkulturen (in Fischbrühe) kultiviert. Es zeigte sich weiter, daß das Leuchten des Holzes auch durch Pilzfäden (Armillaria mellea) verursacht werden kann.

Das Leuchten der Pflanzen wird nur bei Anwesenheit von Luft im umgebenden Raume beobachtet und durch die Atmung verursacht. Welche Stoffe aber dabei in der Pflanze oxydiert werden, ist noch nicht bekannt. Jedenfalls ist das Leuchten keine zum Leben notwendige Erscheinung, weil in der Pflanze auch andere Atmungsprozesse stattfinden. So sistieren die Bakterien ihr Leuchten, wenn sie in Fleischbrühe (Bouillon) oder bei hohen Temperaturen kultiviert werden, trotzdem ihre Vermehrung und ihr Wachstum normal fortdauern.

6. Gärung. Denitrifikation.

Als Gärung haben wir die Summe exothermischer chemischer Reaktionen in der Pflanze bezeichnet, welche nicht von einer Absorption gasförmigen Sauerstoffes begleitet werden und die der Pflanze notwendige Energie liefern. Diese Reaktionen stellen gewöhnlich Oxydationen organischer Stoffe auf Kosten des Sauerstoffs anderer chemischer Verbindung oder anderer Moleküle desselben Stoffes dar. Wir beginnen unsere Übersicht über Gärungen mit der Betrachtung der sogenannten Denitrifikation, die eine Oxydation organischer Stoffe durch Salpeter darstellt.

Wie wir wissen, wird Salpeter im Boden, in Abwässern u. a. durch nitrifizierende Bakterien aus Ammoniumsalzen gebildet (vgl. S. 120). Gleichzeitig kann aber im Boden auch eine Zersetzung von Salpeter unter der Einwirkung anderer Bakterien auftreten, wenn der Boden viele Stickstoffverbindungen (z. B. Mist) und gleichzeitig Salpeter enthält. Eine solche, gewöhnlich als Denitrifikation bezeichnete Salpeterzersetzung kann für die Landwirtschaft sehr schädlich werden, indem sie öfters die Wirkung einer Salpeterdüngung zunichte macht.

Denitrifizierende Bakterien vermögen verschiedenartige organische Stoffe, z. B. Kohlenhydrate, Eiweißstoffe, Asparagin, Harnstoff, Alkohol, organische Säure u. a. mit Hilfe von Sauerstoff des Salpeters zu CO_2 und H_2O zu oxydieren, wobei der letztere entweder zu salpetrigen Salzen (Bacillus coli) oder freiem Stickstoff (bzw. Stickoxydul) reduziert wird (Bacillus denitrificans u. a.). Denitrifizierende Bakterien sind fakultative Anaerobe und können sich auch in Nährlösungen entwickeln, die keinen Salpeter enthalten, brauchen aber unter solchen Bedingungen Sauerstoff; derselbe kann also durch Salpeter ersetzt werden (GILTAY und ABERSON, 1892, JENSEN, 1898).

Die bekanntesten Gärungen sind die, in denen sowohl oxydierende als auch reduzierende Substanzen organische Stoffe darstellen. Bei der Gärung werden gewöhnlich entweder die einen Moleküle eines Monosaccharids auf Kosten der anderen Moleküle desselben Stoffs oxydiert oder ein Teil des Monosaccharidmoleküls wird auf Kosten des Sauerstoffs des anderen Teils desselben Moleküls oxydiert. Infolge einer gleichzeitigen Oxydation und Reduktion der Monosaccharide entstehen auf der einen Seite Oxydationsprodukte, wie z. B. CO_2, Wasser, organische Säuren, auf der anderen Reduktionsprodukte, wie z. B. Äthylalkohol, Wasserstoff, Methan usw. Wir betrachten zunächst die sogenannte Alkoholgärung.

7. Alkoholgärung.

Schon den Urvölkern war die Zubereitung verschiedener Alkoholgetränke aus zuckerhaltigen Flüssigkeiten, z. B. aus Most, Malzextrakt, Fruchtsäften usw. mit Hilfe der Gärung bekannt; erst im XIX. Jahrhundert zeigte aber GAY-LUSSAC (1813), daß in diesem Prozesse Zucker in Alkohol und CO_2 umgewandelt wird: $C_6H_{12}O_6 = 2\,CO_2 + 2\,C_2H_6O$ [1]. Diese Umwandlung von Zucker schrieb der genannte Forscher der Einwirkung des Luftsauerstoffs zu, und erst SCHWANN (1835) und CAGNIARD-DE-LA-TOUR (1835) wiesen auf eine hervorragende Bedeutung der Hefe bei der Gärung von Fruchtsäften hin und zeigten, daß die Hefe einen lebendigen Organismus darstellt, der sich in zuckerhaltigen Flüssigkeiten entwickelt und vermehrt und die Gärung hervorruft. Diese Versuchsergebnisse wurden später von PASTEUR (1860) bestätigt, dem es auch gelang, zu beweisen, daß die Gärung nur nach dem Zusatz

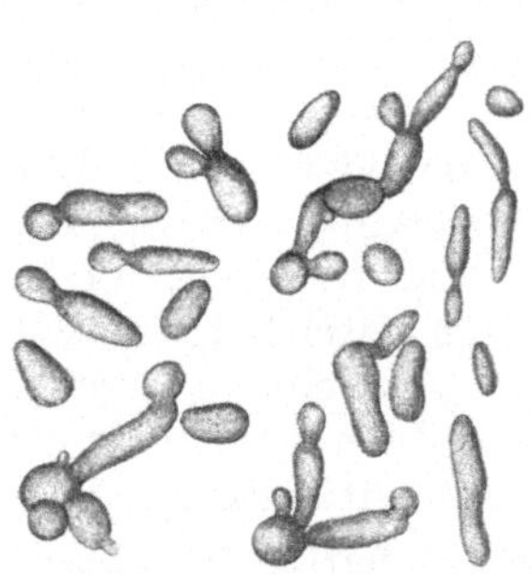

Abb. 68. Saccharomyces ellipsoideus. Vergröß. $^{360}/_1$. (Nach E. HANSEN.)

von Hefe zu zuckerhaltigen Flüssigkeiten auftritt, und daß die Selbstgärung des Mostes (und anderer Fruchtsäfte) durch die Hefe, die an der Oberfläche der Weintrauben haftete, bedingt wird. PASTEUR betrachtete die Gärung als einen physiologischen Prozeß, der in den lebenden Hefezellen stattfindet. Somit wurde die Ansicht von LIEBIG, der die Hefe für einen leblosen Niederschlag von Eiweißkörpern hielt, widerlegt.

Spätere Untersuchungen zeigten, daß es viele Heferassen gibt, die im Boden, in der Luft, auf der Oberfläche der Früchte und Samen vorkommen und die Alkoholgärung hervorrufen. Von diesen Rassen soll hier die Hefe der Brauereien, Saccharomyces cerevisiae (vgl. S. 123, Abb. 42) und die der Weingärung Saccharomyces ellipsoideus genannt werden; die letztere zeichnet sich durch ellipsoide und eiförmige Zellen aus (vgl. Abb. 68). Außerdem zeigte es sich, daß außer der Hefe auch einige Arten des Kopfschimmelpilzes (Mucor racemosus, Mucor spinosus, Mucor Rouxïi) zur Alkoholgärung fähig sind.

Wie früher erwähnt, können nur Monosaccharide bei der Gärung zersetzt werden, von denen Glukose, Fruktose und Mannose durch die Hefe am leichtesten vergoren werden, während Galaktose nur sehr langsam angegriffen wird. Die Strukturisomeren der genannten Monosaccharide (vgl. S. 125) können in der Gärung überhaupt nicht zerlegt werden [2]. Disaccharide und Polysaccharide können freilich erst nach

---

[1] GAY-LUSSAC schrieb die Gleichung etwas anders, weil die Atomgewichte von Sauerstoff und Kohlenstoff zu jener Zeit für doppelt so klein als jetzt gehalten wurden: $C_{12}H_{12}O_{12} = 4\,CO_2 + 2\,C_4H_6O_2$.

[2] Es ist sehr wahrscheinlich, daß nicht nur Hexosen, sondern auch Triosen $C_3H_6O_3$, die bei der Zersetzung von Hexosen entstehen können, durch die Hefe vergoren werden. Ob aber auch Nonnosen $C_9H_{18}O_9$ vergoren werden können,

der Umwandlung in Monosaccharide vergoren werden, d. h. nach Ausscheidung entsprechender hydrolysierender Enzyme (vgl. S. 43) durch Mikroorganismen.

Nach Pasteur bilden sich 48 g Alkohol und 46 g CO_2 aus 100 g Glukose bei der Alkoholgärung, während der Zuckerrest sich in Glyzerin ($2-3$ g, bisweilen aber $7^{1}/_{2}$ g), Bernsteinsäure (ungefähr $^{1}/_{2}$ g), Propyl-, Isobutyl- und Amylalkohol („Fuselöl", ungefähr 1 g) und teilweise in Substanzen der Zellhäute und des Protoplasmas verwandelt. Außerdem wird eine kleine Zuckermenge (ungefähr 1 g) bei der Atmung zu CO_2 und H_2O oxydiert, wenn die Hefe bei Luftzutritt kultiviert wird. Spätere Untersuchungen zeigten, daß Bernsteinsäure und höhere Alkohole („Fuselöl") nicht Gärungsprodukte darstellen, sondern sekundär aus Aminosäuren durch Reduktion entstehen[1]).

Pasteur zeigte, daß die Entwicklung der Hefe in sauerstofffreiem Raume nur bei der Anwesenheit von Zucker in Nährlösungen stattfinden kann, und betrachtete daher die Gärung als ein Leben ohne Sauerstoff. Um die Möglichkeit solchen Lebens bei der Hefe zu beweisen, füllte der genannte Forscher eine Flasche (*A* auf Abb. 69) durch eine Seitenröhre (*a*) mit einer zuckerhaltigen Nährlösung. Der obere, in ein gebogenes Rohr ausgezogene Teil der Flasche (*b*) tauchte in dieselbe Nährlösung (in der Schale *C*). Die Flüssigkeit in der Flasche *A* und in der Schale *C* wurde bis zum Kochen erhitzt und eine Zeitlang gekocht, wodurch die Luft aus der Flasche *A* herausgetrieben wurde. Nach dem Abkühlen

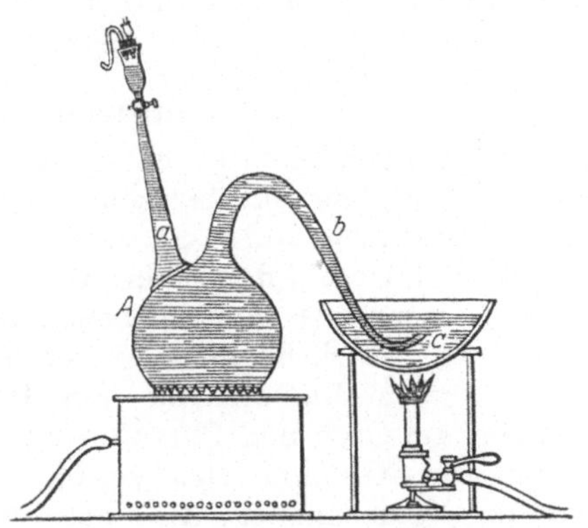

Abb. 69. Hefewachstum ohne Sauerstoff. Erklärung im Text.

trat die Flüssigkeit aus der Schale *C* in die Flasche *A* ein und erfüllte sie vollkommen (vgl. die Abb.); dann wurde die Schale *C* durch ein mit Quecksilber gefülltes Gefäß ersetzt, um das Eindringen der Luft in die Flasche *A* zu vermeiden. Die Nährlösung wurde durch die Seitenröhre *a* mit Hefe infiziert. Trotz der Abwesenheit von freiem Sauerstoff entwickelte sich Hefe vollkommen normal und zeigte die Alkoholgärung.

Pasteur nahm an, daß die Gärung nur in Abwesenheit von Sauerstoff auftreten kann. Spätere Untersuchungen von Ad. Mayer (1874), Iwanowsky (1894) u. a. zeigten aber, daß die Alkoholgärung der Hefe auch bei Anwesenheit von Sauerstoff nicht minder energisch stattfindet als

---

bleibt dahingestellt, weil diese Zuckerarten immer Hexosen als Beimischung enthalten.

[1]) So bildet sich z. B. Propylalkohol $CH_3CH_2CH_2OH$ aus Alanin $CH_3CH(NH_2)COOH$ usw.

ohne Sauerstoff. Bei der Entwicklung an der Luft zeigt aber die Hefe gleichzeitig auch Atmung, durch die ein Teil des Zuckers zu CO_2 und Wasser oxydiert wird. In den Versuchen von IWANOWSKY, in welchen die Hefe auf einer mit zuckerhaltigen Nährlösung durchtränkten Porzellanplatte kultiviert wurde, war der Atmungsquotient $\dfrac{CO_2}{O_2} = 10$, weil CO_2 auch bei der Gärung ausgeschieden wurde.

Die Hefe ist also zu beiden Arten der Atmungsprozesse fähig; fehlt Sauerstoff, so begnügt sie sich mit der Gärung, obwohl die letztere nur eine kleinere Energiemenge als die Atmung zu liefern vermag; es bilden sich ungefähr 3,7 Kilogrammkalorien bei der Verbrennung von 1 g Zucker, während die Umwandlung von 1 g Zucker in Alkohol nur 0,4 Kalorien frei macht[1]). Mit Hilfe dieser verhältnismäßig kleinen Energiemenge können synthetische Prozesse, Wachstum und Vermehrung der Hefe offenbar nicht so energisch stattfinden, wie mit Hilfe der Atmungsenergie. Nach PASTEUR sind alte und schwache Hefen sogar überhaupt nicht imstande, sich ohne Sauerstoff zu entwickeln.

8. Intramolekulare Atmung.

Im vorigen Kapitel haben wir ausschließlich die Alkoholgärung der Mikroorganismen betrachtet. Zur Alkoholgärung sind aber auch höhere Pflanzen fähig. SAUSSURE wies zum ersten Male darauf hin, daß eine höhere Pflanze die Ausscheidung von CO_2 auch dann nicht sistiert, wenn die sie umgebende Luft durch Wasserstoff ersetzt wird und ihr die Möglichkeit genommen ist, Sauerstoff zu absorbieren. Später beobachteten LECHARTIER und BELLAMY (1872) dieselben Erscheinungen am Obst und PFLÜGER an Tieren und Muskeln. Die Ausscheidung von CO_2 ohne gleichzeitige Sauerstoffabsorption ließ vermuten, daß im Organismus ein Atmungsprozeß auf Kosten des Sauerstoffes der Organismussubstanzen stattfindet. PFLÜGER bezeichnete daher diesen Prozeß als „intramolekulare Atmung".

Bald darauf zeigte PASTEUR, daß die Menge der bei der „intramolekularen Atmung" gebildeten CO_2 der nicht gleich ist, die bei der Sauerstoffatmung gebildet wird, und daß im sauerstofffreien Raume sich Alkohol in den Geweben der Pflanze anhäuft. Dieses Versuchsergebnis gab zu dem Schlusse Anlaß, daß die „intramolekulare Atmung" eine Alkoholgärung sei. Diese Ansicht wurde von GODLEWSKY (1897) und anderen Forschern geteilt, die außerdem darauf hinwiesen, daß in einigen Fällen, z. B. bei der „intramolekularen Atmung" der Erbsensamen, die gebildete Alkoholmenge der Menge der ausgeschiedenen CO_2 beinahe gleich sei. Es ist also sehr wahrscheinlich, daß die „intramolekulare Atmung" in diesen Fällen nach der Gleichung $C_6H_{12}O_6 = 2\,CO_2 + 2\,C_2H_6O$ verläuft (auf $12 + 2 \cdot 16 = 44$ g CO_2 soll

---

[1]) Bei der Verbrennung von 1 g Alkohol zu CO_2 und Wasser bilden sich 6,9 Kalorien. Da aber aus 1 g Zucker bei der Gärung 0,48 g Alkohol gebildet wird (vgl. S. 161), so müssen bei Verwandlung von 1 g Zucker in Alkohol und CO_2 $3,7 - 6,9 \cdot 0,48 = 0,4$ Kalorien gebildet werden.

nach der Gleichung $2 \cdot 12 + 6 + 16 = 46$ g C_2H_6O gebildet werden). Die Erbsensamen wurden in den Versuchen GODLEWSKIs mit Sublimat desinfiziert und nach sorgfältigem Waschen in Wasser gebracht. Nach einigen Wochen war die Hälfte der Trockensubstanz der Samen in Alkohol und CO_2 umgewandelt (die Stärke der Samen war dabei offenbar hydrolysiert).

Bei der Mehrzahl der Pflanzen ist die Menge der bei der „intramolekularen Atmung" ausgeschiedenen CO_2 gewöhnlich größer als die gebildete Alkoholmenge. In den Pflanzengeweben finden also außer der Alkoholgärung auch noch andere Prozesse statt, die von einer CO_2-Ausscheidung begleitet werden. Es gibt sogar Pflanzen, die nicht die Fähigkeit zur Alkoholgärung haben und trotzdem CO_2 im sauerstofffreien Raume ausscheiden (z. B. Agaricus campestris nach KOSTYTSCHEW, 1908).

Jedenfalls vermag die bei Sauerstoffentziehung stattfindende Gärung die Sauerstoffatmung der aeroben Pflanzen nicht zu ersetzen: ohne Sauer-

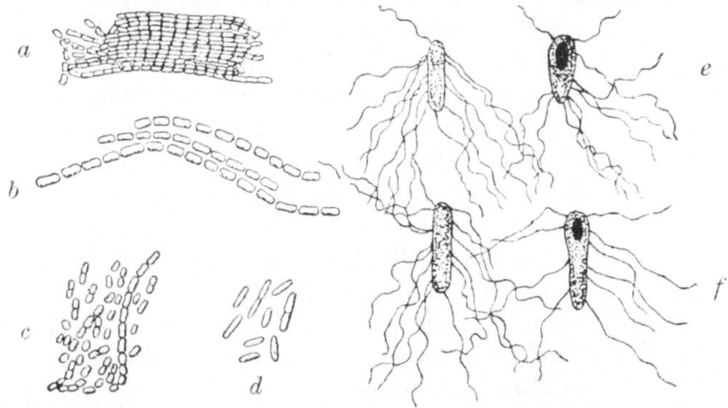

Abb. 70. Gärungsbakterien. *a—c* Essigbakterien, *d* Milchsäurebakterien, *e, f* Buttersäurebakterien (rechts mit Sporen). (Nach STRASBURGER.)

stoff hören allmählich alle physiologischen Erscheinungen dieser Pflanzen auf und sie gehen zugrunde. Die große Bedeutung der Sauerstoffatmung für höhere Pflanzen geht schon daraus hervor, daß Chlorophyll in den Chloroplasten nur in Anwesenheit von Sauerstoff in der umgebenden Atmosphäre gebildet wird.

9. Milchsäuregärung. Buttersäuregärung.

Das Sauerwerden und die Gerinnung der Milch gehört zu den Erscheinungen, die seit langer Zeit bekannt sind; doch erst am Ende des XVIII. Jahrhunderts zeigte SCHEELE (1780), daß in saurer Milch eine organische Säure (Milchsäure) vorhanden ist, die aus Milchzucker entsteht und die Gerinnung des Kaseins bewirkt, das als Calciumsalz in der Milch gelöst ist. PASTEUR (1857) zeigte, daß die Umwandlung von Zucker in Milchsäure durch Bakterien (Milchsäurebakterien) hervorgerufen wird, die in saurer Milch stets in großer Zahl vorhanden sind und die Form sehr kurzer Stäbchen haben, von denen oft je zwei miteinander verbunden sind (vgl. Abb. 70, *d*).

Die Milchsäurebakterien (Bacillus lactis acidi) rufen zunächst Hydrolyse von Laktose zu Glukose und Galaktose hervor (Bildung von Laktase, vgl. S. 43), die dann zu Milchsäure umgewandelt werden. $C_6H_{12}O_6$ $= 2\,CH_3 \cdot CH(OH) \cdot COOH$ $(= 2\,C_3H_6O_3)$. Ein Teil des Monosaccharidmoleküls wird in der Gärung auf Kosten des anderen Teils oxydiert[1]. Milchsäure diffundiert aus den Bakterienzellen in die umgebende Flüssigkeit und wird dort angehäuft, wirkt aber schädlich auf die Bakterien und hemmt schließlich die Gärung. Setzt man aber der Nährlösung Milchsäure neutralisierendes Calciumcarbonat zu, so kann Zucker fast vollständig in Milchsäure umgewandelt werden. Außer Monosacchariden können auch Mannit, Glyzerin u. a. Stoffe durch Milchsäurebakterien vergoren werden; sie verwandeln sich vermutlich zunächst in Monosaccharide.

Zur Milchsäuregärung sind mehrere Bakterienarten fähig, die in verschiedenen sauren Getränken und Nährstoffen vorkommen. Bacillus bulgaricus (vgl. Abb. 71) bedingt das Sauerwerden des bulgarischen Getränks „Yoghurt" und bildet den Hauptbestandteil des Lactobacillins Metschnikow; mehrere Arten verursachen das Sauerwerden des Kumis, des Sauerkohls usw. Alle Arten der Milchsäurebakterien sind fakultativ aerob und können sich nur bei Ernährung mit Zucker in einer sauerstoffreien Atmosphäre entwickeln.

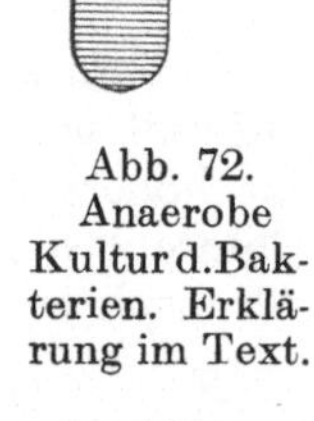

Abb. 71. Bacillus bulgaricus, mit Anilinfarbstoff gefärbt. Vergrößerung $^{1000}/_1$.

Eine noch wichtigere Bedeutung als die Milchsäuregärung hat die Buttersäuregärung im Haushalt der Natur. Ihre Erreger sind sehr verbreitet und kommen überall vor, wo Sauerstoff abwesend oder nur in geringer Menge vorhanden ist, d. h. im Boden, in stagnierenden Gewässern, in Butter, Milch und anderen zuckerhaltigen Flüssigkeiten, die vom Sauerstoffüberschuß befreit sind.

Bei der Isolierung der Buttersäurebakterien (vgl. Abb. 70, *e*, *f*) muß man beachten, daß sie obligat anaerob sind, und daß ihre Sporen das Erhitzen auf 100° C ertragen. Um die Buttersäurebakterien aus Boden, Schlamm, Milch oder Wasser zu isolieren, überträgt man eine sehr kleine Menge dieser Substanzen in warme, geschmolzene Nährgelatine, zu der Calciumcarbonat zugesetzt ist und die sich in einem Reagenzglas befindet, dessen Mittelteil

Abb. 72. Anaerobe Kultur d. Bakterien. Erklärung im Text.

---

[1] Glukose hat die Formel
$$CH_2(OH) \cdot CH(OH) \cdot CH(OH) \cdot CH(OH) \cdot CH(OH) \cdot CHO.$$
$$\quad 1 \qquad\quad 2 \qquad\quad 3 \qquad\quad 4 \qquad\quad 5 \qquad\quad 6$$
Bei der Gärung werden das erste und vierte Kohlenstoffatom reduziert, das dritte und sechste dagegen oxydiert, so daß 2 Moleküle Milchsäure entstehen:
$$CH_3 \cdot CH(OH) \cdot COOH + CH_3CH(OH) \cdot COOH.$$
$$1 \quad\; 2 \qquad\quad 3 \qquad\quad 4 \;\; 5 \qquad\quad 6$$

zu einem langen Hals ausgezogen ist (vgl. Abb. 72) und das man nach der Impfung mit Watte verschließt. Der Pfropfen ist mit einem Glasrohr versehen, durch das die Luft aus dem Reagenzglas ausgepumpt wird. Der Hals wird dann an einer Gasflamme zugeschmolzen, die Nährgelatine mehrmals geschüttelt (um die Bakterienkeime gleichmäßig zu verteilen), und das Reagenzglas in horizontaler Lage um seine Achse gedreht, bis die Nährgelatine die Wände des Glases gleichmäßig bedeckt und erstarrt. Nach einigen Tagen wachsen die eingeführten Bakterienkeime zu Kolonien heran, die einem unbewaffneten Auge sichtbar sind (vgl. Abb. 73).

Die früher beschriebene gasförmigen Stickstoff assimilierende Bakterienart Clostridium Pasteurianum (vgl. S. 139) gehört zu den Buttersäurebakterien. Ähnliche Bakterienarten, die aber keine Stickstoffassimilation zeigen, sind außerdem aus Schlamm und stagnierenden Gewässern isoliert worden. Einige dieser Arten scheiden Zellulose spaltende Enzyme aus und spielen infolgedessen eine bedeutende Rolle bei der Mazeration verschiedener Webepflanzen (z. B. Lein, Hanf u. a.) zur Darstellung der Webefasern und auch in der Zersetzung der Pflan-

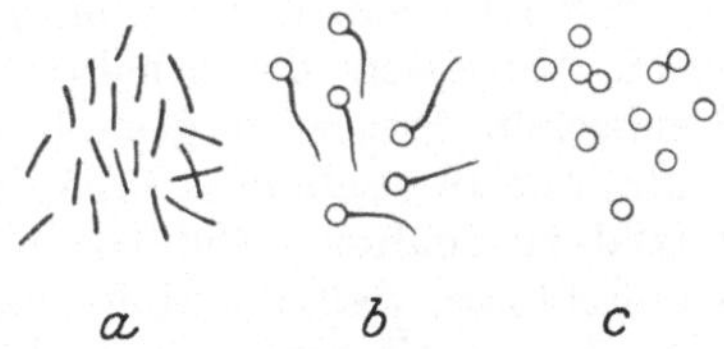

Abb. 74. Zellulose vergärende Bakterien (Bacillus cellulosae); a wachsende Stäbchen, b Sporen bildende Stäbchen, c Sporen. Vergröß. $^{1000}/_1$. (Nach OMELANSKY.)

Abb. 73. Anaerobe Kultur d. Bakterien. Erklärung im Text.

zenreste am Boden des Gewässers. Die Zellulose dieser Reste wird durch die Buttersäurebakterien zu Glukose gespalten und diese vergoren. Die genannten Bakterien spielen eine große Rolle auch bei der Ernährung der Grasfresser, in deren Darmkanal die Pflanzenreste einer Zersetzung durch diese Bakterien unterworfen werden. Eine dieser Bakterienarten, Bacillus cellulosae, ist auf Abb. 74 zu sehen.

Bei der Buttersäuregärung werden als Oxydationsprodukte Buttersäure und Kohlensäure, als Reduktionsprodukte Wasserstoff und Methan gebildet:

$$C_6H_{12}O_6 = C_4H_8O_2 + 2CO_2 + 2H_2$$

oder $$3C_6H_{12}O_6 = 3C_4H_8O_2 + 5CO_2 + 2H_2O + CH_4 + 2H_2.$$

10. Ursachen der Atmungsprozesse.

In den vorhergehenden Kapiteln haben wir Atmungsprozesse als physiologische Erscheinungen betrachtet, ohne auf die Ursachen der bei diesen Prozessen stattfindenden chemischen Reaktionen einzugehen. In diesem Kapitel werden wir nun den genannten Ursachen etwas näher treten und betrachten zunächst die Ursachen der Gärung.

Wie früher erwähnt, betrachtete PASTEUR die Gärung als „ein Leben ohne Sauerstoff", ohne auf die Ursachen der Zuckerzersetzung in den Pflanzenzellen einzugehen. Wir wissen aber, daß die Alkoholgärung sowohl bei Sauerstoffentziehung als auch bei Anwesenheit von Sauerstoff stattfinden kann (vgl. S. 161), so daß die Ansicht des genannten Forschers sicher nicht zutreffend ist. Der Zeitgenosse PASTEURs, LIEBIG, nahm als Ursache der Gärung Unbeständigkeit der Hefe an, die, wie erwähnt, nach Ansicht LIEBIGs nur leblose Eiweißstoffe darstellen sollte, deren Moleküle infolge einer schnellen Bewegung unbeständig sind und durch ihre Bewegung die Zuckermoleküle veranlassen, sich zu zersetzen. Als die lebende Natur der Hefe bewiesen war, modifizierte NÄGELI (1878) die Hypothese LIEBIGs in dem Sinne, daß er die Zersetzung von Zucker der Bewegung der Protoplasmateilchen zuschrieb. Die beiden Ansichten sind jetzt vollkommen aufgegeben worden.

Im Jahre 1897 publizierte BUCHNER seine Untersuchungen über die Alkoholgärung unter der Einwirkung des Preßsaftes der Hefe, der durch Verreiben von Hefe mit Sand unter einem hohen Druck und durch Abpressen der erhaltenen klebrigen Masse mit Hilfe einer hydraulischen Presse dargestellt wurde. Der auf diese Weise erhaltene hellbraune Hefesaft besaß die Fähigkeit, Zucker zu Alkohol und Kohlendioxyd zu spalten. Auf Grund dieser Beobachtung kam BUCHNER zu dem Schlusse, daß die Hefe ein die Gärung hervorrufendes Enzym enthält, das im Zellsaft eingeschlossen ist und durch das Protoplasma nach außen nicht osmieren kann, d. h. zu den Endoenzymen gehört (vgl. S. 48). Dieses Enzym wurde als Zymase bezeichnet.

Chloroform, Toluol, Thymol und andere giftige Stoffe, die die Hefe zum Absterben bringen, waren gegen den Preßsaft wirkungslos. Man konnte ihn sogar mit starkem Alkohol oder Aceton behandeln und die Zymase gemeinsam mit Eiweißkörpern niederschlagen, durch Filtration abtrennen und austrocknen, ohne ihre Fähigkeit zur Zuckerspaltung zu vernichten. Die Möglichkeit einer Zuckerspaltung bei Abwesenheit des lebenden Protoplasmas wurde auch dadurch bestätigt, daß die Hefe nach der Behandlung mit Alkohol oder Aceton, trotz Absterben des Protoplasmas und Vernichtung des Wachstums und der Vermehrung ihre Gärungsfähigkeit nicht einbüßte. Eine solche tote Hefe ist im Handel unter dem Namen „Zimin" oder „Hefanol" bekannt. Andererseits ist Zymase ebenso wie die anderen Enzyme für hohe Temperatur, Sublimat, Cyanwasserstoffsäure und andere Gifte empfindlich.

Später zeigte BUCHNER, daß durch Aceton getötete Milchsäurebakterien ihre Fähigkeit zur Milchsäuregärung nicht verlieren und somit vielleicht ebenfalls ein Enzym besitzen, das Zucker zur Zersetzung bringt. Die Untersuchungen BUCHNERs wurden auch auf die „intramolekulare Atmung" höherer Pflanzen übertragen, und es zeigte sich, daß ihre durch Toluol oder durch niedrige Temperatur und Erfrieren abgetöteten Zellen zur Alkoholgärung fähig sind und daher ebenfalls eine Zymase besitzen (STOKLASA und Mitarbeiter, 1908).

Unter dem Namen „Zymase" muß man also unbekannte in den

Pflanzenzellen anwesende Stoffe verstehen, die eine der Alkoholgärung ähnliche Zuckerzersetzung hervorrufen können. Daß alle diese Stoffe katalytisch wirken (und also als Enzyme bezeichnet werden sollen), ist sehr wahrscheinlich, aber noch nicht festgestellt, weil nur eine verhältnismäßig große Preßsaftmenge die Zuckerzersetzung bewirken kann. Andererseits kamen ABDERHALDEN und FODOR (1921) neuerdings zu dem Schlusse, daß der Preßsaft BUCHNERs lebende Hefezellen enthält und daß die Gärkraft der Trockenhefe von lebenden sich vermehrenden Zellen geliefert wird. Im Gegensatz zu den lebenden Hefezellen soll der Preßsaft nicht imstande sein die Zersetzung verdünnter Zuckerlösungen hervorzurufen.

Jedenfalls unterscheidet sich der chemische Prozeß, der unter der Einwirkung der von lebenden Zellen befreiten Zymase in Zuckerlösungen stattfindet von der Alkoholgärung, die in den lebenden Zellen verläuft, schon dadurch, daß die bei der Umwandlung von Zucker in Alkohol und CO_2 entstehende Energie in den lebenden Zellen wenigstens zum Teil zur Synthese komplizierter chemischer Verbindungen und zum Wachstum ausgenützt wird, während die bei der Zersetzung von Zucker durch Zymase gebildete Energie nur in Form von Wärme abgegeben wird.

Was nun speziell die Zymase der höheren Pflanzen anbetrifft, so zeigten Versuche von PALLADIN und KOSTYTSCHEW (1906), daß durch Toluol oder Erfrieren abgetötete Zellen eine Alkoholgärung nicht nur bei Sauerstoffentziehung, sondern auch bei Anwesenheit von Luft aufweisen, während die lebenden Zellen, wie wir wissen, nur in einer sauerstofflosen Atmosphäre Gärung zeigen können. Die Gärung der lebenden Zellen verwandelt sich also an der Luft in Atmung und ist somit ein mit ihr innig verbundener Prozeß, während die Zersetzung von Zucker durch Zymase vielleicht keinen Atmungsprozeß darstellt.

Die Verwandlung von Zucker in Alkohol wird aus mehreren chemischen Reaktionen zusammengesetzt; einige müssen in lebenden Zellen mit synthetischen Prozessen verbunden sein, weil vom Standpunkt der modernen Chemie aus eine chemische synthetische Reaktion nur dann auf Kosten einer in anderen chemischen Reaktionen entstehenden Energie stattfinden kann, wenn die an diesen Reaktionen beteiligten Stoffe mit den Ausgangsstoffen der synthetischen Reaktion reagieren. Daß die Verwandlung von Zucker in Alkohol und Kohlendioxyd aus mehreren chemischen Reaktionen zusammengesetzt ist, zeigten neuerdings Versuche von NEUBERG.

Nach dem genannten Forscher soll sich Traubenzucker zunächst in Methylglyoxal[1]) verwandeln: $C_6H_{12}O_6 - 2H_2O = C_6H_8O_4 = 2CH_3 \cdot CO \cdot COH$.

---

[1]) Oxalsäure (Kleesäure) hat die Formel: $COOH \cdot COOH$; das entsprechende Aldehyd (vgl. S. 39, Anm. 2) $COH \cdot COH$ wird als Glyoxal bezeichnet. Methylglyoxal hat die Formel $CH_3CO \cdot COH$. Seine Bildung aus Glukose kann man dadurch erklären, daß sich die Glukose zunächst in Glyzerinaldehyd verwandelt, das gleichzeitig oxydiert und reduziert wird, und nach der Abgabe von Wasser Methylglyoxal ergibt: $CH_2(OH) \cdot CH(OH) \cdot CH(OH) \cdot CH(OH) \cdot CH(OH) \cdot COH = 2CH_2OH \cdot CH(OH) \cdot COH$; $CH_2OH \cdot CH(OH) \cdot COH - H_2O = CH_3CO \cdot COH$.

Dasselbe werde weiter zu Brenztraubensäure oxydiert: $CH_3 \cdot CO \cdot COH +$
$+ O = CH_3 \cdot CO \cdot COOH$. Unter der Einwirkung eines Enzyms, der
Carboxylase, die NEUBERG als einen Bestandteil der Zymase betrachtet,
wird die genannte Säure unter CO_2-Bildung zersetzt und in Äthyl-
aldehyd umgewandelt, das weiter zu Äthylalkohol (also Alkohol der
Gärung) reduziert wird:

$$CH_3 \cdot CO \cdot COOH = CH_3 \cdot COH + CO_2; \quad CH_3COH + H_2 = CH_3CH_2OH.$$

In der Tat vergärt sowohl die lebende als auch die tote Hefe Brenztraubensäure zu Äthylalkohol. Wird aber Äthylaldehyd durch Zusatz
von Natriumsulfit gebunden (dieses verbindet sich chemisch mit allen
Aldehyden), so wird die Reduktion auf Methylglyoxal übertragen, die
dasselbe in Glyzerin umwandelt:

$$CH_3 \cdot CO \cdot COH + H_2O + H_2 = CH_2(OH) \cdot CH(OH) \cdot CH_2(OH).$$

Dadurch wird die Bildung von Glyzerin bei der Gärung erklärt.

Die Oxydation von Methylglyoxal zu Brenztraubensäure und die
Reduktion von Äthylaldehyd zu Alkohol findet nach NEUBERG gleichzeitig statt, so daß in der Summe kein Sauerstoff oder Wasserstoff,
sondern nur Wasser verbraucht wird: $CH_3 \cdot CO \cdot COH + H_2O = CO_2 +$
$+ CH_3CH_2(OH)$.

Daß die Verwandlung von Zucker in Alkohol aus mehreren chemischen Reaktionen zusammengesetzt ist, folgt auch aus der Notwendigkeit der Phosphate für die Gärung. Möglicherweise spielen diese
Salze die Rolle eines Aktivators bei der Gärung (vgl. S. 48).

Nach DUCLAUX (1893) bilden sich Alkohol, Milchsäure und Kohlensäure aus Zucker nicht nur unter der Einwirkung von Mikroorganismen, sondern auch unter dem Einfluß des Sonnenlichts, aber nur
sehr langsam. Eine rasche Zersetzung von Zucker zu Alkohol und CO_2
oder zu Milchsäure konnte bis jetzt in Laboratorien nicht erzielt werden.
Wir betrachten jetzt die Ursachen der Atmung.

Die ersten Erforscher der Atmung (LAVOISIER und SAUSSURE) betrachteten sie, wie wir wissen, als eine langsame Verbrennung organischer Stoffe. Das spätere Studium der Atmung zeigte aber, daß der
Oxydationsprozeß in Organismen nicht so einfach verläuft, wie die
Verbrennung. So werden z. B. organische Stoffe bei der Verbrennung
sehr rasch zu CO_2 und H_2O oxydiert, während bei der Atmung öfters
organische Säuren entstehen; es können auch Mineralstoffe oxydiert
werden, welche nicht verbrennen (z. B. Ammoniumsalze) (vgl. S. 120).
Außerdem werden organische Stoffe durch hohe Temperatur zuerst zu
einfacheren flüchtigen und gasförmigen organischen Körpern und zum
Teil sogar zu freiem Kohlenstoff (Ruß) und Stickstoff zerlegt, welche
im weiteren oxydiert werden. Die aufgezählten Stoffe entstehen dagegen in keinem Falle bei der Atmung.

Man kann also die Atmung nur mit einer langsamen Oxydation
verschiedener Stoffe durch den Luftsauerstoff, d. h. mit der sogenannten
Selbstoxydation (Autoxydation) vergleichen. Zu solchen Oxydationen
kann z. B. die von Terpentinöl, Wasserstoff, Kalium, Zink, Eisen, Phosphor, Eisenvitriol, Aldehyden, Phenolen u. a. gerechnet werden, die

sich bei der Sauerstoffabsorption sehr oft in Peroxyde verwandeln[1]). Diese Peroxyde geben aber sehr leicht ihren Sauerstoff an andere oxydierbare Stoffe ab, wobei es sich zeigt, daß die oxydierende Fähigkeit der Peroxyde stärker als diejenige der Luft ist. So wird z. B. Schwefelwasserstoff durch Luft nur sehr langsam oxydiert, während Wasserstoffperoxyd es sofort in Schwefel und Wasserstoff verwandelt. Indigoblau wird durch die Luft nicht oxydiert, während Benzoylperoxyd es schnell entfärbt (oxydiert) usw.

Nicht alle Peroxyde werden durch Oxydation von Stoffen an der Luft erhalten; einige entstehen nur durch Oxydation mit Hilfe anderer Peroxyde. So wird z. B. Kalk (Calciumoxyd) durch die Luft nicht oxydiert, während Wasserstoffperoxyd ihn in Calciumperoxyd umwandelt; auch Eisenoxydul wird nur durch Wasserstoffperoxyd zu Eisenperoxyd oxydiert. Die oxydierende Fähigkeit solcher sekundären Peroxyde ist noch stärker als die der primären durch Oxydation mit Luft erhaltenen Peroxyde. So oxydiert z. B. H_2O_2 allein Weinsäure nicht, während es diese Säure bei Anwesenheit von Eisenvitriol sofort zu CO_2 und H_2O oxydiert, weil dabei stärker oxydierendes Eisenperoxyd entsteht.

Bei der Oxydation verschiedener Stoffe mit Hilfe von Peroxyden werden die Peroxyde zu ursprünglichen oxydierbaren Körpern reduziert. Wenn sie durch die Luft wieder zu Peroxyden oxydiert werden können, so spielen sie die Rolle eines oxydierenden Katalysators, indem sie, ohne zerstört zu werden, eine beliebige Stoffmenge oxydieren können.

Die Mehrzahl der Stoffe, welche bei der Atmung oxydiert werden, z. B. Zucker, organische Säuren, Fette, Ammoniumsalz u. a. zeigen keine Autoxydation, und man muß also in Übereinstimmung mit der eben beschriebenen Oxydationstheorie vermuten, daß in der Pflanze irgendwelche Stoffe vorhanden sind, die die Oxydation des Atmungsmaterials erleichtern, d. h. oxydierende Peroxyde bilden. In der Tat sind oxydationbegünstigende Stoffe, die sogenannten Oxydasen, in der Pflanzenwelt weit verbreitet. Man betrachtet diese Stoffe gewöhnlich als Enzyme, d. h. als oxydierende Katalysatoren, weil sie durch ihre Unbeständigkeit und spezifische Wirkung nur auf bestimmte Stoffe den typischen Enzymen ähnlich sind (vgl. S. 47).

Unter der Einwirkung der Oxydasen werden verschiedene im Zellsaft gelöste Aminosäuren (z. B. Tyrosin), aromatische Säuren (Abkömmlinge von Karbol- und Salicylsäure), Phenole (Hydrochinon, Pyrogallol), Polypeptide und andere organische Stoffe zu gefärbten Körpern oxydiert. Infolgedessen färben sich die aus lebenden fleischigen Früchten, Knollen und Wurzeln erhaltenen Säfte sehr oft blau, violett und schwarz an der Luft. Werden aber die Pflanzen vorher rasch gekocht, so bleibt der Extrakt oder der Saft vollkommen farblos; auch im sauerstofflosen Raume wird keine Verfärbung der Säfte beobachtet.

---

[1]) So verwandelt sich Bittermandelöl (Benzoealdehyd) bei der Autoxydation in Benzoylperoxyd: $C_6H_5-C{<}^O_H + O_2 = C_6H_5-C{<}^O_O{>}O$.

Nach CHODAT und BACH (1903) sind die meisten Oxydasen aus zwei Enzymarten zusammengesetzt: Oxygenasen und Peroxydasen. Die ersteren stellen selbstoxydierbare Stoffe dar, die sich bei der Sauerstoffabsorption in primäre Peroxyde verwandeln, während die letzteren die oxydierende Wirkung der ersteren verstärken. Peroxydasen verstärken auch die oxydierende Fähigkeit von Wasserstoffperoxyd, so daß man sie als Stoffe betrachten kann, die durch die primären Peroxyde zu den sekundären oxydiert werden, die auch diejenigen Pflanzenstoffe oxydieren können, welche durch die Luft nicht oxydiert werden.

Sind Peroxydasen und Oxygenasen im Zellsaft gleichzeitig anwesend, so wird derselbe an der Luft blau, rot, braun oder schwarz gefärbt, vorausgesetzt, daß er die oben aufgezählten oxydierbaren Stoffe enthält; sonst tritt die Färbung erst nach Zusatz dieser Stoffe auf. Enthält die Pflanze keine Oxygenase, so kann man die Färbung durch Zusatz von Wasserstoffperoxyd hervorrufen. Der Saft des Meerrettichs und der Kürbisfrucht enthält z. B. keine Oxygenase und wird erst nach dem Zusatz von Wasserstoffperoxyd und Guajacoltinktur, die aromatische organische Stoffe enthält (Phenole, aromatische Säuren usw.), blau. In einigen Pflanzen spielen Mangansalze oder Calciumsalze der Oxysäuren (z. B. der Zitronen- und Apfelsäure) die Rolle der Peroxydasen.

Wie erwähnt, können Oxydasen nur bestimmte, hauptsächlich aromatische organische Stoffe oxydieren, während Stoffe, die in der Pflanze als Atmungsmaterial verwendet werden, durch Oxydasen nicht angegriffen werden. Man vermutete daher, daß die letzteren nicht das Atmungsmaterial, sondern irgendwelche Produkte seiner Zersetzung oxydieren. Da aber Zucker bei der Atmung am häufigsten oxydiert wird und zugleich unter der Einwirkung der überall verbreiteten Zymase zersetzt wird, so vermutete man, daß irgendwelche Stoffe, die bei der Alkoholgärung entstehen, durch Oxydasen oxydiert werden.

Wir wissen schon, daß in den Geweben der Pflanze nach Versetzen in eine sauerstofflose Atmosphäre eine „intramolekulare Atmung“, d. h. in der Hauptsache die Alkoholgärung auftritt (vgl. S. 162). Auf Grund dieser Tatsache sprach PFEFFER (1877) die Vermutung aus, daß der in Anwesenheit von Sauerstoff bei der Gärung entstehende Alkohol in der Pflanze oxydiert wird. Diese Vermutung konnte jedoch im weiteren nicht bestätigt werden, weil die Pflanze den auf künstlichem Wege eingeführten Alkohol nicht zu oxydieren vermag; andererseits kann er auch durch Oxydasen nicht oxydiert werden. Man war also zu der Annahme genötigt, daß irgendein Zwischenprodukt der Alkoholgärung in der Atmung oxydiert wird (KOSTYTSCHEW, 1910). Nach JENSEN (1908), der Dioxyaceton $CH_2(OH)\cdot CO\cdot CH_2(OH)$ für ein Zwischenprodukt der Gärung hält, wird es durch Oxydasen zu CO_2 und H_2O oxydiert. Dieser Stoff wurde aber bis jetzt in gärenden Flüssigkeiten nicht nachgewiesen, obwohl seine Bildung bei der Verwandlung von Glukose in Methylglyoxal nicht unwahrscheinlich ist[1]).

---

[1]) Dioxyaceton bildet sich gemeinsam mit Glycerinaldehyd $CH_2OH\cdot CH(OH)\cdot COH$ bei der Oxydation von Glycerin; wenn wir also annehmen, daß Glukose bei der

Da Oxydasen in den lebenden Zellen keine Färbung des Zellsafts hervorrufen (derselbe verfärbt sich erst nach Abtötung der Zellen oder Herauspressen aus dem Organ), so muß man annehmen, daß Oxydasen ihren Sitz im lebenden Protoplasma haben und auf Zellsaftstoffe nicht einwirken können, oder daß die entstehenden Farbstoffe sofort wieder reduziert werden. PALLADIN (1912) nimmt daher an, daß die durch Oxydation entstehenden Farbstoffe durch Atmungsmaterial sofort wieder reduziert werden. Man bezeichnet sie oft als Atmungspigmente.

Gegen die Annahme, daß die Atmung mit Hilfe von Oxydasen stattfindet, spricht die Tatsache, daß nach dem Absterben der Zellen (infolge Erfrieren oder durch Chloroformwirkung) die Absorption von Sauerstoff stark abnimmt und sogar aufhört. Die schwache Absorption von Sauerstoff durch Pflanzensäfte kann jedenfalls der Tätigkeit der Oxy-. dasen zugeschrieben werden, während die Ausscheidung von CO_2 wahrscheinlich von der Zymasewirkung herrührt[1]). Außerdem muß man betonen, daß bei der Atmung nicht nur Zucker, sondern auch verschiedenartige organische Stoffe als Atmungsmaterial verwendet werden können (vgl. S. 153), und daß sie auch zu organischen Säuren oxydiert werden können.

Der Stillstand der Atmung nach dem Absterben der Zellen könnte vielleicht auch durch eine Zerstörung des kolloidalen Systems des Protoplasmas erklärt werden (vgl. S. 10). Durch ihre kolloidale Zerteilung im lebenden Protoplasma erhalten alle Stoffe eine größere Oberfläche, von der das Atmungsmaterial (oder Produkte seiner Zersetzung) adsorbiert werden können. Die Adsorption (also die Konzentrationserhöhung an der Oberfläche) kann aber chemische Reaktionen hervorrufen, die sonst zu langsam verlaufen. WARBURG (1909—1922) folgert aus seinen Versuchen, daß die gesamte Atmung an die Oberfläche der Zellbestandteile geknüpft ist.

Wir kommen also zu dem Schlusse, daß der Verlauf der chemischen Reaktionen bei der Atmung und die diese Reaktionen hervorrufenden Reagentien noch nicht bekannt sind. Unerklärt bleibt auch der Übergang der in der Atmung entstehenden Energie in andere organische Stoffe bei der Synthese von Eiweißkörpern, bei Wachstum, Bewegung, Vermehrung usw. Wir müssen uns also mit der Vermutung begnügen, daß das Atmungsmaterial in der Pflanze nicht direkt oxydiert wird. Es ist auch wahrscheinlich, daß die die Oxydation bewirkenden Reagentien in vielen Fällen (z. B. bei höheren Pflanzen) so unbeständig sind, daß sie mit dem Absterben der Pflanze vernichtet werden oder daß die Oxydation nur bei einer kolloidalen Zerteilung der Protoplasmastoffe möglich ist.

Alkoholgärung zunächst Glycerinaldehyd bildet (vgl. S. 176, Anm. 1), so dürfen wir auch die gleichzeitige Bildung von Dioxyaceton annehmen: $C_6H_{12}O_6 =$
$= CH_2(OH) \cdot CH(OH) \cdot COH + CH_2(OH) \cdot CO \cdot CH_2(OH)$.

[1]) Einige Pflanzen enthalten außerdem unbeständige Körper, die sich selbständig (ohne Hilfe irgendwelcher Enzyme) zersetzen und CO_2 bilden, weil die Ausscheidung auch nach Erhitzen dieser Pflanzen auf 100° (und sogar bis 120°) stattfindet, obwohl eine solche Temperatur Oxydasen und Zymase vernichtet (NABOKICH, 1908).

11. Beeinflussung der Atmungsprozesse durch verschiedene Reize.

Aus den vorhergehenden Kapiteln wissen wir, daß der Chemismus der Atmungsprozesse noch nicht bekannt ist. Man kann aber offenbar annehmen, daß diese Prozesse Komplexe chemischer Reaktionen darstellen und sich von den Reaktionen unserer Laboratorien dadurch unterscheiden, daß sie in der lebenden Materie verlaufen, deren kolloidales System unbeständig ist (vgl. S. 10 und 11). Wir können also von vornherein einige Eigentümlichkeiten der Einwirkung verschiedener Eingriffe auf diese Prozesse (im Vergleich mit der Einwirkung auf chemische Reaktionen in unseren Laboratorien) erwarten. Wollen wir zunächst die Beeinflussung der Atmungsprozesse durch die Temperatur betrachten.

Die Geschwindigkeit chemischer Reaktionen vergrößert sich bekanntlich um das 2—3fache bei jeder Temperaturerhöhung um 10° C (vgl. auch S. 118). Zwischen 0° und 25° C vergrößert sich auch die Atmungsgeschwindigkeit um das 2—3fache bei gleicher Temperaturerhöung. Die Atmung kann, wie andere chemische Reaktionen, auch bei Temperaturen unter Null stattfinden, vorausgesetzt, daß die Pflanze nicht erfriert. Im Gegensatz zu gewöhnlichen chemischen Reaktionen wird aber die Atmung bei weiterer Temperaturerhöhung immer weniger beschleunigt, fängt bei 45—60° C an, sich zu verlangsamen, und hört bald ganz auf, weil bei diesen Temperaturen das Absterben des Protoplasmas und die Zerstörung des ganzen kolloidalen Systems beginnt. Ähnlich beeinflußt die Temperatur auch die Gärung[1]).

Theoretisch ist wohl möglich, daß die Temperatur verschiedene die Atmung zusammensetzende chemische Reaktionen nicht ganz gleich beeinflußt. In diesen Fällen können sich Zwischenprodukte in den Zellen anhäufen oder umgekehrt schon vorhandene Produkte verbraucht werden. In der Tat beschleunigt die Temperatur die Oxydation von organischen Säuren zu CO_2 und H_2O im Obst mehr als die von Zucker zu organischen Säuren. Infolgedessen wird der Atmungsquotient des Obstes bei 30—35° fast gleich 1 (vgl. S. 156), und die vorher angehäuften Säuren verschwinden, so daß das Obst süßer wird. Die Reifung desselben wird gewöhnlich von einer Veratmung der Säuren begleitet; ist aber die Temperatur ungenügend hoch, so bleibt das Obst sauer. Bei weniger als 15° C können z. B. Weintrauben nicht süß werden.

Da das Atmungsmaterial gewöhnlich in Wasser gut löslich ist (z. B. Zucker, organische Säuren, Ammoniumsalze, Schwefelwasserstoff usw.), so läßt sich vermuten, daß die Atmungsgeschwindigkeit vom

---

[1]) Wenn das Material für die Gärung in die Zellen von außen eindringt, so kann es bei Temperaturerhöhung vorkommen, daß alles Material verbraucht wird und eine weitere Erhöhung der Temperatur die Gärung nicht mehr beschleunigt, weil die Diffusion bei einer Temperaturerhöhung um 10° C nur um das 1—1,2fache zunimmt. Um sich eine richtige Vorstellung der Temperaturwirkung zu bilden, muß man sich auch daran erinnern, daß Zucker bei Wachstum und Vermehrung der Mikroorganismen verbraucht wird, so daß eine schnell wachsende Hefe anders reagiert, als eine langsam wachsende usw.

Wassergehalt der Zellen abhängig ist. In der Tat zeigten Versuche von KOLKWITZ (1901), daß 1 kg lufttrockener Gerstenkörner (Wassergehalt 11%) 0,3—15 mg CO_2 in 24 Stunden ausscheiden, während 1 kg Körner nach der Quellung in Wasser (Wassergehalt 33%) 2000 mg CO_2 in gleicher Zeit ausscheiden. Sind die Samen im Exsiccator ausgetrocknet, so hört die Atmung vollkommen auf.

Bei der Besprechung der Einwirkung des Ausgangsmaterials auf die Photosynthese wurde darauf hingewiesen, daß sie durch die Vergrößerung der Menge eines ihrer Ausgangstoffe (CO_2) ebenso wie andere chemische Reaktionen beschleunigt wird. Ähnlich wirkt auch das Atmungs- bzw. Gärungsmaterial auf die Atmungs- bzw. Gärungsgeschwindigkeit. Die Atmungsprozesse sind aber wenigstens zum Teil enzymatische Prozesse. Die quantitative Untersuchung der Enzymwirkung (z. B. der Wirkung der Invertase, vgl. S. 43) zeigt aber, daß die Geschwindigkeit der enzymatischen Zersetzung von Stoffen nur bei niedrigen Konzentrationen der Konzentration proportional ist, während bei höheren Konzentrationen diese Geschwindigkeit immer weniger zunimmt und zuletzt sogar abnimmt. Eine analoge Erscheinung wird auch bezüglich der Atmungsprozesse beobachtet. So wächst z. B. die Geschwindigkeit der Alkoholgärung bei den Zuckerkonzentrationen, die niedriger als 0,5% sind, proportional der Konzentration, während die Beschleunigung der Gärung durch eine weitere Konzentrationsvergrößerung immer geringer wird. Bei 20% Zucker fängt aber die Gärungsgeschwindigkeit an abzunehmen, so daß die Gärung bei 40—60% Zucker kaum merklich ist. So hohe Zuckerkonzentrationen wirken plasmolysierend auf Hefezellen (vgl. S. 28), d. h. mechanisch auf das Protoplasma und bewirken schließlich das Absterben, so daß das kolloidale System, in welchem die Gärung verläuft, durch hohe Zuckerkonzentrationen allmählich zerstört wird.

Wie wir wissen, ist die Atmung als ein Komplex chemischer Reaktionen aufzufassen, deren Zwischenprodukte wahrscheinlich oxydiert werden. Es war also von vornherein zu erwarten, daß die Atmungsgeschwindigkeit (d. h. die der Absorption von O_2) nur bei niedrigem Sauerstoffgehalt der umgebenden Atmosphäre von diesem Gehalt abhängig sein wird, während bei höheren Sauerstoffkonzentrationen die Atmungsgeschwindigkeit nur von der Bildung der oxydierbaren Zwischenprodukte abhängen wird. In der Tat beginnt die Geschwindigkeit der Sauerstoffabsorption erst nach einer Verminderung des Sauerstoffgehalts der umgebenden Atmosphäre auf 1—2% (die Luft enthält 23% O_2) abzunehmen. Erst bei diesem Sauerstoffgehalt können also die gebildeten Zwischenprodukte nicht vollkommen oxydiert werden, und jede Verminderung des Sauerstoffgehalts ruft eine Verlangsamung der Atmung hervor. Ist aber der Sauerstoffgehalt größer als 1—2%, so werden alle gebildeten Zwischenprodukte schnell oxydiert, und eine weitere Erhöhung desselben kann keine Beschleunigung der Atmung verursachen. Nach Erhöhung des Luftdrucks auf 6—20 Atmosphären oder aber nach Versetzen der Pflanze in reinen Sauerstoff beginnt sie zu leiden, um schließlich zugrunde zu gehen (BERT, 1873). Konzentrierter Sauerstoff oxydiert wahrscheinlich nicht nur das Atmungsmaterial, sondern auch die die lebende Materie zusammensetzenden Stoffe. Besonders empfindlich für Sauerstoff ist das Protoplasma der abligat anaeroben Pflanzen, die unter dem gewöhnlichen Luftdruck nicht wachsen können und mit der Zeit zugrunde gehen. Im Gegensatz dazu ertragen manche aerobe Bakterien eine Erhöhung des Luftdrucks auf einige Zehner Atmosphären ohne Schaden.

Was nun die Wirkung der Atmungsprodukte auf die Atmungsenergie anbelangt, so wissen wir schon, daß CO_2 in größeren Konzentrationen (10 %) für die Pflanze schädlich ist (vgl. S. 119); die Atmungsgeschwindigkeit beginnt aber schon bei einem kleineren CO_2-Gehalt abzunehmen. Andererseits hemmt CO_2 die Alkoholgärung auch unter einem Drucke von 20 Atmosphären nicht. Andere Atmungsbzw. Gärungsprodukte (Alkohol, Säuren) sind für das Protoplasma giftig und hemmen die Atmungsprozesse schon in niedrigen Konzentrationen.

Mehrere giftige Stoffe (z. B. Chloroform, Äther, Alkaloide, Zink- und Mangansalze) wirken in sehr niedrigen Konzentrationen stimulierend auf die Atmungsprozesse wie auch auf manche enzymatischen Zersetzungen der Stoffe (z. B. auf Hydrolyse von Eiweißkörpern durch proteolytische Enzyme), während größere Konzentrationen derselben Stoffe das Protoplasma schädigen und die Atmungsprozesse hindern oder vollkommen hemmen. Merkwürdig ist, daß Chloroform (in höheren Konzentrationen) die Alkoholgärung der lebenden Hefe hemmt, während es die Zersetzung von Zucker durch Zymase unbeeinflußt läßt. Um diese Tatsache zu erklären, nimmt man gewöhnlich an, daß Chloroform die Bildung der Zymase hemmt, die in den Zellen nur in geringer Menge vorhanden ist. Man kann aber diesen Unterschied in der Chloroformwirkung auch als eine Bestätigung der Vermutung ansehen, daß die Zersetzung von Zucker in den lebenden Hefezellen mit der durch Zymase nicht identisch ist.

Am Schluß dieser Übersicht über die Beeinflussung der Atmungsprozesse durch verschiedene Reize wäre noch zu erwähnen, daß die Atmung in zerschnittenen Pflanzenteilen beschleunigt ist. Nach BÖHM und STICK (1891) soll sie sich nach Zerschneiden bei Kartoffelknollen um das 4fache, bei Ilexblättern um das 2fache und bei Bohnenkeimlingen um das $1^1/_2$fache verstärken. Die Wirkung des Zerschneidens muß wahrscheinlich einerseits der Oberflächenvergrößerung der Pflanze, andererseits dem Austritte von giftigem CO_2 zugeschrieben werden. Die erstere verstärkt die Absorption von Sauerstoff besonders bei dicken Objekten (z. B. bei Kartoffelknollen), deren Inneres nur eine ungenügende Menge dieses Gases erhält.

Zweiter Teil

Wachstumserscheinungen der Pflanze.

A. Allgemeine physikalische und chemische Grundlagen der Wachstumserscheinungen.

1. Übersicht über die Wachstumserscheinungen.

Wie in der Einleitung betont wurde, findet das Pflanzenwachstum auf Kosten der von außen eindringenden Stoffe statt, wobei das Volumen und die Masse der Pflanze fortwährend zunimmt. Zu den Wachstumserscheinungen müssen jedoch auch diejenigen Veränderungen der Form und des inneren Baus der Pflanze gerechnet werden, die von keiner wesentlichen Vergrößerung, in manchen Fällen sogar von einer Verminderung des Volumens und der Masse der Pflanze infolge von Transpiration und Atmung begleitet werden. Das tritt z. B. bei der Keimung der in Wasser gequollenen Samen in feuchter Luft ein.

Andererseits sind die Wachstumserscheinungen bekanntlich unumkehrbar (irreversibel), weil man die erwachsene Pflanze nicht zwingen kann, ihre Größe wieder auf die Größe des Keims zu verkleinern und ihren Entwicklungszyklus in umgekehrter Richtung durchzumachen. Infolgedessen dürfte eine zeitliche Veränderung der Masse, des Volumens, der Form und des inneren Baues der Pflanze, wenn eine solche vorkommen sollte, nicht zu den Wachstumserscheinungen gerechnet werden. So quellen z. B. trockene Erbsensamen in Wasser unter sehr bedeutender Vergrößerung ihrer Masse und ihres Volumens; es handelt sich dabei aber nicht um ein Wachsen; denn die gequollenen Samen geben im trockenen Raume ihr Wasser wieder in Dampfform ab und nehmen ihr früheres Volumen an. Auch dürfte die Veränderung des Volumens und der Masse der Pflanze infolge einer Turgorvergrößerung nicht als eine Wachstumserscheinung bezeichnet werden (vgl. S. 28 und 29).

Mit dem Ausdruck Wachstumserscheinungen werden wir also unumkehrbare (irreversible) Veränderungen der Masse, des Volumens, der Form und des inneren Baues der Pflanze bezeichnen. Außerdem werden wir alle Wachstumserscheinungen, die Volumen- bzw. Massenveränderungen darstellen, kurz Wachstum nennen, während alle Veränderungen der Form („Gestaltung") und des inneren Baues der Pflanze Entwicklung heißen soll.

Unter Wachstumserscheinungen wird nur das Wachstum der Pflanze zur Zeit quantitativ gemessen, wobei man nur die Vergrößerung der Ausdehnung in bestimmter Richtung (z. B. in der Länge, in der Breite) bestimmt. In anderen Fällen mißt man die Massenvergrößerung der Pflanze mit Hilfe der Wägung. Die Vergrößerung der Ausdehnung oder der Masse der Pflanze in einer Zeiteinheit wird im weiteren als Wachstumsgeschwindigkeit bezeichnet.

2. Das Wachstum der Zellen.

Alle Wachstumserscheinungen werden offenbar durch das Wachstum und die Vermehrung der die Pflanze zusammensetzenden Zellen bedingt. Doch ist die lebende Materie der Pflanzenzellen gewöhnlich in eine feste Zellhaut eingeschlossen, so daß das Wachstum der Zellen nur bei gleichzeitiger Vergrößerung der Ausdehnung und der Masse ihrer Zellhäute möglich ist. Auch die Zellform wird durch die Form der Zellhaut bedingt, weil das Protoplasma schleimflüssig ist und also keine eigene Form besitzt (vgl. S. 4).

Nur in seltenen Fällen, (bei Gymnoplasten, d. h. bei hautlosen Zellen), wird die Form der Zelle entweder durch die Oberflächenspannung (bei Amöben) oder durch eine gallertartige, oberflächliche Protoplasmaschicht bedingt (bei der Mehrzahl der Flagellaten und bei den beweglichen Sporen, Zoosporen). Infolgedessen haben wir bei Untersuchungen über das Zellwachstum nicht nur das Wachstum der lebenden Materie und ihrer Einschlüsse, sondern insbesondere das Wachstum der Zellhäute zu beachten.

Das Wachstum der lebenden Materie ist zur Zeit nur wenig geklärt; man beschränkt sich gewöhnlich auf den Nachweis, daß alle Protoplastenteile ihr Volumen vergrößern und eine der betreffenden Zelle eigene Form annehmen. Man zweifelt auch gar nicht daran, daß eine solche Volumenvergrößerung von einer Umwandlung der Nährstoffe in die chemischen Stoffe, die das Protoplasma, den Zellkern und die Chromatophoren zusammensetzen, begleitet wird. Es bleibt aber vollkommen unbekannt, wie eine solche chemische Umwandlung der Stoffe stattfindet und weshalb ein und dasselbe Nährmaterial in verschiedenen Zellteilen eine ungleiche Bestimmung erhält. Die bisher veröffentlichten physiologischen Untersuchungen beziehen sich in der Hauptsache auf die Zellteilung und sollen in dem der Zellvermehrung gewidmeten Kapitel behandelt werden. Doch wird schon hier betont, daß das Protoplasma sicher durch Intussuszeption, d. h. durch Eindringen oder Neubildung der Stoffe (des Baumaterials) im Protoplasmainneren wächst. Solch ein Intussuszeptionswachstum ist freilich nur dank dem Flüssigsein des Protoplasmas möglich, weil alle festen Strukturen bei einem unbegrenzten Intussuszeptionswachstum zerstört werden müßten.

Gleichzeitig mit der Veränderung der Masse und der Form der lebenden Materie kann sich freilich auch die Masse und Form der unbelebten Protoplasmaeinschlüsse, z. B. der Vakuolen, Stärkekörner, Krystalle u. a. verändern, so daß eine Volumvergrößerung der Zelle auch ohne eine gleichzeitige Massenzunahme der lebenden Materie stattfinden kann. Besonders weit verbreitet ist bei Pflanzen die Volumvergrößerung der Zellen infolge einer Volumzunahme der Vakuolen, d. h. auf Kosten des aufgesogenen Wassers.

Junge Zellen in embryonalen Geweben der Knospen und an der Wurzelspitze sind dicht von Protoplasma erfüllt, das keine Vakuolen enthält. Beim Wachstum der Zellen bilden sich in ihnen zahlreiche kugelige Vakuolen (Wassertropfen), deren Entstehung teilweise einer Übersättigung des Protoplasmas mit Wasser zugeschrieben werden muß. Die Entstehung der Wassertröpfchen bei Übersättigung mit Wasser kann auch an leblosen organischen Flüssigkeiten beobachtet werden, z. B. an Cedernöl, das in Wasser infolge von Tröpfchenbildung sehr bald trübe wird. Teilweise dürfte aber die Entstehung der Vakuolen im Protoplasma mit der Bildung irgendwelcher wenig löslichen und schwer permeierenden Stoffe verbunden sein[1]). Wenigstens ist es PFEFFER (1890) gelungen, die Bildung der Vakuolen im Protoplasma der Plasmodien von Myxomyceten durch die Einführung kleiner Asparaginkryställchen hervorzurufen. Sie entnehmen dem Protoplasma Wasser, lösen sich und bilden Vakuolen.

Ist eine Vakuole im Protoplasma entstanden, so wirken die in ihr gelösten Substanzen osmotisch auf das Wasser außerhalb der Zelle und veranlassen es, in die Zelle einzudringen (vgl. S. 32), so daß seit der Entstehung der ersten Vakuole der osmotische Druck in der Zelle wirksam ist, der das Protoplasma gegen die Zellhaut drückt und sie ausdehnt. Eine weitere Vergrößerung der Vakuole und also auch der Zelle ist freilich nur beim gleichzeitigen Wachstum der Zellhaut möglich.

Die Entstehung und das Wachstum anderer lebloser Einschlüsse des Protoplasmas wird durch Ausscheidung der betreffenden Stoffe in fester Form bedingt, die entweder vorher im Zellsaft gelöst waren, oder im Protoplasma aufs neue gebildet werden. So entstehen z. B. verschiedene Krystalle und Aleuronkörner auf dem Wege der Ausscheidung aus dem Zellsaft, während Stärkekörner sich im Inneren der Chromatophoren bilden. Es ist aber nicht unwahrscheinlich, daß Stärke in der lebenden Materie in Tröpfchenform (gemischt mit Wasser) entsteht. Das weitere Wachstum der Stärkekörner findet in derselben Art wie das der Sphärokrystalle statt, d. h. auf dem Wege der Ausscheidung von Stärkepolysacchariden auf ihrer Oberfläche (ART. MEYER, 1895).

3. Das Wachstum der Zellhaut.

Wie erwähnt, bedingt das Wachstum der Zellhaut das der Zelle; auch das Wachstum der letzteren ist nur bei einem gleichzeitigen Wachstum der Zellhaut möglich. Somit bildet das Wachsen der leblosen Zellhaut die wichtigste physikalische Grundlage für das Pflanzenwachstum. Um also die Wachstumserscheinungen der Pflanze vom Standpunkte der Chemie und der Physik aus erklären zu können, müssen wir vor allem das Wachstum der Zellhaut untersuchen.

---

[1]) Die Bildung dieser Stoffe, die die Aufnahme von Wasser durch das Protoplasma verstärken müssen, bedingt wahrscheinlich auch seine Übersättigung mit Wasser.

Die Zellhaut entsteht entweder auf der Oberfläche des Protoplasmas oder in seinem Inneren. Der erstere Fall wird bei der Bildung der Zellhäute von Zoosporen beobachtet, die am besten an Oedogonium zu verfolgen ist. Die aus der Mutterzelle herausgeschlüpfte hautlose Schwärmspore dieser Alge (vgl. Abb. 75) schwimmt während einiger Minuten im umgebenden Wasser, setzt sich und heftet sich an einen im Wasser befindlichen Gegenstand; dann umgibt sie sich mit einer Zellwand. Das Sporenvolumen ändert sich dabei gar nicht, so daß die oberflächlichen Protoplasmaschichten sich direkt in die feste dauerhafte Zellwand verwandeln. Diese Verwandlung findet so rasch statt, daß man keine chemische Bildung der Membransubstanz, sondern ihre Entstehung durch Ausscheidung als Folge von Koagulation vermuten darf (vgl. S. 8).

Bei der Entstehung der Membran im Innern der Pflanzenzellen nach der stattgefundenen Kernteilung bildet sich zuerst die sogenannte primäre Zellplatte, die nach STRASBURGER (1898) von protoplasmatischen Körnchen (oder Tröpfchen) zusammengesetzt wird und die sich später in die primäre Zellhaut verwandelt, welche hauptsächlich aus Pektinstoffen (Abkömmlingen der Kohlenhydrate) besteht.

Die auf diese oder ähnliche Weise gebildete Zellhaut zeigt sofort nach ihrer Entstehung sowohl Dicken- als auch Flächenwachstum; nur selten findet das Wachstum in allen Teilen der Zellhaut und nach allen Richtungen hin mit der gleichen Geschwindigkeit statt, so daß die wachsende Zelle ihre Form beibehält; gewöhnlich verändert sich die Zellform fortwährend.

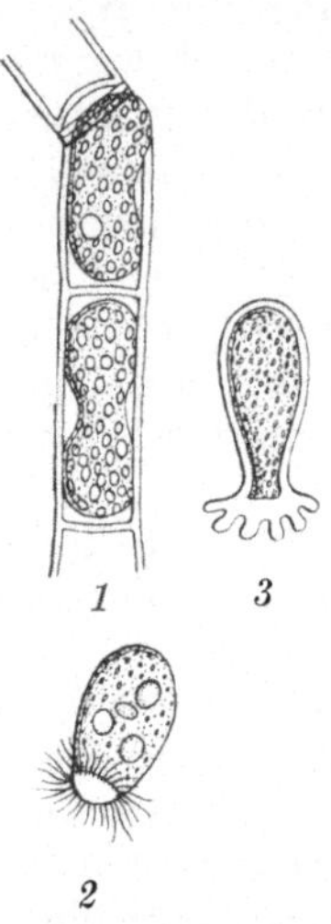

Abb. 75. Zoosporenbildung bei Oedogonium. *1* Entstehung der Zoosporen in den Algenfäden. *2* Die Zoospore ist aus der Mutterzelle ausgeschlüpft u. schwimmt im umgebenden Wasser. *3* Die Zoospore hat eine Zellhaut ausgeschieden. Vergrößerung 200/1.

Die einfachste Formveränderung der Zelle wird bei stäbchenförmigen Bakterien (vgl. S. 123, Abb. 43, 2) und fadenförmigen Algen beobachtet. Die Seitenwände der Zellen wachsen bei den genannten Pflanzen nur in einer Richtung, während die bei der Zellteilung entstehenden Querwände nur in die Dicke wachsen. Infolgedessen bleiben die Zellen immer zylindrisch; ihre Breite verändert sich nicht, während ihre Länge zunimmt.

Ein komplizierteres Wachstum der Zellhaut wird bei Spirillen und Spirochaeten beobachtet (vgl. S. 123, Abb. 43, 3, 4); bei ihnen führt die ungleiche Geschwindigkeit des Wachstums in verschiedenen Teilen der Seitenwände zu einer korkzieherartigen Windung der Zellen.

Durch eine verschiedenartige Form ihrer Zellen zeichnen sich die Algen Desmidiaceen und Diatomeen aus (vgl. Abb. 76), deren Zellhaut nach mehreren Richtungen hin mit ungleicher Geschwindigkeit wachsen kann. Die Riesenzellen der Alge Caulerpa (vgl. Abb. 77) erinnern aber mit ihrer komplizierten Form, die durch ungleiche Wachstumsgeschwindigkeit in verschiedenen Zellhautteilen bedingt wird, an die mehrzelligen Pflanzen.

Bei höheren Pflanzen (Kormophyten) ist die Zellform ebenfalls verschiedenartig. Sie kann kugelförmig, ellipsoid, zylindrisch, prismatisch, fadenförmig, sternartig usw. sein. In allen diesen Fällen wird die Zellform durch eine ungleiche Wachstumsgeschwindigkeit in verschiedenen Teilen der Zellhaut bedingt. Diese Ursache ruft auch die Bildung der Seitenzweige bei den verzweigten Zellen der Pilzfäden, den verzweigten Fadenalgen und den Milchgefäßen der Euphorbiaceen (Wolfsmilchgewächse) hervor.

Aber auch dann, wenn die Zellhaut nur in einer Richtung (z. B. in der Längsrichtung) wächst, wie es z. B. an zylindrischen Algen- bzw. Pilzzellen beobachtet wird, wachsen verschiedene Teile der Zellhaut mit ungleicher Ge-

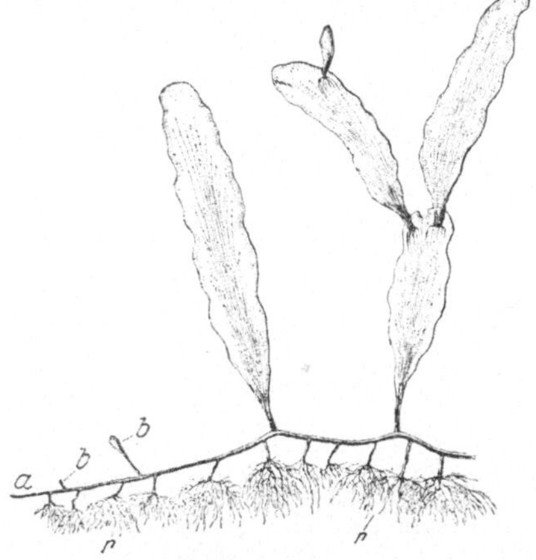

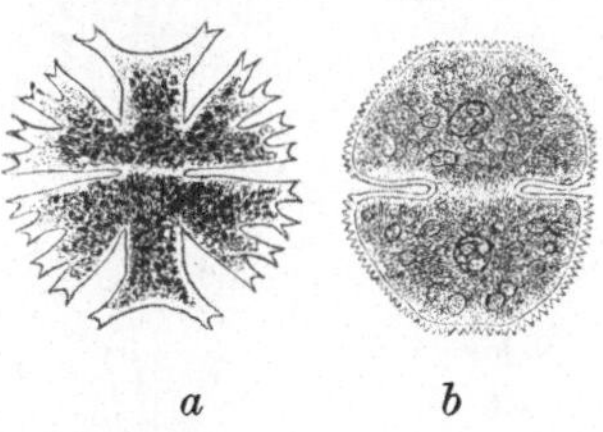

Abb. 76. Zellform der Desmidiaceen. *a* Micrasterias Crux melitensis, *b* Cosmarium Botrytis. (Nach Schenck.)

Abb. 77. Einzellige Alge Caulerpa prolifera. $^1/_3$ natürl. Größe. (Nach Schenck.)

schwindigkeit. Läßt man Pilz- bzw. Algenzellen sich in einer Nährlösung entwickeln, in welcher Karmin- oder Ultramarinpartikelchen aufgeschwemmt sind, die der Zellhaut der wachsenden Fäden anhaften, so kann man aus der Vergrößerung der gegenseitigen Abstände zwischen den anhaftenden Partikelchen auf die ungleiche Wachstumsgeschwindigkeit der Zellhaut in verschiedenen Zellteilen schließen. So wächst z. B. die Zellhaut in den Endzellen der Pilzfäden nur an der Spitze der Zelle. In einigen Fällen findet das Wachstum der Zellhaut nur in der Nähe der Querwände und außerdem nicht andauernd, sondern periodisch statt. Ein derartiges Wachstum wird z. B. bei der Fadenalge Oedogonium beobachtet (vgl. S. 180, Abb. 78).

In der Nähe der Querwände dieser Alge bildet sich an der inneren Seite der Zellhaut eine ringförmige Verdickung (vgl. Abb. 78), deren Substanz bald erweicht wird (vermutlich durch irgendwelche vom Protoplasma ausgeschiedenen Enzyme). Infolgedessen wird der Widerstand, welchen die Zellhaut dem inneren osmotischen Zelldruck entgegensetzt, an dieser Stelle geschwächt, und unter der Einwirkung dieses Drucks wird die Verdickung plastisch ausgedehnt, wobei die äußere Zellhautschicht ringsum zersprengt wird. Auf die in dieser Weise entstehende dünne Zellhaut wird vom Protoplasma Zellulose abgelagert, so daß die frühere Dicke der Zellhaut an dieser Stelle wieder hergestellt wird. In der Nähe der Querwand bildet sich aber eine neue ringförmige Verdickung, die bald wieder erweicht und ausgedehnt wird. Der beschriebene Prozeß kann sich mehrere Male wiederholen, so daß die Zellhaut von Oedogonium ruckweise, aber fortwährend wächst.

Bei lange andauerndem Längenwachstum der Zelle bleibt die Wachstumsgeschwindigkeit der Zellhaut (bzw. der Zelle) nur selten konstant; sie nimmt auch unter unveränderten Außenbe-

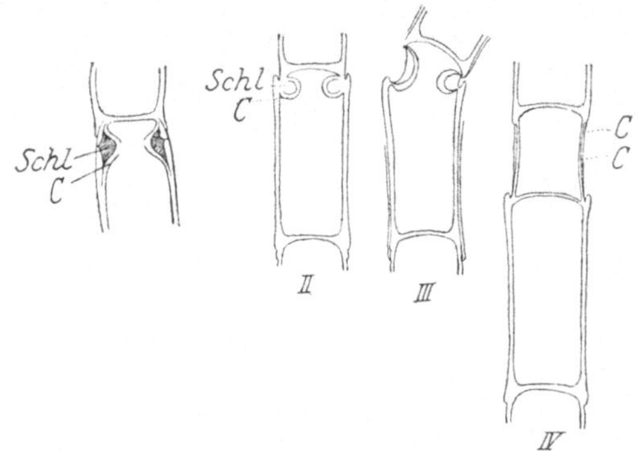

Abb. 78. Zellhautwachstum bei Oedogonium. *Schl* ringförmige Verdickung der Zellhaut. Erklärung im Text. (Nach JOST.)

Abb. 79. Süßwasseralge Nitella. Natürl. Größe. (Nach STRASBURGER).

dingungen bald zu, bald ab. Ein passendes Objekt zum Studium der Wachstumsvariation der Zelle bilden die Sporangienträger der Pilze aus der Familie der Mucoraceae (vgl. S. 77, Abb. 20). Nach ERRERA (1884) wachsen die einzelligen Sporangienträger von Phycomyces nitens am ersten Tage ihrer Entwicklung verhältnismäßig schwach, während ihr Wachstum zu Beginn der Sporangienbildung vollkommen aufhört. Nachdem aber die Sporangien gebildet sind, vergrößert sich die Wachstumsgeschwindigkeit auf das 5 bis 6 fache, und dieses verstärkte Wachstum dauert drei Tage fort; dann sistieren die Sporangienträger ihr Wachstum vollkommen.

Bei höheren Pflanzen wächst die Zellhaut (bzw. die Zelle) bald nach der Entstehung der Zellen nur sehr langsam, und erst nach einigen Stunden oder Tagen beginnt die Wachstumsgeschwindigkeit zuzunehmen, erreicht dann ein Maximum, nimmt wieder ab und wird gleich Null, so daß alle Zellen, wie man seit SACHS (1873) annimmt, „die große Wachstumsperiode" durchmachen.

Am schönsten ist diese Erscheinung an den Algen Chara und Nitella zu beobachten, Süßwassergewächsen, die aus stengelartigen Hauptachsen und Quirlen von Seitenzweigen bestehen (vgl. Abb. 79). Jedes Achsenstück zwischen den „Knoten" besteht bei beiden Pflanzen aus einer Riesenzelle, die bei Chara allerseits von kleineren langen und schmalen Zellen bedeckt ist. Dank der bedeutenden Größe dieser Zellen ist es leicht, die Veränderung ihrer Wachstumsgeschwindigkeit zu verfolgen. Sie ist bald nach der Entstehung der Zelle sehr gering, steigt aber fortwährend, wobei die Länge der Zelle nicht selten um das 2000 fache zunimmt, wird dann geringer und ist schließlich gleich Null.

Nach ASKENASY (1878) ist die Länge der obersten Riesenzelle der Achse bei Nitella gleich 0,02 mm, diejenige der zweiten (von oben) 0,07 mm, der dritten 0,16 mm, der vierten 0,45 mm, der fünften 3,33 m, der sechsten 14 mm, der siebenten 33,5 mm und der achten Riesenzelle 35,0 mm. Wir nehmen an, daß die Bildung der Riesenzellen gleichmäßig fortschreitet, so daß eine jede neue Riesenzelle in gleichen Zeitintervallen angelegt wird, d. h. die Verwandlung der ersten Zelle in die zweite, der zweiten in die dritte usw. eine gleiche Zeit verlangt. Bei der Verwandlung der ersten Zelle in die zweite vergrößert sie sich um 0,05 mm; bei der Verwandlung der zweiten in die dritte um 0,09 mm, der dritten in die vierte um 0,29 mm, der vierten in die fünfte um 2,88 mm, der fünften in die sechste um 10,67 mm, der sechsten in die siebente um 19,5 mm, der siebenten in die achte um 1,5 mm. Die Wachstumsgeschwindigkeit der Riesenzellen verändert sich also fortwährend und ihre Größen bei der Verwandlung eines Zwischenstücks der Achse in das andere verhalten sich zueinander wie 0,05 : 0,09 : 0,29 : 2,88 : 10,67 : 19,5 : 1,5, so daß das Maximum der Wachstumsgeschwindigkeit erst kurz vor dem Aufhören des Wachstums erreicht wird.

Das Zellhautwachstum (bzw. Zellwachstum) wird also nur während einer begrenzten Zeitperiode beobachtet, nach welcher eine Ruheperiode eintritt, so daß die Zelle ihren embryonalen Charakter verliert, erwachsen und sommatisch wird. Es gibt aber Pflanzen (z. B. Bakterien, die Alge Spirogyra), deren Zellen unter günstigen Außenbedingungen ihren embryonalen Charakter beibehalten und die Fähigkeit besitzen, ununterbrochen zu wachsen und sich zu vermehren. Außerdem kann die Wachstumsruhe der Zellen von einer Periode energischen Wachstums unterbrochen werden. Diese Erscheinung wird z. B. bei den Zygosporen der Algen und Pilze beobachtet, die nach ihrer Entstehung oft während einer langen Zeit im Ruhezustand verharren, um später energisch zu wachsen. Eine analoge Erscheinung wird auch bei den Samenzellen beobachtet. Einige Grundparenchymzellen der Stengel dicotyler Pflanzen können gleichfalls nach dem Wachstumsstillstand wieder energisch wachsen und sich vermehren (Kambiumbildung).

Wir schließen unsere Übersicht über das Zellhautwachstum mit einigen Angaben bezüglich der absoluten durchschnittlichen Wachstumsgeschwindigkeit. Mikroskopische Beobachtungen zeigen, daß unter günstigen Ernährungs- und Temperaturbedingungen die größte Wachstumsgeschwindigkeit (in Längsrichtung) bei den Spitzenzellen der Pilzfäden beobachtet wird, bei denen sie 0,02 bis 0,11 mm in einer Minute beträgt (Botrytis cinerea, Phycomyces nitens, Ancylistes closterii). Bei anderen Pflanzen ist diese Geschwindigkeit viel kleiner und erreicht nur ausnahmsweise 0,01 mm in einer Minute (Staubblätter der Gramineen). Noch langsamer wächst die Zellhaut in die Dicke, wobei die Wachstumsgeschwindigkeit in verschiedenen Zellteilen ungleich sein kann, so daß verschiedene Verdickungsformen der Zellhaut (netzartige, ringförmige, spiralige) auftreten.

4. Ursachen des Zellhautwachstums.

Im vorhergehenden Kapitel haben wir das Wachstum der Zellhaut kennengelernt; jetzt wollen wir versuchen, die physikalischen und chemischen Ursachen dieses Wachstums zu betrachten.

Es gibt zur Zeit zwei Theorien, die das Zellhautwachstum vom Standpunkt der Physik und der Chemie aus zu erklären suchen: die sogenannte Appositionstheorie oder Ablagerungstheorie und die Intussuszeptionstheorie oder Eindringungstheorie. Die erstere wurde in unvollständiger Form von MOHL (1828) ausgesprochen und später von SCHMITZ (1880), STRASBURGER (1882), NOLL (1887) u. a. weiter entwickelt. Die letztere wurde zuerst von NÄGELI (1858) aufgestellt.

Nach der Appositionstheorie wächst die Zellhaut in die Dicke infolge einer Ablagerung neuer Stoffschichten von seiten des Protoplasmas auf die vorhandene Zellhaut, wobei die bekannte Schichtung der Zellhaut auftritt. Was nun ihr Flächenwachstum anbelangt, so kommt es ganz passiv infolge einer plastischen Dehnung der Zellhaut unter der Einwirkung des Turgordrucks zustande. Diese Dehnung soll nach der Theorie so stark sein, daß sich die Zellhaut nach dem Verschwinden des Zelldrucks nicht mehr auf die frühere Größe zusammenziehen kann, d. h. sie soll über die Elastizitätsgrenze hinaus gedehnt worden sein.

Eine solche starke Dehnung der Zellhaut unter der Einwirkung des Turgordrucks muß selbstverständlich zur Abnahme ihrer Dicke führen; die Ablagerung neuer Schichten von der Seite des Protoplasmas her bewirkt jedoch nicht nur die Erhaltung der Dicke der Zellhaut, sondern oft auch ihre Vergrößerung. Jedenfalls wird die äußerste Schicht der Zellhaut durch die immer wachsende Dehnung derselben immer dünner und kann sogar, nach der Theorie, zersprengt werden, so daß die nächst folgenden vorher inneren Zellhautschichten allmählich an die Außenoberfläche der Zellhaut zu liegen kommen.

Im Gegensatz zur Appositionstheorie nimmt die Intussuszeptionstheorie an, daß das Zellhautwachstum sowohl in die Dicke, als auch in die Fläche aktiv ist, weil es durch das Eindringen von Stoffen in die Zellhaut in gelöster Form und die Ausscheidung der Stoffteilchen in der Zellhautdicke bedingt wird. Ein solches Eindringen des Baumaterials in die Zellhautdicke ist nach NÄGELI deshalb möglich, weil die Zellhaut in Wasser quillt und daher sowohl Wasser als auch die in ihm gelösten Substanzen absorbieren kann. Unter diesen Substanzen befinden sich, nach der Theorie, auch die die Zellhaut zusammensetzenden chemischen Verbindungen oder wenigstens die Stoffe, die sich leicht in diese Verbindungen umwandeln und die im Protoplasma gebildet werden. Die in die Zellhaut in gelöster Form eingedrungenen Teilchen dieser Verbindungen sollen sich aus der Lösung ausscheiden, die Teilchen (Mizellen) der Zellhaut auseinanderrücken und die Vergrößerung des Volumens und der Masse der Zellhaut verursachen.

Ein analoger Prozeß soll nach der Theorie auch bei der Durchtränkung der Zellhäute mit Mineralsubstanzen, z. B. durch Kalk und Kieselsäure und bei der Ablagerung von Krystallen von Calciumoxalat (bei Dracaena, Cupressus) stattfinden. Was nun die oft beobachtete Schichtung der Zellhaut anbetrifft, so soll sie, nach der Theorie, auf dem Wege einer sekundären Auseinanderspaltung der vorher vollkommen gleichartigen Zellhautmasse zu Schichten von größerem und geringerem Wassergehalt zustande kommen.

Wir wollen jetzt die experimentellen Angaben betrachten, auf denen die beiden genannten Theorien basieren. MOHL hielt die Appositionstheorie einerseits durch die oft beobachtete Schichtung der Zellhaut, andererseits durch die Tatsache für bewiesen, daß Zellhautwachstum nur bei Anwesenheit eines genügend großen Turgordrucks in der Zelle möglich ist. Setzt man z. B. eine Fadenalge oder einen Schimmelpilz in eine dem Zellsaft der Pflanzen isotonische Zucker- bzw.

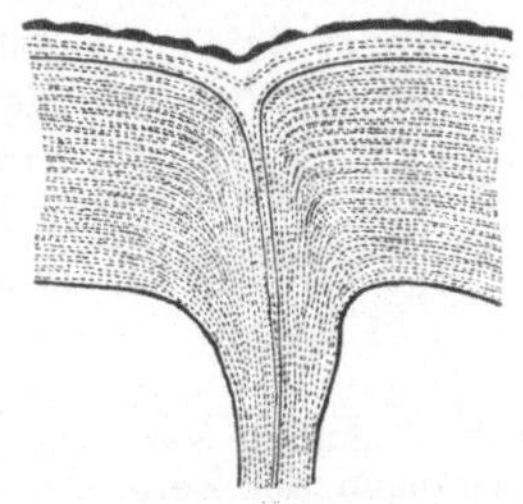

Abb. 80. Schichtung der Zellhaut von Caulerpa.

Salzlösung, so zeigt die mikroskopische Beobachtung, daß das Wachstum sofort aufhört. Es kann nur dann wieder beginnen, wenn sich in den Zellen eine genügende Menge osmotisch wirkender Stoffe bildet, die den Turgordruck herstellen.

Später wurden spezielle Versuche zum Beweis der Richtigkeit der Appositionstheorie angestellt, die das Dickenwachstum der Zellhaut durch Apposition feststellten. Von diesen Versuchen sind die Versuche NOLLS (1887) an der einzelligen Alge Caulerpa (vgl. S. 179, Abb. 77) die bekanntesten.

Die Zellhaut dieser Alge ist ziemlich stark verdickt und zeigt unter dem Mikroskope eine bedeutende Schichtung (vgl. Abb. 80). NOLL färbte die Zellhaut der Alge durch Berlinerblau, ohne die Pflanze zu schädigen. Bei weiterer Kultur der Alge wurden farblose Schichten von Zellulose von der Seite des Protoplasmas auf die gefärbten Schichten aufgelagert, so daß das Appositionswachstum der Zellhaut bei Caulerpa erwiesen wurde.

Was die Verdickung der Zellhaut bei höheren Pflanzen anbetrifft, so sprechen Beobachtungen von PFITZER (1872) und MÜLLER (1890) über die Bildung von Calciumoxalatkrystallen in der Zellhaut

bei Citrus, Pandanus u. a. zugunsten der Appositionstheorie, weil diese
Krystalle an der inneren Oberfläche der Zellhaut entstehen und nur
allmählich von neuen Zelluloseschichten von der Seite des Protoplasmas
her bedeckt werden, so daß sie schließlich in das Innere der Zellhaut
zu liegen kommen.

Die Annahme, daß das Flächenwachstum der Zellhaut infolge ihrer
Dehnung durch den Turgordruck stattfindet, ist in Anwendung auf
einige Fälle zweifellos berechtigt. So ist z. B. das Längenwachstum
der Zellhaut von Oedogonium durch die plastische Dehnung derselben bewiesen (vgl. S. 180). Auch die Verdickung der Zellhaut wird,
wie wir wissen, bei dieser Alge durch die Apposition bedingt. Ähnliche Fälle des Flächenwachstums sind auch für einige andere Algen
beobachtet worden.

Außerdem zeigten Versuche des Verfassers, daß die Zellhaut der
wachsenden Zellen der Alge Spirogyra beinahe bis zur Elastizitätsgrenze gespannt ist, so daß die Bildung einer sehr geringen Menge
osmotisch wirksamer Stoffe (z. B. Zucker) im Zellsaft genügt, um eine bleibende Verlängerung der
Zellhaut und ein Wachstum derselben hervorzurufen. Die Zersprengung der äußeren Zellhautschichten infolge der Dehnung unter der Einwirkung des Turgordrucks wurden ebenfalls beobachtet.

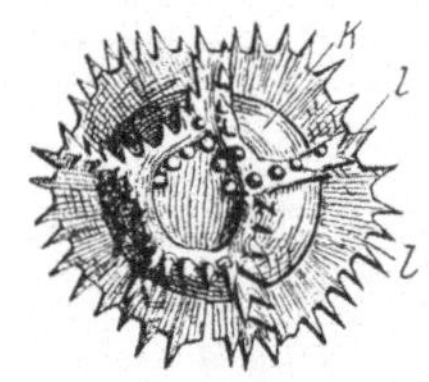

Abb. 81. Äußere Ver-
dickungen der Zell-
haut der Pollenkör-
ner von Cichorium
intibus.

Nach KLEBS (1888) erscheinen z. B. ringförmige
oder unregelmäßige Risse an der Oberfläche der
Zellen der Fadenalge Zygnema, wenn die Alge
durch Glyzerin ernährt wird, das den Turgordruck
und die Wachstumsgeschwindigkeit der Zellen vergrößert. Nach NÄGELI (1858), SCHMITZ (1880) und
STRASBURGER (1882) wird eine solche Zersprengung der äußeren
Zellhautschichten bei einigen Braunalgen auch unter normalen
Lebensbedingungen beobachtet. Man kann also kaum daran zweifeln,
daß das Zellhautwachstum bei Algen durch Apposition stattfindet. Die
Möglichkeit des Appositionswachstums bei höheren Pflanzen ist bisher
nur wenig untersucht worden, obwohl die Verdickung der Zellhäute
durch Apposition, wie wir wissen, in vielen Fällen auch da bewiesen
ist. Wir wollen jetzt die Gründe zur Aufstellung der Intussuszeptionstheorie besprechen.

Die Theorie wurde von NÄGELI teilweise aus theoretischen Grün-
den (vgl. S. 182), teilweise auf Grund seiner Beobachtung über das Wachstum der Stärkekörner aufgestellt. Später zeigte es sich aber, daß
Stärkekörner durch eine sehr deutliche Apposition wachsen (A. MEYER
1905). Einige Tatsachen wurden jedoch bekannt, die nur durch die
Annahme eines Intussuszeptionswachstums erklärt werden konnten.
Zu diesen Tatsachen gehört z. B. die Bildung der äußeren Verdickung
der Polenkörner (vgl. Abb. 81). Diese Bildung schien nur durch die
Annahme einer Ausscheidung von Baumaterial in gelöster Form von

seiten des Protoplasmas und eines Durchdringens der Zellhaut durch
diese Lösung bis zur Oberfläche der Zelle erklärt werden zu können.
Außerdem wurden zwei Fälle von Zellhautwachstum beschrieben, bei
denen die Zellhaut vom Protoplasma durch Wasser oder Schleim abgetrennt war.

Nach NÄGELI und CORRENS (1889) hat die Zellhaut der einzelligen
Alge Gloeocapsa gallertartige Konsistenz und besteht aus einigen Scheidenschichten (vgl. Abb. 82). Nach der stattgefundenen Zellteilung wird
jede Tochterzelle von einer Zellhaut (innere Scheide) bekleidet, die vom
Protoplasma ausgeschieden wird, während die frühere Zellhaut erhalten
bleibt und die äußere Scheide bildet. Bei dem Wachstum und der
Vermehrung der Alge wachsen nach CORRENS nicht nur die inneren
Zellhäute, die unmittelbar an das Protoplasma grenzen, sondern auch
die äußere Scheide der Alge, wie es auf Abb. 82 schematisch wiedergegeben ist.

Der andere Fall, der von FITTING (1900) beschrieben wurde, ist die
Bildung der Zellhaut bei der Entwicklung der Makrosporen von

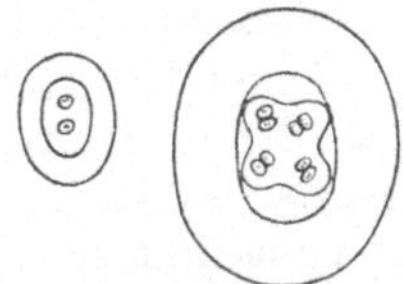

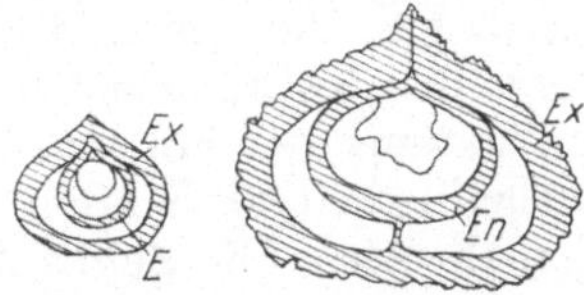

Abb. 82. Scheidenschichten der Alge
Gloeocapsa (schematisch). Links zwei
Algenzellen, umgeben von zwei Schei-
den. Rechts weiteres Stadium des
Wachstums. Vergrößerung $^{100}/_1$.

Abb. 83. Entwicklung der Makrospore
von Selaginella helvetica. Links I. Stadium, rechts II. Stadium (schematisch).
E, *En* Endosporium, *Ex* Exosporium.

Selaginella (vgl. Abb. 83). Die Sporenzelle hat schon zu Beginn ihrer
Entwicklung zwei Zellhäute (Exosporium und Endosporium), die voneinander durch eine Schicht wässeriger Lösung abgetrennt sind. Beim
weiteren Wachstum bleiben beide Zellhäute voneinander getrennt, so
daß nur durch das Eindringen gelöster Stoffe vom Protoplasma her
(durch die innere Zellhaut) der äußeren Zellhaut das Wachstum ermöglicht wird.

Die Gegner der Appositionstheorie weisen außerdem darauf hin,
daß, obwohl das Wachstum ohne einen Turgordruck unmöglich ist, es nur indirekt von demselben abhängt. Nach STANGE
(1892) soll z. B. die Vergrößerung des Turgordrucks der Zelle oft mit
einer Verlangsamung des Wachstums derselben verbunden sein. Auch
hört das Wachstum gewöhnlich in einer sauerstofflosen Atmosphäre
auf, trotzdem der Turgordruck unverändert bleibt. Meeresalgen sistieren
ihr Wachstum nach Übertragen in süßes Wasser, obwohl der Turgordruck ihrer Zellen infolge einer Verminderung des osmotischen Drucks
der Außenlösung zunehmen muß usw.

Andererseits zeigten sowohl Versuche von PFEFFER und anderen
Forschern über die Dehnung der pflanzlichen Gewebe unter der Ein-

wirkung einer Last, als auch Versuche von SCHWENDENER und KRABBE (1893), in welchen die Länge des Marks verschiedener Pflanzen nach der Plasmolyse und in Wasser bestimmt wurde, daß die Zellhäute höherer Pflanzen in wachsenden Regionen unter der Einwirkung des Turgordrucks bei weitem nicht bis zur Elastizitätsgrenze gespannt sind.

Auf Grund der erwähnten Erwiderungen nehmen die Anhänger der Intussuszeptionstheorie an, daß der Turgordruck nur das Eindringen des Baumaterials in die Zellhaut erleichtert oder nur eine formale Bedingung des Wachstums darstellt, wie z. B. Temperatur u. a. (PFEFFER, vgl. S. 11).

5. Weitere Entwicklung der Appositionstheorie des Zellhautwachstums. Energiewechsel beim Zellwachstum.

Um uns für eine der im vorhergehenden Kapitel beschriebenen Wachstumstheorien der Zellhaut zu entscheiden, müssen wir alle Argumente pro und contra betrachten, und da die Appositionstheorie die ältere ist, beginnen wir unsere Betrachtung mit der Beurteilung der Erwiderungen, die gegen die genannte Theorie gemacht worden sind.

Verweilen wir zunächst bei den oben beschriebenen Fällen des Zellhautwachstums der Pollenzellen, der Gloeocapsazellen und der Sporen von Selaginella (vgl. S. 185). Diese Fälle widersprechen kaum der Appositionstheorie. Die Zellhaut der Alge Gloeocapsa hat eine gallertartige Konsistenz, so daß das scheinbare Wachstum der äußeren Scheide in diesem Falle auch infolge einer Vergrößerung der Quellbarkeit ihrer Substanz, die unter der Einwirkung irgendwelcher vom Protoplasma ausgeschiedener Stoffe (z. B. Enzyme) auftritt, und infolge einer vergrößerten Wasseraufnahme stattfinden kann. Wie stark geringe Veränderungen der chemischen Zusammensetzung eines Körpers seine Quellbarkeit vergrößern können, zeigt z. B. die Kleisterbildung (vgl. S. 42). Daß das Volumen der äußeren Scheide nach CORRENS auch nach dem Austrocknen der Alge größer als das der inneren Scheide ist, besagt noch nichts über die Menge der Trockensubstanz (d. h. des Gewichts) der Scheiden.

Was nun das Wachstum der Zellhaut der Pollenkörner und der Makrosporen von Selaginella anbetrifft, so kann das Wachstum in diesen Fällen auch einer Ablagerung von Zellulose von außen her zugeschrieben werden, weil in beiden Fällen die wachsenden Zellen allerseits von Protoplasma umgeben sind, bei Pollenkörnern durch das Protoplasma, das aus den Zellen der den Pollensack von innen bekleideten Schicht (der sogenannten Tapetenschicht) ausgetreten war, bei Selaginella durch das Protoplasma des Sporangiums.

Wie wir wissen, weisen die Anhänger der Intussuszeptionstheorie zum Beweis der Unrichtigkeit der anderen Theorie auf die Tatsache hin, daß die Wachstumsgeschwindigkeit der Zellen vom Turgordruck nur indirekt abhängt. Man darf aber nicht vergessen, daß eine dauerhafte plastische Dehnung der Zellhaut eine stetige Bildung osmotisch wirksamer Stoffe im Zellsaft verlangt, weil jede Volum-vergrößerung der Zelle, die durch den Turgordruck (= osmotischen Druck, vgl. S. 33) hervorgerufen wird, auf Kosten des aufgesogenen Wassers stattfindet und also von einer Konzentrationsverminderung des Zell-saftes und einer Abnahme des Turgordruckes begleitet werden muß. Außerdem muß die Zellhaut zu einer plastischen Dehnung in aus-reichendem Grade fähig sein. Diese Eigenschaft und die Bildung osmo-tisch wirksamer Stoffe ist in hohem Grade von der synthetischen Tätigkeit des Protoplasmas, welche unter verschiedenen Außenbedin-gungen eine bedeutende Variation zeigt, abhängig, so daß eine direkte Beziehung der Wachstumsgeschwindigkeit zum Turgordruck nicht zu erwarten ist.

Wenn man erwidert, daß der Turgordruck bei höheren Pflanzen nicht ausreicht, um die Zellhaut über die Elastizitätsgrenze hin aus-zudehnen, darf man nicht vergessen, daß einerseits die Pflanze eine Erweichung der Zellhautsubstanz hervorzurufen vermag, wie es z. B. bei Oedogonium der Fall ist (vgl. S. 180); andererseits wird die elastisch gedehnte Zellhaut durch Auflagerung neuer Zelluloseschichten in gedehntem Zustande fixiert, wie aus dem folgenden Versuche zu ersehen ist.

Ein Kautschukband wird in stark gedehntem Zustand an beiden Enden befestigt; auf beide Seitenflächen des Bandes werden zwei Bändchen von sehr dünnem Papier mit einem Gemisch von Gummi arabicum und Gelatine geklebt. Nachdem der Leim getrocknet ist, werden die Enden des Kautschukbandes freigelassen. Trotzdem bleibt es in gedehntem Zustande, weil seine Elastizitätskräfte durch den Widerstand der Papier- und Leimsubstanz ins Gleichgewicht gebracht werden. Das Kautschukband müßte Papier und Leim zusammenpressen und abstoßen um sich verkürzen zu können; seine Elastizitätskräfte reichen aber dazu nicht aus.

Dementsprechend ist die durch den Turgordruck elastisch gedehnte Zellhaut nicht imstande, sich nach Verschwinden des Turgordrucks wieder zu verkürzen, sobald vom Protoplasma aus Zelluloseschichten auf ihre innere Oberfläche aufgelagert worden sind. Und je dicker und dichter die aufgelagerten Schichten sind, desto größeren Widerstand setzen sie der Verkürzung der Zellhaut entgegen. Die beschriebene Fixation der elastisch gedehnten Zellhaut wird auch in der Natur oft beobachtet[1].

Wir kommen also zu dem Schlusse, daß die gegen die Appositions-theorie gemachten Einwände nicht unanfechtbar sind, so daß diese

---

[1] Nach PFEFFER (1890) wird die elastisch gedehnte Zellhaut von Spirogyra nach Eingipsen der Alge allmählich entspannt. Solche Entspannung kann ent-weder durch die Auflagerung neuer Zelluloseschichten auf die innere Seite der Zellhaut oder durch eine chemische Veränderung ihrer Substanz erklärt wer-den. Nach Versuchen des Verfassers werden elastisch aufgeblähte Querwände von Spirogyra (nach dem Abschneiden eines Fadens) durch Auflagerung neuer Zelluloseschichten in gedehntem Zustand fixiert. NOLL hat eine Fixierung der Stengelteile im gekrümmten und korkzieherartig gewundenem Zustande beobachtet.

Theorie ihre Bedeutung auch in der Anwendung auf höhere Pflanzen nicht verliert. Das Appositionswachstum der Zellhaut bei Algen ist aber, wie wir wissen, bewiesen.

Andererseits ist die physikalisch-chemische Grundlage der Intussuszeptionstheorie in Anwendung auf das Längenwachstum der Zellhaut kaum korrekt. Früher wurde betont, daß das Wachstum des flüssigen Protoplasmas nicht anders stattfinden kann, als durch Intussuszeption. Ein unbegrenztes Wachstum einer festen Zellulosehaut kann aber in keinem Falle durch Intussuszeption stattfinden. Die Ausscheidung von Zelluloseteilchen in Intersitien der Zellhaut zwischen vorhandenen Zelluloseteilchen kann nur zu einer Verdichtung der Substanz der Zellhaut führen; ist aber diese Ausscheidung so ausgiebig, daß das Volumen der ausgeschiedenen Teilchen größer als das der Intersitien ist, so wird die feste Zellhaut gespalten und zerrissen.

Auch wird die Notwendigkeit des Turgordrucks für das Zellenwachstum durch die Intussuszeptionstheorie kaum korrekt erklärt. In der Tat muß eine jede Dehnung der Zellhaut mit einer Verminderung ihrer Dicke verbunden sein, so daß die Vergrößerung des gegenseitigen Abstandes der Teilchen in der Längsrichtung von seiner Verkürzung in der Querrichtung begleitet wird. Die Dehnung der Zellhaut unter der Einwirkung des Turgordrucks kann also in keinem Falle das Eindringen des Baumaterials in die Zellhautdicke erleichtern.

Die einzige korrekte Erklärung des Flächenwachstums der Zellhaut gibt also die Appositionstheorie. Da aber dies Wachstum gerade das Wachstum der Zellen bedingt, so sind wir berechtigt zu schließen, daß das letztere durch das Appositionswachstum der Zellhaut am besten erklärt wird.

Wir haben noch die im vorhergehenden Kapitel beschriebene ungleiche Wachstumsgeschwindigkeit verschiedener Zellhautteile vom Standpunkte der Appositionstheorie aus zu erklären. Die Bildung der Auswüchse und Zweige der Zellen kann man offenbar mit der Erweichung der Zellhaut durch aus dem Protoplasma ausgeschiedene Stoffe (z. B. Enzyme) erklären, wie es z. B. bei der Besprechung des Oedogoniumwachstums gemacht wurde. Ein stärkeres Wachstum der Spitzen der Pilzfäden kommt aber wahrscheinlich dadurch zustande, daß die neugebildete Zellhaut dünner und dehnbarer als die alte ist (weil sie eine andere chemische Zusammensetzung hat), so daß die jüngsten Zellhautteile stärker wachsen.

Was nun die große Periode des Wachstums der Zellen anbetrifft, so hängt sie offenbar mit der Variation der synthetischen Tätigkeit des Protoplasmas dieser Zelle zusammen. Hört diese Tätigkeit auf, so können neue osmotisch wirksame Substanzen, die für eine erneute Dehnung der Zellhaut nötig sind, nicht mehr entstehen. Werden sie dagegen in größerer Menge als vorher gebildet, so fangen die Zellen an, schneller zu wachsen usw.

Unsere Übersicht über die Ursachen des Zellhautwachstums schließen wir mit einer kurzen Betrachtung des Energiewechsels, der das Wachstum der pflanzlichen Zellen begleitet. Da der Turgordruck eine notwendige Bedingung des Wachstums darstellt, so müssen die Zellen immer für die Bildung osmotisch wirksamer Substanzen des Zellsaftes besorgt sein. Diese Substanzen können entweder auf synthetischem Wege durch das Protoplasma hervorgebracht oder aus den im Zellsaft gespeicherten Stoffen durch Spaltung ihrer unlöslichen oder kolloidallöslichen Verbindungen gebildet werden (vgl. S. 37). In beiden Fällen verwandelt sich chemische Energie in osmotische Energie, die sich ihrerseits bei der Aufsaugung von Wasser in mechanische Energie verwandelt und die nötige Dehnung der Zellhaut bedingt.

6. Die Vermehrung der Zellen und ihre Ursachen.

Wie erwähnt, kann ein Zellwachstum nicht unbegrenzt stattfinden. Die synthetische Tätigkeit der Zelle fängt gewöhnlich an abzunehmen und ihr Wachstum hört auf oder wird in der Weise modifiziert, daß eine Vermehrung der Zelle beginnt; dabei entstehen in ihr Querwände, und das Zellinnere wird in zwei oder mehrere Teile geteilt.

Der Entstehung der Querwände gehen komplizierte Prozesse in der Zelle voran, die zu einer gleichmäßigen Verteilung der lebenden Materie zwischen den neugebildeten Zellen führen und die gewöhnlich in der inneren Morphologie (Histologie, Anatomie) der Pflanzen eingehend beschrieben werden. Wir beschränken uns auf die Bemerkung, daß diese Prozesse nicht nur das Protoplasma, sondern auch den Zellkern und die Chromatophoren betreffen, die sich vor der Zellteilung ebenfalls vermehren. Die physikalischen und chemischen Ursachen dieser Prozesse sind unbekannt und man beginnt jetzt erst, sie als kolloidchemische Vorgänge aufzufassen.

Zur Vermehrung sind fast ausschließlich nur wachsende Zellen fähig; hört das Wachstum auf, so wird auch ihre Vermehrung sistiert, obwohl ausnahmsweise auch eine Vermehrung der ausgewachsenen Zellen beobachtet wird (so teilt sich z. B. die befruchtete Eizelle der Meeresalge Fucus in vier Zellen, ohne ihr Volumen zu vergrößern). Andererseits müssen sich nicht alle wachsenden Zellen vermehren; so wachsen z. B. die einzelligen Milchgefäße der Wolfsmilchgewächse (Euphorbiaceae) während des ganzen Lebens der Pflanze und zeigen dabei keine einzige Zellteilung. Die Größe der Zellen ist bei Beginn der Vermehrung in verschiedenen Pflanzen und in verschiedenen Teilen ein und derselben Pflanze ungleich. So übertrifft z. B. das Zellvolumen einer sich teilenden Bakterie nicht 0,00000001 ccm, während das Volumen der sich teilenden Zelle von Caulerpa (vgl. S. 179, Abb. 77) oft 20 ccm erreicht.

Wir können also annehmen, daß die Vermehrung der Zellen nicht infolge einer übermäßigen Anhäufung von lebender Materie in ihrem Innern und auch nicht infolge einer übermäßigen Volumzunahme der Zelle, sondern durch irgendeine Veränderung der chemischen Zusammensetzung und des physikalischen Zustandes der lebenden Materie bedingt wird. Der Entstehung einer Querwand in der Zelle muß offenbar die Anhäufung einer genügenden Menge die Zellwand bildender Stoffe vorhergehen, die dann in unlöslicher Form ausgeschieden werden (vgl. S. 178).

Die Ausscheidung dieser Stoffe, die als eine der Koagulation ähnliche Erscheinung betrachtet werden kann (weil die die Zellwand bildenden Stoffe kolloidal sind), wird durch irgendwelche aus dem Kerne abgesonderte Substanzen reguliert; denn die Querwand entsteht bei der Teilung einkerniger Zellen stets zwischen den Tochterkernen und senkrecht zur geraden Linie, durch die sie verbunden werden können.

Verändert sich die Teilungsrichtung der Kerne, so bildet sich die Querwand an anderer Stelle der Zelle, aber immer senkrecht zur erwähnten Linie. So kann man nach STAHL (1885) den Kern der keimenden Sporen von Equisetum (Schachtelhalm) veranlassen, sich in einer beliebigen Richtung zu teilen, wenn man die Sporen einseitig beleuchtet: die die Tochterkerne verbindende Linie ist immer den Lichtstrahlen parallel, die entstehende Querwand stellt sich stets senkrecht zu ihnen. Nach KNY (1896) teilt sich der Kern der Sporen, die durch das Deckgläschen des Präparats gedrückt werden, stets senkrecht zur Richtung der Deckgläschenoberfläche, während die Querwand immer parallel der Oberfläche entsteht.

Die in der Zelle entstehenden Querwände stellen sich gewöhnlich senkrecht zu den Seitenwänden und zur Längsachse der Zelle, so daß sie eine ihrer minimalen Oberfläche entsprechende Stellung einnehmen, worauf schon HOFMEISTER (1867) und SACHS (1878) hingewiesen haben. Da eine analoge durch Kapillarkräfte hervorgerufene Erscheinung auch bei der Bildung flüssiger Häute, z. B. Seifenhäute im Seifenschaum oder innerhalb der Drahtfiguren beobachtet wird, so vermuteten ERRERA (1886) und BERTHOLD (1886), daß auch die Querwände der Zellen durch Kapillarkräfte veranlaßt werden, die oben erwähnte Lage einzunehmen. Diese Vermutung ist jedoch vom Standpunkt der Physik aus kaum begründet, weil es einerseits nicht bewiesen ist, daß die entstehenden Wände flüssig sind. Andererseits sind auch Fälle bekannt, bei denen die Querwände nicht eine minimale Oberfläche haben. So entstehen z. B. neue Wände in langen und engen Kambiumzellen nicht in Quer sondern in Längsrichtung, während nach BERTHOLD in Algenzellen auch Querwände entstehen können, die schief zu den Seitenwänden gestellt sind. Außerdem entstehen die Querwände gewöhnlich nicht auf einmal, sondern teilweise: zuerst entstehen die Teile, welche zwischen beiden Tochterkernen liegen und erst dann verbindet sich die Querwand mit den Seitenwänden der Zelle. In einigen Fällen (z. B. bei der Alge Spirogyra) bildet sich dagegen zuerst ein ringförmiger Auswuchs an der Seitenwand rings um die Zelle, der gegen die Zellmitte hin wächst und die Querwand bildet.

B. Beschreibung und Erklärung der Wachstumserscheinungen.

1. Wachstum und Entwicklung der Thallophyten.

In den vorhergehenden Abschnitten haben wir das Wachstum der Zelle eingehend betrachtet, so daß wir in diesem Kapitel auf das Wachstum einzelliger Pflanzen nicht einzugehen brauchen und uns auf die Beschreibung des Wachstums der mehrzelligen Thallophyten beschränken können.

Am einfachsten verlaufen die Wachstumserscheinungen bei denjenigen mehrzelligen Thallophyten, deren Zellen alle eine gleiche Bedeutung für die Pflanze haben und ganz gleiche physiologische Erscheinungen zeigen. Zu solchen einfachen mehrzelligen Thallophyten müssen die mehrzelligen Bakterien und viele der blaugrünen und grünen Fadenalgen gerechnet werden. Als Beispiele für solche Pflanzen können z. B. die oben beschriebene Bakterie Beggiatoa (vgl. S. 121) und die Alge Spirogyra dienen. Alle Zellen der genannten Pflanzen leben ganz selbständig und unterscheiden sich durch keine morphologischen oder physiologischen Eigenschaften voneinander. Alle Zellen haben dieselbe Form, ernähren sich, wachsen und vermehren sich in gleicher Weise, so daß jede Zelle der Alge von den anderen Zellen unabhängig ist. Das Wachstum und die Entwicklung der genannten Pflanzen kann man also auf die der einzelnen Zellen zurückführen.

Komplizierter sind die Wachstumserscheinungen bei Fadenalgen, die einen verzweigten Thallus besitzen, so z. B. bei Cladophora (vgl. Abb. 84), deren Zellen in physiologischer Beziehung nicht ganz gleich sind. Die sich aus der Spore entwickelnde Zelle der Alge bildet fadenförmige Auswüchse (Rhizoide), die sich an sie umgebende Gegenstände fest anlegen und dadurch die Zelle befestigen; bald darauf entsteht eine Querwand in der Zelle, die sie in zwei Zellen teilt, von denen die eine, die fadenförmige Auswüchse trägt, zur Befestigung der Pflanze dient und sich nicht mehr vermehren kann, während die andere weiter wächst und sich in zwei Zellen teilt. Von diesen beiden Zellen wächst die dem befestigten Pflanzenende näher liegende sehr schwach, während die andere (die Spitze der Pflanze bildende) Zelle sehr energisch wächst und bald in zwei Zellen zerfällt, von denen wieder nur die an der Spitze der Pflanze liegende Zelle zum Wachstum und zur Vermehrung fähig ist usw.

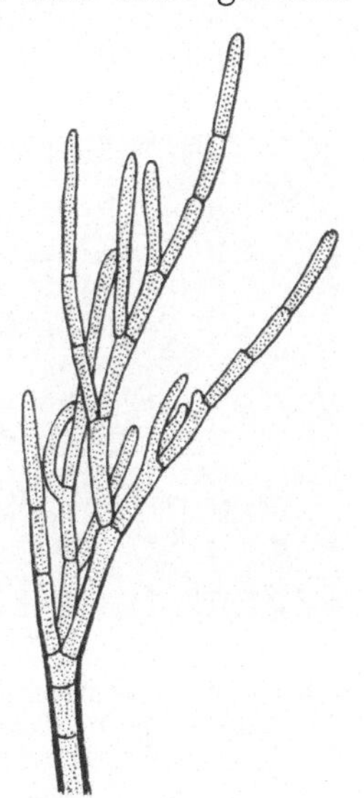

Abb. 84. Süßwasseralge Cladophora glomerata. Vergrößerung $^{50}/_1$. (Nach Schenck.)

Bei der Zweigbildung entwickelt eine in der Nähe der Spitze der
Pflanze liegende Zelle einen Seitenauswuchs, der an seinem Gipfel eine
Zelle absondert, die zu weiterem Wachstum und zur Vermehrung fähig
ist. Auf diese Weise entsteht der verzweigte Körper der Alge, der
aus zwei Zellarten besteht: aus den somatischen Zellen (vgl. S. 181),
die Wachstum und Vermehrung sistiert haben, und aus den an der
Spitze jedes Zweiges liegenden embryonalen Zellen, die stark wachsen
und sich vermehren. Eine solche Erscheinung wird bei der Mehrzahl
der Thallophyten beobachtet, deren Zweigspitzen stets eine embryonale Zelle tragen, die im Wachstum und in der Vermehrung begriffen
ist und das Wachstum der Pflanze besorgt. Wir wollen ein solches
Wachstum als Spitzenwachstum bezeichnen.

Alle Zellen von Cladophora, mit Ausnahme der zur Befestigung der
Pflanze dienenden Basalzelle und der embryonalen Zellen an der Spitze
der Zweige, sind physiologisch gleichbe-
deutend: sie haben eine ungefähr gleiche
Form, denselben Zellinhalt und können
sich, dank einem bedeutenden Chorophyll-
gehalt, auf autotrophem Wege ernähren.
Ein anderes Bild treffen wir bei höheren
Thallophyten, bei Characeen, Braunalgen (Phaeophyceae) und Rotalgen
(Rhodophyceae). Der Körper der genannten Pflanzen besteht gewöhnlich aus Zellen verschiedener Form und Größe,
die in ungleichem Grade zu einer autotrophen Ernährung fähig sind und auch
kein Chlorophyll enthalten können;
einige von diesen Zellen nehmen alle ihre
Nährstoffe direkt aus dem umgebenden
Wasser und stellen ihre organischen Stoffe
selbständig dar. Andere Zellen, die kein

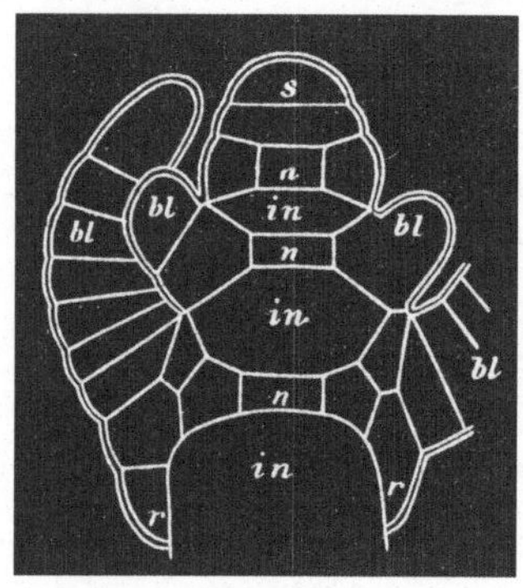

Abb. 85. Stengelspitze von Chara.
Erklärung im Text.
(Nach Warming.)

Chlorophyll enthalten, sind auf fertige organische Nahrung angewiesen
und erhalten sie von den chlorophyllhaltigen Zellen. Im Gegensatz zu
den Fadenalgen sistieren die Zellen solcher Pflanzen Wachstum
und Vermehrung nicht sofort nach ihrer Entstehung aus den
Spitzenzellen, sondern setzen sie noch eine ziemlich lange Zeit hindurch fort. Der einfachste Fall eines solchen Wachstums wird bei
Nitella und Chara beobachtet (vgl. S. 180, Abb. 79).

Der stengelartige Thallus dieser Pflanzen trägt an der Spitze eine
embryonale Zelle, die sich in zwei Zellen teilt (vgl. Abb. 85), von denen
die obere die Form und Größe der Mutterzelle beibehält (Abb. 85 *s*),
während die untere Zelle, die sogenannte Segmentzelle (auf Abb. 85
durch keinen Buchstaben vermerkt), weiter wächst und sich wieder in
zwei gleiche Zellen teilt. Von diesen verwandelt sich die untere (Abb. *in*)
nachher in die Riesenzelle des „Stengels", die verhältnismäßig wenig
Chlorophyll enthält, während die obere sich durch vertikale Querwände

in einige Zellen teilt, durch deren Vermehrung nachher der kleinzellige „Knoten" der Pflanze (Abb. 85 n), die kleinzellige äußere die Riesenzelle bekleidende Schicht r (die viel Chlorophyll enthält), und die Seitenzweige bl gebildet werden. Die Abb. 85 gibt vier nacheinander folgende Wachstumsstadien der obersten Pflanzenteile wieder, die aus vier Segmentzellen gebildet wurden.

Im Gegensatz zu Cladophora, deren Wachstum nur an den Zweigspitzen stattfindet, sind also auch die unter der Spitzenzelle liegenden Zellen von Chara zum Wachstum und zur Vermehrung fähig, so daß der wachsende Teil der Pflanze oder die sogenannte Wachstumszone in diesem Falle länger ist als bei Cladophora. Andererseits zeigen die oberen Zellen dieser Zone ein verhältnismäßig schwaches Wachstum

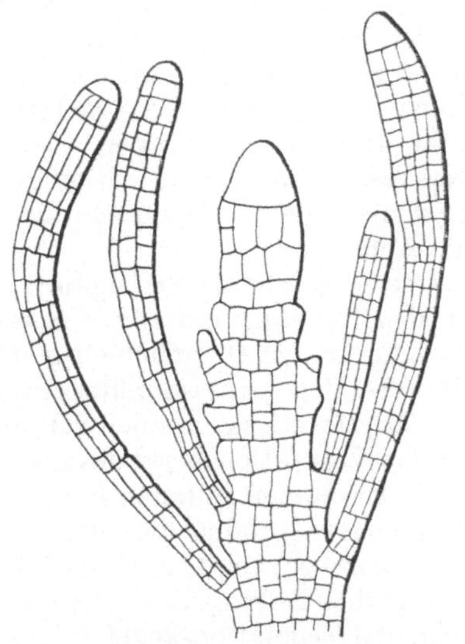

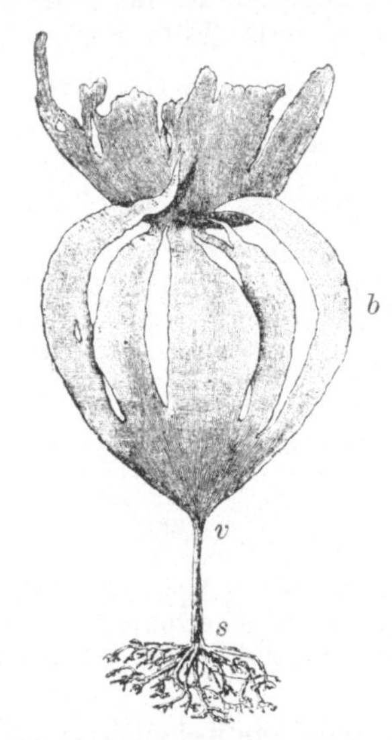

<table>
<tr><td>Abb. 86. Thallusspitze der Braunalge Cladostephus verticillatus.</td><td>Abb. 87.　Braunalge Laminaria.
v interkalare Wachstumszone.
(Nach Schenck.)</td></tr>
</table>

und eine energische Vermehrung, während die unteren Zellen umgekehrt keine Vermehrung und ein energisches Wachstum aufweisen (vgl. S. 191). Der obere Teil der Wachstumszone, welcher aus den Zellen ersterer Art besteht, wird gewöhnlich als Vegetationspunkt bezeichnet.

Wachstum und Entwicklung von Braun- und Rotalgen sind nicht so regelmäßig wie von Chara; jede Segmentzelle der genannten Pflanzen teilt sich durch Quer- und Längswände und verwandelt sich in einen Zellkomplex, der die Form der Segmentzelle zunächst beibehält (vgl. Abb. 86). Bald beginnen aber die an der Oberfläche desselben liegenden Zellen sich stark zu vermehren und bilden im weiteren die kleinzellige Oberflächenschicht der Pflanze. Bei einigen Algen wachsen die innersten Zellen des Thallus bedeutend in die Länge und bilden kein Chlorophyll, während die oberflächlich gelagerten Zellen kurz und grün bleiben. Der Vegetationspunkt ist also bei Braun- und Rotalgen nicht so scharf ausgeprägt wie bei Chara.

Den kompliziertesten Bau besitzen die Braunalgen aus der Familie der Laminariaceen (vgl. Abb. 87), welche kein Spitzenwachstum zeigen, sondern eine sogenannte interkalare Wachstumszone besitzen. Der Körper dieser Algen besteht aus einem blattartigen und einem stengelartigen Teile (*b* und *s* auf der Abb. 87), an deren Grenze der Vegetationspunkt *v* liegt.

2. Wachstum und Entwicklung der Kormophyten.

Wie mikroskopische Untersuchungen zeigen, tragen die Stengel und Wurzeln der Farne, Schachtelhalme, Lycopodinen und Moose eine große embryonale Zelle (Scheitelzelle) an den Spitzen ihrer Zweige, die, wie bei den Algen, Segmentzellen bildet, von denen alle übrigen Zellen der Pflanze herstammen. Der Vegetationspunkt dieser Pflanzen oder, wie man öfters sagt, ihr Vegetationskegel, ist also denjenigen der Algen sehr ähnlich (vgl. Abb. 88).

Die Zweigbildung beginnt, wie bei den Algen, mit der Umwandlung einer an der Oberfläche liegenden Zelle des Vegetationspunktes in die Scheitelzelle, die sich schnell vermehrt und den Vegetationskegel des Zweiges bildet. In einigen seltenen Fällen (bei Lycopodiaceae), wenn die Pflanze sich dichotom verzweigt, geht der Zweigbildung die Teilung der Scheitelzelle in zwei Scheitelzellen voran, die ihre eigenen Vegetationskegel aufbauen.

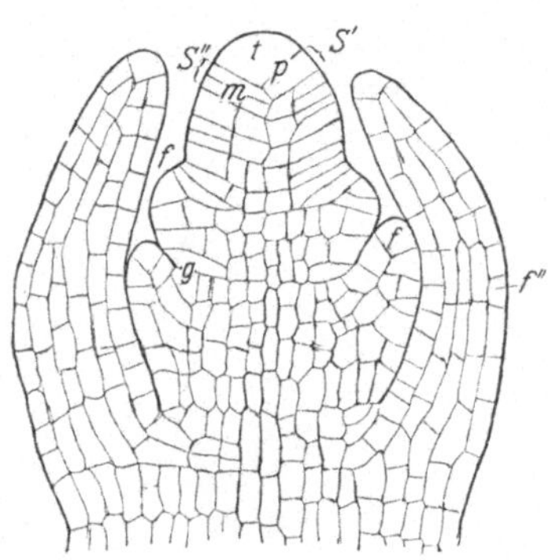

Abb. 88. Stengelspitze des Schachtelhalmes. *t* Scheitelzelle, *s′*, *s″* Segmentzellen, *f* Anlagen der Blätter.

Die Ausbildung verschiedener Gewebe bei den Farnpflanzen ist der der Samenpflanzen sehr ähnlich, während die Moospflanzen bezüglich ihres inneren Baues zwischen Kormophyten und Thallophyten stehen.

In der Wachstumszone der Kormophyten ist das Zellwachstum viel komplizierter als das bei den Algen, und die Zellvermehrung findet in der ganzen Wachstumszone statt.

Der Vegetationspunkt ist also bei Kormophyten noch weniger differenziert, als bei höheren Algen, und man benennt mit diesem Namen gewöhnlich nur den Teil der Wachstumszone, in dem die bleibenden Gewebe noch nicht ausgebildet sind und die Zellen viel Protoplasma, wenig Zellsaft und noch keine Chloroplasten enthalten. Da die Zellen des Vegetationspunktes gleiche Form und gleichen Inhalt haben, so bilden sie ein embryonales Gewebe, das oft als Meristem bezeichnet wird.

Im Gegensatz zu den Sporen bildenden Kormophyten besitzen die Samenpflanzen keine Scheitelzellen, so daß alle Zellen ihres Vegetationskegels physiologisch gleichwertig sind. Obwohl man im Vegetationskegel unter dem Mikroskop bei einigen Pflanzen ziemlich deutlich drei Schichten (Plerom, Periblem und Dermatogen, vgl. Abb. 89) unterscheiden kann, haben diese Schichten nur eine morphologische Bedeutung.

Auf Grund seiner Beobachtungen über die Lage der bei der Zellteilung entstehenden Querwände kam SACHS zu dem Schlusse, daß der Vegetationskegel der Samenpflanzen aus zwei Arten von Zellschichten zusammengesetzt ist: aus den der Oberfläche des Organs par-

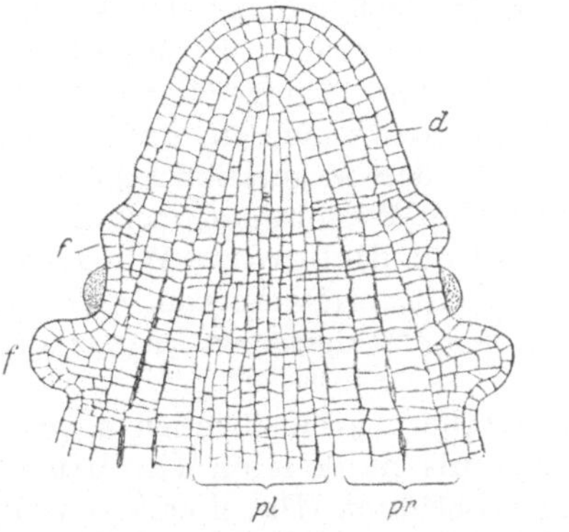

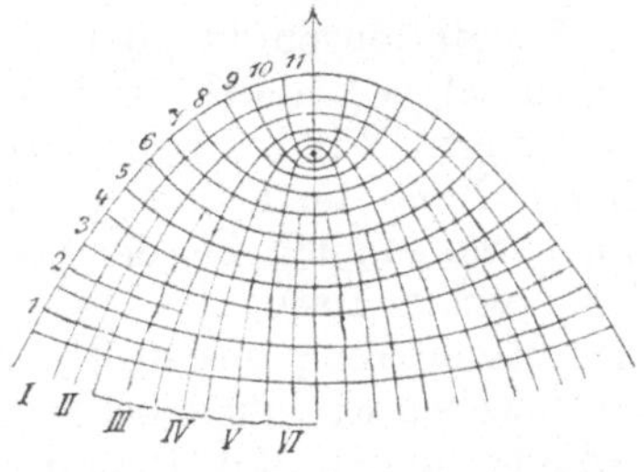

Abb. 89. Vegetationspunkt von Hippuris vulgaris. *d* Dermatogen, *pl* Plerom, *pr* Periblem. *ff* Blattanlagen. Vergrößerung ²⁵⁰/₁. (Nach STRASBURGER.)

Abb. 90. Schema der Zellenanordnung im Wachtumspunkt der Samenpflanzen nach SACHS. *1* bis *11* Antiklinen, *I* bis *VI* Periklinen.

allelen Zellschichten (Periklinen) und aus den senkrecht dazu gelagerten Zellschichten (Antiklinen, vgl. Abb. 90). Daß sich die Form des Vegetationskegels beim Wachstum nicht verändert, kann man nach SACHS in der Weise deuten, daß die Zellen der senkrecht zu der Oberfläche gelagerten Schichten sich in der der Organoberfläche parallelen Richtung vermehren, so daß diese Schichten sich verdicken und in zwei gleiche Schichten zerfallen, während die Zahl der Schichten, die der Organoberfläche parallel verlaufen, nur an der Basis des Wachstumspunktes zunehmen kann. Der linke Teil der Abb. 91 gibt das erste, der rechte Teil das zweite Stadium der Entwicklung des Vegetationskegels schematisch wieder. Um die Form des letzteren zu erhalten, müssen die an der

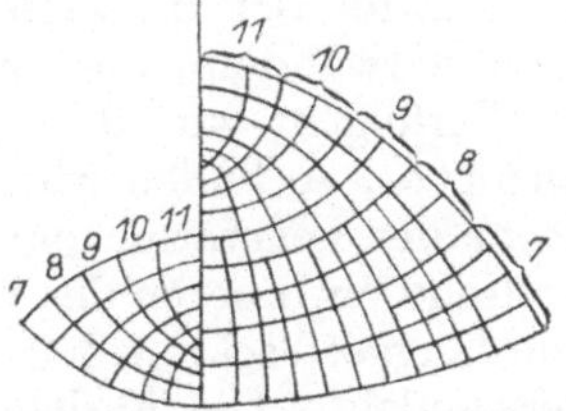

Abb. 91. Schema der Entwicklung des Vegetationspunkts nach SACHS. Erklärung im Text.

Basis und an der Oberfläche des Vegetationskegels liegenden Zellen am schnellsten wachsen. An mikroskopischen Präparaten sind gewöhnlich die Periklinen am besten sichtbar (vgl. Abb. 89).

Die Bildung der Stengelzweige und Blätter der Samenpflanzen erinnert an den entsprechenden Prozeß der Sporen bildenden Kormophyten. Statt der Scheitelzelle bildet sich aber ein mehrzelliger Wulst an der Oberfläche des Stengels aus, der sich allmählich in einen Vegetationspunkt verwandelt (vgl. Abb. 89, *ff*). Jedenfalls entstehen neue embryonale Zellen der Kormophyten bei der Verzweigung des Stengels wie die bei der Verzweigung des Algenkörpers aus den Zellen, die an der Oberfläche des Vegetationspunktes liegen.

Im Gegensatz dazu vermag der Vegetationskegel der Wurzel keine neuen Vegetationspunkte zu bilden; die Seitenzweige der Wurzel entstehen aus somatischen Zellen der inneren Wurzelteile: entweder aus den Zellen des Perizykels (d. h. des die Gefäßbündel der Wurzel umgebenden Gewebes) oder der Endodermis (d. h. der hautartigen Scheide des Gefäßbündelstrangs, nur bei Farnen). Einige dieser Zellen fangen aufs neue an, zu wachsen und sich zu vermehren, und bilden einen Vegetationspunkt, der sich bald in den Vegetationskegel der Seitenwurzel verwandelt und sich durch die Wurzelrinde nach außen durchzwängt. Nur bei Lycopodiaceen wird die dichotome Wurzelverzweigung durch die Teilung der Scheitelzelle in zwei embryonale Zellen bedingt, wie es auch bei der Stengelverzweigung derselben Pflanze der Fall ist (vgl. S. 194).

Die Entstehung des embryonalen Gewebes aus bleibenden somatischen Geweben wird auch bei der Bildung des interkalaren Kambiums der Dikotyledonen und Gymnospermen beobachtet. Dabei erlangen die somatischen Zellen der Markstrahlen in diesem Falle die Fähigkeit, sich aufs neue zu vermehren. Aus somatischen Geweben entsteht auch das Korkkambium, das das Korkgewebe aufbaut. Bei einigen Samenpflanzen und Farnen können somatische Gewebe der Blätter Vegetationsspunkte bilden. So entstehen z. B. Vegetationspunkte in der Epidermis der abgeschnittenen Blätter von Begonia, die für längere Zeit auf feuchten Sand gelegt wurden. Beim Farne Asplenium viviparum können neue Vegetationspunkte sogar aus den somatischen Geweben der Blätter der intakten Pflanze entstehen und sich in junge Pflänzchen verwandeln, die an den Blättern sitzen bleiben.

Verfolgen wir die weitere Entwicklung des Vegetationspunktes, so finden wir, daß sich die embryonalen Zellen an der Oberfläche des Vegetationspunktes in die Epidermis der Pflanze umwandeln, während im Inneren des Vegetationskegels das Prokambium entsteht, das von langgestreckten Zellen gebildet wird, die sich in Gefäßbündelzellen verwandeln. Die übrigen Zellen des Meristems, die den Zwischenraum zwischen der Epidermis und den Gefäßbündeln ausfüllen, verwandeln sich in Grundparenchym (mit großen, chlorophyllosen Zellen), aus dem sich später verschiedene andere Gewebe bilden: Assimilationsgewebe, mechanisches Gewebe, Wassergewebe usw. Die Umwandlung der embryonalen Zellen in die Zellen der bleibenden somatischen Gewebe wird von einer bedeutenden Volumzunahme (in der Hauptsache auf Kosten des aufgesogenen Wassers) begleitet, wobei sich die Wachstumsgeschwindigkeit der Zellen immer verändert. Zunächst steigt die Geschwindigkeit bis zu einem Maximum, nimmt ab und wird schließlich gleich Null, so daß jede embryonale Zelle bei der Umwandlung in eine somatische ihre „große Wachstumsperiode" durchmacht (vgl. S. 180).

Nach Sachs muß man drei Stadien des Zellwachstums bei den Kormophyten unterscheiden. Das erste Stadium verläuft im Vegetationskegel, besteht aus einer Anhäufung der lebenden Materie in der Zelle und wird von einer lebhaften Zellvermehrung begleitet. Das zweite Stadium verläuft im mittleren Teile der Wachstumszone und besteht aus einem sehr schnellen Wachstum der Zellen, hauptsächlich auf Kosten des aufgesogenen Wassers, das sich in den Vakuolen der Zellen anhäuft. Dieses Stadium wird oft als Streckungswachstum bezeichnet. Das dritte Stadium verläuft im am weitesten vom Vegetationspunkt entfernten Teile der Wachstumszone und besteht hauptsächlich aus einer Differenzierung der Zellen entsprechend ihren Funktionen, so z. B. aus einer Verdickung der Zellhäute, aus einer Vermehrung der Chloroplasten, aus einem gegenseitigen Verwachsen der Zellen zu Gefäßen, Siebröhren u. a. In diesem Stadium wachsen die Zellen nur sehr schwach und sistieren bald ihr Wachstum vollkommen.

Die erwähnte Periodizität des Zellwachstums bewirkt freilich auch eine ungleiche Wachstumsgeschwindigkeit einzelner Abschnitte der Wachstumszone, die gewöhnlich ebenfalls eine „große Wachstumsperiode" zeigen. Mit anderen Worten: es vergrößert sich zunächst die Wachstumsgeschwindigkeit einzelner Abschnitte mit der Entfernung vom Vegetationspunkt, erreicht ein Maximum, nimmt wieder ab und wird schließlich gleich Null. Das Bild des Wachstums ist aber nicht selten komplizierter, weil verschiedene Zellen ein und desselben Abschnittes der Vegetationszone sich in verschiedenen Wachstumsstadien befinden können: während z. B. einige Zellen eines Abschnittes das zweite Stadium zeigen, können andere Zellen desselben Abschnittes das dritte Stadium aufweisen usw. Infolgedessen findet entweder eine passive Ausdehnung der einen Zellen durch die anderen oder ein Hineinwachsen der einen Zellen zwischen die anderen statt. Ein solches unregelmäßiges Wachstum wird oft als gleitendes Wachstum bezeichnet.

Nicht nur einzelne Zellen, sondern auch einzelne Gewebe können durch die Nachbarzellen oder Gewebe passiv ausgedehnt oder zusammengedrückt werden, so daß in der Wachstumszone die sogenannte Gewebespannung entsteht. Man kann sie folgendermaßen nachweisen. Man schneidet mit Hilfe eines Korkbohrers das Stengelmark der Sonnenrose (Helianthus annuus) heraus. Das von äußeren Stengelteilen befreite Mark verlängert sich sofort. Man kann den Versuch auch in folgender Weise ausführen. Man schneidet den Stengel einer krautigen Pflanze durch zwei radiale Längsschnitte in vier Stücke: sie krümmen sich so, daß die Mark tragende Seite jedes Stückes konvex wird.

Das Mark ist also im Stengel zusammengedrückt. Wenden wir uns jetzt der Betrachtung des Wachstums und der Entwicklung der einzelnen Organe der höheren Pflanzen zu.

3. Wachstum und Entwicklung der Wurzel.

Die Wurzel hat bekanntlich bei der Mehrzahl der Pflanzen die Form eines schmalen am Ende zugespitzten Zylinders. Wie die mikroskopische Untersuchung der wachsenden Wurzelteile zeigt, wird diese Form durch eine ungleiche Wachstumsgeschwindigkeit der Wurzelzellen in verschiedenen Richtungen bedingt. Die Meristemzellen wachsen während des zweiten Stadiums ihrer Entwicklung in der Querrichtung verhältnismäßig unbedeutend, während sie in der Längsrichtung stark wachsen. Nur bei Dikotyledonen und Gymnospermen (unseren Bäumen) ist ein bedeutendes Wachstum der Wurzel in der Querrichtung dank der Tätigkeit einer interkalaren Wachstumsschicht, die an der Grenze der Holz- und Phloembündel entsteht (Kambium), möglich.

Um das Wurzelwachstum zu beobachten, läßt man Samen in nassen Sägespänen keimen, die in einem Zinkkasten untergebracht sind, dessen vordere Wand durch Glas ersetzt ist. Die Samen werden in

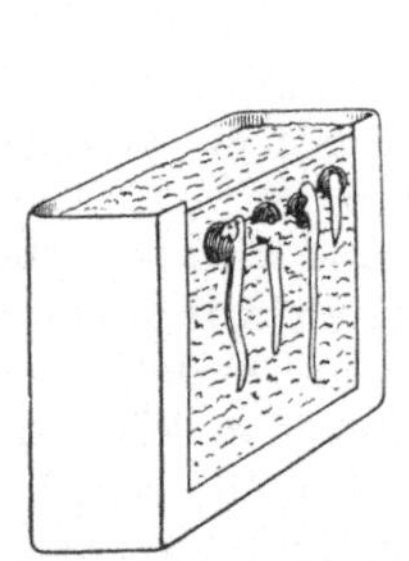

Abb. 92. Zinkkasten zur Beobachtung des Wurzelwachstums.

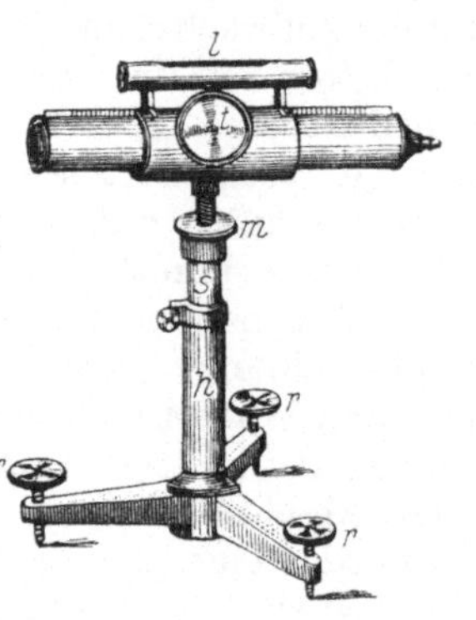

Abb. 93. Horizontalmikroskop.

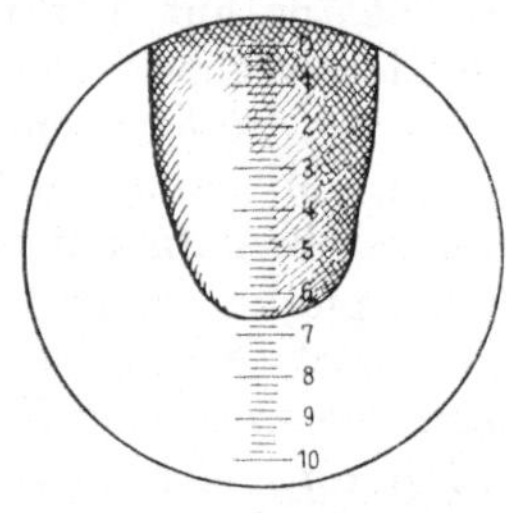

Abb. 94. Wurzelspitze im Horizontalmikroskop gesehen. Die Gradeinteilung des Okularmikrometers ist gut zu erkennen.

der Nähe der Glaswand in die Sägespäne gesteckt, so daß die sich entwickelnden Wurzeln durch das Glas gut sichtbar sind (vgl. Abb. 92). Ihre Länge wird mit einem Maßstabe durch das Glas hindurch gemessen.

Mit größerer Genauigkeit kann das Längenwachstum der Wurzel mit Hilfe eines Horizontalmikroskops (vgl. Abb. 93) gemessen werden, in dessen Okular ein Mikrometer (d. h. eine in Millimeter geteilte Skala) eingesetzt ist. Der zu untersuchende keimende Samen wird, die Wurzel nach unten, mit Hilfe einiger Nadeln am Korke befestigt, der am Rande eines vierkantigen, aus Spiegelglas gemachten Gefäßes, mit Siegellack angeklebt wird. Man füllt das Gefäß so mit Wasser, daß die Wurzel in das Wasser taucht, und betrachtet die Wurzelspitze im Horizontalmikroskop. In gleichen Zeitintervallen notiert man die Lage derselben mit Hilfe des Okularmikrometers (vgl. Abb. 94) und drückt die Wachstumsgeschwindigkeit in Teilen des letzteren aus. Die Werte der Mikrometerteile und also die Wachstumsgeschwindigkeit findet man, indem man die Wurzelspitze durch einen Maßstab ersetzt.

Die Wachstumsgeschwindigkeit ist auch unter konstanten Außenbedingungen nicht nur bei verschiedenen Pflanzenarten, sondern auch bei verschiedenen Exemplaren ein und derselben Pflanzenart nicht gleich. Nach SACHS ist die durchschnittliche Wachstumsgeschwindigkeit der Erbsenwurzel 0,6 mm in einer Stunde, während die der Bohnenwurzel 1 mm in einer Stunde ist. Nach ASKENASY (1890) bleibt sogar die Geschwindigkeit einer und derselben Wurzel nicht konstant, sondern verändert sich auch unter konstanten Außenbedingungen fortwährend. So war die Wachstumsgeschwindigkeit der Maiswurzel, in Teilen des Okularmikrometers ausgedrückt (ein Teil = $^1/_{27}$ mm), in den Versuchen des genannten Forschers die folgende:

Stunden, vergangen nach dem
Beginn des Versuches: 1 2 3 4 5 6 7 8 9
Wachstumsgeschwindigkeit
der Wurzel: 34 27 30 $29^1/_2$ 36 35 38 31 $33^1/_2$

Unter natürlichen Wachstumsbedingungen variiert die Wachstumsgeschwindigkeit noch mehr, weil die Wurzel im Boden verschiedenen Reizen ausgesetzt ist. Bei mehrjährigen Pflanzen zeigt das Wurzelwachstum eine Jahresperiode, indem es im Frühling am schnellsten ist, im Sommer sich verlangsamt, um oft im Herbst sich wieder zu verstärken und im Winter aufzuhören. Bei einjährigen Pflanzen verlangsamt sich das Wurzelwachstum während des ganzen Sommers und hört gegen die Reifungszeit der Früchte vollkommen auf. Eine analoge Periodizität zeigt auch das Dickenwachstum der Wurzel der Dikotyledonen und Gymnospermen. Nach MOHL (1862) findet das Dickenwachstum der Wurzel der Laubbäume am Anfang des Sommers am schnellsten statt, verlangsamt sich dann gegen den Herbst, dauert aber noch während des ganzen Winters an und hört erst im frühen Frühling auf.

Die oben angeführten Angaben beziehen sich auf das gesamte Längenwachstum des unteren Teils der Wurzel, wo sich die Wachstumszone befindet. Um diese Zone und die Wachstumsgeschwindigkeit ihrer einzelnen Abschnitte zu bestimmen, macht man kleine Tuschestriche auf der Wurzeloberfläche (mit Hilfe eines Pinsels) in Abständen von ungefähr 1 mm, wie es auf Abb. 95 zu sehen ist. Zum Versuch eignen Erbsen- oder Bohnenwurzeln am besten, die man in Sägespänen wachsen läßt. Nach sechs Stunden (vgl. Abb. 95, *B*) zeigt sich, daß der gegenseitige Abstand der Striche, die an der Wurzelspitze oder 10 mm von ihr entfernt angebracht waren, unverändert bleibt, während der Abstand der dazwischen liegenden Striche zunimmt. Dieser Unterschied der Wachstumsgeschwindigkeit verschiedener Wurzelabschnitte wird nach 24 Stunden ganz besonders demonstrativ (vgl. Abb. 95, *C*), wobei es sich zeigt, daß der dritte und vierte Abschnitt (gezählt von der Wurzelspitze) am stärksten wächst, während der zehnte Abschnitt fast unverändert bleibt.

Nach SACHS (1873) vergrößern sich die Abschnitte der Bohnenwurzel in 24 Stunden folgendermaßen: Der erste Abschnitt (gezählt von der

Spitze der Wurzel) vergrößert sich um 1 mm, der zweite um 2,5 mm, der dritte um 8 mm, der vierte um 6,5 mm, der fünfte um 3,5 mm, der sechste um 2 mm, der siebente um 0,8 mm, der achte um 0,7 mm, der neunte um 0,6 mm, der zehnte um 0,2 mm. Der elfte und die übrigen Abschnitte bleiben unverändert.

Macht man nach dem Abmessen des Zuwachses einzelner Wurzelabschnitte neue Tuschestriche auf der Wurzeloberfläche (1 mm voneinander), so beobachtet man nach 24 Stunden eine gleiche Erscheinung: die Abstände der neu gemachten Striche, die mehr als 10 mm von der Spitze entfernt waren, bleiben unverändert, während sich die übrigen Wurzelabschnitte in Übereinstimmung mit den eben angeführten Angaben von Sachs vergrößern. Wiederholt man die Versuche an einer und derselben Wurzel mehrmals, so erhält man keine anderen Resultate.

Die Größe der Wachstumszone der Wurzel bleibt also trotz des Wachstums konstant und übertrifft bei der Bohnenpflanze nicht 10 mm. Andererseits macht jeder im Vegetationspunkt entstehende Wurzelabschnitt seine große Wachstumsperiode durch; er wächst zunächst nur sehr langsam, vergrößert seine Wachstumsgeschwindigkeit bis zu einem Maximum (Streckungswachstum), verkleinert sie dann und sistiert schließlich das Wachstum.

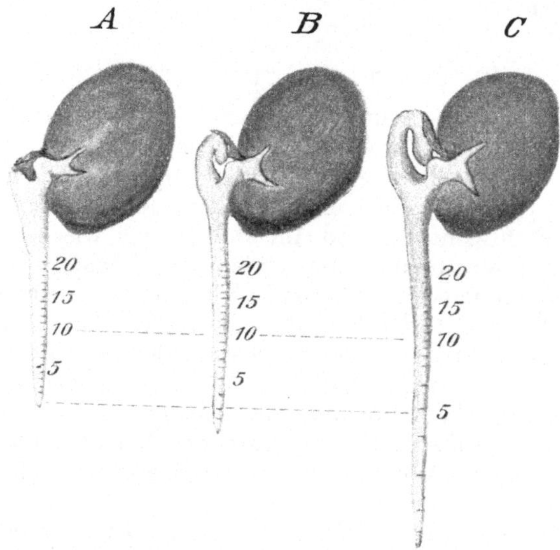

Abb. 95. Keimpflanze von Vicia faba, natürl. Größe. *A* nach dem Auftragen der Tuschestriche; *B* nach 6stündigem, *C* nach 24stündigem Wachstum. (Nach Pfeffer.)

Aus dem oben zitierten Versuche von Sachs folgt aber noch nicht, wie man vielleicht denken könnte, daß der Wurzelabschnitt, der 2 bis 3 mm von der Wurzelspitze entfernt ist, am schnellsten wächst. In der Tat ist die untere Grenze des dritten Abschnittes (also der zweite Strich) nach 24 Stunden 5½ mm und seine obere Grenze 14 mm von der Wurzelspitze entfernt, d. h. außerhalb der Wachstumszone. Die Versuche von Sachs, in welchen die Abmessung der Abschnittgröße sechs Stunden nach Beginn der Versuche stattfand, zeigten, daß der erste und zweite Abschnitt unverändert bleibt, während der dritte Abschnitt um 0,3 mm, der vierte um 0,4 mm, der fünfte um 0,5 mm, der sechste und der siebente

Abschnitt um 1 mm zunehmen. Theoretische Überlegungen veranlaßten den Verfasser zu dem Schlusse, daß die Abschnitte, welche von der Wurzelspitze 8 bis 9 mm entfernt sind, am schnellsten wachsen, so daß die maximale Wachstumsgeschwindigkeit kurz vor dem Aufhören des Wachstums erreicht wird.

Dieses Resultat stimmt mit den früher erwähnten Angaben ASKENASYs bezüglich der Änderung der Wachstumsgeschwindigkeit der Riesenzellen von Chara überein (vgl. S. 181). Alle Zellen der Wurzel machen ihre große Wachstumsperiode durch und sistieren ihr Wachstum, nachdem die synthetische Tätigkeit des Protoplasmas abgeschwächt und der Zellsaft infolge eines schnellen Streckungswachstums durch aufgesogenes Wasser verdünnt ist (vgl. S. 188).

Die Länge der Wachstumszone der Wurzeln übertrifft gewöhnlich nicht 10 mm und ist bei dünnen Wurzeln oft gleich nur 2 bis 3 mm. Ausnahmsweise ist die Wachstumszone der schnell wachsenden Luftwurzeln von Lianen und Epiphyten 3 bis 100 cm lang. Die unbedeutende Länge der Wachstumszone der Erdwurzeln ist ganz zweckmäßig, weil eine zu lange Wachstumszone zu einer Krümmung und sogar zum Abbrechen des wachsenden Wurzelteils (z. B. beim Eindringen der Wurzelspitze in einen festen Grund) führen könnte.

Die Wurzel wächst sowohl in die Länge als auch in die Dicke mit einer so bedeutenden Kraft, daß sie bei ihrem Eindringen sogar Risse in felsigem Boden hervorrufen kann. Diese große mechanische Leistung der Wurzel ist wohl verständlich, weil der Turgordruck der Wurzelzellen, der die Kraft für das Wachstum liefert (vgl. S. 189), mindestens 10 Atmosphären beträgt. Außerdem zeigten Untersuchungen PFEFFERs, daß dieser Druck nach einem Eingipsen der Wurzel (also nach der Verhinderung des Wachstums durch mechanischen Widerstand) zunimmt, so daß der Gipsblock durch die Wurzel zersprengt wird. Dank dem großen osmotischen Druck des Zellsaftes vermag die Wurzel nach PFEFFER (1893) in einem festen Lehmboden mit gleicher Geschwindigkeit wie in Wasser zu wachsen.

Im Gegensatz zum Stengel besitzt die Wurzel einen interkalaren Vegetationspunkt, der dicht unter der Wurzelspitze gelegen ist und neue Zellen nach beiden Richtungen hin bildet. Nach unten hin werden die Zellen der Wurzelhaube, nach oben die Zellen der eigentlichen Wurzel abgelagert (vgl. Abb. 96); die Tätigkeit des Vegetationspunktes ist bei der Bildung der eigentlichen Wurzel besonders energisch. Es gibt auch Pflanzen (z. B. Leguminosen), deren Wurzelhaube nicht so scharf von der eigentlichen Wurzel abgetrennt ist, wie etwa bei Getreidearten, sondern mit derselben verwachsen ist.

Die früher erwähnte Anordnung der Zellen in parallel verlaufende Reihen ist auch bei der Wurzel zu sehen, obwohl gewöhnlich nur Periklinen deutlich ausgeprägt sind (vgl. Abb. 96). Beim weiteren Wachstum der Wurzelspitze findet die stärkste Differenzierung der Zellen bekanntlich an der Wurzelachse statt, wo sich der Zentralzylinder bildet, der in der Hauptsache aus Gefäßbündeln zusammengesetzt ist.

Bei der Bildung eines Seitenzweiges entsteht ein interkalarer Vegetationspunkt im Perizykel (oder im Endoderm, falls es sich um Farne handelt), der sich bald in den Vegetationskegel des Seitenzweiges verwandelt und sich zwischen den Rindenzellen nach der Wurzelperipherie durchzwängt. In Vegetationspunkte der Seitenzweige verwandeln sich stets diejenigen Perizykelzellen, welche in der Nähe der wasserhaltigen Gefäßbündel gelagert sind. Da aber die Gefäßbündel im Zentralzylinder der Wurzel zwei oder mehrere Längsstränge bilden, sind die Seitenzweige der Wurzeln gewöhnlich in regelmäßige Längsreihen angeordnet.

Unsere kurze Übersicht über die Wachstumserscheinungen der Wurzel schließen wir mit der Beschreibung einer merkwürdigen Formänderung der Wurzel, die ohne eine Massen- bzw. Volumenänderung stattfindet. Die ausgewachsene Wurzel wird allmählich kürzer und dicker, obwohl ihr Volumen unverändert bleibt. Die Verkürzung ist oft sehr bedeutend und beträgt z. B. bei der Rübe 10 %, beim Klee 70 % (RIMBACH 1897) usw. Eine solche Verkürzung ruft gewöhnlich die Bildung von Falten an der Wurzeloberfläche und eine wellenartige Krümmung der Gefäßbündelstränge hervor; da sie aber nur sehr langsam (oft während einiger Monate) stattfindet, so führt sie zu einem Hinabziehen der Wurzel und des unteren Teils des Stengels in die Erde. Die Wurzel wird dadurch gespannt und setzt einen größeren Widerstand den Kräften entgegen, die die Pflanze aus der Erde herauszuziehen bestrebt sind (z. B. dem Wind).

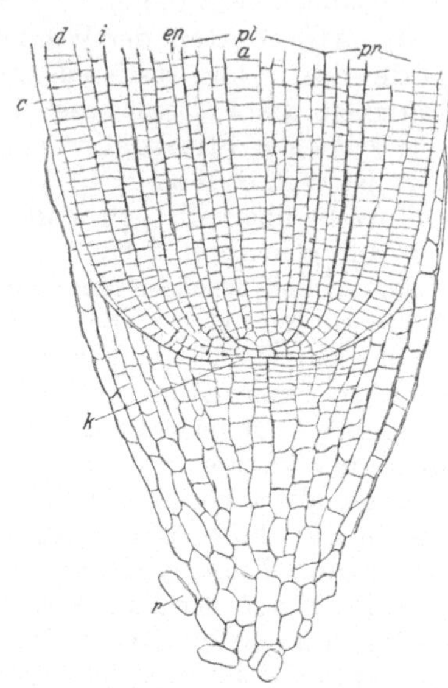

Abb. 96. Medianer Längsschnitt durch die Wurzelspitze der Gerste (Hordeum vulgare). *k* Grenze zwischen der Wurzelhaube und der eigentlichen Wurzel, *d* Dermatogen, *pr* Periblem, *pl* Plerom, *a* Zellreihe, welche das zentrale Gefäß bildet, *r* abgestoßene Zellen der Wurzelhaube. Vergrößerung $^{100}/_1$. (Nach STRASBURGER.)

4. Wachstum und Entwicklung des Stengels.

Der Stengel wächst ebenso wie die Wurzel hauptsächlich in die Länge und nur bei Dikotyledonen und Gymnospermen kann er nach der Entstehung des interkalaren Kambiums auch ein Dickenwachstum zeigen.

Die Geschwindigkeit des Längenwachstums des Stengels ist gewöhnlich nicht so bedeutend wie die der Wurzel und läßt sich durch eine direkte Messung mit einem Maßstabe nur ungenau bestimmen. Auch die Anwendung des Horizontalmikroskopes zur Bestimmung dieser Geschwindigkeit (vgl. S. 198) ist in diesem Falle unmöglich, weil die Stengelspitze mit Blättern bedeckt ist. Zur Bestimmung der Wachstumsgeschwindigkeit des Stengels benutzt man daher besondere Apparate, die gewöhnlich als **Auxanometer** bezeichnet werden.

Der einfachste Auxanometer ist auf Abb. 97 zu sehen. Man bindet an den Stengelgipfel einen Faden (*f*, Abb.), der mit seinem anderen Ende an dem Hebel *a* befestigt ist, der sich um die Achse *r* drehen kann. Die Achse wird durch einen gabelförmigen Rahmen unterstützt, der seinerseits am Stativ *e* befestigt ist. Wächst der Stengel, so hebt sich der linke Teil des Hebels *a* und senkt sich sein rechter Teil, so daß der Zeiger des letzteren *z* die Wachstumsgeschwindigkeit des Stengels auf einem geteilten Bogen markiert. Die Senkungsgeschwindigkeit des Zeigers ist größer als die Wachstumsgeschwindigkeit, und zwar so viel mal, wie der rechte Hebelteil größer als der Abstand zwischen der Achse *r* und der Befestigungsstelle des Fadens ist (auf Abb. 97 etwa 30 mal). Um eine schädliche Ausdehnung der Pflanze durch den Faden zu vermeiden, ist der kurze Hebelteil mit einem Gegengewicht *k* versehen, das sich dem Hebel entlang bewegen kann.

Bei lange dauernden Beobachtungen ist der automatische Auxanometer, den Abb. 98 wiedergibt, viel bequemer. In ihm

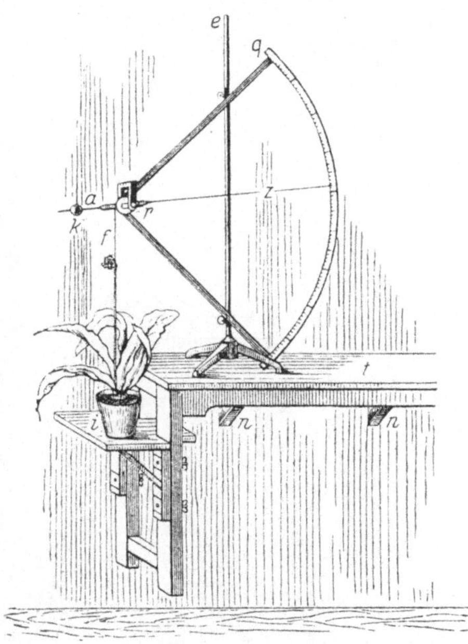

Abb. 97. Auxanometer. (Nach Pfeffer.) Erklärung im Text.

ist der an die Pflanze gebundene Faden über ein Rädchen *w* gehängt und er endet mit einem so schweren Gegengewicht, daß der Faden nur sehr schwach gespannt ist. Die Achse des Rädchens trägt noch ein größeres Rad *r*, über das ein anderer Faden läuft, der an beiden Enden gleichschwere Gewichte *c* und *z* trägt. Eines der Gewichte trägt eine Nadel, die eine weiße Linie auf einem berußten Zylinder *t* zeichnet. Der letztere wird mit Hilfe eines Uhrmechanismus und einer elektrischen Einrichtung jede halbe Stunde um einen kleinen Winkel gedreht. Infolge des Stengelwachstums senkt sich die Nadel fortwährend und zeichnet eine vertikale Linie, die jede halbe Stunde nach rechts geschoben wird. Der beschriebene Auxanometer vergrößert die Wachstumsge-

schwindigkeit um so viel mal, wie der Durchmesser des Rädchens r größer
als der des größeren Rads ist (auf Abb. 98 um 8 mal).

Die Wachstumsgeschwindigkeit des Stengels verschiedener Pflanzenarten ist auch unter gleichen Außenbedingungen nicht identisch. Pflanzt
man z. B. die keimenden Samen der Eiche und der Kürbispflanze in
denselben Boden im Frühling ein, so wachsen die Stengel der Eiche
während des Sommers höchstens um 10—20 cm empor, während der
Stengel der Kürbispflanze sich um 5 — 10 m verlängert. Die größte Wachs-

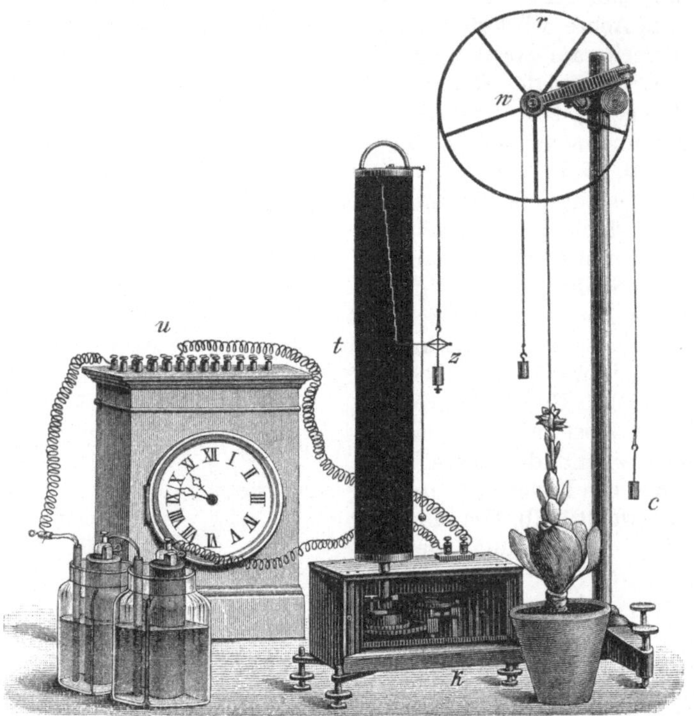

Abb. 98. Auxanometer nach PFEFFER. Erklärung im Text.

tumsgeschwindigkeit wird an Bambusstengeln beobachtet, wo sie ungefähr $^1/_4$ m pro 24 Stunden beträgt.

Die Wachstumsgeschwindigkeit des Stengels bleibt wie die der
Wurzel nie konstant. Außer kleinen Variationen (vgl. S. 199) zeigt sie
auch bedeutende Abweichungen von der Durchschnittsgröße, die bald
durch verschiedene Reize hervorgerufen werden, bald aber auch unter
konstanten Außenbedingungen beobachtet werden.

So zeigt die Mehrzahl der mehrjährigen Pflanzen unseres Klimas
und eine bedeutende Zahl tropischer Pflanzen nicht nur eine tägliche
Wachstumsschwankung, die durch Variationen der Beleuchtung,
Temperatur und Feuchtigkeit hervorgerufen wird, sondern auch eine

jährliche Periodizität des Wachstums, die auch unter konstanten Außenbedingungen nicht verschwindet. Nur wenige mehrjährige Pflanzen unseres Klimas (z. B. die Rose) zeigen ein Stengelwachstum im warmen Raum auch im Winter; gewöhnlich hört aber das Stengelwachstum dieser Pflanzen im Winter auf, selbst wenn man sie in ein warmes Gewächshaus überführt.

Das Auftreten einer winterlichen Ruheperiode wird bei unseren einheimischen Bäumen auch nach dem Verpflanzen in ein Tropenklima mit möglichst gleichmäßiger jährlicher Verteilung der Temperatur und Feuchtigkeit (z. B. in Madeira, Java) beobachtet. Nach langem Aufenthalt in einem solchen Klima tritt die Ruheperiode verschiedener Triebe von Eiche, Apfelbaum, Birke, Mandelbaum usw. zu verschiedenen Jahreszeiten auf, so daß die genannten Bäume ein ungewöhnliches Aussehen erhalten: auf ein und demselben Exemplare der Pflanze kann man gleichzeitig ruhende Knospen, Blätter, Blüten und Triebe in verschiedenen Wachstumsstadien beobachten.

Die Ruheperiode des Stengelwachstums kann nicht nur im Winter, sondern auch im Sommer unter möglichst günstigen Außenbedingungen des Wachstums auftreten. So dauert z. B. das Wachstum der sich im Frühjahr aus den Knospen (bzw. Zwiebeln) entwickelnden Stengel der Mehrzahl unserer Bäume und der zwiebelbildenden krautigen Pflanzen nur einige Wochen oder Tage; dann tritt die Ruheperiode ein, die bis zum nächsten Frühling fortdauert. Während dieser Ruheperiode findet nur eine Ausbildung des embryonalen Stengels in den Knospen (bzw. in den neugebildeten Zwiebeln) für das nächste Jahr statt.

Ein periodisches Aufhören des Stengelwachstums unter konstanten Außenbedingungen wird auch bei vielen Tropenpflanzen beobachtet (KLEBS 1911, VOLKENS 1912). So tritt z. B. das Wachstum der Vegetationspunkte in verschiedenen Teilen des Kautschukbaumes (Hevea brasiliensis, Familie Euphorbiaceae) zu verschiedenen Jahreszeiten auf. Die Entwicklung des vollständigen Triebes wird gewöhnlich in 30 Tagen beendet; dann tritt eine 10 Tage dauernde Ruheperiode ein.

Bei einjährigen Pflanzen bleibt die Wachstumsgeschwindigkeit des Stengels ebenfalls nicht konstant, sondern vergrößert sich nach der Keimung der Samen allmählich und erreicht nach einigen Tagen oder Wochen ein Maximum; dann nimmt es wieder ab und ist zur Zeit der Fruchtreifung gleich Null. Besonders große Variationen der Wachstumsgeschwindigkeit werden bei Blütenschäften beobachtet; bei ihnen ist das Wachstumsbild komplizierter, weil die Geschwindigkeit oft zwei und mehr Maxima zeigt. Bei Taraxacum officinale werden z. B. zwei Maxima beobachtet, von denen das größere gegen die Fruchtreife zu auftritt.

Während einjährige Pflanzen nach dem Reifwerden der Früchte bald absterben, bleiben alle oder einige Vegetationspunkte des Stengels bei mehrjährigen Pflanzen auch nach dem Eintritt der Ruheperiode am Leben, und nehmen in der nächstfolgenden Wachstumsperiode ihre Tätigkeit wieder auf. Eine mittlere Stellung zwischen einjährigen Krautpflanzen

und mehrjährigen Stauden und Bäumen nehmen mehrjährige Krautpflanzen ein; die Luftteile ihres Stengels sterben nach dem Reifwerden
der Früchte ab, während die im Boden bleibenden Teile (Knollen,
Zwiebeln) lebend erhalten werden. Bei zweijährigen Pflanzen und bei
einigen Bäumen, z. B. bei der Agave, tritt der Tod nach dem Blühen
und Reifwerden der Früchte (bei der Agave erst nach 10—40 Jahren) auf.

Wir wenden uns jetzt zur Wachstumsgeschwindigkeit einzelner
Stengelabschnitte. Um diese Geschwindigkeit zu bestimmen und die
Länge der Wachstumszone festzustellen, macht man mit einem Pinsel
Tuschestriche auf der Stengeloberfläche, wie es bei der Beschreibung
des Wurzelwachstums angegeben ist (vgl. S. 199). Die Vergrößerung der
Abstände zwischen den Strichen gestattet, die Wachstumsgeschwindig-
keit zu bestimmen.

Die auf diese Weise gemachten Versuche zeigen, daß die Wachstumszone des Stengels viel länger als die der Wurzel ist. Gewöhnlich
erreicht ihre Länge 2—10 cm. Je größer die Wachstumszone, desto
schneller wächst der Stengel. Bei einigen windenden Pflanzen (Lianen),
die besonders schnell wachsen, beträgt die Wachstumszone etwa 50
und mehr Zentimeter.

Was nun die Wachstumsgeschwindigkeit verschiedener Stengelteile
anbetrifft, so muß man in dieser Beziehung zwei Stengelgruppen
unterscheiden. Zur ersten Gruppe werden die Stengel gerechnet, die
keine Knoten tragen, z. B. die Stengel der Spargel und der Nadelbäume, die Blütenschäfte, die Stengel der keimenden Samen u. a. Die
zweite Gruppe umfaßt alle mit deutlichen Knoten versehenen Stengel.

Das Wachstum einzelner Abschnitte der Stengel der ersten Gruppe
erinnert im allgemeinen an das der Wurzel (vgl. S. 200), die Wachstumszone der Stengel ist aber stets länger als die der Wurzeln. Wenn
man die Messung der Abstände zwischen den Strichen einige Tage
oder Wochen nach Beginn des Versuchs unternimmt, so findet man,
daß die in der Nähe der Stengelspitze gelegenen Abschnitte am stärksten
gewachsen sind. Man erhält aber ein umgekehrtes Resultat, wenn man
die Abschnitte früher untersucht (vgl. S. 200). Man muß aber betonen,
daß ein so großer Unterschied in der Wachstumsgeschwindigkeit einzelner Abschnitte, der an der Wurzel gefunden wird, beim Stengel fehlt.
So wurden z. B. in einem Versuche von SACHS die Teilstriche in Abständen
von 3,5 mm voneinander auf dem Stengel von Feuerbohnen gemacht.
Nach 40 Stunden vergrößerte sich der erste Abschnitt (gezählt von der
Spitze) um 0,2 mm, der zweite um 0,25 mm, der dritte um 0,45 mm,
der vierte um 0,65 mm, der fünfte um 0,55 mm, der sechste um 0,3 mm,
der siebente um 0,18 mm und der achte um 0,1 mm, während die
übrigen Abschnitte unverändert waren (vgl. mit entsprechenden Zahlen
auf S. 200). Die Veränderung der Wachstumsgeschwindigkeit jedes
im Vegetationspunkt entstehenden Bezirkes findet also im Stengel
viel langsamer als in der Wurzel statt.

Da die Länge des sich entwickelnden Stengels nach dem Öffnen
der Knospen jedenfalls kleiner als die der Wachstumszone ist, wächst

der knotenlose Stengel, z. B. der der Kiefer, zuerst in allen seinen Teilen langsam; dann nimmt die Wachstumsgeschwindigkeit zu und wird an der Basis größer als an der Spitze; sobald aber die Gesamtlänge des Stengels der Wachstumszone gleich wird, beginnt der mittlere Stengelteil schneller als die übrigen Teile zu wachsen.

Das Wachstum der Stengel der zweiten Gruppe unterscheidet sich von dem der ersten Gruppe dadurch, daß die Knoten kein wesentliches Wachstum zeigen, so daß die Wachstumszone in diesem Falle unterbrochen ist. So vergrößert sich z. B. die Länge der Knoten um das $1^1/_2$—2fache, während sich die dazwischen liegenden Stengelteile (Internodien) um das 20—60fache verlängern. Es sieht also so aus, als ob jedes Internodium eine selbständige Wachstumszone darstelle. Auch hat jedes Internodium sein eigenes Wachstumsmaximum, das in der Nähe des unteren Knotens liegt. Andererseits wächst das unterste Internodium der Wachstumszone begreiflicherweise am schnellsten, obwohl der Unterschied zwischen der Wachstumsgeschwindigkeit einzelner Bezirke hier noch geringer als bei knotenlosen Stengeln ist, so daß bei Knoten tragenden Stengeln eine noch größere Gleichmäßigkeit des Wachstums beobachtet wird.

Dieser Unterschied ist aber bei den Pflanzen, welche aufgeblähte Knoten besitzen, z. B. bei Buchweizen, Schachtelhalmen usw., viel bedeutender, weil in diesem Falle ein embryonales Gewebe an der Basis jedes Internodiums der Pflanze erhalten wird. Dank der Tätigkeit dieses Gewebes, welches den Charakter eines interkalaren Vegetationspunktes besitzt, wachsen die Internodien an der Basis noch lange weiter. Es ist sehr leicht, sich über die Anwesenheit eines solchen interkalaren Vegetationspunktes an der Basis der Internodien zu überzeugen. Man dehnt den Stengel stark aus, die dünnen Zellwände des Meristems halten die Dehnung nicht aus und der Stengel wird gerade an der Basis zerrissen. Außerdem zeichnet sich der meristematische Teil des Internodiums durch einen kleineren Chlorophyllgehalt aus und sieht daher blaß aus.

Der Stengel der Dikotylen und Gymnospermen wächst, wie erwähnt, nicht nur in die Länge, sondern auch in die Dicke. Um dieses Dickenwachstum zu messen, umgibt man den Stengel mit einem Draht, dessen eines Ende befestigt ist und dessen anderes mit einem Hebel verbunden ist, der die Bewegung des Drahts wiedergibt. Bei der Verdickung des Baums drückt die Rinde auf den Draht und veranlaßt den Hebel, die Wachstumsgeschwindigkeit auf einem Maßstabe zu vermerken. Auf diese Weise wurde festgestellt, daß das Dickenwachstum des Stengels gewöhnlich viel langsamer als das Längenwachstum stattfindet. So wächst z. B. der Lindenstengel nicht mehr als 0,3 mm in 24 Stunden in die Dicke, während derselbe Stengel mindestens einige Millimeter in die Länge wächst. Nur in seltenen Fällen, wie z. B. bei der Bildung der Knollen (Kartoffel) und Kurztriebe (Lärche) ist die Wachstumsgeschwindigkeit in beiden Richtungen ungefähr gleich.

Andererseits wurde festgestellt, daß die Wachstumsgeschwindigkeit in die Dicke ebenso stark variiert wie die in der Länge. Das Maximum wird gewöhnlich im Mai und Juni erreicht, während die Geschwindigkeit gegen den Spätherbst gleich Null wird.

Was nun die Entwicklung des Stengels anbetrifft, so soll vor allem daran erinnert werden, daß der Stengel in Knospen angelegt wird, in denen er allerseits von embryonalen Blättern umgeben ist. Wenn die Blätter gebildet worden sind, entsteht im Stengelinneren das Procambium, das sich bald in Gefäßbündelstränge verwandelt. Während die äußeren Zellen des Vegetationskegels ihren embryonalen Charakter behalten und sich teilweise in Vegetationspunkte der Seitenzweige und Blätter verwandeln, zeigen die inneren Zellen dieses Kegels das zweite Wachstumsstadium (vgl. S. 197); sie verlieren aber auch dann nicht die Fähigkeit zur Vermehrung, so daß in einem am schnellsten wachsenden Abschnitte des Stengels nur ein Teil der Zellen mit maximaler Geschwindigkeit wächst und also ein Streckungswachstum zeigt; eine große Anzahl solcher Zellen kommt aber auch in den Nachbarbezirken der Wachstumszone vor, so daß, im Gegensatz zur Wurzel, im Stengel kein großer Unterschied zwischen den Wachstumsgeschwindigkeiten einzelner Abschnitte, dagegen eine große Gewebespannung beobachtet wird.

Bei der Zweigbildung entstehen neue Vegetationspunkte gewöhnlich in den Blattwinkeln und sie verwandeln sich in Knospen, die entweder ununterbrochen zu neuen Trieben heranwachsen (bei einjährigen Pflanzen und einigen tropischen Bäumen) oder weiter zu Winterknospen ausgebildet werden, die mit Deckschuppen bedeckt sind) und sich erst im nächsten Frühling öffnen (bei einheimischen Bäumen, vgl. auch S. 205).

Nicht alle angelegten Knospen sind hinsichtlich ihrer physiologischen Bedeutung gleichwertig: während einige von ihnen zu Langtrieben heranwachsen, bilden andere nur Kurztriebe und Blüten. Es gibt aber auch Knospen, welche, obwohl sie lebend bleiben, sich erst nach Jahren oder überhaupt nicht öffnen und daher als schlafende Knospen bezeichnet werden (bei vielen Bäumen, z. B. bei der Eiche und Buche).

5. Wachstum und Entwicklung des Blattes.

Im Gegensatz zu dem Stengel und der Wurzel hat das Blatt ein begrenztes Wachstum; die Tätigkeit seiner Vegetationspunkte überdauert das Öffnen der Knospen nur einige Wochen oder Tage. Alle embryonalen Zellen des Blattes verwandeln sich während dieser Zeit in somatische und das Wachstum wird für immer sistiert. Nur bei einer afrikanischen Wüstenpflanze Welwitschia mirabilis kann das Wachstum der zwei Riesenblätter mehrere Jahre fortdauern.

Bei krautigen Pflanzen gehen die Blätter gemeinsam mit dem Stengel zugrunde, während sie bei Bäumen und Stauden abgeworfen werden, trotzdem der Stengel am Leben bleibt. Bei einheimischen Laubbäumen findet der Blattfall bekanntlich im Herbst statt, während die Blätter bei Nadelbäumen und einigen immergrünen Stauden (z. B. bei der Preiselbeere) nicht auf einmal, sondern zu verschiedenen Jahreszeiten abgeworfen werden, wobei einzelne Blätter einige Jahre am

Stengel bleiben können. So findet man oft zehnjährige lebende Nadeln am Stamme der Rottanne, während die Kiefer ihre Blätter gewöhnlich nur vier Jahre trägt.

Das Abfallen der Blätter wird nach MOHL (1860) durch die Ausbildung einer besonderen Schicht sich sehr lebhaft teilender Zellen an der Ansatzstelle des Blattes hervorgerufen; diese Schicht verwandelt sich in ein lockeres Parenchymgewebe, das schon durch das Blattgewicht leicht zerrissen wird. In anderen Fällen (z. B. bei der Eiche und Buche) genügt die Kraft, mit welcher das Wachstum eines solchen Gewebes stattfindet, nicht, um die Gefäßbündel des Blattstieles zu zerreißen, und die abgestorbenen Blätter bleiben oft den ganzen Winter hindurch am Baume, bis sie durch Wind, Frost usw. gelöst werden.

Im Gegensatz zu dem Stengel und der Wurzel, die radiär gebaut sind, ist das Blatt gewöhnlich dorsiventral gebaut und wächst weder in die Länge noch in die Breite und Dicke mit gleicher Geschwindigkeit. Die Verschiedenartigkeit seiner Form wird durch eine ungleiche Wachstumsgeschwindigkeit seiner Teile bedingt.

Am besten ist das Wachstum der länglichen und bandförmigen Blätter der Monokotyledonen erforscht, weil sie in der Hauptsache in der Längsrichtung wachsen und man zum Studium eines solchen Wachstums die früher beschriebenen Auxanometer verwenden kann (vgl. S. 203). Hat aber das Blatt eine unregelmäßige Form, so läßt sich seine Wachstumsgeschwindigkeit nicht genau bestimmen, weil man in diesem Falle auf die Methode der Teilstriche angewiesen ist (vgl. S. 199 und 206), die ungenau ist. Die Geschwindigkeit des Längenwachstums der Blätter von Monokotylen ist nicht geringer als die des Stengels und in einigen Fällen kann auch die Wachstumsgeschwindigkeit der Dikotylenblätter sehr bedeutend sein. So vergrößert sich der Durchmesser der runden Riesenblätter der tropischen Wasserpflanze Victoria regia um $^1/_3$ m in 24 Stunden. Die größte Wachstumsgeschwindigkeit wird aber bei metamorphosierten Blättern — bei Staubblättern — beobachtet. Besonders schnell wachsen die Staubblätter der Gräser (Gramineen). Nach ASKENASY wachsen die Staubblätter des Roggens in 2 Minuten beinahe auf das Doppelte heran (von 4 mm auf 7 mm Länge), so daß sie in wenigen Minuten vollkommen ausgewachsen sind.

Was nun die Wachstumsgeschwindigkeit einzelner Blattabschnitte anlangt, so zeigt die erwähnte Teilstrichmethode, daß das Blatt während der ersten Stadien seiner Entwicklung an der Spitze wächst. Das Spitzenwachstum dauert aber nur bei Farnen bis zum Ende der Entwicklungsperiode fort; bei der Mehrzahl der Pflanzen wird es dagegen sehr bald durch interkalares Wachstum mit einem Vegetationspunkte an der Blattbasis ersetzt. Besonders früh tritt das interkalare Wachstum bei windenden Pflanzen (Lianen) und bei Monokotylen mit band- bzw. lanzettförmigen Blättern auf.

Vielfach erscheint die interkalare Wachstumszone noch vor dem Aufhören der Tätigkeit der Spitzenwachstumszone und die beiden

Zonen können sogar miteinander verschmelzen, so daß das Blatt in allen seinen Teilen wachsen kann, obwohl die Tätigkeit der interkalaren Wachstumszone immer viel lebhafter als die der Spitzenzone ist, so daß sich die am schnellsten wachsenden Abschnitte gewöhnlich an der Blattbasis befinden, wie es aus dem folgenden Versuche zu ersehen ist.

Am Blatte der Zwiebelpflanze (Allium cepa) wurden Tuschestriche in einem Abstand von $2^{1}/_{2}$ mm voneinander gemacht. Nach 14 Tagen hatten sich die Blattabschnitte folgendermaßen vergrößert: der erste (von der Blattbasis gezählt) um 25,1 mm, der zweite um 48,1 mm, der dritte um 30,1 mm, der vierte um 19,0, der fünfte um 16,7, der sechste um 10,4 mm und der siebente, der an der Blattspitze gelagert war, nur um 1,4 mm.

Das Blatt entwickelt sich aus den an der Oberfläche des Vegetationskegels liegenden Zellen als ein kleines Wülstchen (vgl. Abb. 99), das sich bald in einen Spitzenvegetationspunkt verwandelt, der auf einer breiteren Basis, dem sogenannten Blattgrunde, gelagert ist. Die Tätigkeit des Spitzenvegetationspunktes führt zur Bildung der Blattlamina, während der Blattgrund sich in zwei Nebenblätter, die als zwei Wülstchen auftreten, und in die Blattscheide oder das Blattgelenk verwandelt, falls sie bei der betreffenden Pflanze vorhanden sind.

Abb. 99. Entstehung der Blätter am Vegetationskegel.

Die Verzweigung der Blattlamina wird durch die Bildung neuer Vegetationspunkte an der Spitze oder an der Basis des Blattes erzielt. Die Blattstiele bilden sich dank der Tätigkeit der interkalaren Wachstumszone an der Blattbasis.

6. Beeinflussung der Wachstumserscheinungen durch die Temperatur.

In den vorhergehenden Kapiteln haben wir die Wachstumserscheinungen der mehrzelligen Pflanzen betrachtet, ohne die Veränderungen durch verschiedene Reize zu berücksichtigen, obwohl die Möglichkeit einer Periodizität der Wachstumserscheinungen unter der Einwirkung der Jahreszeiten betont wurde. Unter natürlichen Bedingungen ist die Pflanze verschiedenen Reizen ausgesetzt und ein vollständiges Bild der Wachstumserscheinungen kann man sich erst nach dem Studium der Einwirkung physikalischer und chemischer Agentien auf diese Erscheinungen machen. Wir betrachten zunächst die Beeinflussung durch die Temperatur.

Das Wachstum der die Pflanze zusammensetzenden Zellen kann man, wie wir wissen, als eine Folge der synthetischen Tätigkeit der lebenden Materie betrachten, welche aus einer großen Anzahl chemischer Reaktionen besteht. Die Temperatur verändert aber die Geschwindigkeit der Reaktionen. Andererseits kann die Synthese nur auf Kosten der in die Zellen von außen eindringenden Stoffe stattfinden, deren Aufnahme (als ein osmotischer Prozeß) sich bei einer Temperaturerhöhung verstärken muß. Man muß also eine Wachstumsbeschleunigung der Pflanze bei einer Temperaturerhöhung erwarten, vorausgesetzt, daß Nährstoffe in den Zellen oder im sie umgebenden Medium in genügender Menge vorhanden sind.

Andererseits beschleunigt eine hohe Temperatur, wie wir wissen, auch die Zersetzung der Stoffe im Protoplasma und führt schließlich zur Koagulation und zu ihrem Absterben, so daß man eine Verlangsamung und ein Aufhören des Wachstums bei hohen Temperaturen erwarten darf. Da aber die das Protoplasma und auch andere Arten der lebenden Materie zusammensetzenden Stoffe bei verschiedenen Pflanzenarten und in verschiedenen Zellen ein und derselben Pflanze ungleich sein können, so können wir erwarten, daß die Temperatur, welche eine Wachstumshemmung verschiedener Pflanzenarten und Zellen hervorruft, ungleich hoch ist.

Niedrige Temperaturen müssen sowohl die synthetische Tätigkeit der lebenden Materie als auch die Zufuhr der Stoffe in die Zellen verlangsamen und hemmen, so daß wir eine Wachstumshinderung durch niedrige Temperaturen erwarten können.

In der Tat vergrößert sich die Wachstumsgeschwindigkeit bei einer Temperaturerhöhung, erreicht bei einer bestimmten Temperatur ein „Optimum" (vgl. S. 118), vermindert sich bei einer weiteren Temperaturzunahme und wird schließlich bei einer Temperatur, die als „Maximum" bezeichnet wird, gleich Null. Bei einer Temperaturerniedrigung vermindert sich dagegen die Wachstumsgeschwindigkeit und wird schließlich bei einer Temperatur, die als „Minimum" bezeichnet wird, gleich Null. Wie stark sich „Minimum", „Optimum" und „Maximum" verschiedener Pflanzen voneinander unterscheiden, ersieht man aus der folgenden Tabelle[1].

Tabelle 5. Temperaturgrenzen des Wachstums.

Pflanzenname	Minimum	Optimum	Maximum
Weizen (Triticum vulgare)	0—5° C	29° C	42° C
Senfpflanze (Sinapis alba)	0°	27°	37°
Ahorn (Acer platanoides)	7—8°	24°	26°
Kiefer (Pinus silvestris)	7—8°	27°	34°
Feuerbohnen (Phaseolus multiflorus)	9°	34°	46°
Mais (Zea Mays)	9°	34°	46°
Kürbispflanze (Cucurbita pepo)	14°	34°	46°
Gurken (Cucumis sativus)	15—18°	31—37°	44—50°
Brotschimmel (Penicillium glaucum)	1,5°	25—27°	31—36°
Hefe (Saccharomyces)	0—6°	28—34°	34—40°
Heubazillen (Bacillus subtilis)	0°	24°	50°
Milzbrandbazillen (Bacillus anthracis)	12—14°	37°	42—43°
Tuberkelbazillen (Bacillus tuberculosis)	30°	38°	40°
Schimmelpilz (Aspergillus fumigatus)	15°	38—40°	60°
Thermophile Bakterien	33—50°	60—70°	75°

[1] Die Tabelle ist nach Angaben von Sachs, de Vries, Klebs, Cohn, Brefeld, Flügge u. a. zusammengestellt worden.

Aus der angeführten Tabelle ersieht man, daß sowohl unter Samenpflanzen als auch unter Sporenpflanzen einige Arten schon bei niedrigen Temperaturen zu wachsen anfangen und ihr Optimum bei 24—29°C erreichen. Alle diese Pflanzen sind Bewohner des gemäßigten Klimas. Andere Pflanzenarten, z. B. Feuerbohnen, Mais usw. erreichen, obwohl sie auch bei verhältnismäßig niedrigen Temperaturen zu wachsen anfangen, ihr „Optimum" erst bei 34°C. Diese Pflanzen sind Bewohner der südlichen gemäßigten Zone. Die übrigen Pflanzenarten, z. B. die Kürbispflanze, Milzbrandbacillen, Aspergillus fumigatus, können nur bei Temperaturen, die höher als 14—18°C sind, wachsen. Die Samenpflanzen dieser Gruppe entstammen dem Tropenklima, die Sporenpflanzen entwickeln sich im Körper warmblütiger Tiere oder unter solchen Bedingungen, die eine hohe Temperatur der Umgebung voraussetzen (Aspergillus fumigatus, vgl. S. 157).

Eine besondere Stellung unter den Pflanzen nehmen die thermophilen Bakterien, die im Boden und Schlamm vorkommen, ein. Ihr Wachstum ist nur bei Temperaturen möglich, die das Wachstum der übrigen Pflanzen hemmen, während ihr Wachstumsoptimum bei einer Temperatur liegt, die das Absterben der Mehrzahl der Pflanzen bewirkt. Im Gegensatz zu den thermophilen Bakterien wachsen mehrere Algenarten nur bei niedrigen Temperaturen, weil ihr Wachstumsmaximum bei 18°C liegt (so z. B. Ulothrix, Hydrurus u. a.). Einige Algen kommen nur auf dem Schnee der Polarländer und Hochgebirge vor (die Algen des roten Schnees, Sphaerella nivalis).

Die oben angegebenen Temperaturgrenzen des Wachstums sind nur Durchschnittszahlen, die aus Beobachtungen an vielen Individuen gleicher Art erhalten wurden; Optima und Maxima divergieren auch unter gleichen Außenbedingungen oft um 2—5°. Infolgedessen führt eine lange dauernde Kultur der Pflanze bei einer Temperatur, die dem Maximum oder Minimum nahe ist, zu einer Auslese der Individuen, die das kleinste Minimum oder das größte Maximum haben und somit zu einer Veränderung der Temperaturgrenzen des Wachstums der betreffenden Art[1]).

Aber nicht nur verschiedene Individuen ein und derselben Art, sondern auch verschiedene Organe oder Zellen ein und desselben Individuums können ungleiche Temperaturgrenzen des Wachstums haben. Die Blüten mehrerer Frühlingspflanzen (z. B. Haselstrauch, Crocus, Kirschen, Weiden usw.) haben ein niedrigeres Wachstumsminimum als ihre Blätter und sie erscheinen im Frühling früher als die letzteren. Die Wachstumsgrenzen der Sporen des Brotschimmelpilzes sind 1,5° und 43°C, während die seines Myceliums 2,5° und 40°C sind.

Die oben gemachte Annahme, daß die Wachstumshemmung bei hohen Temperaturen durch eine verstärkte Zersetzung der die lebende

---

[1]) Durch individuelle Unterschiede kann man auch die Unregelmäßigkeiten erklären, welche KÖPPEN (1870) bei seinen Versuchen über das Wachstum der Erbsenpflanzen beobachtete.

Materie zusammensetzenden Substanzen hervorgerufen wird, wird dadurch bestätigt, daß ein langes Verbleiben der Pflanzen in einer Temperatur, die ihrem Maximum nahe liegt, mit der Zeit das Absterben der Pflanze verursacht. Je höher die Temperatur steigt, desto schneller stirbt die Pflanze ab; bei einer bestimmten Temperaturhöhe, die als „Ultramaximum" bezeichnet wird, stirbt die Pflanze augenblicklich ab.

Bestimmen wir die Zeit, welche nötig ist, um bei verschiedenen Temperaturen das Absterben der Pflanze hervorzurufen, so finden wir, daß jede Temperaturerhöhung um 10° C eine Verkürzung der betreffenden Absterbezeit um ungefähr das 10—150 fache bewirkt. Wie früher erwähnt, besteht die lebende Materie aus Eiweißkörpern und Lipoiden, von denen die ersteren besonders empfindlich für hohe Temperaturen sind, weil sie durch Wasser chemisch verändert (denaturiert) werden. Jede chemische Veränderung der Bestandteile der lebenden Materie führt aber zur Zersetzung der Verbindung zwischen Lipoiden und Eiweißkörpern und also zum Absterben. Die Zeit, welche die Denaturierung der Eiweißkörper verlangt, verkürzt sich ebenfalls ungefähr auf das 10—150 fache bei jeder Temperaturerhöhung um 10° C. Da aber unter anderen chemischen Reaktionen nur die Denaturierung der Eiweißkörper und die Umwandlung der Stärke in Amylopektin (vgl. S. 42) durch Wasser so empfindlich für jede Temperaturerhöhung ist, so müssen wir schließen, daß gerade die Denaturierung der Eiweißkörper das Absterben der Pflanze bei hohen Temperaturen verursacht.

Die Mehrzahl der Pflanzenzellen stirbt bei 60—70° C in einigen Minuten ab, obwohl auch Pflanzen bekannt sind, deren Zellen schon bei 30—45° C eingehen. Andererseits ertragen die thermophilen Bakterien und die Algen, die in heißen Quellen vorkommen, eine Temperaturerhöhung auf 80—90° C, während die Bakteriensporen gewöhnlich auch das Kochen in Wasser aushalten. Um sie zu töten, muß man sie in Wasser unter einem hohen Druck in besonderen Kesseln (Autoklaven) auf 110—120° C erhitzen.

Da die Eiweißkörper durch Wasser denaturiert werden, so ist es verständlich, daß das Protoplasma im lufttrockenen Zustande eine höhere Temperatur erträgt als im wassergesättigten Zustande. In der Tat muß man trockene Bakteriensporen auf 150—170° C erhitzen, um ihre Lebensfähigkeit zu vernichten. Manche Samen ertragen im trockenen Zustande das Erhitzen auf 110—120° C, während sie im wassergesättigten Zustande schon bei 60—70° C absterben.

Was nun die Einwirkung niedriger Temperaturen anbetrifft, so ruft sie offenbar eine Verlangsamung der synthetischen Tätigkeit der lebenden Materie und der Nahrungszufuhr in die wachsenden Zellen hervor, wobei sich die Temperaturwirkung auf einzelne Prozesse summiert, so daß die Wachstumsgeschwindigkeit um das mehrfache abnimmt, wenn die Temperatur nur um 10° C erniedrigt wird. Je nach der Pflanze kann also eine solche Temperaturänderung bald ein beinahe vollkommenes Aufhören, bald aber nur eine starke Verlangsamung des Wachstums hervorrufen.

Die Temperatur unter Null bewirkt oft das Erfrieren des Zellwassers und ruft infolgedessen den Tod hervor. Nach Sachs (1860) entsteht Eis gewöhnlich in den Interzellularräumen, so daß die Zellen wie beim Wassermangel entwässert und zusammengeknittert werden und infolgedessen zugrunde gehen (vgl. S. 48). Alle Pflanzen, die das Austrocknen ertragen, sind auch für niedrige Temperaturen unempfindlich. So ertragen trockene Moose und Flechten im Norden oft eine Abkühlung auf 50—60° C unter Null. Trockene Samen und Bakterien bleiben sogar bei der Temperatur von flüssigem Wasserstoff (250° C unter Null) lebendig; das trockene Protoplasma wird also durch die Kälte nicht geschädigt.

Einige Pflanzen, die ein Austrocknen nicht ertragen, bleiben dennoch bei 12° unter Null lebendig (z. B. Stellaria media, Lamium purpureum u. a.). Die Eisbildung wird also in diesem Falle von keiner schädlichen mechanischen Beeinflussung des Protoplasmas begleitet. Eine weitere Abkühlung verursacht jedoch das Absterben der Pflanzen. Sonst überleben die turgeszenten Pflanzen nur ausnahmsweise eine Eisbildung in ihren Geweben und die Mehrzahl erträgt die Abkühlung unter Null nur dann, wenn ihr Wasser überkühlt wird und in ihren Geweben kein Eis entsteht. Bildet sich aber in solchen Pflanzen Eis, so gehen sie sofort zugrunde. So kann z. B. die Temperatur der Kartoffelknollen bis 5,6° C unter Null erniedrigt werden, ohne daß eine Schädigung der Zellen eintritt. Wenn aber die Temperatur noch weiter sinkt, bildet sich Eis und die Zellen sterben ab, trotzdem die Temperatur dabei vorübergehend wieder steigt (Erstarrungswärme).

Temperaturveränderungen können nicht nur die Wachstumsgeschwindigkeit, sondern auch die Entwicklung der Pflanzen beeinflussen, weil verschiedene Zellen auf Temperaturreize nicht gleichmäßig reagieren können. So ruft z. B. niedrige Temperatur eine stärkere Wachstumshinderung der Stengelzellen, im Vergleich mit der der Blattzellen hervor, so daß die bei niedriger Temperatur wachsende Pflanze normal große Blätter, aber verkürzte Internodien hat. Niedrige Temperatur ruft auch eine Verdickung der Kartoffeltriebe hervor, so daß die aus den Kartoffelknollen wachsenden Keimtriebe mehr an Knollen erinnern.

Hohe Temperatur verursacht bei niederen Pflanzen nicht selten eine ungleiche Veränderung der Wachstumsgeschwindigkeit der Zellhaut in verschiedenen Zellteilen, so daß gekrümmte oder aufgeblähte Zellformen entstehen. So ruft z. B. eine Temperaturerhöhung auf 40° C die Entstehung sehr langer und aufgeblähter Zellen bei Essigbakterien hervor usw.

7. Beeinflussung der Wachstumserscheinungen durch das Licht.

Wie früher erwähnt, können mehrere chemische Reaktionen durch das Licht hervorgerufen werden (vgl. S. 113), so daß es vollkommen verständlich ist, daß ein Belichtungswechsel die synthetische Tätigkeit der lebenden Substanz, die das Wachstum bedingt, beeinflußt. Andererseits verändert der Belichtungswechsel auch die Permeabilität des Protoplasmas (vgl. S. 36) und kann also die Zufuhr von Nährstoffen in die wachsenden Zellen beeinflussen. Man kann somit erwarten, daß die Wachstumserscheinungen der Pflanzen, unabhängig davon, ob sie Chlorophyll enthalten, durch das Licht beeinflußt werden können.

Für die grünen autotrophen Pflanzen ist das Licht aber eine so notwendige Bedingung des Lebens, daß das Wachstum dieser Pflanzen nach der Erschöpfung der in den Zellen vorhandenen Nährstoffe im Dunkeln aufhören muß. Die minimale Lichtmenge, welche eine grüne Pflanze erhalten muß, um sich normal zu entwickeln, variiert je nach der Energie der Photosynthese dieser Pflanze. WIESNER (1893—1907) gibt die folgenden Zahlen für verschiedene Pflanzen an, die die minimale Lichtstärke (in Teilen der Lichtstärke des Himmels) ausdrücken, welche am Wachstumsort der Pflanze vorhanden sein muß, wenn der letzteren eine normale Entwicklung ermöglicht sein soll. Ist die Beleuchtung kleiner, so kann die Pflanze nicht mehr normal wachsen und sich entwickeln:

Pflanzenname	Minimale Lichtstärke (in Teilen der Lichtstärke des Himmels ausgedrückt)
Anemone (Anemone nemorosa)	$^1/_5$
Esche (Fraxinus excelsior)	$^1/_3$
Lärche (Larix decidua)	$^1/_5$
Löwenzahn (Taraxacum officinale)	$^1/_{12}$
Pappel (Populus alba)	$^1/_{15}$
Eiche (Quercus pedunculata)	$^1/_{26}$
Ahorn (Acer platanoides)	$^1/_{55}$
Buche (Fagus silvatica)	$^1/_{60}$
Buxbaum (Buxus sempervirens)	$^1/_{108}$

Die photosynthetische Assimilation wird, wie wir wissen, durch Abkühlung der Pflanze herabgesetzt. In Übereinstimmung damit zeigten die Beobachtungen von WIESNER, daß ein und dieselbe Pflanze im kalten Klima einer größeren Beleuchtung bedarf, als im warmen. So begnügt sich der Löwenzahn in unserem Klima mit $^1/_{12}$ Himmelsbeleuchtung, während er in der Arktis nur bei voller Beleuchtung vegetieren kann; auch bedarf der Löwenzahn im April $^1/_4$, während er im Juli nur $^1/_{12}$ erfordert.

Aber auch unabhängig von der Photosynthese kann das Licht die Wachstumserscheinungen beeinflussen, indem es die synthetische Tätigkeit der Zelle (die Bildung osmotisch wirksamer Stoffe, die Entstehung der Zellhautstoffe usw.) beschleunigen oder verlangsamen kann. Dementsprechend kann das Licht auch das Wachstum bald beschleunigen (stimulieren), bald verlangsamen (deprimieren). Wir betrachten zunächst den stimulierenden Einfluß des Lichtes auf das Wachstum.

Einige Pflanzensamen keimen nur schwer im Dunkeln (so z. B. die von Tabakpflanzen, Viscum album, Veronica usw.), andererseits ist das Licht in diesem Falle nicht als eine Energiequelle für die Photosynthese notwendig. Oft genügt es, die Samen (z. B. die der

Tabakpflanze) der Lichteinwirkung während einer Stunde auszusetzen, um ihnen die Keimung zu ermöglichen. Die Sporen von Moosen und Farnen keimen im Dunkeln fast gar nicht. In diesem Falle läßt sich aber die Lichtwirkung durch hohe Temperatur (32° C) und, oft durch Nitratwirkung ersetzen.

Das Licht kann eine günstige Wirkung auch auf das Öffnen der Knospen vieler Bäume ausüben. So entfalten sich die Knospen der Buche an den Zweigen, die in einem dunklen Kasten untergebracht sind, nach JOST gar nicht. Bei den Bäumen, die Triebe in einer bestimmten Richtung hin entsenden, entfalten sich nur die am besten beleuchteten Knospen, so z. B. bei der Trauerweide die oberen Knospen, bei der Pappel die unteren. Bei immergrünen Pflanzen öffnen sich nur die Knospen, welche an den peripheren Baumteilen gelegen sind.

Das Licht ist auch für die Bildung der Sporangien und Sporen einiger Pilze notwendig. Bei Pilobolus microsporus (vgl. S. 77, Abb. 20) ist z. B. die Sporangiumbildung, bei dem Mistpilz Coprinus die Sporenbildung im Dunkeln unmöglich. Gewöhnlich begünstigt bei niedrigen Pflanzen das Licht die Bildung der Vermehrungsorgane, läßt aber die Wachstumsgeschwindigkeit der vegetativen Teile der Pflanze unverändert (z. B. bei Mucor racemosus, Spirogyra und Vaucheria), oder übt überhaupt keine merkliche Wirkung auf die Wachstumserscheinungen der Pflanze aus. Auch die Bildung der Blüten von Samenpflanzen findet im Dunkeln ebenso gut wie im Lichte statt.

Eine begünstigende Wirkung des Lichts wird aber bei der Blattbildung der Dikotyledonen und einiger Monokotyledonen beobachtet. Läßt man diese Pflanzen sich im Dunkeln entwickeln, so nehmen ihre Blätter nicht nur keine normale grüne Färbung (vgl. S. 105), sondern auch keine

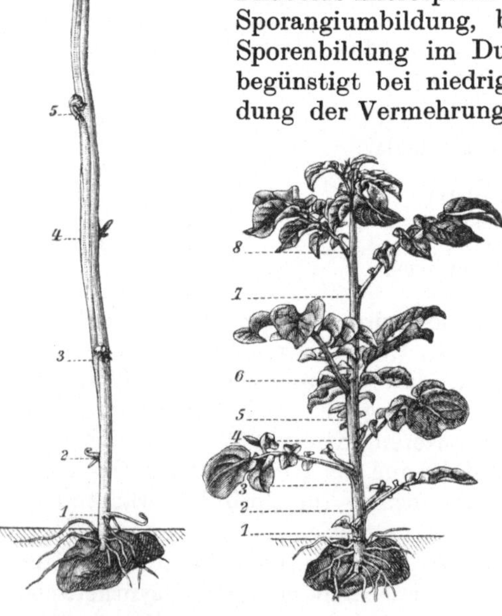

Abb. 100. Kartoffelpflanzen, die im Dunkeln (*B*) und im Lichte (*A*) gewachsen sind. (Nach PFEFFER.)

normale Form an. Gewöhnlich bleiben die Blätter im Dunkeln in embryonalem Zustande und entwickeln sich nicht weiter. Auf Abb. 100 sind Kartoffelpflanzen zu sehen, die sich im Dunkeln und im Lichte gebildet haben. Die im Dunkeln gewachsene Pflanze (*B*) sieht vollkommen abnormal aus und ist, wie man gewöhnlich sagt, etioliert. Blätter fehlen beinahe ganz, während der Stengel ungewöhnlich lang ist. Aber nicht nur eine vollständige Dunkelheit, sondern auch ein Lichtmangel beeinflußt schon das Aussehen der dikotylen Pflanzen, besonders derjenigen, die unter natürlichen Bedingungen gewöhnlich an offenen, sonnigen Orten vorkommen.

Der Lichtmangel beeinflußt oft auch den anatomischen, inneren Bau der dikotylen Pflanze. So zeigten die Versuche von STAHL (1883), daß das Palisadenparenchym der im direkten Sonnenlicht wachsenden Blätter stets mächtiger entwickelt ist, als das der im Schatten wachsenden Blätter, wie es auf Abb. 101 zu sehen ist.

Der beschriebene günstige Einfluß des Lichts auf die Wachstumserscheinungen der Pflanze hängt wahrscheinlich von einer günstigen Beeinflussung irgendwelcher chemischer Reaktionen im Inneren der Pflanze ab. Ob diese Reaktionen synthetischen Charakter haben oder vielleicht Zersetzungsreaktionen (z. B. enzymatische Spaltungen) darstellen, ist zur Zeit unbekannt. Jedenfalls hängt das abnormale Aussehen der im Dunkeln gewachsenen Pflanzen nicht von einem Nahrungsmangel infolge von Abwesenheit der Photosynthese ab; denn derselbe Versuch gelingt mit Kartoffelkeimlingen, die aus den Knollen hervorwachsen und über einen großen Vorrat an Nährstoffen verfügen, der durch das Licht nicht verändert werden kann (vgl. Abb. 100).

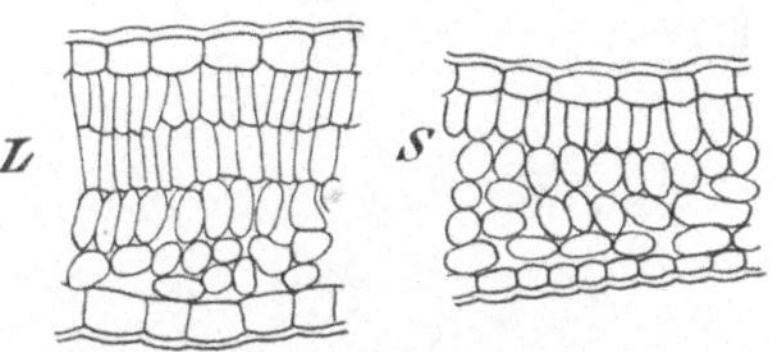

Abb. 101. Querschnitt durch das Blatt der Erdbeere (Fragaria vesca). Die Pflanze ist im Lichte (L) und im Schatten (S) gewachsen. (Nach DUFOUR.)

Die Form der Pflanze wird durch die Kultur in einer CO_2-freien Atmosphäre nicht verändert: die Blätter entwickeln sich auch dann nach GODLEWSKY (1876) im Lichte vollkommen normal. Nur violette und ultraviolette Strahlen, die bei der Photosynthese keine Bedeutung haben, beeinflussen die Form der Pflanze und hemmen das Etiolement, so daß Pflanzen, die in gelben und roten Strahlen gewachsen sind, keine normale Form besitzen, obwohl sie gut ernährt sind (SACHS 1864).

Das Licht kann aber nicht nur eine günstige, sondern auch eine hemmende Wirkung auf die Wachstumserscheinungen ausüben. Möglicherweise wirkt das Licht in diesem Falle auf die lebende Materie selbst (vgl. S. 10), weil ein zu starkes Licht stets ein Absterben verursacht. Nach PRINGSHEIM (1879) führt Belichtung mit den durch eine Linse kondensierten Sonnenstrahlen zunächst zum Stillstand des Wachstums der Pflanze und später zum Absterben. Nach neuen Untersuchungen bewirkt starkes Licht eine Denaturierung von Eiweißkörpern, die der Denaturierung durch Hitze ähnlich ist. Da die lebende Materie sich aber schon bei einer recht unbedeutenden Veränderung ihrer Eiweißkörper in ihre Bestandteile zersetzt, so ist die schädliche Wirkung des Lichts verständlich (vgl. S. 9 und 10).

Es ist also verständlich, daß nach STAHL die im intensiven Lichte gewachsenen Blätter kleiner sind, als die in mäßigem Lichte gewachsenen. Nach BONNIER (1895) haben die bei einer ununterbrochenen Belichtung wachsenden Blätter einen anormalen inneren Bau, der an den Bau der unter schwacher Belichtung wachsenden Blätter erinnert. Somit hat die Wirkung des Lichts auf die Wachstumserscheinungen ihr Minimum, Optimum und Maximum, wie es auch die Temperaturwirkung hat (vgl. S. 211).

Einige lichtscheue Pflanzen, die in schattigen Wäldern oder am Meeresgrund vorkommen, wie z. B. Sauerklee (Oxalis acetosella), einige Farne, braune und rote Algen u. a., haben ein besonders niedriges Lichtmaximum. In direktes Sonnenlicht gebracht, sistieren solche Pflanzen ihr Wachstum und gehen schließlich zugrunde.

Besonders empfindlich für intensive Belichtung sind pathogene Bakterien, z. B. Typhus-, Milzbrand-, Tuberkelbakterien usw., die im direkten Sonnenlichte absterben. So verliert die Mehrzahl der Milzbrandbazillen nach halbstündiger Belichtung mit direkten Sonnenstrahlen die Fähigkeit zum Wachstum; nach zweistündiger Belichtung mit denselben Strahlen gehen alle Zellen der genannten Bakterien zugrunde. Um die tödliche Wirkung der direkten Sonnenstrahlen auf pathogene

Abb. 102. Schädliche Wirkung des Lichts auf pathogene Bakterien (Bacillus typhus). Die Bakterien sind nur an beschatteten Stellen der Petrischale gewachsen. (Nach BUCHNER.)

Bakterien zu demonstrieren, vermischte BUCHNER Typhusbakterien mit geschmolzenem sterilem Nähragar und goß es in eine sterile Petrischale (vgl. S. 124). Nach dem Erstarren des Nähragars wurden an die untere Seite der Schale schwarze Buchstaben geklebt und diese Seite der Schale wurde dem direkten Sonnenlicht ausgesetzt. Einige Stunden der Belichtung genügten, um alle Bakterien, mit Ausnahme derer, die sich unter den Buchstaben befanden, abzutöten. Dann entwickelten sich die nicht getöteten Bakterien zu weißen Kolonien, so daß im Nähragar weiße Buchstaben entstanden (vgl. Abb. 102).

Nicht nur verschiedene Pflanzen, sondern auch verschiedene Teile ein und derselben Pflanze sind ungleich empfindlich für die schädliche Lichtwirkung. So haben wir gesehen, daß das Blattwachstum der Dikotylen gewöhnlich nur unter der Einwirkung sehr intensiver Lichtstrahlen abgeschwächt wird. Im Gegensatz dazu nimmt die Wachstumsgeschwindigkeit des Stengels der genannten Pflanzen auch bei einer verhältnismäßig schwachen Belichtung ab, so daß die im Dunkeln gewachsenen Pflanzen gewöhnlich einen längeren Stengel besitzen, als die im Lichte wachsenden (vgl. Abb. 100, S. 216, und Abb. 103).

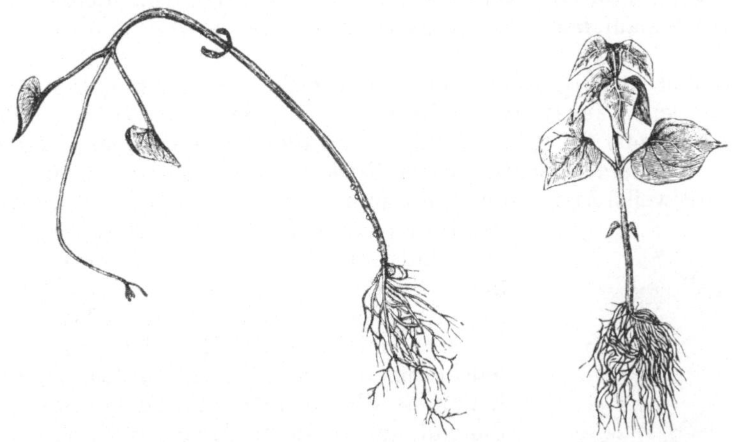

Abb. 103. Bohnenpflanzen, die im Lichte (rechts) und im Dunkeln (links) gewachsen sind. (Nach PALLADIN.)

Besonders auffallend ist die Wirkung des Lichtes auf den Stengel der Pflanzen, die verkürzte Internodien und einen sehr stark reduzierten Stengel haben, so daß die Blätter nur eine Rosette dicht über der Wurzel bilden. Im Dunkeln wächst der Stengel solcher Pflanzen hoch empor, so daß die Internodien eine bedeutende Länge erlangen (z. B. bei Sempervivum, vgl. Abb. 104).

Abb. 104. Wachstum von Sempervivum assimile. In der Mitte normal, rechts im Dunkeln, links im feuchten Raum kultiviert. (Nach BRENNER.)

Abb. 105. Rundblätterige Glockenblume (Companula rotundifolia). Ein Zweig der im Lichte gewachsenen Pflanze war in einen dunklen Kasten eingeführt und hat da runde Blätter gebildet.

Bei Monokotylen verlangsamt das Licht das Wachstum der Blätter, während der Stengel dieser Pflanzen wenig empfindlich gegenüber dem Lichtwechsel ist. Es gibt aber auch monokotyle Pflanzen, deren Blätter und Stengel auf den Lichtwechsel ebenso wie die der Dikotylen reagieren (z. B. Tradescantia). Andererseits gibt es Dikotylen, deren Stengel und Blätter auf den Lichtwechsel ebenso wie die von Monokotylen reagieren.

In den beschriebenen Fällen übt nicht nur direktes Sonnenlicht, sondern auch zerstreutes Licht eine hemmende Wirkung auf das Wachstum aus. In diesen Fällen kann die Wachstumshemmung nicht etwa durch eine denaturierende Wirkung des Lichts auf die Protoplasma-Eiweißkörper, sondern durch eine Permeabilitätsvergrößerung des Protoplasmas (vgl. S. 36) erklärt werden, die die osmotische Kraft der im Zellsaft gelösten Stoffe und daher auch den Turgordruck der wachsenden Zellen vermindert (vgl. S. 35).

Eine merkwürdige Reaktion auf den Beleuchtungswechsel zeigt die rundblättrige Glokkenblume (Campanula rotundifolia), die in der Jugend nur runde an der Stengelbasis sitzende Blätter besitzt, während sie später nur lange lanzettförmige Blätter produziert. Untersuchungen von GOEBEL (1898) zeigten, daß eine solche Verschiedenblättrigkeit (Heterophyllie) durch Licht reguliert wird. Kultiviert man eine wechselblättrige Glockenblume, die in starkem Licht gewachsen ist, im gedämpften Licht, so bilden sich wieder runde Blätter, wie es auf Abb. 105 zu sehen ist. Die Entwicklung der letzteren wird also durch Licht verhindert.

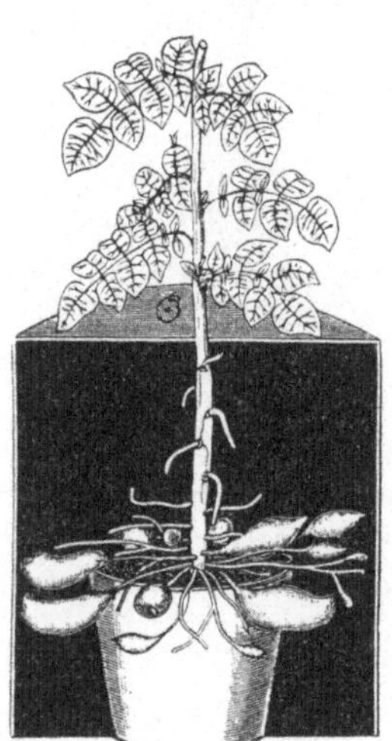

Abb. 106. Bildung oberirdischer Kartoffelknollen am verdunkelten Stengelteil.
(Nach VÖCHTING.)

Das Licht kann nicht nur das Stengel- bzw. Blattwachstum, sondern auch das Wurzelwachstum, wenn auch nicht in einem so starken Grade, hemmen. Bei den Pflanzen, die Luftwurzeln besitzen, so z. B. bei Epheu (Hedera Helix), wird die Entwicklung der Luftwurzeln durch Licht gehindert, so daß sie nur auf der Schattenseite des Stengels gebildet werden.

Außerdem hemmt das Licht die Bildung der Knollen, welche bei der Kartoffelpflanze bekanntlich unter der Erde an den Enden besonderer unterirdischer Triebe entstehen. Die Ursache der Knollenbildung in der Erde liegt in der deprimierenden Wirkung des Lichtes. Denn wenn man den unteren Stengelteil der Kartoffelpflanze verdunkelt, entstehen Knollen auch oberhalb des Bodens (vgl. Abb. 106).

Bis jetzt haben wir nur von dem Endresultat der Lichtwirkung auf das Wachstum und die Entwicklung der Pflanzen gesprochen, ohne auf den Verlauf der Reaktion einzugehen, den man kennen muß, um die Ursachen der stimulierenden und deprimierenden Lichtwirkung näher zu bestimmen. Es ist z. B. sehr wichtig festzustellen, wie schnell die Reaktion eintritt und ob sie im weiteren konstant bleibt.

Nach REINKE (1876) kann man die deprimierende Lichtwirkung auf das Stengelwachstum schon nach viertelstündiger Belichtung der Pflanze beobachten. So wuchs das Hypokotyl der Sonnenrose in den Versuchen des genannten Forschers auch bei einer viertelstündlich wechselnden Belichtung und Verdunklung im Dunkeln schneller als im Lichte. Ebenso schnell reagieren auch die Sporangienträger des Schimmelpilzes Mucor und die Rhizoiden von Moosen auf Belichtungswechsel. Im Gegensatz dazu sind die vegetativen Zellen des genannten Schimmelpilzes und die Pollenschläuche der untersuchten Pflanzen solch einem schnellen Belichtungswechsel gegenüber unempfindlich, wie es z. B. aus der folgenden, einer Arbeit von STAMEROFF (1897) entnommenen Tabelle zu ersehen ist. In ihr sind unter „D" die Wachstumsgeschwindigkeit im Dunkeln und unter „L" die im Lichte, in Teilen des Okularmikrometers ausgedrückt, angegeben.

Objekt	D	L	D	L	D	L	D	L
Sporangienträger von Mucor	10	9	9,5	8,7	9,2	8,5	9,2	8,2
Vegetative Zellen von Mucor	7	7	7	7	7	7	7	7
Lebermoos Marchantia	6	4,5	6,2	4,5	6,2	4,5	6,2	4
Pollenschlauch von Robinia pseudacacia	6	6	6	6	6	6,5	6	6

In der Mehrzahl der Fälle ist der Reaktionsverlauf bei der Einwirkung des Beleuchtungswechsels auf das Wachstum ziemlich kompliziert. So zeigten z. B. Versuche von SACHS (1875), in welchen die Pflanzen bei konstanter Temperatur und Feuchtigkeit einem täglichen Beleuchtungswechsel ausgesetzt wurden, daß die Wachstumsgeschwindigkeit des Stengels der Dikotyledonen schon unter der Einwirkung des Morgenlichtes abnimmt; diese Hemmung hält während des ganzen Tages an, obwohl die Beleuchtungsstärke sich allmählich verkleinert. Erst am Abend, oft nach Sonnenuntergang, beginnt die Wachstumsgeschwindigkeit zuzunehmen, erreicht ein Maximum schon nach Sonnenaufgang und nimmt dann ständig ab. Die Reaktion auf einen Beleuchtungswechsel tritt also nicht auf einmal, sondern nur allmählich auf, so daß nur eine Summierung des Lichtreizes den Enderfolg ergibt.

Nach GODLEWSKY (1889—1890) vermindert sich zunächst die Wachstumsgeschwindigkeit des Stengels einiger Pflanzen nach einer plötzlichen Belichtung, nimmt dann zu und verringert sich bald wieder, obwohl die Beleuchtung konstant bleibt. Nach BARANETZKY (1879) bleibt diese Geschwindigkeit auch nach dem Versetzen der Pflanze ins Dunkle nicht konstant; sie zeigt eine Variation, die an die tägliche Veränderung der Wachstumsgeschwindigkeit unter natürlichen Bedingungen erinnert. Diese Variation oder, wie man oft sagt, Nachwirkung, kommt teilweise als Folge des natürlichen täglichen Beleuchtungswechsels, teilweise aus inneren Ursachen zustande und ist also „autonom".

Die beschriebenen Beobachtungen zeigen, daß die Veränderungen, welche das Licht in der lebenden Materie hervorruft, unter der Einwirkung der synthetischen Tätigkeit der Zelle verschwinden. Im Laboratorium der Zelle spielen sich also entgegengerichtete Prozesse ab, die einander regulieren. Der Mechanismus der Regulation ist aber zur Zeit noch nicht erklärt.

Unter natürlichen Bedingungen wird die Wachstumsgeschwindigkeit nicht nur durch den täglichen Beleuchtungswechsel, sondern gleichzeitig auch durch den Temperaturwechsel verändert, wobei beide Einwirkungen entweder gleichlaufend oder entgegengesetzt sind. Im Frühling nimmt z. B. die Temperatur in der Nacht so stark ab, daß der Stengel einer dikotylen Pflanze trotz der Dunkelheit langsamer als am Tage wächst. An heißen Sommertagen steigt aber die Temperatur am Tage beinahe bis zum Maximum (vgl. S. 211), so daß die nächtliche Abkühlung, ähnlich wie die Verdunkelung, eine Wachstumsbeschleunigung hervorruft. Diese Verhältnisse werden durch die Abb. 107 demonstriert, welche zwei Kurven, eine Wachstumskurve (punktierte Linie) und eine Temperaturkurve (ununterbrochene Linie) nach den Versuchen von Sachs wiedergibt. Im Laufe der ersten Nacht nahm die Temperatur stark ab und die Wachstumsgeschwindigkeit wurde infolgedessen zunächst vermindert und nahm erst unter der Einwirkung der fortdauernden Dunkelheit allmählich zu. Im Laufe der zweiten wärmeren Nacht nahm die Wachstumsgeschwindigkeit fortwährend zu und erreichte am Morgen eine Höhe, welche die des vorhergehenden Tages bedeutend übertraf.

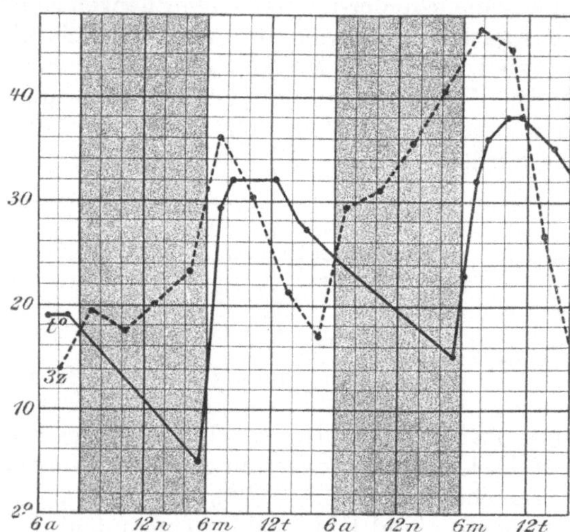

Abb. 107. Tägliche Periodizität des Wachstums nach Sachs. (Abszissen = Stunden. Ordinaten = Wachstumsgeschwindigkeit und Temperatur.)

Besonders interessant ist die Summierung des Licht- und Wärmereizes, die im Hochgebirge, z. B. in den Alpen, beobachtet wird. Infolge eines niedrigen atmosphärischen Drucks und einer starken Wärmeausstrahlung nimmt die Temperatur in den Alpen in der Nacht immer sehr stark ab (zuweilen bis zum Gefrierpunkt), so daß das Wachstum nur am Tage bei einer intensiven Belichtung möglich ist. Vollkommen verständlich ist also, daß viele dikotyle Pflanzen in den Alpen einen verkürzten Stengel besitzen, der ihnen ein Zwergaussehen verleiht, während dieselben Pflanzen im Tieflande einen langen Stengel haben (vgl. Abb. 108). BONNIER (1890—1898) ist es gelungen, alpine Formen künstlich im Tiefland zu erhalten, indem er die Pflanzen einer starken Abkühlung während der Nacht und einer ununterbrochenen starken Belichtung aussetzte.

8. Beeinflussung der Wachstumserscheinungen durch Feuchtigkeit.

Wie früher erwähnt, stellt Wasser einen notwendigen Nährstoff dar; denn alle Lebenserscheinungen (auch Wachstum und Entwicklung der Pflanze) hören ohne Wasserzufuhr zu den Zellen auf. Das Wachstum ist schon deshalb ohne Wasser unmöglich, weil der osmotische Druck in den Zellen durch Wasseraufsaugung bedingt wird (vgl. S. 32 und 183). Der Wassergehalt des die Pflanze umgebenden Raumes kann jedoch nicht unbegrenzt steigen, ohne der Pflanze Schaden zuzuführen.

Wasser löst nur eine verhältnismäßig kleine Sauerstoffmenge auf[1]), so daß die Atmung der in Wasser getauchten Pflanzenteile stets geschwächt ist. Infolgedessen besitzen Wasserpflanzen immer Einrichtungen, die ihnen gestatten, den bei der Photosynthese entstehenden Sauerstoff aufzuspeichern und in der

Abb. 108. Betonica officinalis, rechts in den Bergen, links im Tiefland erwachsen. (Nach BONNIER.)

Nacht auszunützen. Diese Pflanzen haben gewöhnlich sehr gut entwickelte Interzellularräume, deren Volumen nach UNGER (1850) oft 70 % des gesamten Pflanzenvolumens beträgt (bei Landpflanzen nur 20 %).

Die sich in Wasser entwickelnden Wurzeln der Sumpfpflanzen und der Pflanzen, die in Wasserkulturen gezogen werden (vgl. S. 83), leiden ebenfalls an Sauerstoffmangel. Man muß daher die Nährlösung bei der Wasserkultur stets durch Einblasen von Luft auffrischen, worauf schon früher hingewiesen wurde. Viele tropische Sumpf- und Küstenpflanzen entwickeln zu demselben Zweck Atmungswurzeln, die aus dem nassen Boden in die Luft emporragen und den nötigen Sauerstoff aufnehmen.

---

[1]) 100 Vol. Flußwasser enthalten gewöhnlich nur 1 Vol. Sauerstoff.

Andererseits verursacht ein zu großer Wassergehalt der Luft eine Verminderung der Transpiration und daher auch der Ernährung der Pflanze mit Mineralsalzen (vgl. S. 92) und muß also zur Verlangsamung und schließlich zum Stillstand des Wachstums führen.

Von vornherein kann man also erwarten, daß die Einwirkung der Feuchtigkeit auf das Wachstum ebenso wie die des Lichtes und der Wärme ihr Minimum, Optimum und Maximum haben wird. Auch werden offenbar nicht nur verschiedene Pflanzenarten, sondern auch verschiedene Organe ein und derselben Pflanze, je nach ihrer inneren Struktur, in einem ungleichen Grade für die Feuchtigkeit des umgebenden Raumes empfindlich sein.

Unter natürlichen Bedingungen enthält der Boden immer mehr Wasser als die Luft. Während also der Wassergehalt des Bodens für die Wurzel optimal ist, kann der der Luft für die normale Entwicklung der Blätter und des Stengels einer Landpflanze nicht ausreichen, oder es kann umgekehrt der Wassergehalt des Bodens dem Maximum nahe sein und eine Verlangsamung oder Hemmung des Wurzelwachstums verursachen, während der der Luft für die Entwicklung der Luftteile der Pflanze optimal ist.

Die Untersuchungen über den Wasserbedarf der Pflanze zeigen, daß bei einer verhältnismäßig geringen Feuchtigkeit des Bodens das Verhältnis des Wurzelgewichtes zum Gewicht der Luftteile einer in freier Luft gewachsenen Pflanze größer ist als bei starker Bodenfeuchtigkeit, die eine Wachstumshinderung der Wurzel verursacht. So ist nach TUCKER (1898) dieses Verhältnis im ersteren Falle gleich 1 : 7,4, während es im letzteren Falle gleich 1 : 16,16 ist. Besonders groß ist dieser Unterschied bei Kräutern und Stauden, die in trockenen und warmen Steppen und Wüsten vegetieren. Bei solchen Pflanzen übertrifft die Masse des Wurzelsystems nicht selten diejenige der Luftteile.

Die feuchte Atmosphäre begünstigt das Stengel- und Blattwachstum, wobei jedoch die Blattdicke gewöhnlich abnimmt. Besonders auffallend ist die Wirkung der Feuchtigkeit auf das Wachstum jener Pflanzen, die verkürzte Internodien und nur Blätter an der Stengelbasis besitzen, so z. B. auf Sempervivum (vgl. S. 219). In einer feuchten Atmosphäre verlängern sich die Internodien, so daß der Stengel hoch wird und die Blätter sich nicht nur an der Basis, sondern an seiner ganzen Länge entwickeln (vgl. Abb. 104). Die günstige Wirkung der Feuchtigkeit auf das Blattwachstum äußert sich bei den Pflanzen trockener Länder, deren Blätter sich teilweise in Dornen verwandeln, in einer besseren Ausbildung der Blätter auf Kosten der Dornen.

Unter der Einwirkung der Feuchtigkeit kommt es auch zu einer Reduktion der Haare und der Kuticula, und zu einem Sistieren der Blütenbildung bei Wasserüberschuß in der Luft und im Boden.

Die Wirkung eines erhöhten Wassergehaltes der Zellen ist diesmal eine doppelte: der Turgor und das Wachstum werden verstärkt, der Zellsaft und die Lösung der Baustoffe im Protoplasma werden aber verdünnt, so daß die neuen Zellwände nicht mehr verdickt werden können

(Haare und Dornen haben dickwandige Zellen) und die Menge der Baustoffe, welche für die Bildung der Blüten nötig sind, nicht mehr ausreicht.

Wie früher (S. 53 und 56 ff.) betont wurde, wird Wasser durch die Pflanze auf osmotischem Wege aufgenommen, wobei der Wasserstrom dorthin gerichtet ist, wo die größere Konzentration des Zellsafts vorhanden ist (vgl. S. 20, 54). Die Kraft, mit welcher die Wasseraufnahme stattfindet, ist also dem osmotischen Druck des Zellsaftes gleich. Enthält aber das Bodenwasser eine große Menge gelöster und osmotisch wirkender Substanzen, so wird der osmotische Druck des Zellsafts der Pflanze durch den osmotischen Druck der Außenlösung teilweise oder vollkommen ins Gleichgewicht gesetzt, so daß die Wasseraufnahme vermindert oder vollkommen unterbrochen wird. Die Pflanze kann also auch im nassen Boden an Wassermangel leiden.

Die Mehrzahl der Pflanzen sistiert ihr Wachstum bei einer Salzkonzentration der Außenlösung, die bezüglich des osmotischen Druckes einer 1 bis 2 proz. Kochsalzlösung entspricht (vgl. S. 83). Im Gegensatz dazu vermögen Salzpflanzen (vgl. S. 88) sowie einige Bakterien und Schimmelpilze in starken, fast konzentrierten Salzlösungen zu wachsen, weil die Salzpflanzen und Schimmelpilze einen sehr konzentrierten Zellsaft und die Bakterien eine große Protoplasmapermeabilität für Salze besitzen, so daß der osmotische Druck durch die von außen eindringenden Salze ins Gleichgewicht gebracht wird. Jedenfalls muß der osmotische Druck in den wachsenden Zellen größer als derjenige der Außenlösung sein.

Übrigens muß man betonen, daß ein hoher osmotischer Druck in den Zellen durchaus nicht immer als Wachstumsfaktor aufzufassen ist; wenn man Pflanzen (z. B. Schimmelpilze oder Bakterien), die sich in einer konzentrierten Kulturlösung entwickelt haben, in Wasser überträgt, so sistieren sie zeitlich ihr Wachstum, trotzdem der osmotische Druck ihres Zellsaftes zunimmt. Die Ursache der schädlichen Wirkung des Übertragens aus einer Salzlösung in Wasser ist darin zu suchen, daß das Zellvolumen dabei sehr schnell zunimmt und das Protoplasma rasch gedehnt und mechanisch verletzt wird (vgl. S. 10). Einige Bakterien (z. B. Cholerabakterien und Milzbrandbakterien) sterben sogar nach A. Fischer (1900) beim Übertragen aus Salzlösungen in Wasser ab.

9. Beeinflussung der Wachstumserscheinungen durch mechanische Reize und Schwerkraft.

Bekanntlich nimmt der Hauptstengel der Pflanze eine aufrechte Stellung, die Seitenzweige eine bestimmte schiefe Lage im umgebenden Raume ein. Diese Lage wird durch die Seitenzweige trotz der Einwirkung der Schwerkraft beibehalten. Es gibt aber auch Pflanzen, deren junge Zweige dazu zu schwach sind, die deshalb unter der Einwirkung dieser Kraft herabhängen und den Pflanzen (z. B. manchen Bäumen) ein eigentümliches Aussehen verleihen, das den Anlaß zur Bezeichnung „Trauerbäume" (Trauerbirke, Trauerweide) gibt. Die herabhängenden

Zweige wachsen gewöhnlich langsamer als die hochstehenden, wie überhaupt alle Stengel, die man mit nach unten gerichteter Spitze heranzieht.

Der Einfluß der Schwerkraft auf das Wachstum äußert sich auch in einer ungleichen Verdickung der verschiedenen Zweige an den Bäumen. Da die blättertragenden Seitenzweige der Bäume unter der Einwirkung der Schwerkraft nach unten gebogen sind, so ist ihre untere Seite zusammengedrückt, die obere Seite ausgedehnt. Diese Wirkung der Schwerkraft verändert die Tätigkeit des Kambiums der Zweige und bedingt bei Nadelbäumen eine schnellere Verdickung der Zweige an der unteren Seite, dagegen bei Laubbäumen, wenigstens zu Beginn der Reaktion, an der oberen.

Da die Wirkung der Schwerkraft in den beschriebenen Fällen wahrscheinlich rein mechanisch ist, ist es interessant zu erforschen, welchen Einfluß der Druck oder die Dehnung der Organe auf das Wachstum ausüben. Die zu diesem Zwecke angestellten Versuche zeigten, daß, wie auch zu erwarten war, eine schwache Dehnung der wachsenden Organe in der Wachstumsrichtung ihr Wachstum beschleunigt[1]), während ein zu starker Druck zur Verlangsamung und zu einem Sistieren des Wachstums führt. Eine starke Dehnung, die die Zellen stark deformiert und das Protoplasma schädigt (vgl. S. 10), ruft dagegen eine Wachstumshemmung hervor. Wird ein Organ während einer langen Zeit gedehnt, so kann das Streckungswachstum der Zellen beinahe vollkommen ausbleiben (vgl. S. 197), so daß sie klein bleiben und ihre Wände stärker als sonst verdicken. Die einer dauernden Dehnung unterworfenen Stengel werden daher widerstandsfähiger und ertragen eine viel stärkere Dehnung als zuvor.

Der ungünstigen Wirkung eines starken Drucks auf das Wachstum muß man wahrscheinlich auch die Tatsache zuschreiben, daß sich die Seitenwurzeln nur an der konvexen Seite der gekrümmten Wurzel bilden. Die oben beschriebene ungleiche Reaktion der Zweige der Nadel- und Laubbäume auf die Belastung kann aber durch die deprimierende Wirkung der stärkeren und die stimulierende Wirkung der schwachen Ausdehnung auf das Wachstum erklärt werden. Das Kambium der Nadelhölzer ist offenbar empfindlicher gegenüber einer Dehnung, so daß seine Tätigkeit an der oberen (ausgedehnten) Seite in diesem Falle geschwächt wird, während bei Laubbäumen die Dehnung der oberen Seite noch keine deprimierende, sondern nur eine begünstigende Wirkung auf das Kambiumwachstum ausübt.

10. Beeinflussung der Wachstumserscheinungen durch Nährstoffe.

Da das Wachstum eine Folge der Stoffsynthese in den Pflanzenzellen darstellt, so ist eine bestimmte Konzentration der Nährstoffe (also der Ausgangsmaterialien für die Synthese und Atmung) im umgebenden Medium für das Wachstum notwendig, wenn die Pflanze keine Vorräte dieser Stoffe in ihrem Inneren enthält. Infolgedessen

---

[1]) Weil die Ausdehnungskraft sich dem Turgordruck addiert.

ruft eine jede Verminderung des Nährstoffgehaltes des Substrats unter ein gewisses Optimum eine Verlangsamung des Wachstums hervor. Andererseits wirkt auch eine übermäßige Vergrößerung dieses Gehalts ungünstig und hemmend auf das Wachstum. Wir haben z. B. gesehen, daß eine zu hohe Konzentration der Nährsalze in der Außenlösung (infolge ihrer osmotischen Wirkung) das Wachstum hemmt (vgl. S. 83). Eine größere Konzentration von Eisensalzen in der Nährlösung ist ebenfalls schädlich (vgl. S. 86). Auch wissen wir, daß größere Konzentrationen von Sauerstoff und Kohlendioxyd in der die Pflanze umgebenden Atmosphäre schädlich sind (vgl. S. 173, 174). Aber auch in dieser

Beziehung können verschiedene Pflanzen und verschiedene Organe ein und derselben Pflanze ungleich empfindlich sein.

So wird z. B. das Wachstum der Wurzeln und Wurzelhaare durch einen übermäßigen Gehalt von Salpeter (und in einigen Fällen auch von Phosphaten) im Boden verlangsamt, während das Stengelwachstum dabei keine sichtbare Veränderung erfährt. Infolgedessen ruft eine Verminderung des Salpetergehalts oft eine Verstärkung des Wachstums der Wurzeln und der Wurzelhaare hervor.

Ein besonders großer Unterschied zwischen verschiedenen Pflanzenarten zeigt sich bezüglich ihrer Empfindlichkeit für Sauerstoff. So hört das Wachstum der aeroben Pflanzen nach einer Erniedrigung des Sauerstoffgehalts in der umgebenden Atmosphäre auf 0,1 bis 0,2 % gewöhnlich auf; die Keimlinge der Sonnenrose können jedoch

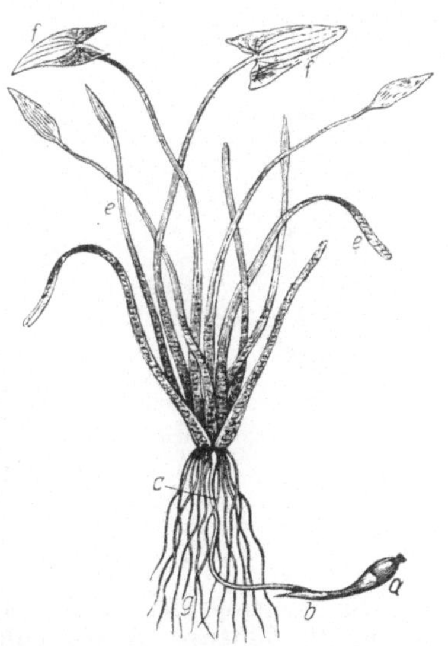

Abb. 109. Heterophyllie beim Pfeilkraut (Sagittaria sagittifolia). *ff* Luftblätter, *ee* Wasserblätter.

auch in einer sauerstofffreien Atmosphäre eine Zeitlang wachsen. Andererseits wachsen anaerobe Pflanzen auch ohne Sauerstoff, weil sie die für ihre synthetische Tätigkeit nötige Energie durch Gärung zu erlangen vermögen.

Eine Erhöhung des Sauerstoffgehalts in der Atmosphäre auf 40—50% ruft noch keine merkliche Wachstumsänderung der aeroben Pflanzen hervor (eine Hemmung und ein Aufhören des Wachstums wird nur in reinem Sauerstoff beobachtet), während Buttersäurebakterien (vgl. S. 164) ihr Wachstum schon bei einem Sauerstoffgehalt von 0,1—0,3% sistieren.

Eine merkwürdige Wirkung übt die Verminderung des Sauerstoffgehalts des Mediums auf einige Wasserpflanzen aus, die nur teilweise von Wasser bedeckt sind. Zu solchen Pflanzen gehören z. B. Pfeilkraut (Sagittaria sagittifolia), Wasserhahnenfuß (Ranunculus fluitans),

Zweizahn (Bidens Beckii) u. a. Diese Pflanzen sind fähig, zwei Blattarten zu bilden (vgl. auch S. 219): die eine Art ist schmal bandförmig oder in eine große Anzahl fadenförmiger Teile zerschnitten und entwickelt sich nur unter Wasser; die anderen Blätter dagegen sind breit und ungeteilt und entwickeln sich in der Luft (vgl. Abb. 109 und 110). Die verschiedene Blattform hängt in diesem Fall vom Sauerstoffgehalt des umgebenden Mediums ab: das Wasser enthält nur eine ungenügende Sauerstoffmenge (vgl. S. 223), so daß die untergetauchten Pflanzenteile an Sauerstoffmangel leiden. Nach GOEBEL (1908) rufen aber alle ungünstigen Einflüsse die Bildung schmaler Blätter bei den erwähnten Pflanzen hervor.

Die Wirkung des Sauerstoffes auf die Wachstumserscheinungen hängt nicht nur von der Energie, welche die Sauerstoffatmung liefert, sondern auch davon ab, daß in der Gärung, welche bei Sauerstoffmangel auftritt, verschiedene giftige Stoffe entstehen, die das Wachstum hemmen. Verschiedene Pflanzenarten und sogar verschiedene Zellen ein und derselben Pflanze sind aber in ungleichem Grade für giftige Stoffe empfindlich.

Abb. 110. Heterophyllie beim Wasserhahnenfuß (Ranunculus fluitans). Rechts Luftblätter, links Wasserblätter.

11. Beeinflussung der Wachstumserscheinungen durch giftige Stoffe.

Zwischen giftigen und nahrhaften Stoffen gibt es keinen prinzipiellen Unterschied bezüglich ihrer Wirkung auf das Wachstum. Wir haben z. B. gesehen, daß Eisensalze, obwohl sie für das Pflanzenleben notwendig sind, in höheren Konzentrationen giftig wirken, d. h. eine Wachstumshemmung und schließlich das Absterben der Pflanze hervorrufen. Selbst so vortreffliche Nährstoffe, wie Glukose und Asparagin hemmen, wie wir wissen, das Wachstum der nitrifizierenden Bakterien (vgl. S. 121) usw. Andererseits können giftige Stoffe ebenso wie Nährstoffe im Stoffwechsel weiter verarbeitet werden (vgl. S. 125).

In sehr kleinen Konzentrationen sind giftige Stoffe wirkungslos, in etwas höherer Konzentration üben aber einige von ihnen eine stimulierende Wirkung auf das Wachstum aus. So wirken z. B. kleine Mengen von Zink- und Mangansalzen, Chloroform, Äther beschleunigend auf das Wachstum der Schimmelpilze. Auch veranlassen Chloroform- bzw.

Ätherdämpfe ein vorzeitiges Öffnen der Blumenknospen, z. B. bei Flieder, Kirschbaum, Weide usw. So gelang es JOHANNSEN (1900) durch Chloroform bzw. Äther das Öffnen der Blumenknospen um $1-1^{1}/_{2}$ Monate früher hervorzurufen, als es durch einfaches Übertragen der Pflanzen in ein warmes Zimmer gelingt.

Da nach MOLISCH (1909) hohe Temperatur (Eintauchen der Pflanze während $9-12$ Stunden in Wasser von $30-40°$ C) auf das Öffnen der Knospen ähnlich wie Chloroformdämpfe einwirkt, so läßt sich vermuten, daß irgendwelche chemische Prozesse in den Zellen durch kleine Giftmengen beschleunigt werden. Daß die letzteren die enzymatischen Prozesse und die Atmung beschleunigen können, wurde schon früher erwähnt (vgl. S. 174); es ist nicht ausgeschlossen, daß auch die Wachstumsförderung der Beschleunigung der erwähnten Prozesse durch Gifte zuzuschreiben ist.

Die frühtreibende Wirkung des Warmbades auf ruhende Winterknospen einheimischer Holzgewächse läßt sich nach BORESCH (1924) annähernd durch die gleichlange Einwirkung eines Vakuums von $30°$ C ersetzen. Die durch die Temperaturerhöhung gesteigerte Atmung und der Sauerstoffmangel führt offenbar zum Auftreten von unvollständig oxydierten Stoffen, die wie Äther wirken.

Was nun die schädliche Wirkung einer höheren Konzentration von Giften auf die Wachstumserscheinungen betrifft, so hängt diese Wirkung teilweise von einer chemischen Veränderung der die lebende Materie zusammensetzenden Stoffe (Eiweißkörper und Lipoide, vgl. S. 10) durch Gifte, teilweise aber von einem koagulierenden Einfluß der letzteren auf die kolloidalen Eiweißkörper dieser Materie ab. Alle giftigen Stoffe sind gerade Substanzen, welche entweder mit Eiweißkörpern bzw. Lipoiden chemisch reagieren, oder sie zur Koagulation bringen. Zu den giftigen Stoffen gehören z. B. Schwermetallsalze, Säuren, Laugen, Saponin, ein Teil der Alkaloide, Blausäure, Formaldehyd, Jod usw. Zu den letzteren müssen auch alle sogenannten Narkotika gerechnet werden, z. B. Chloroform, Äther, Alkohol usw. Zu diesen Stoffen gehören gewöhnlich auch Gärungsprodukte der aeroben Pflanzen, die im sauerstofflosen Raume in ihren Geweben gebildet werden und die, wenn sie in höheren Konzentrationen anwesend sind, die lebende Materie vergiften.

Da aber die Grundsubstanz der lebenden Materie eine sehr unbeständige chemische Verbindung darstellt, so genügt schon eine sehr kleine chemische Veränderung der sie zusammensetzenden Stoffe oder eine durch eine schwache Koagulation der Eiweißkörper verursachte mechanische Wirkung, um diese Verbindung zum Zerfall zu bringen und die lebende Materie abzutöten (vgl. auch S. 10). Da aber die Beständigkeit dieser Verbindung bei verschiedenen Pflanzen ungleich sein kann, so kann auch ihre Empfindlichkeit für Gifte ungleich sein.

So entwickelt sich der Brotschimmelpilz Penicillium glaucum in einer 21proz. Lösung von Kupfervitriol, während die Alge Spirogyra ihr Wachstum in Wasser sistiert, das 0,0000001% dieses Salzes enthält (NÄGELI 1874). Die Unempfindlichkeit des genannten Schimmelpilzes hängt aber nicht nur von einer größeren Beständigkeit seiner lebenden Materie, sondern wahrscheinlich auch davon ab, daß Kupfersalze mit der Zellhautsubstanz dieses Pilzes eine Art Niederschlagsmembran bilden, die für Kupfersalze impermeabel ist. Zu den giftigsten Stoffen gehören Quecksilber- und Silbersalze, die das Wachstum der am wenigsten empfindlichen Pflanzen schon bei einer Konzentration von 0,001% hemmen, während eine 0,01—0,1proz. Lösung dieser Salze ein schnelles Absterben aller Pflanzen verursacht.

Um unsere Übersicht über die Giftwirkungen zu schließen, haben wir noch auf die Wirkung einiger in die Pflanzen eindringender Parasiten hinzuweisen. Wir haben z. B. gesehen, daß die Bildung von Knöllchen bei mehreren Pflanzenarten durch Bakterien verursacht wird. Die letzteren scheiden offenbar irgendwelche Stoffe aus, die ein verstärktes Wachstum und eine Vermehrung der Wurzelzellen hervorrufen und vielleicht zur Gruppe der Narkotika gehören. Eine analoge Wirkung üben offenbar auch die von den Larven der Gallenwespen ausgeschiedenen Stoffe aus, die die Gallenbildung verursachen. Mit der Bezeichnung „Gallen" benennt man verschieden geformte Geschwülste, die sich an den Blättern mehrerer Pflanzenarten (gewöhnlich an Stauden und Bäumen, z. B. an den Blättern der Eiche, Erle, Buche, Rose usw.) bilden und die in ihrem Inneren die Larven beherbergen, welche sich aus den durch die Wespe in die Blattnerven abgelegten Eier entwickelt haben.

Parasitische Pilze (vgl. S. 129) rufen oft die Bildung neuer Vegetationspunkte in den von ihnen befallenen Geweben des Wirtes hervor, so daß stark verzweigte Triebe entstehen, die unter dem Namen „Hexenbesen" bekannt sind. Unter der Einwirkung der Parasiten können sich sogar Organe bilden, die bei normalen Pflanzen fehlen; so entstehen z. B. Staubblätter in weiblichen Blüten zweihäusiger Pflanzen usw. Man kann kaum daran zweifeln, daß alle diese stimulierenden Einwirkungen auf das Wachstum und die Vermehrung der Zellen durch irgendwelche Stoffe ausgeübt werden, die von den Parasiten ausgeschieden werden.

12. Die Korrelation.

Wie früher betont wurde, werden die Wachstumserscheinungen der mehrzelligen Pflanzen durch das Wachstum und die Vermehrung der sie zusammensetzenden Zellen bedingt. Diese beiden Prozesse entstehen als Folgen synthetischer chemischer Reaktionen in den Zellen, die durch verschiedene Eingriffe modifiziert (beschleunigt oder verlangsamt) werden können, wie in den vorhergehenden Kapiteln auseinandergesetzt wurde.

Für einzelne Zellen, Gewebe und Organe stellen die übrigen Teile der Pflanze offenbar ein einziges Außenmedium oder wenigstens ein Teil desselben dar. Somit kann eine unter konstanten Außenbedingungen stattfindende Veränderung des Wachstums und der Vermehrung der Zellen durch eine Einwirkung der übrigen Teile der Pflanze her-

vorgerufen werden. Um also die Wachstumserscheinungen der mehrzelligen Pflanzen vom Standpunkt der Chemie und der Physik aus

erklären zu können, haben wir vor allem festzustellen, inwieweit das
Wachstum und die Vermehrung einzelner Zellen dieser Pflanzen von
ihren übrigen Teilen abhängig ist.

Zur Erforschung der physiologischen Abhängigkeit einzelner Teile
der Pflanze von den übrigen Teilen oder der sogenannten Korrelation
verschiedener Pflanzenteile verwendet man zur Zeit zwei Methoden.
Die eine Methode besteht in der Entfernung bestimmter Pflanzenteile
und der Beobachtung der Reaktion der Pflanze auf diese Verstümmelung.
Die andere besteht aus einer Transplantation, d. h. einem Übertragen
der abgeschnittenen Pflanzenteile auf eine andere Pflanze und aus der
Beobachtung der Wachstumserscheinungen, die an dieser Pflanze nach
ihrer Verwachsung mit den übertragenen Fremdteilen auftreten. Wir
betrachten zunächst die erste Methode.

13. Die Erforschung der Korrelation mittels der Methode der Entfernung der Organe.

Zerschneidet man, wie früher erwähnt, die einfachsten mehrzelligen
Pflanzen, deren Zellen physiologisch gleichartig sind (vgl. S. 191), in
Stücke oder sogar in einzelne Zellen, so ruft dies keine merkliche
Veränderung der Wachstumserscheinungen hervor. Wir schließen daraus,
daß die Korrelation der einzelnen Teile bei solchen Pflanzen fehlt.
Ein ganz anderes Resultat erhält man aber, wenn man eine Pflanze,
die Spitzenwachstum besitzt, in Stücke zerschneidet. So ruft z. B.
das Abschneiden der Spitzenzelle der Alge Cladophora (vgl. S. 191)
ein schnelles Wachstum und eine Vermehrung der der Schnittstelle
am nächsten gelegenen Zelle, d. h. der Segmentzelle hervor, die vorher
nur eine schwache Fähigkeit zum Wachstum gezeigt hat und die
jetzt die Funktion der Spitzenzelle übernimmt (MAGNUS 1873). Zerschneidet man aber den Algenkörper in Stücke, so bilden die den
Schnittstellen am nächsten liegenden Zellen Seitenzweige, die sich in
Spitzen- bzw. Rhizoidzellen verwandeln, von denen die letzteren zur
Befestigung der entstehenden jungen Pflänzchen dienen. Merkwürdig
ist, daß das Rhizoid sich an dem Ende des Stückes entwickelt, das
in der unversehrten Pflanze den Basalteilen näher war, während die
Spitzenzelle stets am entgegengesetzten Ende des Stückes entsteht.
Diese Erscheinung wird gewöhnlich als Polarität bezeichnet: jedes
Algenstück besitzt zwei Pole, einen apikalen und einen basalen, die
den Polen der unversehrten Pflanze entsprechen (MIEHE 1905).

Die Befreiung einer Cladophorazelle vom Einfluß ihrer Nachbarzellen führt also zu einem verstärkten Wachstum und zu einer Vermehrung dieser Zelle; der Algenkörper wird demnach aus jedem Stück
der Alge wieder hergestellt, oder, wie man zu sagen pflegt, regeneriert.
Nach KLEBS (1900) wird die gleiche Erscheinung auch nach dem Zerschneiden der Schimmelpilzkörper beobachtet.

Nach dem Abschneiden von Thallusstücken an braunen und roten Algen beginnen die der Schnittfläche am nächsten liegenden Zellen zu wachsen und sich zu vermehren. Eine oder einige der neu entstandenen Zellen übernehmen die Funktion der Spitzenzelle und bilden neue Vegetationspunkte. Die Herstellung des ganzen Pflanzenkörpers ist bei einigen Meeresalgen und Lebermoosen aus einer einzigen Zelle möglich, wenn sie von dem hemmenden Einfluß der Nachbarzellen befreit ist.

Eine analoge Erscheinung wird auch bei Samenpflanzen beobachtet: schneidet man einen Teil ihres Vegetationskegels ab, so beginnen die Zellen des übrigen Teils sich schnell zu vermehren, und stellen bald den Vegetationspunkt vollkommen wieder her. Dieser Versuch gelingt an den Wurzeln am besten, vorausgesetzt, daß der Schnitt in einem Abstand von der Wurzelspitze, der nicht größer als $1/2$ mm ist, gemacht wird.

Nach Entfernung ausgewachsener Pflanzenteile sterben die an die Schnittfläche grenzenden Parenchymzellen gewöhnlich ab; die nächstliegenden Zellen gehen aber in einen tätigen Zustand über. Im einfachsten Falle entstehen in ihnen Querwände, die sich parallel der Schnittfläche lagern. Die neu entstehenden Zellen sterben ihrerseits ab, so daß ein totes Gewebe gebildet wird, das die Schnittfläche bedeckt und die inneren lebenden Pflanzenteile vor einer direkten Berührung mit der Außenluft und vor dem Eindringen von Parasiten schützt.

In komplizierteren Fällen beginnen die nahe der Schnittfläche liegenden Zellen energisch zu wachsen und sich zu vermehren, so daß sich ein Gewebe von unregelmäßiger Form bildet, das aus großen dünnwandigen Zellen besteht und die Schnittfläche vollkommen bedeckt, wobei die äußeren Zellen des Gewebes später den Charakter von Korkzellen oder seltener von Epidermiszellen (bei Palmenblättern) annehmen können. Das entstehende Gewebe wird gewöhnlich als Kallus oder Wundgewebe bezeichnet.

Unter günstigen Bedingungen (d. h. bei Überschuß von Feuchtigkeit, bei passender Temperatur u. a.) können neue Vegetationspunkte im Callus angelegt werden, die sich zu Stengeln und Wurzeln entwickeln. Diese Eigentümlichkeit des Wundgewebes wird in großem Maßstabe in der Gärtnerei ausgenützt, wenn man z. B. die Zierpflanzen durch Stecklinge vermehrt. Übrigens sind manche Pflanzen (z. B. Buche und Fichte) nicht fähig, neue Vegetationspunkte im Kallus zu bilden und nur bei wenigen Pflanzen (z. B. Taraxacum und Ipecacuanha) wird die Bildung der Vegetationspunkte in dem an der Wurzel entstehenden Kallus beobachtet, während der Blattkallus nur bei Begonia Wurzeln und Stengel bilden kann.

Die Entfernung eines bedeutenden Teils der Pflanze veranlaßt oft nicht nur die in der Nähe der Schnittfläche gelegenen Zellen, sondern auch die fern von ihr liegenden zum Wachstum und zur Vermehrung. So werden z. B. nach dem Abschneiden des Stengelgipfels die der Schnittstelle nahe liegenden ruhenden Knospen tätig, indem sie neue Triebe bilden. Das Abschneiden der Blätter und einiger Knospen ruft das Öffnen der an der Pflanze gebliebenen Knospen hervor.

Die Entfernung des größten Teiles des Stengels mit allen ruhenden Knospen (z. B. das Abhauen eines Baumes) ruft vielfach die Entstehung neuer Vegetationspunkte an der Grenze des Stengels und der Wurzel oder in der Wurzel selbst hervor, so daß der Stumpf oft sehr zahlreiche Schößlinge bildet. Die Entfernung aller Knospen bei Begonia verursacht die Entstehung neuer Vegetationspunkte in den Blättern dieser Pflanze usw.

In allen beschriebenen Fällen übernehmen die neu entstehenden Organe die Funktion der entfernten Pflanzenteile. Es sind aber einige Fälle bekannt, in welchen die Entfernung der Organe zu keiner Regeneration führt und in denen die Funktionen der entfernten Teile von vorhandenen Organen übernommen werden.

So führt z. B. die Entfernung der Blätter einer sich öffnenden Gipfelknospe zur Über-

Abb. 111. Verwandlung gewöhnlicher Knospen in Kartoffelknollen. (Nach VÖCHTING.)

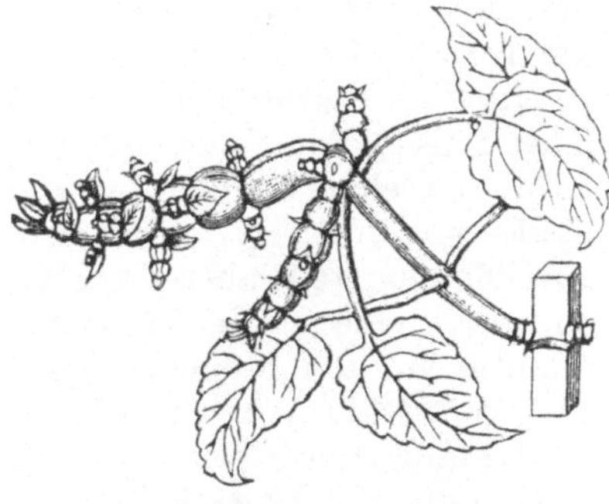

Abb. 112. Stachys tuberifera. Verwandlung eines blättertragenden Triebes in ein Luftrhizom. (Nach VÖCHTING.)

nahme der assimilierenden Funktion durch den Stengel. Die an seiner Oberfläche gelegenen Zellen wachsen in einer zur Oberfläche senkrechten Richtung hervor und bilden eine große Menge von Chloroplasten, so daß an der Stengeloberfläche ein richtiges Assimilationsgewebe entsteht, das lebhaft an das der Blätter erinnert (BOIRIVANT 1897). Findet die Entfernung der Blätter zur Zeit der Entwicklung der Deckschuppen der Knospen statt, so verwandeln sich die Schuppen in gewöhnliche Blätter (GOEBEL 1880).

Das Abschneiden des Stengels der krautartigen Pflanzen, die Rhizome oder Knollen bilden (z. B. der Kartoffelpflanze), führt zu einem Hervorwachsen der genannten unterirdischen Stengelteile aus dem Boden in die Luft und zur Bildung von Blättern an ihnen. Umgekehrt ruft die Entfernung der Wachstumspunkte an den unterirdischen Stengelteilen die Entwicklung von Rhizomen und Knollen an den Luftteilen des Stengels hervor.

Vöchting (1887—1900), dem wir zahlreiche Versuche in der erwähnten Richtung verdanken, entfernte alle ruhenden Knospen am unteren Teile eines abgeschnittenen Zweiges der Kartoffelpflanze und pflanzte ihn in die Erde ein. Der Zweig bewurzelte sich, konnte aber keine unterirdischen Triebe und Knollen bilden, weil alle unteren Knospen entfernt worden waren. Im Gegensatz dazu verwandelten sich die Knospen der oberen Teile der Pflanze in Knollen (vgl. Abb. 111), Ein analoger Versuch an Stachys tuberifera führte zur Anhäufung der Reservestoffe (Stärke und Eiweißkörper) in den Lufttrieben der Pflanze, die infolgedessen die Form und Funktion der Rhizome übernahmen (vgl. Abb. 112).

Bei der Beschreibung der Wachstumserscheinungen, die durch Entfernung verschiedener Organe hervorgerufen werden, soll darauf aufmerksam gemacht werden, daß auch in diesem Falle, wie bei Cladophora (vgl. S. 231), Polaritätserscheinungen beobachtet werden. Die Stengel- bzw. Wurzelstücke, in einen feuchten Raum oder Boden gebracht, bilden neue Triebe stets an ihrem apikalen Ende und Wurzeln am basalen Ende.

In allen beschriebenen Versuchen verursacht die Entfernung irgendeines Teils einer mehrzelligen Pflanze vor allem ein verstärktes Wachstum und eine Vermehrung der Zellen, die in der Nähe der Schnittstelle, und nicht selten auch der, die fern von ihr gelegen sind. Diese Erscheinung stellt aber keine Reaktion der Pflanze auf die Verwundung dar, weil eine starke Verwundung, z. B. tiefe längs verlaufende Einschnitte in den Stengel noch keine Bildung von Kallus hervorruft. Das verstärkte Wachstum und die Vermehrung der Zellen nach der Entfernung eines Teils der Pflanze stellt also eine Reaktion auf die Entfernung dieses Teils dar; mit anderen Worten: das Wachstum und die Vermehrung zahlreicher Zellen der Pflanze war durch den Einfluß der jetzt entfernten Teile gehemmt und nur nach Befreiung der Zellen von diesem Einfluß erlangen sie aufs neue die Fähigkeit, zu wachsen und sich zu vermehren. Wo liegt aber die Ursache einer solchen Hemmung der Wachstumserscheinungen?

Wie in den vorhergehenden Kapiteln auseinandergesetzt wurde, kann das Wachstum und die Vermehrung der Zellen durch eine zu hohe Temperatur, eine zu starke Beleuchtung, durch eine mechanische Einwirkung, durch einen Mangel an Nährstoffen (inklusive Sauerstoff) und durch verschiedene chemische Stoffe verursacht werden. Unter den aufgezählten Eingriffen haben die zwei ersten keine Bedeutung für die Erklärung einer Wachstumshemmung durch den gegenseitigen Einfluß der Zellen, weil die Temperatur und Beleuchtung der Zellen gewöhnlich nicht geändert werden. Auch kann Sauerstoffmangel oder mechanischer Druck nicht die Ursache der Wachstumshemmung in unserem Falle sein, weil, wie erwähnt, durch die Entfernung des Stengelgipfels Knospen zum Wachstum veranlaßt werden.

Man kann also vermuten, daß die Wachstumshemmung entweder durch Mangel an Nährstoffen, der durch eine Konkurrenz der entfernten Pflanzenteile verursacht wurde, oder durch irgendwelche chemische Stoffe, die von den entfernten Pflanzenteilen ausgeschieden waren, hervorgerufen wird. Die erstere Erklärung wurde von GOEBEL (1908) und KLEBS (1913), die letztere von ERRERA (1905) verteidigt. Beide Erklärungen lassen jedoch einige Einwände zu.

Wir haben z. B. gesehen (vgl. S. 231), daß das Abschneiden der Spitzenzellen bei Cladophora und Schimmelpilzen zu einem verstärkten Wachstum der Nachbarzelle führt, trotzdem ihre Ernährung von der Spitzenzelle unabhängig war, so daß von einer gegenseitigen Konkurrenz dieser zwei Zellen kaum die Rede sein kann. Andererseits gelingt die Wachstumserregung der ruhenden Knospen nicht nur durch das Abschneiden, sondern auch durch das Eingipsen der Stengelspitze oder durch das Einbringen derselben in eine sauerstofffreie Atmosphäre, durch das ihr Wachstum gehemmt wird. Es ist also sehr wahrscheinlich, daß unter natürlichen Bedingungen die beiden erwähnten Ursachen tätig sind.

Wie erwähnt, übernehmen die neu entstehenden oder schon vorhandenen Organe der Pflanze die Funktion der Organe, die enfernt wurden; mit anderen Worten: es wird eine Wachstumserregung in einer bestimmten Richtung hervorgerufen. Außerdem wird bei der Herstellung des Pflanzenkörpers eine Polarität beobachtet (vgl. S. 231, 234). Diese beiden Tatsachen bedürfen nun einer Erklärung.

Um die Möglichkeit einer Wachstumserregung in einer bestimmten Richtung zu erklären, nahm SACHS (1880—81) an, daß die Blätter außer Kohlenhydraten noch besondere Stoffe produzieren, die auf das Wachstum bestimmter Gewebe und Organe stimulierend einwirken. Nach SACHS verbreiten sich diese Stoffe durch den ganzen Pflanzenkörper, und wo sie sich anhäufen, soll ein Organ oder ein Gewebe entstehen, das die den Stoffen entsprechenden Eigenschaften besitzt. So vermutet SACHS die Anwesenheit eines besonderen Stoffes in der Pflanze, der die Entwicklung der Wurzeln hervorruft, eines besonderen, die Blütenentwicklung veranlassenden Stoffes usw. Die Ursache der Entwicklung eines neuen Organs (nach der Entfernung des alten) mit gleichen Funktionen liegt nach SACHS darin, daß in der Pflanze die Konzentration des Stoffes, der die Entwicklung des entfernten Organs veranlaßt hatte, steigt, weil die Organe die sie zur Entwicklung veranlassenden Stoffe verbrauchen und weil die Produktion des spezifischen Stoffes auch nach der Entfernung eines Pflanzenteiles nicht aufhört.

Nach SACHS soll die Pflanze erst dann zu blühen anfangen, wenn sich in ihrem Körper der Stoff angehäuft hat, der die Entwicklung der Blüten veranlaßt. In der Tat erhielt SACHS eine junge gut beblätterte Begoniapflanze, die im November zu blühen anfing, als er zu seinen Versuchen Begoniastecklinge verwendet hatte, die im Mai gemacht worden waren; in dieser Zeit kann die genannte Pflanze noch keine Blüten bilden. Waren dagegen Stecklinge verwendet worden, die im Juli der Pflanze entnommen worden waren, in welcher Zeit die Pflanze gewöhnlich zu blühen anfängt, so wurde eine junge Pflanze mit wenig entwickelten vegetativen Teilen (d. h. Stengeln und Blättern) erhalten, die aber schon im September zu blühen begann.

In Übereinstimmung mit der Hypothese von SACHS befinden sich auch die Beobachtungen von VÖCHTING und GOEBEL (1884 und 1895), die eine Wachstumshemmung vegetativer Pflanzenteile unter den Außenbedingungen fanden, die die Bildung der Kurztriebe und Blüten begünstigen.

Die Polarität der Pflanzenorgane wird durch die Hypothese von SACHS ebenfalls erklärt. Die wurzelbildenden Stoffe müssen in den unteren Teilen der Pflanze offenbar in einer größeren Menge vorhanden sein als in den oberen. Wirken aber irgendwelche die Wurzelbildung begünstigenden Faktoren (z. B. Verdunklung, größere Feuchtigkeit, Schwerkraft usw., vgl. S. 220) auf das morphologisch obere Ende eines abgeschnittenen Stengelstückes, so kann nach KLEBS (1903, 1913) die Polarität der Mehrzahl der Pflanzen aufgehoben werden, weil die wurzelbildenden Stoffe offenbar in allen Teilen der Pflanze anwesend sind und ihre Wirkung in diesem Falle sich mit der Wirkung der Außeneinflüsse addiert.

Als SACHS seine Hypothese bezüglich der spezifischen organbildenden Stoffe aussprach, wurde ihr mit Mißtrauen begegnet. Seit jener Zeit wurden aber im Tierkörper analoge spezifisch wirkende Stoffe, die sogenannten Hormone, entdeckt, so daß auch die Anwesenheit solcher Körper im Pflanzenkörper zur Zeit sehr wahrscheinlich ist. In den Pflanzen wurden außerdem noch Substanzen entdeckt, die die Atmung und die Wachstumserscheinungen der Zellen beschleunigen können und die als Vitamine bezeichnet werden. Es sind krystallisierbare organische Körper, die ein nicht zu langes Kochen in Wasser ertragen und sich somit von Enzymen unterscheiden. Neuerdings nahm HABERLANDT (1922) an, daß in lebenden Pflanzenzellen Hormone gebildet werden, die die Zellteilung verursachen. Nach dem Absterben sollen sich aus den Zellen ähnliche Hormone (Wundhormone) ausscheiden, so daß der Zellsaft der abgestorbenen Zellen eine stimulierende Wirkung auf die Vermehrung der angrenzenden Zellen ausübt. Die Wundhormone HABERLANDTS sind wahrscheinlich mit den Vitaminen identisch.

14. Transplantationsversuche.

Die Resultate der im Kap. 13 beschriebenen Versuche zeigen, daß einzelne Teile des Pflanzenkörpers sich in einem physiologischen Zusammenhange befinden. Es wäre also interessant, diese Resultate auch durch Transplantationsversuche zu prüfen. Wir betrachten zunächst die Ergebnisse der Pflanzenveredelung.

Die Möglichkeit der Verwachsung der Teile ein und derselben oder verschiedener Pflanzen wird bekanntlich seit langem in der Gärtnerei zur Veredelung der Obstbäume und der Zierpflanzen verwendet. Man gebraucht gewöhnlich zwei Methoden der Veredelung.

Die eine Methode ist das sogenannte Okulieren. Man schneidet eine Knospe mit einem Stückchen Rinde der Pflanze (Auge) ab und schiebt es unter die Rinde der Unterlage (T-förmig geschnitten, das Kambium darf dabei nicht beschädigt werden), dann bindet man es mit Fäden an die Unterlage und dichtet die Ränder des Rindenstückchens und des Schnittes z. B. mit Lehm ab. Nach einigen Tagen verwächst das Kambium der Unterlage mit dem des transplantierten Rindenstückchens; wenn alle Knospen der Unterlage vorher entfernt waren, öffnet sich die transplantierte Knospe und wächst zu einem Triebe aus.

Bei Verwendung der anderen Methode (Pfropfung) spaltet man das Ende des nach dem Abschneiden des Gipfels zurückbleibenden Stengelteils der Unterlage und setzt in den Spalt ein am unteren Ende keilförmig zugespitztes Reis der Edelpflanze ein. Das Reis wird an die Unterlage gebunden und mit Lehm gedichtet. An der Schnittfläche beider Pflanzen bildet sich bald Kallus, der zu einem einheitlichen Gewebe verwächst. Später verwachsen auch die Leitungsbahnen beider Pflanzen.

Die Verwachsung gelingt nur dann, wenn beide Pflanzen ein und derselben Species oder systematisch nahe stehenden Gattungen angehören; übrigens verwachsen die Pflanzen ein und derselben Gattung oft nicht besser als die Pflanzen verschiedener Gattungen ein und derselben Familie. So verwächst der Birnbaum (Pyrus communis) nur schwierig mit dem Apfelbaum (Pyrus malus), während er mit der Cydonie (Cydonia vulgaris) vortrefflich verwächst. Die Verwachsung ist wahrscheinlich nur im Falle eines ähnlichen anatomischen Baues und einer ähnlichen chemischen Zusammensetzung der Pflanzen möglich.

Nach der Verwachsung der Pflanzen wird nur eine sehr unbedeutende gegenseitige Beeinflussung beobachtet, die sich z. B. darin äußert, daß der Stengel der eingepfropften Pflanze sich in einigen Fällen besser entwickelt als die unversehrten Pflanzen derselben Species, in einigen Fällen dagegen schlechter. Gleichzeitig variiert auch die Menge der Blüten, aber im entgegengesetzten Sinne: je besser sich die vegetativen Teile der Pflanze entwickeln, desto geringer ist die Anzahl der Blüten (vgl. auch S. 236).

Die ungleiche Entwicklung des Stammes und der Blätter der implantierten Pflanze zeigt eine Beziehung zu Eigentümlichkeiten des Wurzelsystems der Unterlage. Je schwächer es entwickelt ist, desto schlechter wächst die implantierte Pflanze und umgekehrt. So wachsen z. B. die vegetativen Teile des Birnbaums nach Transplantation auf Cydonia, deren Wurzelsystem schwach entwickelt ist, bedeutend schlechter als vor der Transplantation. Die angegebene Beziehung ist vollkommen verständlich, weil das schwach entwickelte Wurzelsystem nur eine ungenügende Menge von Wasser und Nährsalzen der implantierten Pflanze zuführen kann.

Was nun die morphologischen Eigentümlichkeiten betrifft, so werden sie von beiden Pflanzen vollkommen beibehalten; so wird z. B. nach der Pfropfung keine einzige Veränderung der Blatt-, Blüten- oder Fruchtform beobachtet. Auch physiologische Eigenschaften bleiben gewöhnlich unverändert. So bildet z. B. der Stengelstumpf der Kartoffelpflanze, in den eine Daturapflanze gepfropft ist, Knollen, die mit Stärke gefüllt sind, obwohl Datura keine Knollen zu bilden vermag.

Nur in einigen Fällen gelang es, eine schwache Veränderung physiologischer Eigentümlichkeiten unter der Einwirkung der Pfropfung nachzuweisen. So kann sich z. B. der Geschmack und die Farbe der Früchte von Obstbäumen nach der Pfropfung verändern. Auch wurde Anthocyanbildung in den grünen Stengeln der Kartoffelpflanze beobachtet, in die ein Trieb einer Kartoffelsorte mit rotem Stengel gepfropft war. In den erwähnten Fällen verbreiten sich offenbar die Stoffe, die als Material zur Anthocyanbildung dienen, von einer Pflanze in die andere.

Aus den angeführten Angaben folgt, daß die Stoffe, welche die morphologischen und die Mehrzahl der physiologischen Merkmale einer Pflanzenspecies bedingen, in lebenden Zellen zur Diffusion nicht fähig und im Zellinneren eingeschlossen sind. Die verschiedenartigen erblichen Eigentümlichkeiten der Pflanze werden wahrscheinlich durch eine verschiedene chemische Zusammensetzung der lebenden Materie bei verschiedenen Pflanzenarten bedingt (vgl. S. 100), die möglicherweise ungleiche und durch das lebende Protoplasma nicht diffundierende Hormone bilden. Daß die morphologischen Eigentümlichkeiten der Pflanze durch die in den Zellen eingeschlossenen, nach außen nicht diffundierenden Substanzen verursacht werden, beweisen auch die Versuchsergebnisse WINKLERS (1907—1911).

Der oben betonten Tatsache, daß die miteinander verwachsenen Pflanzen ihre morphologischen Eigentümlichkeiten beibehalten, widersprach die vom Gärtner ADAM (1826) beschriebene Bildung eines Bastardes von zwei Arten des Geißklees oder Goldregens (Cytisus laburnum und Cytisus purpureus) nach der Verwachsung beider Pflanzen. Nach den Angaben ADAMS erschien der erwähnte Bastard als ein Trieb, der sich an der Verwachsungsstelle der Pflanze bildete. Die Wiederholung des Versuches ADAMS hatte aber keinen Erfolg. Um die Sache klarzulegen, nahm WINKLER eine massenhafte Implantation von Tomate (Solanum lycopersicum) in schwarzen Nachtschatten (Solanum nigrum) vor. Nach der Verwachsung beider Pflanzen wurde die obere Pflanze in der Nähe der Verwachsungsstelle abgeschnitten; es bildeten sich neue Vegetationspunkte an der Schnittstelle und später wuchsen neue Triebe hervor. Unter Hunderten auf diesem Wege erhaltenen Pflanzen trugen nur einige von ihnen Triebe, die morphologische Merkmale beider Stammpflanzen (Solanum lycopersicum und Solanum nigrum) besaßen. Solanum nigrum hat bekanntlich breite ganzrandige Blätter von elliptischer Form und schwarze, kleine Früchte, während Solanum lycopersicum gefiederte Blätter mit feingezackten Blättchen und große rote Früchte besitzt. Unter den von WINKLER erhaltenen Bastarden hatten die einen rote, kleine Früchte und gefiedert-gezackte Blätter, die anderen schwarze Früchte und gezackte Blätter, die dritten schwarze größere (als bei S. nigrum) Früchte und einfache gezackte Blätter usw.

Später zeigte WINKLER, daß die von ihm erhaltenen und als „Chimären" bezeichneten Bastarde in der Weise entstanden waren, daß sich die Vegetationspunkte gerade an der Grenze zwischen den beiden verwachsenen Pflanzen gebildet hatten. Da an dieser Stelle die Gewebe beider Pflanzen ineinander gewachsen waren, so bestanden die Vegetationspunkte und die aus ihnen gebildeten Triebe aus Zellen beider Pflanzen, so daß bei einigen Bastarden die Oberfläche des Vegetationspunktes mit einer oder zwei Schichten der Zellen von Solanum nigrum bedeckt war und ihr Inneres aus den Zellen von Solanum lycopersicum bestand, während bei anderen Bastarden die Oberfläche des Vegetationspunktes von Zellen der letzteren Pflanze bedeckt war. WINKLER bewies dies mit Hilfe der Auszählung der Chromosomen in den sich teilenden Zellen der Vegetationspunkte. Ihre Anzahl ist bei den genannten Pflanzen verschieden und sie war auch in den Zellen der Vegetationspunkte verschieden. Die Chimären hatten also nur deshalb die Eigenschaften beider Pflanzenarten, weil sie Zellen besaßen, die die lebende Materie beider Arten enthielten. Die Diffusion der diese Eigenschaften verursachenden Stoffe aus einer Pflanze in die andere ist aber unmöglich.

Unter den wenigen Versuchen, die speziell zur Feststellung einer Korrelation der Pflanzenteile mittels der Transplantationsmethode angestellt wurden, wären zuerst die Versuche von KNIGHT (1806) zu erwähnen, in denen ein beblätterter Zweig der Weinrebe in den Blattstiel derselben Pflanze implantiert war. Nach der Verwachsung nahm der Blattstiel stark an Dicke zu und bildete neue Leitungsbahnen, so daß die verstärkte Transpiration durch eine verstärkte Wasserzufuhr gedeckt werden konnte. Die verstärkte Transpiration war wahrscheinlich auch die Ursache des verstärkten Wachstums, weil sie die Ernährung des Blattstiels mit Salzen (und vielleicht mit organischen Stoffen, vgl. S. 92 und 144) vergrößerte.

Ein interessanter Versuch zur Erklärung der Korrelationserscheinungen wurde von VÖCHTING (1892) gemacht, der die Knospen vom unteren Teile eines Blütenschaftes der Rübe in ihre Wurzel verpflanzte. Gehörte die letztere einer im Jahre des Versuchs ausgewachsenen Pflanze, die noch keine Neigung zum Blühen hatte, an, so entwickelte sich aus den Knospen ein beblätterter Trieb. Gehörte die Wurzel aber einer im vorigen Jahre ausgewachsenen Pflanze, die zum Blühen bereit war, so entwickelte sich aus der Knospe ein mit reichen Blüten bedeckter Blütenschaft. Wurden aber die Knospen am Blütenschaft belassen, so gingen sie im Herbst zugrunde, ohne sich zu öffnen.

Die Transplantation veranlaßte also die Blütenknospen, sich zu öffnen und je nach den inneren Wachstumsbedingungen bald Blätter, bald Blüten zu bilden. Dieses Resultat bestätigt also die früher erwähnte Hypothese bezüglich der Ursachen der Korrelation. Die Blütenknospen waren durch das Okulieren zunächst von der Konkurrenz der Blüten und auch von dem durch sie ausgeschiedenen Hemmungsstoffe befreit und erhielten außerdem eine reichliche Nahrung in der Wurzel, so daß sie zu wachsen begannen. Gleichzeitig riefen aber spezifisch wirkende in der Wurzel anwesende Stoffe (Hormone) je nach ihren Eigenschaften die Bildung entweder von Blättern oder von Blüten hervor.

15. Ursachen der Wachstumserscheinungen der mehrzelligen Pflanzen.

Aus den zwei letzten Kapiteln wissen wir, daß jene Wachstumserscheinungen der Pflanze, die ihr einen bestimmten morphologischen Charakter verleihen, zweifellos von besonderen inneren Verhältnissen der Pflanze abhängig sind. Das Gesagte bezieht sich auch auf die Mehrzahl der physiologischen Eigenschaften der Pflanze: sie behält ihre erblichen Eigentümlichkeiten unter verschiedenen Außenbedingungen bei. Doch wissen wir auch, daß die Wachstumserscheinungen durch Außenbedingungen modifiziert werden können, so daß wir im allgemeinen annehmen dürfen, daß die Ursachen der Wachstumserscheinungen sowohl in dem die Pflanze umgebenden Medium, als auch in ihr selbst liegen.

Wie früher mehrmals betont wurde, können alle Wachstumserscheinungen der mehrzelligen Pflanzen auf die ihrer Zellen zurückgeführt werden. Die Wachstumserscheinungen der letzteren sind aber gänzlich von der chemischen Tätigkeit der lebenden Materie abhängig, die durch Außenbedingungen angeregt, modifiziert oder aufgehoben werden kann. Da aber verschiedene der diese Tätigkeit modifizierenden Faktoren auch im Innern der Pflanzen entstehen können, so kann sich die Pflanze auch unter konstanten Außenbedingungen nach einem bestimmten Plane entwickeln, der in den erblichen Eigenschaften der lebenden Materie seinen Ursprung findet. Die Einwirkung der Außenbedingungen auf die Wachstumserscheinungen und ihre Ursachen haben wir in den Kapiteln 7 bis 11 betrachtet. In diesem Kapitel gehen wir kurz auf die inneren Ursachen dieser Erscheinungen ein.

Vor allem soll wieder betont werden, daß die Wachstumserscheinungen der mehrzelligen Pflanzen durch das Wachstum und die Vermehrung der sie zusammensetzenden Zellen bedingt werden. Andererseits wissen wir, daß das Zellwachstum mit dem Zellhautwachstum innig verbunden ist. Die beiden Prozesse entstehen als Folgen synthetischer chemischer Reaktionen und osmotischer Eigenschaften des Protoplasmas, die den für das Zellhautwachstum nötigen Turgordruck schaffen. Die Theorien über das Wachsen der Zellhaut haben wir schon früher kennen gelernt; wir haben jetzt nur noch die Ursachen der Modifikation des Zellwachstums im Innern der Pflanzen zu betrachten.

Wie in den zwei vorhergehenden Kapiteln auseinandergesetzt wurde, vermag die Pflanze zweifellos verschiedenartige Stoffe zu bilden, die entweder hemmend oder fördernd auf das Wachstum und die Vermehrung der Zellen wirken. Andererseits besitzt die Pflanze wahrscheinlich auch Stoffe, die bestimmte chemische Reaktionen hervorrufen, welche bald diese bald jene Substanzen liefern, die den eigentümlichen Charakter der Organe bedingen. Eine beschränkte Menge der Nährsubstanzen, über welche die Zellen der Pflanze verfügen, kann außerdem eine **Konkurrenz der Zellen** verschiedener Art und eine Wachstumshemmung verursachen. Die so oft beobachtete Periodizität der Wachstumserscheinungen (vgl. S. 197, 201 und 205) dürfte vielfach durch den Verbrauch der Nährstoffe oder durch ihre erneute Zufuhr bedingt werden. Bei Mangel an Nährstoffen können auch einzelne Zellfunktionen wegfallen, die durch diese Funktionen gehemmten Prozesse aber auftreten.

Nach KLEBS (1903—1906) bildet z. B. der Schimmelpilz Saprolegnia keine **Vermehrungsorgane**, solange das Nährsubstrat so oft erneuert wird, daß der Pilz keinen **Mangel an Nährstoffen** leidet. Ein Übertragen in reines Wasser ruft dagegen eine reiche Bildung von Sporangien und Zoosporen hervor. Auch die Vermehrungsorgane der Alge Vaucheria repens sollen nach KLEBS erst nach dem Versetzen der Alge in ein erschöpftes Substrat oder in reines Wasser oder bei Mangel an organischen Nährstoffen (z. B. im Dunkeln) erscheinen. Ähnliche Erscheinungen wurden von dem genannten Forscher auch an höheren Pflanzen beobachtet.

So bilden sich keine Blüten beim Hauswurz (Sempervivum) solange die Pflanze im hellen Lichte wächst und über einen Überschuß an Wasser und Nährsalzen verfügt. Die Blüten sollen erst dann erscheinen, wenn der Boden trocken wird und die Pflanze an Nährsalzmangel zu leiden beginnt. Andererseits sei eine gute Beleuchtung (also eine starke Photosynthese) für die Blütenbildung durchaus notwendig.

KLEBS erklärt das Aufhören des Wachstums der Triebe bald nach dem Öffnen der Knospen (vgl. S. 205) mit der Annahme, daß die Nährsalze des Bodens während dieses Wachstums verbraucht werden. In der Tat soll während der Winterruhe durch ein Übertragen der Pflanze in einen salzreichen Boden das Öffnen der Knospen und die Entwicklung neuer Triebe hervorgerufen werden. Andererseits gelang es dem genannten Forscher, die Winterknospen der Buchen durch Bestrahlung mit Osramlampenlicht zum Treiben zu bringen (1917), während bei einigen Pflanzen (Quercus pedunculata) die Aufhebung der Ruhe durch Dunkelheit bewirkt werden soll usw.

Auf Grund seiner Versuchsergebnisse kommt KLEBS zu dem Schlusse, daß alle Erscheinungen der Wachstumsperiodizität durch Veränderungen des Außenmediums hervorgerufen werden; auch die inneren Wachstumsbedingungen sollen stets von den Außenbedingungen abhängig sein. Dieser Schluß ist jedoch kaum einwandsfrei bewiesen, und man darf zur Zeit annehmen, daß die Pflanze Reagentien herzustellen vermag, die auf das Zellwachstum hemmend oder beschleunigend wirken und die nur während eines bestimmten Entwicklungsstadiums produziert werden können, weil das für ihre Bildung nötige Baumaterial vielleicht verbraucht wird. Wird aber dieses Material allmählich wieder ergänzt, so können sich diese Reagentien aufs Neue bilden.

Durch einen Mangel an Baumaterialien in der Zelle kann z. B. das Aufhören des Zellwachstums während des dritten Stadiums (vgl.

S. 197) erklärt werden. Alle Stoffe, die während des ersten Wachstumsstadiums angehäuft werden und während des zweiten Stadiums sich in osmotisch wirkende Substanzen verwandeln, werden offenbar verbraucht. Da aber das Protoplasma noch über die Zellhautstoffe verfügt, werden im dritten Wachstumsstadium Zellwandverdickungen beobachtet usw.

Die Tätigkeit des Laboratoriums der Pflanze, der lebenden Materie, hängt zweifellos von den Außenbedingungen ab (vgl. S. 11), kann aber auch unter konstanten Außenbedingungen normal stattfinden. Die Pflanze reagiert auf verschiedene Reize, bedarf aber dieser Reize nicht, um sich normal zu entwickeln.

Dritter Teil.

Bewegungserscheinungen der Pflanzen.

A. Allgemeine physikalische und chemische Grundlage der Bewegungserscheinungen.

1. Übersicht über die Bewegungserscheinungen.

Die Fähigkeit zur selbständigen Bewegung ist, wie wir wissen, eines der wichtigsten Merkmale, durch die sich Lebewesen von leblosen Körpern unterscheiden. Die Bewegungen der Pflanze verlaufen jedoch nur in seltenen Fällen so schnell (z. B. bei Mimosa, vgl. S 12), daß sie die Aufmerksamkeit eines oberflächlichen Beobachters auf sich lenken können. Gewöhnlich finden die Bewegungen der Pflanze nur unmerklich und langsam statt und erinnern kaum an die der Tiere, so daß sie den Laien gewöhnlich unbekannt bleiben. Aber auch eine nähere Untersuchung zeigt, daß die Mittel, über welche die Pflanze zur Ausführung der Bewegung verfügt, sich von denen der Tiere unterscheiden.

Die Bewegung der letzteren wird bekanntlich durch die Anwesenheit von Muskeln oder wenigstens von Muskelfibrillen im Tierkörper bedingt, die zu einer aktiven Verkürzung fähig sind. Die Bewegung der Pflanzen wird dagegen gewöhnlich durch eine aktive Vergrößerung des Zellvolumens verursacht, die unter der Einwirkung des Turgordruckes oder des Wachstums stattfindet. Nur in einfachsten Fällen, bei Bakterien, Schleimpilzen und Zoosporen, sind die Bewegungserscheinungen denen der einfachsten Tiere (Infusorien, Amöben) gleich.

Die Bewegungen der Pflanzen können ebenso wie die der Tiere auch unter konstanten Außenbedingungen auftreten und werden in diesem Falle offenbar durch irgendwelche Veränderungen im Innern der Pflanzen hervorgerufen. Andererseits können diese Bewegungen durch Veränderungen des Außenmediums verursacht werden und also typische Reizerscheinungen darstellen (vgl. S. 12). Die Bewegungen der ersten Art werden gewöhnlich als autonome, diejenigen der zweiten Art als paratonische bezeichnet.

Beide Bewegungsarten werden sowohl bei niederen als auch bei höheren Pflanzen beobachtet. Da die ersteren (falls sie Bewegungen zeigen) in der Kulturflüssigkeit frei schwimmen oder kriechen (Bakterien, Zoosporen, Plasmodien), bezeichnet man ihre Bewegungen auch öfter als lokomotorische. Werden solche Bewegungen aber durch Reize hervorgerufen und finden sie in einer Richtung statt, die von der Reizquelle abhängig ist, so bezeichnet man sie als Taxis.

16*

Die höheren Pflanzen sind bekanntlich an ihre Wachstumsstelle gebunden, so daß sich nur ihre einzelnen Organe oder Teile bewegen können. Wird eine solche Bewegung durch Turgordruckänderungen verursacht, so nennt man sie Variationsbewegung (oder Turgorbewegung), während sie als Nutationsbewegung (oder Wachstumsbewegung) bezeichnet wird, wenn sie durch Veränderungen der Wachstumsgeschwindigkeit hervorgerufen wird.

Sowohl die Variationsbewegungen als auch die Nutationsbewegungen können in einer ganz bestimmten, vom Reiz unabhängigen Richtung stattfinden oder ihre Richtung wird durch die Lage der Reizquelle bestimmt. Man bezeichnet sie im ersteren Falle als nastische (oder Nastieen), im letzteren Falle als tropistische (auch tropische oder Tropismen).

Noch eine andere Art der Pflanzenbewegung haben wir zu nennen: die sogenannten hygroskopischen Bewegungen, welche eigentlich keine physiologischen Erscheinungen darstellen, sich in toten Geweben abspielen und durch ungleiche Hygroskopizität der Wände toter Zellen bedingt werden.

Das auf S. 245 angegebene Diagramm veranschaulicht die oben angeführten Benennungen verschiedener Bewegungsarten der Pflanzen.

Wir betrachten später alle diese Bewegungsarten nacheinander.

2. Physikalische Prozesse, die hygroskopische Bewegungen der Pflanzen hervorrufen.

Die Wasseraufnahme durch quellbare Körper stellt eine durch molekulare Attraktion verursachte Erscheinung dar. Alle quellbaren Körper können als Gallerte, d. h. als poröse Körper betrachtet werden, deren Porenkanäle ultramikroskopisch eng sind (vgl. S. 8). Die Quellung einiger Gallerte (z. B. derjenigen von Kieselsäure) kann daher als die Aufsaugung von Wasser durch einen porösen Körper betrachtet werden, während die Quellung der Gelatinegallerte außerdem in einer kolloiden Auflösung von Wasser in der Gelatinesubstanz bestehen soll. Zellwände dürfen, wie andere organische Kolloide, zur Gruppe der Gelatinegallerte gerechnet werden.

Die Wasseraufnahme durch quellbare Körper kann nicht nur bei der Berührung mit Wasser, sondern auch aus einer mit Wasserdampf gesättigten Atmosphäre stattfinden. In beiden Fällen wird Wasser mit einer bedeutenden Kraft aufgenommen, die zu Hunderten Atmosphären gemessen wird. Diese Kraft und auch die aufgenommene Wassermenge variiert bei verschiedenen Kolloiden.

Manchmal bewirkt eine geringe chemische Veränderung des Körpers eine bedeutende Veränderung seiner Quellbarkeit. So quellen Stärkekörner nur sehr schwach in Wasser. Erhitzt man sie aber mit Wasser, so bilden sich aus anhydritischen Kohlenhydraten der Stärke Hydrate, die sich durch ihre chemischen Eigenschaften von Anhydriden nicht unterscheiden, die aber eine ungewöhnlich große Quellbarkeit besitzen, so daß das Volumen der Stärkekörner, die erhitzt worden waren, im Wasser auf das 60- bis 100fache zunimmt (vgl. auch S. 42).

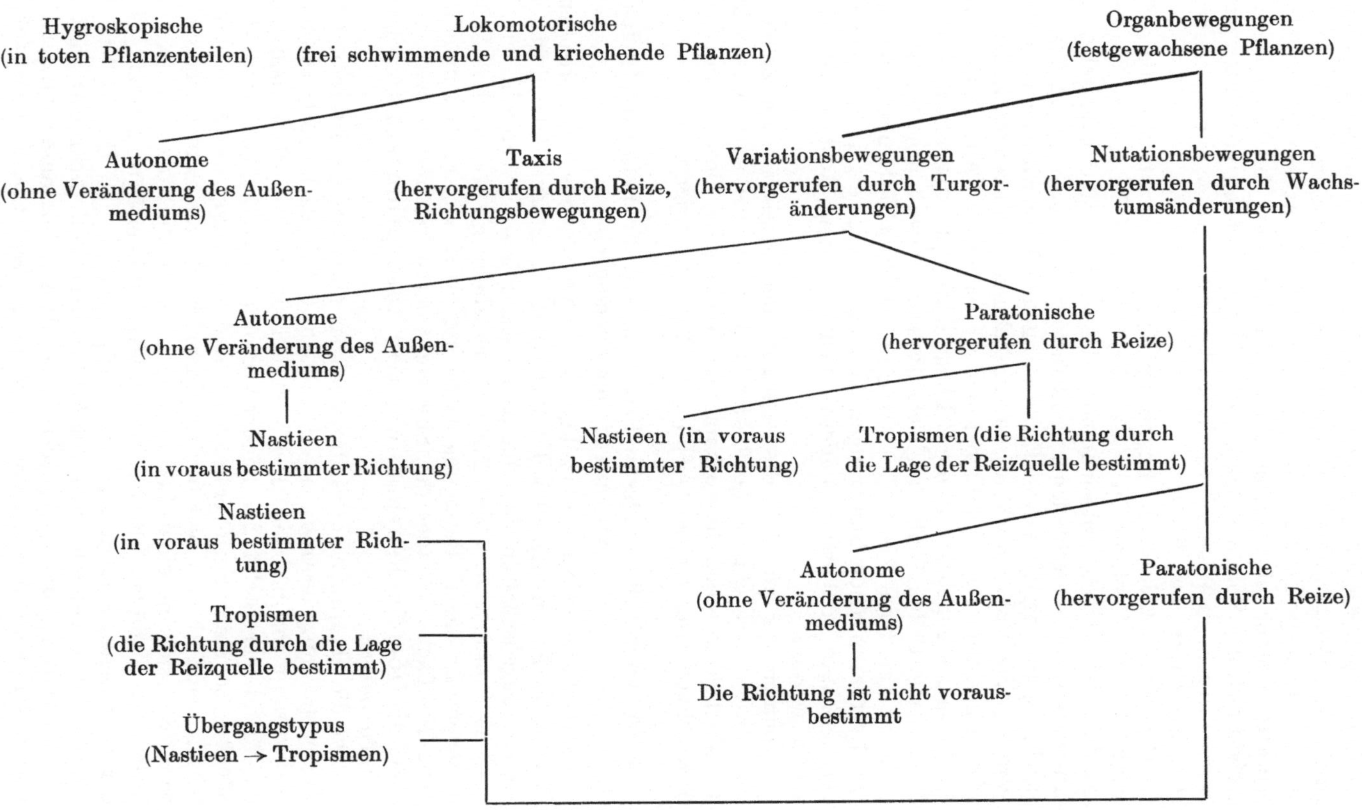
Bewegungen der Pflanzen.
Hygroskopische (in toten Pflanzenteilen)
Lokomotorische (frei schwimmende und kriechende Pflanzen)
Organbewegungen (festgewachsene Pflanzen)
Autonome (ohne Veränderung des Außenmediums)
Taxis (hervorgerufen durch Reize, Richtungsbewegungen)
Variationsbewegungen (hervorgerufen durch Turgoränderungen)
Nutationsbewegungen (hervorgerufen durch Wachstumsänderungen)
Autonome (ohne Veränderung des Außenmediums)
Paratonische (hervorgerufen durch Reize)
Nastieen (in voraus bestimmter Richtung)
Nastieen (in voraus bestimmter Richtung)
Tropismen (die Richtung durch die Lage der Reizquelle bestimmt)
Nastieen (in voraus bestimmter Richtung)
Tropismen (die Richtung durch die Lage der Reizquelle bestimmt)
Übergangstypus (Nastieen → Tropismen)
Autonome (ohne Veränderung des Außenmediums)
Paratonische (hervorgerufen durch Reize)
Die Richtung ist nicht vorausbestimmt

Durch quellbare Körper aufgenommenes Wasser kann teilweise durch Druck ausgepreßt werden, wobei die Menge des ausgespreßten Wassers mit der Druckgröße zunimmt. Umgekehrt nimmt ein zusammengedrückter Körper eine kleinere Wassermenge auf. Infolgedessen vergrößert sich das Volumen eines in der Längsrichtung gedehnten quellbaren Körpers in Wasser ungleichmäßig: seine Länge nimmt mehr zu als seine Dicke und Breite.

Die Möglichkeit einer ungleichmäßigen Volumzunahme der Zellwände bei der Quellung in Wasser liegt also auf der Hand. Sie kann sowohl durch einen unbedeutenden Unterschied der chemischen Zusammensetzung verschiedener Zellhautteile, als auch durch ihre ungleiche Spannung unter der Einwirkung des Turgordrucks verursacht werden. Wie früher erwähnt, ist die Zellhaut in lebenden Zellen mit Wasser gesättigt (vgl. S. 60); bei dem Absterben und Austrocknen wird das Wasser abgegeben und die Zellhaut schrumpft zusammen. Da aber ihre verschiedenen Teile ungleiche Wassermengen enthalten können, so können sie beim Austrocknen ungleich stark an Volumen abnehmen. Die hygroskopischen Bewegungen können also nicht nur beim Quellen der Zellhäute in Wasser, sondern auch bei ihrem Austrocknen beobachtet werden.

Nehmen wir an, daß die Zellhäute der abgestorbenen Zellen an einer Seite eines Organs quellbarer sind als an der anderen, so liegt die Möglichkeit einer hygroskopischen Krümmung dieses Organs beim Austrocknen oder bei der Quellung in Wasser auf der Hand.

3. Physikalisch-chemische Prozesse, die die lokomotorischen Bewegungen bedingen können.

Betrachten wir eine einzellige, frei schwimmende oder kriechende Pflanze, so finden wir, daß die Bewegung in diesem Falle durch besondere Eigenschaften der Oberfläche der Pflanze verursacht wird.

Das Protoplasma (oder ein Teil desselben) grenzt in allen Fällen, in denen eine solche Bewegung beobachtet wird, an das Außenmedium. Jede Oberfläche ist aber der Sitz von Oberflächenkräften, welche vor allem als Oberflächenspannung und Adsorptionskräfte definiert werden müssen.

Da die Hauptmasse des Protoplasmas flüssig ist, so ist seine Oberflächenspannung bestrebt, es auf die kleinste Oberfläche zu beschränken und zusammenzupressen. Die Veränderung der Oberflächenspannung an irgendeiner Stelle der flüssigen Protoplasmaoberfläche muß daher offenbar zu einer Formveränderung und Bewegung des Protoplasmas führen, ganz ähnlich, wie dies an einem Quecksilbertropfen beobachtet wird, der sich in einer Lösung von gelbem Blutlaugensalz (Kaliumbichromat) befindet, zu der man etwas Salpetersäure zusetzt. Dank der chemischen Reaktion zwischen Salpetersäure und Quecksilber und zwischen dem entstehenden Quecksilbernitrat und Bichromat wird die Oberflächenspannung des Quecksilbertropfens stellenweise verändert. Infolgedessen wird der letztere durch die größere Oberflächenspannung chemisch unveränderter Stellen seiner Oberfläche veranlaßt, nach den Stellen der geringeren Oberflächenspannung zu fließen.

Nehmen wir an, daß die Oberflächenspannung an irgendeiner Stelle des Protoplasmas einer hautlosen Zelle abnimmt. Unter der Einwirkung der unveränderten Oberflächenspannung der übrigen Protoplasmateile wird das Protoplasma an diese Stelle getrieben, so daß dort eine Hervorwölbung entsteht. Erhöht sich aber die Oberflächenspannung, so entsteht eine Einbuchtung an der Protoplasmaoberfläche.

Die Oberflächenspannung der Flüssigkeiten kann durch elektrische Ladung und durch chemische Reaktionen verändert werden. Während die erstere sie vermindert, können chemische Reaktionen entweder zu ihrer Erhöhung oder zu ihrer Verminderung führen. Die Oberflächenspannung kann auch durch Auflösen verschiedener Stoffe in der Flüssigkeit verändert werden. So erniedrigen z. B. verschiedene organische Körper die Oberflächenspannung von Wasser, während Salze sie gewöhnlich erhöhen (vgl. S. 89, Anm.). Da sich aber infolge der Adsorption die Konzentration des gelösten Körpers an der Flüssigkeitsoberfläche erhöht, kann die Verminderung der Oberflächenspannung durch die sogenannten kapillaraktiven Stoffe (d. h. besonders stark auf die Oberflächenspannung wirkende Stoffe) sehr bedeutend werden. Analoge Prozesse dürfen sich auch an der Protoplasmaoberfläche der hautlosen Zellen abspielen.

Entsteht aber ein festes Häutchen an der Protoplasmaoberfläche, so wird die Wirkung der Oberflächenspannung an dieser Stelle durch die innere Reibung der Moleküle des Häutchens ins Gleichgewicht gebracht, so daß die Protoplasmaoberfläche hier nicht mehr veranlaßt wird, sich abzurunden, und sie nimmt unregelmäßige Formen an. Diese Erscheinung ist am einfachsten am plasmolysierten Protoplasma zu beobachten (vgl. S. 28), das unter der Einwirkung hoher Temperatur abstirbt, weil die Oberflächenschichten am empfindlichsten für hohe Temperatur sind und am frühesten koagulieren und erstarren. Die Oberflächenspannungsänderungen können selbstverständlich keinen Einfluß auf die Form des von einem festen Häutchen bedeckten Protoplasma ausüben.

Ist die ganze Oberfläche des Protoplasmas von einer festen Haut umkleidet, so kann die Formveränderung und die Bewegung durch eine teilweise Verflüssigung dieser Haut hervorgerufen werden. Wie wir wissen, ist das Protoplasma der behäuteten Zellen durch den osmotischen Druck des Zellsaftes an die Zellhaut gepreßt. Wird also die letztere an irgendeiner Stelle erweicht oder verflüssigt, so entsteht eine Hervorwölbung des Protoplasmas an dieser Stelle. Bildet es aber einen von einer festen und sehr dünnen Haut bekleideten Faden (Zilie), so muß eine teilweise Verflüssigung oder Erweichung der Haut zu einer Ausdehnung der erweichten Stelle und zur Krümmung des Fadens in der entgegengesetzten Richtung führen (vgl. Abb. 15, *V*, *VI*).

Die Bewegung der behäuteten Zellen kann aber auch infolge einer ungleichen Verdickung der Zellhaut stattfinden, wenn der Turgordruck

variiert, wie es beim Verschluß der Spaltöffnungen beobachtet wird
(vgl. S. 67). Die Zellen oder ihre fadenförmigen Fortsätze (Zilien) krümmen
sich in diesem Falle nach der Seite der stärkeren Verdickung der Zellhaut bei einer Zunahme des Turgordrucks und umgekehrt.

4. Physikalisch-chemische Prozesse, die die Bewegung der mehrzelligen Pflanzen bedingen können.

Wie früher erwähnt, wird die Bewegung der mehrzelligen Pflanzen
gewöhnlich durch eine ungleiche Turgor- oder Wachstumsveränderung
verschiedener Teile der Pflanze verursacht. Nimmt z. B. der Turgordruck der Zellen an einer Seite eines Organes stärker als an der anderen
zu, so wird eine Krümmung des letzteren nach der Seite der kleineren
Turgorzunahme beobachtet. Eine noch stärkere Krümmung muß offenbar
bei einer ungleichsinnigen Turgordruckänderung an den entgegengesetzten Seiten des Organes entstehen, d. h. wenn an einer Seite eine
Zunahme des Turgordruckes, an der anderen eine Abnahme eintritt.

Eine ungleiche Veränderung des Zellvolumens an entgegengesetzten
Seiten der Organe könnte selbstverständlich auch durch eine Veränderung der Dehnbarkeit der Zellwände verursacht werden. Eingehende
Versuche PFEFFERs (1873) und des Verfassers (1909) zeigten jedoch, daß
die mechanischen Eigenschaften der Zellwände während der Variationsbewegungen unverändert bleiben, so daß wir anzunehmen haben, daß
diese Bewegungen durch Turgordruckänderungen hervorgerufen werden.

Eine ungleichsinnige Veränderung der Wachstumsgeschwindigkeit an
entgegengesetzten Seiten der Organe führt ebenfalls zu Krümmungen.
Aber auch eine größere einseitige Zunahme der Wachstumsgeschwindigkeit muß offenbar zu einer Krümmung führen.

Wir betrachten jetzt die Faktoren, welche den Turgordruck der
Zellen bewirken, um die Frage zu beantworten, welche dieser Faktoren Veränderungen des Turgordruckes bedingen und die Variationsbewegungen hervorrufen können.

Wie früher erwähnt, beruht der Turgordruck der Pflanzenzellen in
der Hauptsache auf dem osmotischen Druck, der infolge Wasseraufnahme durch osmotisch wirkende Zellsaftstoffe entsteht. Befindet sich
die betreffende Zelle nicht in reinem Wasser, sondern in einer wässerigen
Lösung, so wird der osmotische Druck des Zellsaftes durch den der
Außenlösung teilweise in das Gleichgewicht gebracht, so daß der Turgordruck nach dem Aufsaugen von Wasser bis zum Gleichgewicht
$P = p_i - p_a$, wobei p_i der osmotische Druck des Zellsaftes und p_a der
der Außenlösung ist.

Die angegebene Gleichung ist aber nicht ganz genau, weil das
Protoplasma der Pflanzenzellen flüssig ist. Die Oberflächenspannung
ist bestrebt, das Protoplasma auf die kleinste Oberfläche zu beschrän-
ken, die dem kleinsten Volumen entspricht. Infolgedessen strebt das
Protoplasma den Zellsaft zusammenzupressen; es entsteht also ein
Druck, der als Zentraldruck bezeichnet wird. Nach LAPLACE ist

dieser Druck gleich $2\,\delta\left(\dfrac{1}{R}+\dfrac{1}{r}\right)$, wobei δ die Oberflächenspannungs-konstante, R der Radius der Zelle und r der Radius der den Zellsaft einschließenden Vakuole ist. Da δ des Protoplasmas ungefähr zu $3{,}5\ \dfrac{\text{Milligramm}}{\text{Millimeter}}$ berechnet wird, so ist der Centraldruck in den Zellen der mehrzelligen Pflanzen ungefähr gleich 0,007 bis 0,07 Atmosphäre ($R = r = 0{,}02$ bis 0,2 Millimeter). Dieser Druck (p_c) muß also dem osmotischen Drucke der Außenlösung addiert werden.

Außerdem wissen wir, daß der osmotische Druck in der Zelle nicht nur von der Konzentration des Zellsaftes, der Temperatur und der elektrischen Dissoziation, sondern auch von der Permeabilität des Protoplasmas für gelöste Substanzen abhängt (vgl. S. 35). Dasselbe gilt selbstverständlich auch für den osmotischen Druck der Außenlösung. Unsere Gleichung gestaltet sich also folgendermaßen (vgl. S. 35):

$$P = p_i - p_a - p_c = i_1 R T C_i\,(1 - \mu_i) - i_2 R T C_a\,(1 - \mu_a) - p_c,$$

wobei C_i die molekulare Konzentration des Zellsaftes, C_a die der Außenlösung, μ_i der Protoplasmapermeabilitätsfaktor für Zellsaftstoffe, μ_a der für Stoffe der Außenlösung und p_c der Centraldruck ist. Bei Landpflanzen ist die Außenlösung offenbar die Lösung, welche die Zellwände durchtränkt. Die osmotischen Stoffe dieser Lösung stammen teilweise aus dem Zellsaft, teilweise aus den Gefäßbündeln des betreffenden Organes. Da aber die Stoffe, welche durch das Protoplasma verhältnismäßig gut permeieren, in den Zellsaft gewöhnlich von außen gelangen, so sind sie wahrscheinlich mit den Stoffen der die Zellhaut durchtränkenden Lösung identisch und wir können annehmen, daß $\mu_i = \mu_a = \mu$ und $i_1 = i_2 = i$ ist. Unsere Gleichung verkürzt sich also in folgender Weise:

$$P = iRT\,(1 - \mu)\,(C_i - C_a) - p_c.$$

Aus dieser Gleichung folgt, daß die Veränderungen des Turgordruckes durch die Veränderung der Konzentrationen C_i und C_a, des Permeabilitätsfaktors μ und des Centraldruckes verursacht werden können, wenn die Temperatur konstant bleibt. Verhältnismäßig große Turgordruckänderungen, die zu einer Variationsbewegung führen, können aber nur durch Veränderung der Konzentration C_i und des Permeabilitätfaktors μ hervorgerufen werden, weil C_a und p_c unbedeutende Größen darstellen.

Was nun die Nutationsbewegungen betrifft, so können sie vor allem durch eine Veränderung der synthetischen Tätigkeit der Zellen hervorgerufen werden (vgl. S. 188). Eine Veränderung der Wachstumsgeschwindigkeit dürfte aber gleichfalls durch einen Turgordruckwechsel verursacht werden, weil die Zellhautdehnung beim Appositionswachstum durch den Turgordruck hervorgerufen wird (vgl. S. 182ff.). Wir dürfen also vermuten, daß dieselben Agentien, welche Variationsbewegungen verursachen, auch gewisse Nutationsbewegungen hervorrufen können. Jedenfalls spielt die Veränderung des Stoffwechsels verschiedener Zellen der Organe durch Reize oder durch innere Veränderungen (z. B. durch Korrelationen) bei den Nutationsbewegungen die Hauptrolle. Bei der Betrachtung einzelner Fälle werden wir auf diese Verhältnisse nochmals zurückkommen.

Wir haben noch physikalisch-chemische Prozesse zu betrachten, die eine Erscheinung bedingen können, auf welche wir beim Studium der Bewegungen der mehrzelligen Pflanzen stoßen. Diese Erscheinung ist die Reizleitung im Pflanzeninneren. Die Leitung einer Veränderung der inneren Bedingungen haben wir beim Studium der Korrelationen kennen gelernt (vgl. S. 233 ff.), wobei die Vermutung ausgesprochen wurde, daß sie durch besondere spezifisch wirkende Stoffe vermittelt wird. Da es bei den Pflanzen keine Nerven gibt, die bei den Tieren die Reizleitung übernehmen, so läßt sich vermuten, daß die Reizleitung bei den Bewegungen ebenfalls vielfach durch chemische Stoffe vermittelt wird. Da aber die Diffusion von Zelle zu Zelle nur langsam stattfinden kann, dürfen diese Stoffe im Falle einer schnellen Reizleitung sich auch in den Gefäßbündeln (im Holz oder im Phloem) bewegen.

Die Zellen der mehrzelligen Pflanzen sind durch lebende protoplasmatische Fäden miteinander verbunden (Plasmodesmen), deren Grundmasse wie die des Protoplasmas sich leicht zersetzen kann (vgl. S. 10). Eine teilweise Zersetzung der Grundmasse des Protoplasmas durch Reize kann sich also in abgeschwächter Form von Zelle zu Zelle verbreiten. Solche Verbreitung schädlicher mechanischer Einflüsse von Zelle zu Zelle wurde vom Verfasser an Spirogyra bewiesen (1923).

B. Beschreibung und Erklärung der Bewegungserscheinungen der Pflanzen.

1. Hygroskopische Bewegungen.

Hygroskopische Bewegungen werden besonders oft bei der Austrocknung und dem Öffnen der Früchte beobachtet. Gewöhnlich nimmt die äußere Oberfläche der Fruchtwand beim Austrocknen mehr ab als ihre innere Oberfläche, so daß die Frucht in zwei oder mehrere Teile zerfällt, wobei sich die Fruchtwandstücke nach außen krümmen. Auf diese Weise öffnen sich z. B. die Fliederfrüchte. Komplizierter ist das Öffnen der Hülsen der Leguminosen, wobei die Hälften der Fruchtwand nicht nur auseinander gehen, sondern sich außerdem korkzieherartig drehen, wie es auf Abb. 113 zu sehen ist.

Abb. 113. Hülsen von Orobus vernus. (Nach Kerner.)

Die Früchte einiger Pflanzen (z. B. die von Stipa und Erodium) tragen auf ihrem Gipfel sehr lange fadenförmige Auswüchse (Achsen), die sich bei der Austrocknung drehen oder zusammenschrauben. Besonders schön ist diese hygroskopische Bewegung an Früchten von Erodium zu sehen (vgl. Abb. 114), deren Achse sich bei der Austrocknung korkzieherartig dreht und bei der Befeuchtung sich wieder streckt. Diese Bewegung bedingt ein allmähliches Vergraben der Frucht in die Erde.

Die mikroskopische Untersuchung zeigt, daß die Achse von Erodium aus einigen Schichten toter, faserförmiger Zellen besteht, von denen nur eine Schicht die Bewegung verursacht. Die Zellwände dieser Schicht haben spaltförmige Poren, die an der inneren Seite der Wand in schiefer Richtung, an der äußeren Seite senkrecht zu dieser Richtung gelagert sind. Die schwächste Kontraktion der Wände bei der Austrocknung findet in der Richtung statt, die der Porenlänge parallel ist, so daß beide Wandseiten der Faserzellen sich in senkrechter Richtung zueinander kontrahieren und dadurch die Drehung der Achse verursachen.

Es sei noch die Bewegung der Sporen von Schachtelhalmen (Equisetum) erwähnt, die vier fadenförmige Auswüchse tragen, welche im feuchten Zustande kreuzartig ausgebreitet sind und sich bei der Austrocknung zusammenlegen und die Spore bedecken.

2. Lokomotorische Bewegungen der Pflanzen.

Wie früher erwähnt, werden mit diesem Namen schwimmende und kriechende Bewegungen einzelliger Pflanzen benannt, welche offenbar nur in Wasser oder auf einem nassen Substrat stattfinden können und gewöhnlich mit Hilfe von Zilien oder Pseudopodien ausgeführt werden (vgl. Abb. 115). Diese Bewegungen können, wie wir wissen, autonom oder paratonisch sein, je nachdem sie selbständig oder auf Veranlassung eines Reizes einsetzen. Wir betrachten zuerst die autonomen Bewegungen.

Die autonomen Bewegungen mittels Pseudopodien (amöboide Bewegungen) werden nur bei Schleimpilzen beobachtet, deren Sporen in Wasser zuerst zu Zoosporen auskeimen (Abb. 115 A_1). Diese werfen aber bald ihre Zilien ab und verwandeln sich in Amöben, d. h. in formlose hautlose Klümpchen von Protoplasma, die

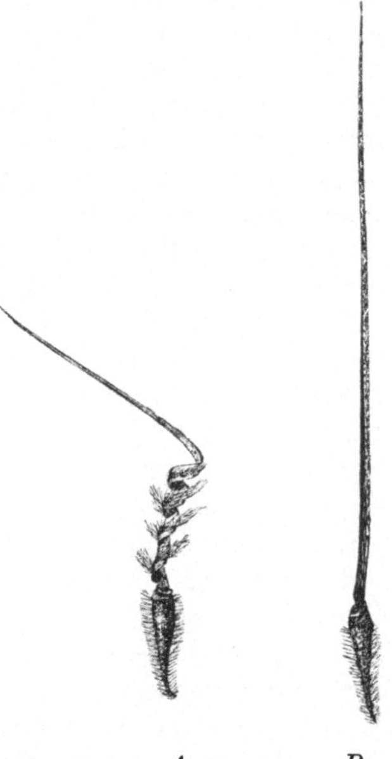

Abb. 114. Teilfrüchte von Erodium. *A* in trockenem Zustande, *B* in feuchtem Zustande, gerade gestreckt. (Nach NOLL.)

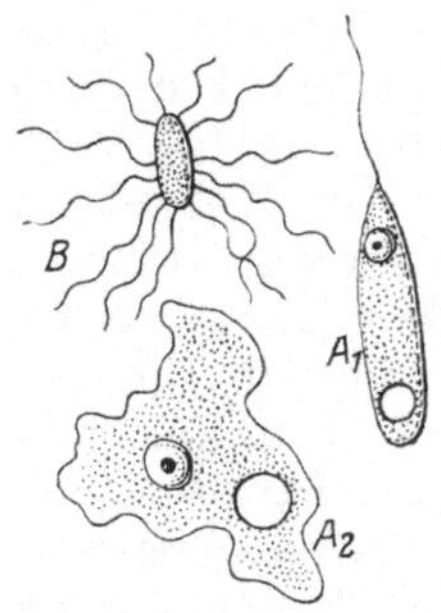

Abb. 115. Bewegung der einzelligen Pflanzen. *B* Heubazillus (Bacillus subtilis) mit Zilien bedeckt. A_1 Schwärmspore (Zoospore) eines Schleimpilzes mit einer Zilie. A_2 Amöbe desselben Schleimpilzes, Pseudopodien bildend. (Schematisch.)

Pseudopodien bilden und auf dem Substrat (faulendes Holz, Blätter usw.) langsam umherkriechen. Pseudopodien stellen formlose Auswüchse der Zellenoberfläche dar, in die das Protoplasma hineinfließt und auf diese Weise in der Richtung des Pseudopodiums kriecht. Da diese Auswüchse an allen Seiten der Amöbe entstehen können, so bewegt sich die Pflanze hin und her (Abb. 115 A_2).

Eine Zeitlang nach ihrer Entstehung kriechen die Amöben auf dem Substrate umher; dann beginnen sie aber miteinander zu verschmelzen und bilden in kurzer Zeit zusammenhängende hautlose Protoplasmamassen, die sogenannten Plasmodien, die bei einigen Schleimpilzen mehrere Zentimeter groß werden können. Die Plasmodien setzen ihre amöboide Bewegungen fort und kriechen auf dem Substrate langsam umher oder zerfließen zu einer großen Menge sehr dünner Protoplasmafäden und Stränge, die miteinander verbunden bleiben und eine Art von protoplasmatischem Netz bilden. Einzelne Stränge und Fäden können zerreißen und in die Hauptmasse des Protoplasmas eingezogen oder aufs neue gebildet werden.

Nach Untersuchungen von DE BARY, CIENKOVSKY und HOFMEISTER ist die Konsistenz der Oberflächenschicht des Plasmodiums veränderlich; bald ist seine Oberfläche mit einer festen Haut (Pellicula) bekleidet, bald verflüssigt sie sich aber und das Protoplasma quillt heraus und bildet Pseudopodien. Die Bildung der Pseudopodien und Fäden, ihr Zerreißen und Verschmelzen wird wahrscheinlich in der Hauptsache durch Veränderungen der Oberflächenspannung bedingt. Nimmt diese ab, so strebt das Protoplasma nach Oberflächenvergrößerung und zerfällt zu Fäden und umgekehrt (vgl. auch S. 247). Die Veränderung der Oberflächenspannung kann durch chemische Reaktionen im Protoplasma, die Verflüssigung der Pellicula durch Verbrauch der kolloidal-dispersen Stoffe, die die Zähigkeit des Protoplasmas bedingen, erzielt werden.

Die Bewegung mittels Zilien wird bei Bakterien, Zoosporen und Spermatozoiden beobachtet und kann selbstverständlich nur in Wasser stattfinden. Die Zilien bedecken entweder die ganze Oberfläche der Zellen (z. B. bei Heubazillen, vgl. Abb. 115 B) oder bilden zwei Pinsel an beiden Zellenden (vgl. Abb. 42, 4, S. 123), oder sind an einem Zellende angehäuft (Spermotozoiden, Zoosporen). Sie sind in schneller flackernder Bewegung begriffen und funktionieren wie Ruder. Wenn ihre Bewegungen in verschiedenen Ebenen stattfinden, so bewegen sich die Zellen nicht nur vorwärts oder rückwärts, sondern drehen sich auch um ihre Längsachse (z. B. Spirillum-Zellen). Die Geschwindigkeit einer fortrückenden Bewegung mittels Zilien ist viel größer als die der amöboiden Bewegung und beträgt bei den Zoosporen der Myxomyceten (vgl. Abb. 115, A_1) 1 mm pro Sekunde (bei trägeren Organismen gewöhnlich 0,1 oder nur 0,01 mm pro Sekunde).

Die Zilien stellen plasmatische Auswüchse dar, welche bei behäuteten Zellen (z. B. bei Bakterien) durch winzige Öffnungen der Zellwand heraustreten und welche, wie es scheint, nicht ganz erstarren, sondern nur an der Oberfläche von einem sehr dünnen Häutchen

(Pellicula) bedeckt sind. Nach dem Abschneiden der Zilien setzen sie ihre Bewegung eine Zeitlang fort, so daß die Ursache der Bewegung in ihrem Protoplasma zu suchen ist. Da sie von einer festen Haut bedeckt sind, so läßt sich vermuten, daß die Haut abwechselnd stellenweise verflüssigt oder erweicht wird, dann wieder erstarrt (vgl. S. 247) und dadurch die Zilien in schwingende Bewegung setzt. Spezielle Beobachtungen über die Ursachen der Zilienbewegung fehlen und würden wegen der Dünne der Zilien auch nur schwierig auszuführen sein.

3. Taxis (Richtungsbewegungen).

Wie früher erwähnt, bezeichnet man mit Taxis paratonische, d. h. durch Reize hervorgerufene lokomotore Bewegungen und je nach der Reizart unterscheidet man Chemotaxis, Aerotaxis, Phototaxis, Thermotaxis usw.

Die Chemotaxis läßt sich am besten an Bakterien beobachten. In einen Wassertropfen oder in einen Tropfen verdünnter Nährlösung, in welchem Bakterien schwimmen, führt man ein Kapillarröhrchen ein, das mit der zu prüfenden Lösung gefüllt und an einem Ende zugeschmolzen ist (vgl. Abb. 116). Je nach der Konzentration des gelösten Stoffes und nach seinen chemotaktischen Eigenschaften, häufen sich die Bakterien an der Öffnung des Kapillarröhrchens an und dringen in es ein oder umgekehrt, sie schwimmen von

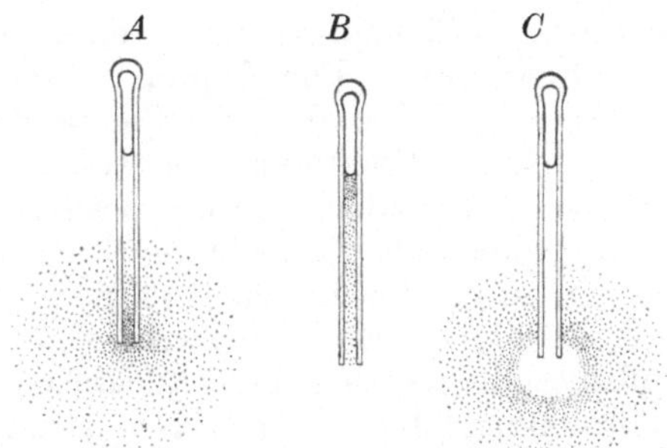

Abb. 116. Chemotaxis von Bakterien (nach PFEFFER). In der mit 1 proz. Fleischextrakt gefüllten Kapillare A haben sich die Bakterien angesammelt. In der Kapillare B befindet sich eine Luftblase, die Bakterien anlockt. Die Kapillare C ist mit angesäuertem Fleischextrakt gefüllt, das eine negative Chemotaxis der Bakterien bewirkt hat.

der Öffnung zurück und halten sich in einem gewissen Abstand.

PFEFFER (1884), der zum ersten Male diese Erscheinung beobachtete, bezeichnete sie im ersteren Falle als positive Chemotaxis, im letzteren Falle als negative Chemotaxis. Positiv wirken gewöhnlich Nährstoffe, so z. B. Pepton, Zucker, Asparagin, Fleischextrakt, Nährsalze usw., obwohl einige giftige Stoffe (z. B. Salizilsaures Natrium, Morphium) auch positiv wirken können. Negativ wirken Alkohol, Säuren, Laugen und andere Gifte. Einige Stoffe rufen dagegen keine Chemotaxis hervor, z. B. Sublimat, Glyzerin usw. Bezüglich der Chemotaxis können sich verschiedene Bakterienarten ungleich verhalten. So sind einige von ihnen für Kalium-, Natrium- und Magniumsalze unempfindlich. Noch größere Unterschiede zeigen in dieser Beziehung Spermatozoiden und Zoosporen.

Nach Untersuchungen PFEFFERS ruft Apfelsäure bei den Spermatozoiden der Farne positive Chemotaxis hervor. Die Apfelsäure wird wahrscheinlich auch unter natürlichen Bedingungen von den Archegonien der Farne ausgeschieden und dient als Anlockungsmittel für die Spermatozoiden, die den Weg von den Antheridien zu den Eizellen suchen. Die Spermatozoiden der Laubmoose zeigten sich als empfindlich für Zucker, die der Lebermoose für Eiweißkörper, so daß man vermuten darf, daß diese Stoffe auch von den Archegonien der genannten Pflanzen ausgeschieden werden und die Spermatozoiden anlocken.

Unter den Zoosporen zeigen nur die der Schleimpilze und Algenpilze (Phycomyceten) eine Chemotaxis; Laugen sind auch diesmal negativ chemotaktisch, während Säuren in schwachen Konzentrationen (nicht stärker als 0,001 gr.-Mol in 1 Liter) positiv wirken. Nur hohe Konzentrationen von Säuren rufen negative Chemotaxis hervor.

In zu niedrigen Konzentrationen kann selbstverständlich kein Stoff chemotaktisch wirken; die minimale Konzentration (»Reizschwelle«), bei der noch Chemotaxis auftreten kann, variiert für verschiedene Stoffe und Organismen. Für Pepton wurde sie von PFEFFER zu 0,001%, für Asparagin zu 0,01%, für Chlorkalium zu 0,1% und für Zucker zu 1% geschätzt (Bakterien als Testobjekte). Bei höheren Salzkonzentrationen verwandelt sich die positive Chemotaxis in eine negative.

Befinden sich die Bakterien oder Spermatozoiden nicht in Wasser, sondern in der Lösung eines aktiven Stoffes, so muß die Konzentration dieses Stoffes im Kapillarröhrchen höher sein als die Konzentration der Außenlösung, um eine chemotaktische Reaktion hervorzurufen. Wenn die Außenlößung 0,001% von Fleischextrakt enthält, muß man nach PFEFFER das Kapillarröhrchen mit einer 0,003 proz. Lösung dieses Extrakts füllen, um eine merkliche Chemotaxis der untersuchten Bakterien hervorzurufen. Enthält aber die Außenlösung 1% Extrakt, so muß die Lösung im Kapillarröhrchen 3% Extrakt enthalten usw. Mit anderen Worten, die Konzentration der Lösung im Kapillarröhrchen muß stets dreimal so hoch sein als die der Außenlösung. Die Konzentration von Apfelsäure im Kapillarröhrchen muß 30 mal so groß sein als die der Außenlösung, um den Spermatozoiden der Farne die Chemotaxis zu ermöglichen.

Eine gleiche chemotaktische Reaktion der schwimmenden Zellen wird also bei verschiedenen Konzentrationen eines Stoffes nur dann beobachtet, wenn das Verhältnis zwischen der Konzentration im Kapillarröhrchen und der in der Außenlösung gleich ist. Eine analoge Erscheinung wird bekanntlich auch bei der Reizempfindung der Tiere beobachtet. So wird z. B. die Gewichtserhöhung eines auf der Oberfläche unseres Körpers liegenden Gegenstandes erst dann bemerkbar, wenn das Verhältnis zwischen seinem Gewichte und der Gewichtszunahme jedesmal gleich ist; je größer das Gewicht des Gegenstandes ist, desto größer muß die Gewichtszunahme sein, um bemerkbar zu werden. Diese Erscheinung bezeichnet man gewöhnlich als WEBERsches Gesetz.

Die Chemotaxis wird als Aerotaxis bezeichnet, wenn sie durch Sauerstoff hervorgerufen wird. Wir wissen schon, daß viele Bakterien sich um die Algenzellen sammeln, weil die Algen im Licht Sauerstoff ausscheiden (vgl. S. 116). Befinden sich bewegliche aerobe Bakterien in einem Flüssigkeitstropfen unter dem Deckgläschen, das an den Rändern mit, Vaseline gedichtet ist, und gibt es auch Luftbläschen in diesem Tropfen, so sammeln sich die Bakterien um die Bläschen und demonstrieren damit ihre positiv aerotaktischen Eigenschaften (vgl. auch Abb. 116, *B*).

Von den übrigen Arten von Taxis betrachten wir noch die Phototaxis der Algen und Plasmodien, und den Hydrotaxis der letzteren. Beleuchtet man das Gefäß mit Wasser, in dem grüne Zoosporen oder einzellige Algen (z. B. Chlamydomonas) schwimmen, einseitig, so beobachtet man, daß sich die schwimmenden Pflanzen an der belichteten Gefäßwand ansammeln. Ist aber die Belichtung zu stark, so schwimmen die Algen nach dem am wenigsten beleuchteten Teil des Gefäßes und die positive Phototaxis verwandelt sich nun in eine negative.

Die Plasmodien der Schleimpilze kriechen gewöhnlich nach den am wenigsten beleuchteten Teilen des Substrats (nach den Spalten und Rissen des Stammes oder des morschen Astes) und von den ausgetrockneten Teilen nach den feuchtesten Stellen; dadurch erweisen sie sich als negativ phototaktisch und positiv hydrotaktisch. Bei der Sporenbildung verwandelt sich dagegen die positive Hydrotaxis der Plasmodien in eine negative; sie kriechen auf die Substratoberfläche heraus, um hier ihre Fruchtkörper und Sporen zu bilden.

Zur Erklärung der Taxis muß man sich vor allem daran erinnern, daß sie infolge einer ungleichen Einwirkung des Reizes auf verschiedene Teile der Pflanze zustande kommt; eine gleichmäßige Veränderung der Konzentration, Beleuchtung, Feuchtigkeit usw. des umgebenden Mediums könnte keine paratonische Bewegung hervorrufen. Man kann also vermuten, daß schon ein sehr kleiner Unterschied zwischen den Konzentrationen eines Stoffes, der Beleuchtung oder Feuchtigkeit an verschiedenen Seiten der Pflanze zu einem ungleichen Stoffwechsel an diesen Seiten führen kann, der seinerseits eine ungleich schnelle Pseudopodienbildung oder Zilienbewegung verursachen kann. Zukünftige Untersuchungen haben zu entscheiden, wie weitgehend kleine Modifikationen der Außenbedingen die Bewegungsgeschwindigkeit der einzelligen Pflanzen verändern können. Bis jetzt fehlen noch Untersuchungen, in welchen die Bewegungsgeschwindigkeit unter verschiedenen Außenbedingungen genau gemessen würde.

Es sei aber noch darauf aufmerksam gemacht, daß die Bewegungen der Zellen bei allen Arten von Taxis nach Pfeffer auf zweierlei Weise stattfinden kann. Zoosporen und Spermatozoiden sollen sich bei der Reizwirkung drehen und ihren vorderen Zilien tragenden Teil dem Ausgangspunkt des Reizes zuwenden (im Falle einer positiven Chemotaxis), und sofort direkt nach dem Ziele hinschwimmen. Bakterien sollen dagegen nur zufällig in die Wirkungssphäre des Reizes geraten und bei negativer Taxis sofort zurückschwimmen; bei positiver Taxis sollen sie sich noch eine Zeitlang in der früheren Richtung bewegen, und sollen sofort zur Reizstelle zurückkehren, wenn sie merken, daß sie sich durch ein Vorwärtsschwimmen von ihr entfernen. Die Erscheinung sieht also so aus, als ob die Zellen in eine physiologische Falle geraten. Die Taxis der ersten Art bezeichnet man oft mit PFEFFER als Topotaxis (d. h. richtende Bewegung), die der zweiten Art als Fobotaxis (d. h. Schreckbewegung).

4. Autonome Variationsbewegungen.

Variationsbewegungen, d. h. Bewegungen, die durch eine ungleiche Veränderung des Turgordruckes verschiedener Zellen verursacht werden, werden nur bei einigen Pflanzenfamilien beobachtet und stellen gewöhnlich nastische Bewegungen (Nastieen) dar, d. h. sie finden in einer voraus bestimmten Richtung statt. Die bekanntesten Variationsbewegungen sind die nastischen Bewegungen der gefiederten oder dreiteiligen Blätter der Leguminosen und des Sauerklees (Oxalis und andere Oxalideen); die Blättchen und manchmal auch die Blattstiele dieser Pflanzen besitzen an ihrer Ansatzstelle kleine, runde, polsterförmige Gebilde, die gewöhnlich als Blattgelenke bezeichnet werden (vgl. Abb. 117).

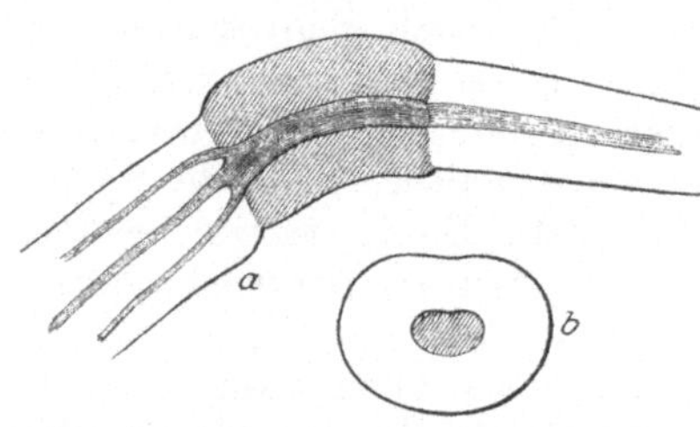

Abb. 117. Blattgelenk der Feuerbohnen (Phaseolus multiflorus). *a* Längsschnitt, *b* Querschnitt. (Nach PFEFFER.)

Die Gefäßbündel des Blattstiels verbinden sich im Blattgelenke zu einem einheitlichen Bündel, das an der Gelenkachse gelegen ist (vgl. die Abb.). Das Gefäßbündel enthält in der Hauptsache nur dickwandige Zellen, also sehr wenig dehnbare Elemente. Dagegen bestehen die übrigen Gelenkteile aus dünnwandigen und dehnbaren Zellen; darum ist das Gelenk sehr biegsam und kann sich leicht um seine Ansatzstelle bewegen. Durch eine aktive Krümmung des Gelenkes werden Variationsbewegungen der ansitzenden Blättchen verursacht, wenn sich der Turgordruck der Zellen in den entgegengesetzten Gelenkhälften beiderseits des Gefäßbündels in verschiedenem Sinne oder Grade verändert. Das Gelenk muß sich offenbar nach der Seite krümmen, in der der Turgordruck kleiner geworden ist oder weniger zugenommen hat.

Autonome Variationsbewegungen (d. h. unter konstanten Außenbedingungen stattfindende) kann man am einfachsten am Klee (Trifolium) und Sauerklee (Oxalis) beobachten. Die Blättchen der dreiteiligen Blätter beider Pflanzen sind in einer unaufhörlichen Bewegung begriffen: infolge einer aktiven Gelenkkrümmung senken sich die Blättchen oder erheben sich wieder. Jede Schwingung verlangt ungefähr 1 bis 4 Stunden, wobei die Blättchen einen Winkel von 20 bis 100 Grad zu ihrer Ausgangslage bilden können.

Besonders auffallend sind die autonomen Bewegungen der Blättchen der Tropenpflanze Desmodium gyrans (vgl. Abb. 118). Die dreiteiligen Blätter dieser Pflanze haben ungleich große Blättchen: das mittlere ist groß und lang, während die zwei Seitenblättchen sehr klein sind und sehr oft fehlen, weil sie leicht abfallen. Bei günstiger Temperatur (30—40° C) sind die kleinen Blättchen in einer ununterbrochenen Kreisbewegung begriffen, wobei sie mit ihren Spitzen eine Ellipse zeichnen, deren große Achse dem Blattstiele parallel ist. Jede Schwingung verlangt diesmal nur 2 Minuten, so daß man die Bewegung der Blättchen mit bloßen Augen sehen kann.

In allen Fällen werden autonome Variationsbewegungen durch eine ungleichsinnige Veränderung des Turgordrucks in den Gelenkzellen verursacht. An der Seite des Gelenkes, nach der die Krümmung stattfindet, vermindert sich der Turgordruck, während er an der entgegengesetzten Seite des Gelenkes in gleichem Grade zunimmt, wobei die Summe des Turgordruckes aller Gelenkzellen beinahe unverändert bleibt. Versuche BRÜCKES (1848) zeigten, daß sich der Widerstand der Gelenke gegen eine künstliche Krümmung durch Belastung (»Biegungsfestigkeit«) bei der autonomen Variationsbewegung nicht verändert; dieser Widerstand hängt aber von der Summe des Turgordruckes aller Gelenkzellen ab (vgl. auch S. 248).

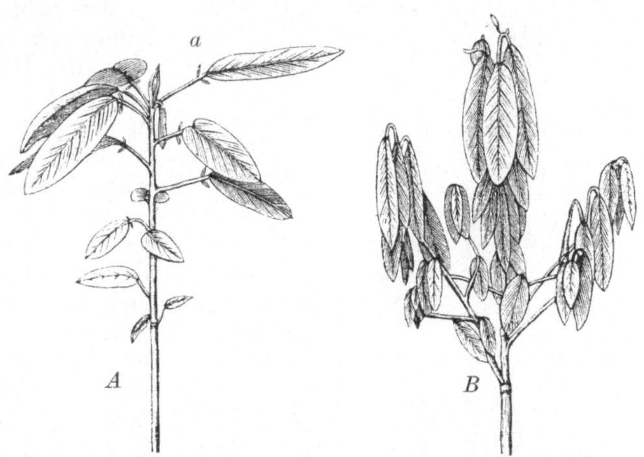

Abb. 118. Desmodium gyrans. *A* Tagstellung, *B* Nachtstellung. *a* Seitenblättchen. (Nach DARWIN.)

PFEFFER ließ die sich krümmenden Gelenke auf den Hebel eines kleinen Dynamometers einwirken und bestimmte ungefähr die Kraft, mit welcher die autonome Bewegung der Blättchen stattfindet oder, mit anderen Worten, die Veränderung des Turgordrucks der Gelenkzellen, die diese Bewegung hervorruft. Sie betrug 0,6 bis 2 Atmosphären.

Wie früher auseinandergesetzt wurde (vgl. S. 249), kann eine so große Veränderung des Turgordrucks nur durch eine Veränderung der Konzentration des Zellsafts oder der Permeabilität des Protoplasmas für gelöste Stoffe hervorgerufen werden. Welche von beiden Größen bei den autonomen Variationsbewegungen verändert wird, ist noch nicht entschieden. Im folgenden Kapitel werden wir aber erfahren, daß paratonische Variationsbewegungen durch Permeabilitätsänderungen des Protoplasmas verursacht werden.

5. Photonastische und phototropische Variationsbewegungen der Blätter.

Unter paratonischen Variationsbewegungen der Blätter sind die, welche durch Lichtwechsel veranlaßt und als Schlafbewegungen bezeichnet werden, die bekanntesten.

Am Abend senken sich gewöhnlich die Blättchen der die Gelenke tragenden Blätter, um sich am Morgen wieder zu heben (vgl. Abb. 119 und Abb. 118, S. 257). Seltener heben sich die Blättchen am Abend und legen sich mit ihren oberen Seiten paarweise aneinander, wie es z. B. bei Mimosa pudica beobachtet wird. Gleichzeitig nähern sich die secundären Blattstiele einander und die Hauptblattstiele senken sich (vgl. Abb. 1, *b*, S. 12). Am Morgen findet eine Rückbewegung statt und die Pflanze nimmt ihre frühere Gestalt an.

Die Schlafbewegungen finden immer in derselben Richtung statt (d. h. die Blättchen senken sich z. B. nach unten, um sich wieder zu erheben), so daß sie als nastische Bewegungen bezeichnet werden müssen.

Die beschriebenen Bewegungen der Blätter werden nicht nur abends und morgens, sondern auch nach der Verdunkelung der Pflanzen am Tage oder bei Belichtung während der Nacht beobachtet. Es lag also der Gedanke nahe, daß die Bewegungen am Abend und am Morgen ebenfalls durch Lichtwechsel verursacht

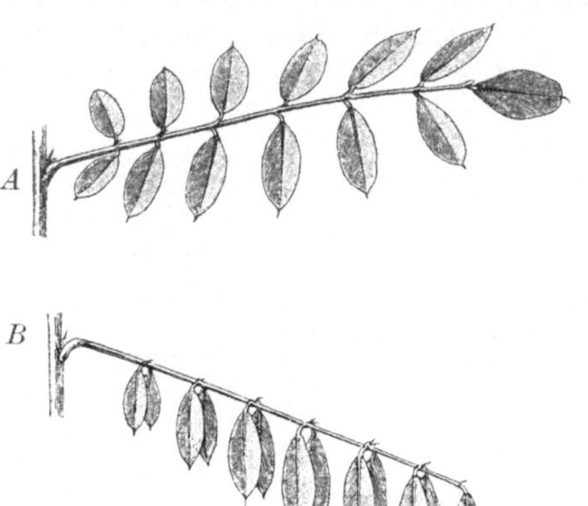

Abb. 119. Schlafbewegung der Blättchen von Amorpha fructicosa. *A* Tagstellung, *B* Nachtstellung. (Nach PFEFFER.)

werden. PFEFFER gelang es, diese Bewegungen dadurch künstlich hervorzurufen, daß er die verdunkelten Pflanzen in bestimmten Zeitabständen mit elektrischem Licht bestrahlte.

Bei einer ununterbrochenen Beleuchtung oder in ständiger Dunkelheit hören aber die Bewegungen der Blätter nicht sofort, sondern erst nach einigen Tagen auf, wobei die Blattsenkung ungefähr um dieselbe Abendstunde erfolgt, in der sie auch vorher unter natürlichen Bedingungen stattgefunden hatte. Obwohl solche Bewegungen beim ersten Anblick autonom zu sein schienen, zeigten die Untersuchungen PFEFFERs, daß sie als paratonisch betrachtet werden müssen, weil sie nur Nachwirkungen der vorher ausgeübten Schlafbewegungen darstellen (vgl. auch S. 221). Die Befunde PFEFFERs wurden in letzter Zeit von einigen Forschern angezweifelt, weil es gelungen war, ähnliche rhythmische Bewegungen an im Dunkeln gezogenen Bohnenpflanzen zu beobachten. Es ist aber möglich, daß in diesem Falle die nastischen Blattbewegungen durch irgendwelche anderen alternierend wirkenden Agentien hervorgerufen wurden. Mag auch die Temperatur des Versuchsraums konstant sein, man ist doch nicht imstande, alle Veränderungen der umgebenden Welt auszuschließen, so z. B. den elektrischen Zustand der Atmosphäre oder die Veränderung der Schwerkraftwirkung durch den Mond u. a.

Die Nachwirkungen kommen nach Pfeffer nicht nur im Dunkeln, sondern auch unter natürlichen Bedingungen beim täglichen Lichtwechsel zustande, so daß der direkte Beleuchtungswechsel sich den Nachwirkungen addiert und es vorkommen kann, daß z. B. die Nachtbewegung der Blättchen früher als die Dämmerung eintritt, falls der Versuch im Frühling angestellt wird, wenn die tägliche Belichtungszeit immer länger wird, während die Blättchen gewöhnt sind, schon um eine frühere Stunde die Nachtstellung einzunehmen. Jedenfalls stellen die Schlafbewegungen typische photonastische (d. h. durch Lichtwirkung verursachte) Bewegungen dar.

Der Annahme, daß die Schlafbewegungen durch den Beleuchtungswechsel verursacht werden, widersprach, wie es schien, die seit langem bekannte Tatsache, daß die Hauptblattstiele von Mimosa pudica auf eine künstliche Verdunkelung hin anders als auf die abendliche Dämmerung reagieren. Bei künstlicher Verdunkelung richten sie sich auf, während sie sich am Abend stark nach unten krümmen (vgl. Abb. 1 *b*, S. 12). Die Versuche des Verfassers zeigten aber, daß der Unterschied nur infolge eines langsameren Eintritts der Dunkelheit am Abend zustande kommt. Verdunkelt man die Pflanze am Tage sehr langsam und allmählich, so beobachtet man kein Aufrichten der Blattstiele sondern ein Senken.

Um die Turgordruckänderungen in Gelenkzellen festzustellen, machte Pfeffer Versuche mit operierten Pflanzen, bei welchen entweder die oberen oder die unteren Gelenkhälften so entfernt waren, daß das Gefäßbündel des Gelenkes vollkommen intakt war. Nach Verdunkelung solcher Pflanzen oder am Abend verlängerten sich die zurückgebliebenen Gelenkhälften und die Blättchen, deren obere Gelenkhälften entfernt worden waren, erhoben sich stets, während die Blättchen sich senkten, deren untere Gelenkhälften fehlten. Die Schlafbewegungen werden also von einer Zunahme des Turgordruckes in beiden Gelenkhälften bei der Verdunkelung oder am Abend begleitet. Man hat daher anzunehmen, daß sie durch eine ungleiche Turgordruckänderung in den verschiedenen Gelenkhälften verursacht werden; und zwar muß der Turgordruck der Blättchen, die sich am Abend senken, bei der Verdunkelung in der oberen Gelenkhälfte stärker als in der unteren zunehmen. Die Versuche Pfeffers mit dem Dynamometer (vgl. S. 257) zeigten, daß die durch die Verdunkelung verursachte Turgordruckänderung 1 bis 5 Atmosphären beträgt.

Eine so große Veränderung des Turgordrucks kann, wie wir wissen, nur durch eine Veränderung der Zellsaftkonzentration oder der Permeabilität des Protoplasmas hervorgerufen werden (vgl. S. 249). Die Untersuchungen des Verfassers zeigten, daß die Konzentration des Zellsaftes zu Beginn der Bewegung unverändert bleibt; erst nach Vollendung der

Bewegung kann sie verändert werden. Somit konnte vermutet werden, daß die Änderung der Permeabilität des Protoplasmas die Bewegung verursacht.

Wir wissen schon, daß die Permeabilität des Protoplasmas durch die Verdunkelung verringert wird (vgl. S. 36). Die Versuche an Mimosa und Bohnen zeigten außerdem, daß die Permeabilität des Protoplasmas der Gelenkzellen im Dunkeln abnimmt und im Hellen zunimmt. So war z. B. der Permeabilitätsfaktor μ (vgl. S. 35) in den Zellen der oberen Gelenkhälfte der Blätter von Feuerbohnen im Dunkeln gleich 0,09, im Lichte gleich 0,33. Es ist also verständlich, daß der Turgordruck der Gelenkzellen nach Verdunkelung zunimmt. Nicht klar ist aber, weshalb diese Zunahme nur in den Gelenkzellen beobachtet wird, während in anderen Blattzellen keine merkliche Turgoränderung stattfindet, obwohl die Permeabilität des Protoplasmas für gelöste Stoffe in allen Zellen im Dunkeln abnimmt.

Legt man aber die dünnen Schnitte der Gelenke in Wasser, so stellt man fest, daß ihre Zellen sich anders verhalten als die übrigen Blattzellen. Zwar nimmt die Konzentration ihres Zellsaftes fortwährend und stark ab; diese Abnahme entspricht der Osmose der Substanzen aus dem Zellsafte, so daß die Permeabilität des Protoplasmas der Gelenkzellen für Zellsaftstoffe sich als ungewöhnlich groß erweist. Im Gegensatz dazu bleibt die Konzentration des Zellsaftes der übrigen Blattzellen, die sich im Wasser befinden, während mehrerer Tage unverändert. Auch die Bestimmung der Permeabilitätsfaktoren μ bestätigt dieses Ergebnis: während μ in den Gelenkzellen am Tage gleich 0,2 bis 0,3 ist, beträgt es in den übrigen Blattzellen kaum mehr als 0,01. Je größer aber μ ist, desto stärker wird der Turgor der Zellen, bei der Ab- resp. Zunahme von μ verändert.[1]

In den oben beschriebenen Untersuchungen wurde der Permeabilitätsfaktor μ nach der Methode der isotonischen Koeffizenten für Salpeter bestimmt. Die Permeabilität des Protoplasmas der Gelenkzellen für Salpeter glich der für Zellsaftstoffe.

Was nun die Ursache einer größeren Zunahme des Turgordruckes in der einen Gelenkhälfte im Vergleich mit der in der anderen nach Verdunkelung anbetrifft, so zeigten die isotonischen Koeffizienten, daß die Protoplasmapermeabilität in den Zellen der Gelenkhälfte, welche bei der Krümmung convex wird, immer größer ist, als die in der entgegengesetzten (concaven) Gelenkhälfte. Eine relativ gleiche Per-

---

[1] Nehmen wir z. B. an, daß die theoretische Größe des osmotischen Druckes des Zellsaftes gleich 6 Atmosphären ist und daß der Permeabilitätsfaktor $\mu = 0{,}01$ ist. Der Turgordruck der Zelle ist somit $P = 6\,(1-0{,}01) = 5{,}99$ (vgl. S. 35). Ist aber $\mu = 0{,}3$, so ist $P = 6\,(1-0{,}3) = 4{,}2$ Atmosphären. Nehmen wir weiter an, daß die Pflanze verdunkelt wird und infolgedessen eine Verminderung der Protoplasmapermeabilität stattfindet, so daß der Permeabilitätsfaktor $1^{1}/_{2}$ mal kleiner als früher wird. Im ersten Falle ist also jetzt $P = 6\,(1-0{,}007) = 5{,}96$ Atmosphären, im zweiten Falle ist aber $P = 6\,(1-0{,}2) = 4{,}8$ Atmosphären, d. h. die Turgordruckänderung im ersten Falle (bei kleinem μ) ist nur 0,03 Atmosphären, während sie im zweiten Falle gleich 0,6 Atmosphären ist.

meabilitätsänderung muß also eine größere Zunahme des Turgordruckes der convexen Gelenkhälfte bei der Verdunkelung hervorrufen. Dazu gesellt sich noch eine größere Empfindlichkeit des Protoplasmas der Zellen in der convexen Gelenkhälfte, so daß der Permeabilitätsfaktor bei der Verdunkelung in dieser Hälfte auch relativ stärker zunimmt. So ist z. B. μ in den Zellen der Gelenke von Phaseolus multiflorus, welche sich bei der Verdunkelung nach unten krümmen, gleich:

a) im Lichte

in der oberen (convexen) Gelenkhälfte 0,33
in der unteren (concaven) Gelenkhälfte 0,28

b) im Dunkeln

in der oberen Gelenkhälfte 0,09
in der unteren Gelenkhälfte 0,21.

Der Zellsaft der Blattgelenke ist gewöhnlich einer 5 bis 8 proz. Salpeterlösung isotonisch, so daß sein theoretischer osmotischer Druck 18 bis 30 Atmosphären beträgt. Nehmen wir an, daß der Permeabilitätsfaktor in der oberen Gelenkhälfte (wie angegeben) gleich 0,33, in der unteren Gelenkhälfte 0,28 ist und daß der Zellsaft einen osmotischen Druck von 20 Atmosphären hat, so ist der Turgordruck in der oberen Gelenkhälfte 20 (1—0,33) = 13,4 Atmosphären, in der unteren Hälfte 20 (1—0,28) = 14,4 Atmosphären. Nach der Verdunkelung vermindert sich μ in der oberen Hälfte auf 0,09 und in der unteren Hälfte auf 0,21 und der Turgordruck vergrößert sich in der oberen Hälfte auf 20 (1—0,09) = 18,2 Atmosphären, in der unteren Hälfte auf 20 (1—0,21) = 15,8 Atmosphären. Die Bewegung wird also mit einer Kraft von ungefähr 3 Atmosphären ausgeführt.

Wir haben noch das eigentümliche Verhalten des Hauptblattstiels von Mimosa pudica zu erklären, der, wie erwähnt, auf eine langsam stattfindende Verdunkelung anders als auf die schnell stattfindende reagiert. Die Ursache dieser Erscheinung liegt in einer ungleichen Geschwindigkeit der Wasseraufsaugung durch verschiedene Gelenkzellen nach der Verdunkelung.

Dunkelheit vergrößert die Kraft, mit welcher Wasser durch die Zellen aufgenommen wird; der Turgordruck kann sich aber offenbar erst bei der Aufnahme einer neuen Wassermenge vergrößern (vgl. S. 20 und 32). Mikroskopische Untersuchungen zeigen, daß die Zellwände in der unteren Gelenkhälfte des Hauptblattstiels von Mimosa pudica viel dünner sind als die Zellwände der oberen Gelenkhälfte. Infolgedessen tritt das Wasser, das durch die Zellwände diffundieren muß, in die Zellen der oberen Hälfte langsamer als in die der unteren Hälfte ein, trotzdem die osmotische Kraft in den Zellen der oberen Gelenkhälfte stärker als die in den Zellen der unteren Hälfte zunimmt. Der Turgordruck der Zellen der unteren Hälfte nimmt daher rascher zu und der Blattstiel wird aufgerichtet. Je vollständiger aber die Zellen der oberen Gelenkhälfte die ihrer erhöhten osmotischen Kraft entsprechende Wassermenge einsaugen, desto größer wird der Turgordruck in der oberen Gelenkhälfte und der Blattstiel senkt sich allmählich nach unten. Findet aber die Verdunkelung und also die Vergrößerung des Turgordruckes langsam statt, so wird der erwähnte Unterschied zwischen der Geschwindigkeit der Wasseraufsaugung durch die beiden Gelenkhälften unmerklich und der Hauptblattstiel senkt sich, ohne sich vorher zu erheben (vgl. S. 259).

Junge Blätter von Mimosa pudica, deren Zellen gleich verdickte Wände besitzen, reagieren sowohl auf eine langsam stattfindende, als auch auf eine plötzliche Verdunkelung mit einem Sinken des Hauptblattstieles. Ähnlich reagieren die Blätter anderer Mimosa-Arten (z. B. Mimosa Speggazzini, sensitiva u. a.), bei denen es keinen Unterschied in der Zellwanddicke der verschiedenen Gelenkhälften gibt.

PFEFFER hat gegen die oben beschriebene Erklärung der photonastischen Bewegungen eingewendet, daß die Zunahme des Turgordruckes bei einer Abnahme der Permeabilität nicht verständlich sei; denn die bei Zunahme der Permeabilität vorher herausdiffundierten Stoffe müssen in der Umgebung der Zellen zurückbleiben und einer Entfaltung des Turgordruckes entgegenwirken. Dieser Einwand ist leicht zu widerlegen, weil die Wasseraufsaugung durch die Gelenkzellen aus dem Gefäßbündel stattfindet, wo sich Wasser infolge der Transpiration in stetiger Strömung befindet. Die herausdiffundierten Stoffe werden also durch den Wasserstrom mitgerissen. Schneidet man aber die Blattspreiten der Blättchen in der Weise ab, daß die Gelenke intakt bleiben, so hört doch die photonastische Bewegung bald auf, weil die herausdiffundierten Stoffe sich im Gefäßbündel anhäufen.

Was nun die Nachwirkungen der photonastischen Bewegungen, die unter konstanter Beleuchtung oder im Dunkeln beobachtet werden, anbetrifft, so zeigten die Versuche PFEFFERs, daß die Turgordruckänderungen bei den Nachwirkungsbewegungen denen ähnlich sind, die bei den autonomen Bewegungen beobachtet wurden: während in einer Gelenkhälfte eine Turgordruckabnahme auftritt, zeigen die Zellen der anderen Hälfte eine Turgordruckzunahme usw.

Die Ursache solcher Turgordruckänderungen liegt wahrscheinlich in Änderungen der Permeabilität des Protoplasmas für gelöste Stoffe. Eine jede Volumvergrößerung der Zellen bei der Bewegung muß offenbar die Dicke des Protoplasmaschlauches herabsetzen und seine Permeabilität erhöhen; umgekehrt muß eine jede Verminderung des Zellvolumens seine Verdickung und eine Verringerung der Permeabilität hervorrufen. Infolgedessen veranlaßt eine jede durch Turgordruckänderungen verursachte Krümmung des Gelenkes eine Gegenreaktion, so daß die gesenkten Blätter die Bestrebung haben, sich wieder zu erheben und umgekehrt.

Werden gelenktragende Pflanzen stark und einseitig belichtet, so nimmt die Protoplasmapermeabilität in dem belichteten Gelenkteile zu, der Turgordruck nimmt aber ab. Infolgedessen krümmen sich die Gelenke und die Blätter in der Richtung des einfallenden Lichtes, so daß eine Art von Phototropismus stattfindet. Diese Krümmungsart wird auch in der Natur beobachtet.

6. Geotropische, thermonastische u. a. Variationsbewegungen der Blätter.

Die Schwerkraft übt einen großen Einfluß auf die Lage der pflanzlichen Organe aus und wir werden bald sehen, daß dieser Einfluß sich besonders auffällig in Veränderungen der Wachstumsgeschwindigkeit verschiedener Pflanzenteile äußert. Auch übt die Schwerkraft einen sehr großen Einfluß auf den Turgordruck der Gelenkzellen aus.

PFEFFER (1875) und FISCHER (1890) zeigten, daß die Schwerkraftsrichtung die Lage der Blättchen und der Blattstiele aller Gelenke tragenden Blätter in hohem Grade beeinflußt. Befestigt man eine Pflanze, die Variationsbewegungen zeigt, in umgekehrter Lage (die Spitze nach unten), so krümmen sich die Blattgelenke nach einigen Stunden in der Weise, daß die Blättchen ihre Abendstellung einnehmen, wie es z. B. auf Abb. 120 a zu sehen ist. Bleibt die Pflanze in der umgekehrten Lage einige Tage, so zeigt sie photonastische Bewegungen, deren Richtung gegenüber der, welche unter normalen Bedingungen beobachtet wird, entgegengesetzt ist. So bewegen sich z. B. die Blättchen der Bohnenpflanze (Phaseolus) bei Verdunkelung oder am Abend

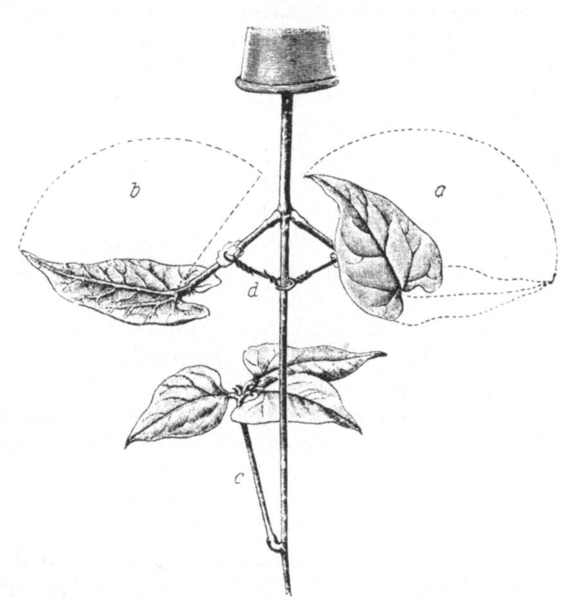

Abb. 120. Blattbewegung bei Phaseolus multiflorus nach Umkehrung der Pflanze. Die Stiele der ersten beiden Laubblätter sind durch den Draht d unverrückbar fixiert. Das Blatt a ist in der Tagstellung, das Blatt b in der Nachtstellung gezeichnet. Der Blattstiel c hat sich nach oben gekrümmt. (Nach PFEFFER.)

in der Weise, daß sich der Winkel zwischen dem Blattstiele und dem Hauptnerven der Blättchen vergrößert (vgl. Abb. 120 b). Bei erneutem Belichten der Pflanze oder am Tage krümmen sich dagegen die Blättchen nach dem Blattstiele zu (vgl. Abb. 120 a). Es werden also umgekehrte Schlafbewegungen beobachtet.

Der angegebene Versuch gelingt freilich nur dann, wenn die Blattstiele in der Lage befestigt sind, welche sie an der normalen Pflanze haben, sonst krümmen sie sich nach der Wurzel hin, so daß die Blättchen ihre frühere normale Lage annehmen (vgl. Abb. 120 c); dann sind die verkehrten Schlafbewegungen nicht mehr möglich.

Dreht man nach FISCHER die gelenktragenden Pflanzen in horizontaler Lage fortwährend so um ihre eigene Längsachse (mittels eines besonders konstruierten Apparates, des sogenannten Klinostaten, vgl. Abb. 127, S. 275), daß die Schwerkraft auf alle Gelenkseiten gleichmäßig einwirkt, so hören die Schlafbewegungen gewöhnlich allmählich auf.

Die Schwerkraftrichtung schafft also in den Gelenken die inneren Bedingungen, welche den Blättern die photonastischen Bewegungen ermöglichen.

PFEFFER zeigte, daß die Nachtstellung der Blätter nach Umkehrung der Pflanze durch eine ungleichsinnige Turgordruckänderung in den verschiedenen Gelenkhälften hervorgerufen wird. Während in der der Erde zugekehrten Gelenkhälfte der Turgordruck zunimmt, nimmt er in der dem Zenit zugekehrten Gelenkhälfte ab.

Die Versuche des Verfassers zeigten, daß solche Veränderungen des Turgordrucks bei einer Lageveränderung der Pflanze durch die Permeabilitätsänderungen des Protoplasmas der Gelenkzellen für gelöste Stoffe hervorgerufen werden. In der der Erde zugekehrten Gelenkhälfte tritt nach Umkehrung der Pflanze eine starke Permeabilitätsverminderung auf, während in der dem Zenit zugekehrten Gelenkhälfte die Permeabilität stark zunimmt. Diese Permeabilitätsänderungen sind noch größer als die, welche bei einem Beleuchtungswechsel beobachtet werden, und bedingen die beschriebene geotropische Bewegung.

Die eben beschriebene Permeabilitätsänderung des Protoplasmas erklärt auch die umgekehrten Schlafbewegungen nach einem Umdrehen der Pflanze. Die Bohnenblättchen senken sich bei Verdunkelung oder am Abend bei normaler Lage der Pflanze nach unten, weil die Protoplasmapermeabilität der oberen Gelenkhälfte sehr groß ist und ihre Veränderung eine bedeutende Turgordruckänderung verursachen kann. Nach einer Umkehrung der Pflanze vermindert sich dagegen die Permeabilität in der morphologisch oberen Gelenkhälfte so stark, daß ihre Verminderung nach Verdunkelung den Turgordruck nur wenig beeinflußt. Im Gegensatz dazu vergrößert sich die Permeabilität in der morphologisch unteren Gelenkhälfte nach der Umkehrung der Pflanze so stark, daß die Verminderung dieser Permeabilität eine große Turgordruckzunahme und die Krümmung des Gelenkes zur entgegengesetzten Seite, d. h. nach unten, bewirkt.

Das Aufhören der Schlafbewegungen einiger Pflanzenarten beim Drehen um die horizontale Achse des Klinostaten wird damit erklärt, daß die Permeabilität des Protoplasmas in allen Gelenkteilen bei der allseitigen Schwerkrafteinwirkung ungefähr gleich wird, so daß die Verdunkelung eine gleiche Turgordruckzunahme in beiden Gelenkhälften hervorruft.

Als Reizanlaß für die Variationsbewegungen der Blätter kommen außer Beleuchtungswechsel und Schwerkraftrichtung auch Temperaturänderungen in Betracht; dabei ist die Wirkung der Abkühlung der der Verdunkelung analog, weil die Protoplasmapermeabilität bei einer Temperaturerniedrigung abnimmt (vgl. S. 36). Unter natürlichen Bedingungen addiert sich die Temperaturwirkung der Lichtwirkung, weil die Temperatur am Abend abnimmt und nach Sonnenaufgang zunimmt.

Da Chloroform und Äther die Permeabilität des Protoplasmas für gelöste Stoffe vermindern (vgl. S. 36), so können sie auch Variationsbewegungen der gelenktragenden Pflanzen hervorrufen, die den durch Abkühlung und Verdunkelung verursachten Bewegungen vollkommen ähnlich sind (Košanin, 1905).

7. Seismonastische Variationsbewegungen.

Von allen paratonischen Variationsbewegungen machen die der Blätter der Sinnpflanze (Mimosa pudica), die, im Gegensatz zu anderen Pflanzen, auch auf mechanische Reize reagiert, den größten Eindruck. Es genügt, die Blättchen oder die Gelenke der Sinnpflanze leicht zu berühren, um ein schnelles Zusammenlegen ihrer Blättchen, eine Senkung ihrer Hauptblattstiele und eine gegenseitige Annäherung der sekundären Blattstiele hervorzurufen. Die stark gereizte Pflanze sieht so aus, wie eine normale am Abend in Schlafstellung (vgl. S. 12, Abb. 1).

Schlägt man an ein Blättchen der Sinnpflanze oder drückt man es kräftig zwischen den Fingern, so pflanzt sich der Reiz sehr schnell von der gereizten Stelle zu den anderen Blättchen desselben Fiederblattes und weiter zu den Blättchen der Nachbarfiedern fort, so daß das ganze Blatt sich in 2—3 Sekunden zusammenlegt. Der Reiz pflanzt sich bis zum Hauptstiel fort, erreicht in 1—2 Sekunden sein Gelenkpolster und ruft eine Senkung des Blattes hervor. War der Reiz stark genug, so beschränkt sich die Reaktion nicht auf ein Blatt, sondern verbreitet sich auch auf Nachbarblätter. Nach der Aufhebung des Reizes nehmen die Blättchen und Blattstiele allmählich ihre frühere Lage wieder ein, so daß nach 15—20 Minuten die Pflanze ihr normales Aussehen erlangt. Die beschriebene Bewegung, die als eine Reaktion auf mechanische Reize auftritt, wird seismonastische Bewegung genannt.

Schon den ersten Erforschern des Pflanzenlebens (z. B. Lindsay 1791—1827) war bekannt, daß bei der durch Stoß hervorgerufenen Blattbewegung der Sinnpflanze die Gelenke oft eine dunklere Färbung erlangen. Pfeffer (1875) zeigte später, daß die Ursache dieser Erscheinung in einer Füllung der Interzellularräume der Gelenke mit Wasser liegt; das Wasser tritt aus den Zellen der Gelenkhälfte aus, die bei der Bewegung concav wird (bei der Blattstielbewegung z. B. aus den Zellen der unteren Gelenkhälfte). Der Austritt von Flüssigkeit wird durch starke Verminderung der osmotischen Kraft des Zellsafts dieser Gelenkhälfte verursacht; sie wird durch die entgegengesetzte Gelenkhälfte, welche keine Veränderung der osmotischen Kraft ihres Zellsaftes erleidet, gepreßt. Nur eine der Gelenkhälften ist also für den mechanischen Reiz empfindlich.

Eine starke Verminderung des Turgordrucks der Zellen in einer Gelenkhälfte bei mechanischem Reize kann man nur einer starken Vergrößerung der Protoplasmapermeabilität für im Zellsaft gelöste Stoffe zuschreiben, weil seine Konzentration unverändert bleibt. Weshalb aber nur das Protoplasma der Zellen einer Gelenkhälfte für mechanische Reize so stark empfindlich ist und wie das Protoplasma seine Permeabilität so stark vergrößern kann ohne abzusterben, ist zur Zeit vollkommen unbekannt.

Die Reizleitung bei Mimosa pudica und sämtlichen anderen Pflanzen wird nicht wie etwa im tierischen Organismus durch Nerven besorgt. Wie früher erwähnt, sind alle lebenden Zellen der Pflanze miteinander durch protoplasmatische Fäden (Plasmodesmen) verbunden, die die Zellwände durchsetzen. Die Fortpflanzung mechanischer Reize von Zelle zu Zelle kann durch diese Fäden vermittelt werden (vgl. S. 250). Es ist also wohl möglich, daß die Reizleitung auch bei der Sinnpflanze von Zelle zu Zelle mit Hilfe der Plasmodesmen stattfindet. Diese Vermutung wird durch die Beobachtung bestätigt, daß die Abkühlung der reizleitenden Teile der Sinnpflanze durch Eis die Reizleitung unterbricht (BOSE 1914).

Andererseits zeigten Untersuchungen von HABERLANDT (1890), daß die Reizleitung in verbrühten Teilen der Sinnpflanze möglich ist. Der genannte Verfasser kommt zu dem Schlusse, daß die Reizleitung bei dieser Pflanze durch eine Wasserwelle vermittelt wird, die durch den Austritt von Wasser aus den Gelenkzellen bei der Reizung hervorgerufen wird und die sich in den Wasserbahnen der Pflanze (nach HABERLANDT in einigen Phloemzellen, nach anderen Forschern in Gefäßen und Tracheiden) verbreitet. Es ist daher sehr möglich, daß beide Arten der Reizleitung bei Mimosa pudica vorkommen.

Seismonastische Variationsbewegungen der Blätter werden außer bei Mimosa pudica auch bei einigen anderen Mimosa-Arten (z. B. bei Mimosa sensitiva und M. Speggazzini), bei dem empfindlichen Sauerklee (Oxalis sensitiva) und anderen Pflanzen (z. B. bei Biophytum, Neptunia) beobachtet. Die Bewegungen der zuletzt genannten Pflanzen stehen aber bezüglich ihrer Geschwindigkeit denen von Mimosa pudica weit nach.

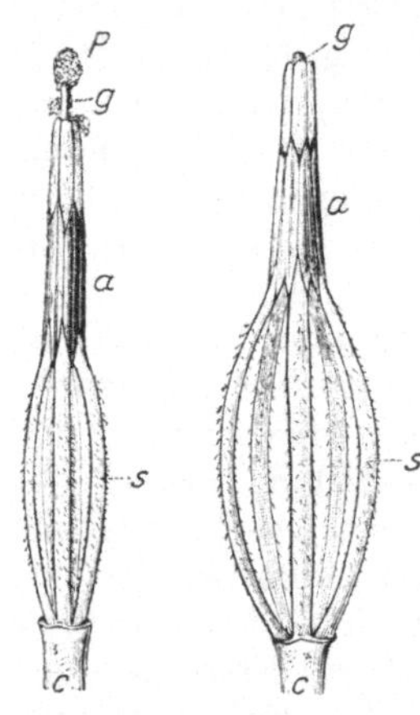

Abb. 121. Seismonastische Bewegung der Staubblätter bei der Kornblume (Centaurea cyanus). Die Staubblätter sind rechts in normalem Zustande, links gereizt. *S* Staubblätter, *a* Staubbeutel, *g* Narbe, *P* Pollen.

Einige Pflanzen besitzen Staubblätter, die für mechanische Reize besonders empfindlich sind. So verkürzen sich die Staubblätter der zur Gruppe der Cynareae gehörenden Pflanzen (z. B. die der Kornblume) bei der Berührung und legen die Narbe frei, die normalerweise in der durch Verwachsung der Staubbeutel gebildeten Röhre steckt (vgl. Abb. 121). Auch in diesem Falle ruft, wie bei Mimosa, der mechanische Reiz eine starke Verminderung des Turgordrucks in den Zellen der Staubfäden hervor; da aber deren Zellwände in der Längsrichtung ungewöhnlich dehnbar sind, so verursacht die Verminderung des inneren Drucks eine Verkürzung der Zellen und damit der Staubblätter. Nach der Aufhebung des Reizes verlängern sie sich allmählich wieder und nehmen ihr früheres Aussehen an.

Die Staubblätter der Berberitze legen sich bei einer mechanischen Reizung rasch an die Narbe, auf der sie ihren Pollen zurücklassen, nachdem der Reiz aufgehoben und eine rückläufige Bewegung erfolgt ist. In diesem Falle verändert sich der Turgordruck in den an der inneren Seite der Staubblätter gelegenen Zellen.

8. Autonome Nutationsbewegungen.

Nutationsbewegungen, d. h. durch eine ungleiche Wachstumsgeschwindigkeit verschiedener Organteile verursachte Bewegungen, können nur an wachsenden Organen beobachtet werden. Die Wachstumskrümmung findet stets in der Wachstumszone statt (vgl. S. 199, 206, 209) und gewöhnlich in dem Teil dieser Zone, in dem die Wachstumsgeschwindigkeit am größten ist. Wir betrachten zunächt die autonomen Nutationsbewegungen.

Untersucht man das Wachstum der Stengelspitze aufmerksam, so stellt man fest, daß es nie in gerader Linie stattfindet. Die Wachstumsgeschwindigkeit der an den entgegengesetzten Stengelseiten gelagerten Zellen ist nie gleich, sondern sie ist bald an der einen, bald an der anderen Stengelseite größer. Infolgedessen zeichnet die Stengelspitze stets eine unregelmäßige gebrochene Linie langsam im Raume, die um ein Zentrum herum kreist. Diese ununterbrochene kreisende Bewegung der wachsenden Stengelspitze wird gewöhnlich als Circumnutation bezeichnet. Solche kreisende Bewegung ist bei den Ranken der kletternden Pflanzen besonders auffallend. Die Abweichung der wachsenden Rankenspitze von der Stengelachse erreicht oft 90 und mehr Grad.

Bei der Entwicklung der Blätter läßt sich hauptsächlich ein Unterschied in der Wachstumsgeschwindigkeit der oberen und unteren Blattseite feststellen. Während der ersten Entwicklungsperiode wächst die morphologische untere Blattseite gewöhnlich schneller als die obere Seite, so daß die jungen Blätter sich einander nähern, sich zusammenlegen und die Knospe bilden. Nach dem Öffnen der Knospen wächst aber die obere Blattseite schneller als die untere, so daß die Blätter sich nach unten krümmen, wie es z. B. bei der Linde und Eiche der Fall ist. Nach einigen Tagen beginnt aber die untere Seite wieder schneller als die obere zu wachsen und die Blätter nehmen eine normale Horizontallage an.

Die Blätter der Farnkräuter rollen sich während ihrer Entwicklung infolge eines schnelleren Wachstums ihrer oberen Seite spiralartig zusammen. Später wächst aber die untere Blattseite schneller und die Blätter entrollen und strecken sich. Man nennt die Erscheinung des schnelleren Wachstums der oberen Blattseite öfters Epinastie, während das schnellere Wachstum der unteren Blattseite als Hyponastie bezeichnet wird. Die Ursachen beider Erscheinungen sind noch nicht bekannt, es läßt sich aber vermuten, daß irgendwelche Stoffe, die im Blattinneren entstehen, auf das Wachstum der Zellen beschleunigend oder hemmend einwirken.

9. Paratonische nastische Nutationsbewegungen.

In den Kapiteln 4 und 5 dieses Teils wurden nastische Variationsbewegungen der Blätter beschrieben, die durch einen Beleuchtungswechsel hervorgerufen und durch die Anwesenheit von Blattgelenken bedingt werden. Mehrere Pflanzen zeigen, obwohl sie keine Gelenke besitzen, dennoch nastische Blattbewegungen, die durch einen Beleuchtungswechsel hervorgerufen werden. Die Teilstrichmethode (vgl. S. 200) zeigt, daß in diesem Falle die Bewegungen nicht durch Turgoränderungen, sondern durch ein ungleiches Wachstum verschiedener Seiten der Blattstiele verursacht werden.

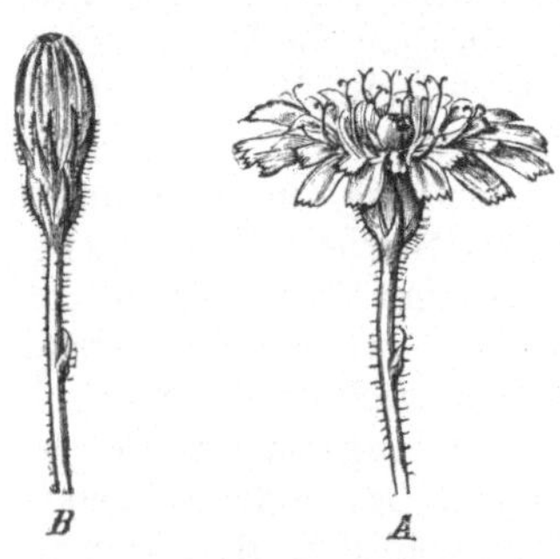

Abb. 122. Photonastische Nutationsbewegung der Blumenblätter bei Compositen (Hieracium pilosella). (Nach Pfeffer.) *A* Tagstellung, *B* Nachtstellung.

Die Verdunkelung oder die abendliche Dämmerung ruft eine stärkere Beschleunigung des Wachstums der oberen Seite des Blattstiels im Vergleich mit der der unteren Seite bei mehreren Pflanzen hervor (z. B. bei Amaranthus, Impatiens usw.), so daß sich die Blätter dieser Pflanzen am Abend senken. Bei anderen Pflanzen (z. B. bei Chenopodium, Stellaria u. a.) führt aber die Verdunkelung zu einer stärkeren Wachstumsbeschleunigung der unteren Seite des Blattstiels und zur Blattkrümmung nach oben. Am Morgen oder bei Belichtung tritt eine rückläufige Bewegung infolge einer ungleichen Wachstumshinderung an der entgegengesetzten Seite des Blattstiels ein (Pfeffer 1875).

Die beschriebene Bewegung der Blätter ist unbedeutend und ist den Laien nicht bekannt. Wohl bekannt sind aber die photo- und thermonastischen Bewegungen der Blütenblätter. Die Blütenstände mehrerer Compositen, so z. B. der des Löwenzahns (Taraxacum) sind am Tage weit offen, während sie am Abend verschlossen sind (vgl. Abb. 122). Diese Bewegung kann man auch bei künstlicher Verdunkelung beobachten. Einige Compositen, z. B. Anthemis tinctoria, haben in der Mitte des Blütenstandes Röhrenblüten und an ihrem Rande zungenförmige Blüten; die zungenförmigen krümmen sich am Abend oder bei Verdunkelung nach unten, während sie am Morgen oder nach Belichtung eine horizontale Lage einnehmen.

Unter den Pflanzen, die einzeln stehende Blüten besitzen, zeigen mehrere ebenfalls Bewegungen der Blütenblätter. So legt z. B. der Safran seine Blütenblätter am Abend (bzw. bei Verdunkelung) zusammen, so daß die Blüte geschlossen wird, während er am Morgen seine Blumenblätter ausbreitet und die Blüte öffnet. Andere Pflanzen, so z. B. der Cactus Cereus grandiflorus und Oenothera, schließen ihre Blüten am Tage und öffnen sie in der Nacht.

Die Teilstrichmethode zeigt, daß die beschriebenen Bewegungen der Blütenblätter durch eine ungleiche Wachstumsbeschleunigung der verschiedenen Seiten bei Verdunkelung verursacht wird. Am Abend wächst die äußere Seite der Blütenblätter des Safrans schneller als die innere Seite und die Blüten schließen sich, während am Morgen (bzw. bei Belichtung) die innere Seite der Blütenblätter schneller als die äußere Seite wächst, so daß die Blüten sich öffnen.

Eine analoge Bewegung der Blütenblätter wird auch durch Temperaturänderungen hervorgerufen, wobei die Temperaturerniedrigung ähnlich wie die Verdunkelung wirkt.

Was nun die Ursachen der beschriebenen Veränderungen der Wachstumsgeschwindigkeit anbetrifft, so sei vor allem darauf aufmerksam gemacht, daß Licht und Temperatur gleichsinnige aber ungleich große Wachstumsänderungen an entgegengesetzten Organseiten hervorrufen, und daß diese Agentien auch eine analoge Wirkung auf den Turgordruck bei den Variationsbewegungen ausüben. Es ist also sehr wahrscheinlich, daß die Turgordruckänderung infolge einer Permeabilitätsänderung des Protoplasmas einen Anlaß zu Wachstumsänderungen gibt, weil die Zellen weniger osmotische Substanzen herzustellen brauchen, um den für das Wachstum nötigen Turgordruck zu erhalten, wenn er infolge einer Permeabilitätsverminderung höher geworden ist, und umgekehrt.

10. Phototropische Nutationsbewegungen.

Die im vorhergehenden Kapitel beschriebenen Bewegungen sind nur einigen Pflanzenarten eigen. Die tropistischen Bewegungen oder Tropismen, die durch eine einseitige Reizwirkung hervorgerufen werden, sind dagegen überall in der Pflanzenwelt verbreitet und erteilen der Pflanze und ihren Organen ihre normale Lage im Raum. In der Natur ist die Reizwirkung gewöhnlich einseitig oder sie ist wenigstens von der einen Seite stärker als von der anderen. Wir betrachten zunächst die phototropischen (früher: heliotropischen) Bewegungen oder Phototropismus (früher: Heliotropismus), die durch eine einseitige Belichtung hervorgerufen werden.

Die ersten grundlegenden Untersuchungen über den Phototropismus wurden von Wiesner gemacht (1878—1880). Ist eine Samenpflanze von einer Seite stärker beleuchtet als von der andern, befindet sie sich z. B. im Zimmer in der Nähe des Fensters, oder ist sie in einen Kasten gestellt, der an einer Seite offen ist, so krümmt sich der am schnellsten wachsende Teil der Pflanze nach der Seite der stärkeren Beleuchtung. Diese phototropische Krümmung tritt am ehesten ein, wenn zum Versuch junge Pflänzchen, z. B. Keimlinge von Weizen, Hafer, Kresse usw. verwendet werden.

Falls die Wurzeln beleuchtet werden (z. B. bei Wasserkulturen), krümmen auch sie sich manchmal (z. B. bei Senfpflanzen sehr stark);

doch erfolgt die Krümmung diesmal nach der Seite der schwächerer Beleuchtung hin (vgl. Abb. 123). Man bezeichnet diese Erscheinung als negativen Phototropismus, während es sich bei einer Krümmung nach der Seite der stärkeren Belichtung hin um positiven Phototropismus handelt.

Der positiv phototropische Hauptstengel ist bestrebt, sich parallel zu den einfallenden Lichtstrahlen zu stellen, während die Seitenzweige sich so einstellen, daß sie in einem bestimmten Winkel zu diesen Strahlen stehen. Die Blattspreiten sind dann senkrecht zu

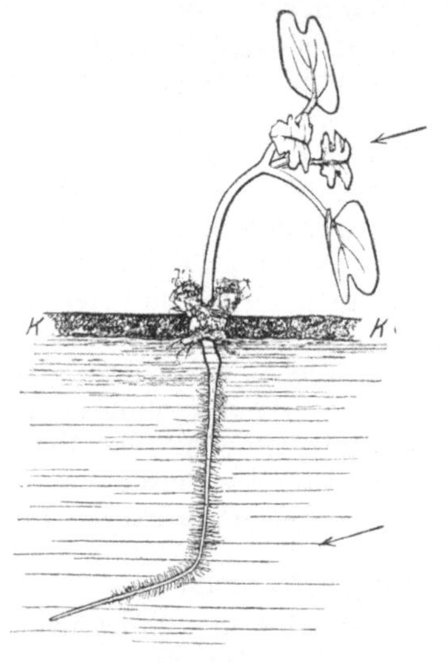

Abb. 123. Phototropismus der Senfpflanze
(Sinapis alba). Erklärung im Text.
(Nach NOLL.)

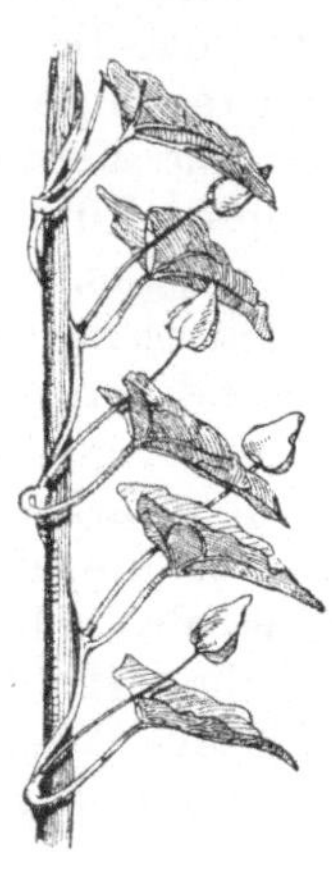

Abb. 124. Phototropische Bewegung
der Blätter. Die Blattspreiten sind
senkrecht zu den einfallenden Strahlen gestellt und wenden ihre morphologisch obere Seite dem Lichte zu.
(Nach JOST.)

den einfallenden Strahlen gestellt und wenden ihre morphologisch obere Seite dem Lichte zu (vgl. Abb. 124).

Die phototropische Krümmung der Blätter wird gewöhnlich durch den Blattstiel ausgeführt, der sich nicht nur krümmt, sondern sich auch oft um seine Achse dreht, so daß die durch die Abb. 125 wiedergegebene Lage der Blätter erzielt wird, die gewöhnlich als Blattmosaik bezeichnet wird. In diesem Falle bedecken sich die Blattspreiten nicht gegenseitig, sondern füllen nur die Räume zwischen den Nachbarblättern aus und lagern sich dabei beinahe in einer Ebene. Diese Blattmosaik wird besonders oft bei Bäumen und Büschen beobachtet, die am Waldrande oder in einer schattigen Gegend wachsen.

Bei der auf Abb. 124 wiedergegebenen Lage der Blätter hat zum Teil auch eine Drehung der Blattstiele um 180° mitgewirkt.

Die erwähnte Bewegung der Seitenzweige und Blätter kann man freilich erst nach Befestigung des Hauptstengels beobachten, weil die

Seitenzweige und Blätter nach erfolgter phototropischer Krümmung des Hauptstieles eine Lage im Raum einnehmen, die ihrer eigenen bei der phototropischen Krümmung auftretenden Lage sehr ähnlich ist (vgl. Abb. 123). Dasselbe Resultat kann man auch durch Belichtung der Pflanze von unten mittels eines Spiegels erhalten.

Die Seitenzweige und Blätter reagieren also auf eine einseitige Belichtung anders als der Hauptstengel und werden daher plagiotrop genannt, während der letztere als orthotrop bezeichnet wird. Die Erscheinung selbst nennt man gewöhnlich plagiotropen und orthotropen Phototropismus.

Die phototropischen Bewegungen werden nicht nur bei Samenpflanzen, sondern auch bei Sporenpflanzen beobachtet und sind bei einigen Schimmelpilzen mit langen Sporangienträgern, z. B. bei Mucor und Phycomyces leicht zu demonstrieren. Besonders schön läßt sich

Abb. 125. Blattmosaik.

der Phototropismus bei Pilobulus nachweisen (vgl. S. 77, Abb. 20), dessen Sporangienträger nach der Sporenreife platzen und die Sporangien auf eine weite Strecke hin in der Richtung der Längsachse der Sporangienträger fortschleudern (vgl. S. 77).

Man bedeckt das Substrat, auf dem sich Pilobolus entwickelt, mit einer Glasglocke, die mit Ausnahme einer kleinen Stelle (Fensterchen) von schwarzem Papier umkleidet ist. Da das Licht nur durch das Fensterchen eindringen kann, krümmen sich die Sporangienträger von Pilobolus infolge ihres positiven Phototropismus sehr bald in der Richtung des Fensterchens, weil sie sich parallel zu den einfallenden Lichtstrahlen stellen. Dadurch führt die Fortsetzung der Längsachse aller Sporangienträger gerade zum Fensterchen hin und an ihm sammeln sich die fortgeschleuderten Sporangien als schwarze Pünktchen; sie sind nach Entfernung des schwarzen Papiers gut sichtbar. Nirgends an den übrigen Teilen der Glasglocke findet man die schwarzen Pünktchen der Sporangien angeschossen.

Beim Studium des Phototropismus treten uns zum ersten Male Erscheinungen entgegen, die bei nastischen Bewegungen nicht beobachtet werden. Die phototropische Bewegung (wie auch andere tropistische Bewegungen) tritt unabhängig davon ein, ob die Reizwirkung fortdauert oder ob sie nach einer Zeit der Einwirkung wieder aufhört. Im Falle des Phototropismus tritt die Krümmung der Pflanzenorgane auch dann ein, wenn die einseitige Belichtung durch eine allseitige ersetzt oder die Pflanze ins Dunkle gebracht wird.

Die Minimalzeit, während welcher die einseitige Beleuchtung auf die Pflanze einwirken muß, um eine phototropische Bewegung hervorzurufen, wird gewöhnlich als Präsentationszeit bezeichnet und ist der Beleuchtungsstärke ungefähr umgekehrt proportional. So fand BLAAUW (1909), daß man z. B. Haferkeimlinge einer Belichtung von 0,00085 Kerzen (bei 1 m Abstand) während 6 Stunden aussetzen muß, um eine phototropische Krümmung hervorzurufen, während man sie bei Belichtung mit 0,00477 Kerzen 1 Stunde, mit 0,0898 Kerzen 4 Minuten, mit 5,456 Kerzen 4 Sekunden, mit 1902 Kerzen $^1/_{100}$ Sekunden und mit 26520 Kerzen nur $^1/_{1000}$ Sekunden bestrahlen muß, um dieselbe Krümmung hervorzurufen. Die phototropische Krümmung wird also durch eine bestimmte Menge von einseitig wirkender Lichtenergie verursacht („Gesetz der Reizmenge“).

Die Energiemenge bestimmt sehr oft auch die Richtung der Krümmung. So zeigten in Versuchen von OLTMANNS (1897) Sporangienträger von Phycomyces bei einer zu starken Belichtung (elektrische Bogenlampe auf einem Abstand von 20 bis 30 cm) nicht positiven, sondern negativen Phototropismus. Ähnliche Resultate wurden auch in Versuchen an Meeresalgen und anderen Pflanzen erhalten.

Weitere Untersuchungen zeigten, daß jede einseitige Belichtung des Stengels, die über die Präsentationszeit hin andauert, statt eine positive eine negative oder überhaupt keine Krümmung hervorruft. Nach PRINGSHEIM (1907) führt eine Belichtung, die dauernd wirkt, zur Indifferenz; wird sie dagegen periodisch unterbrochen, so induziert sie eine starke positive Krümmung. Der genannte Forscher folgerte daraus, daß die Pflanze nicht gegenüber einer bestimmten Lichtintensität an sich indifferent sei, sondern daß sie in diesen Zustand erst durch Belichtung mit der betreffenden Intensität gerät. Die Indifferenz komme aber dadurch zustande, daß sich positive und negative Tendenzen gerade die Wage halten, so daß äußerlich keine Reaktion sichtbar werde.

Die oben erwähnte negative Reaktion der Wurzel kommt also wahrscheinlich nur infolge einer größeren Empfindlichkeit („Stimmung“) dieses Organs zustande. In der Tat zeigt auch die Wurzel mancher Pflanzen bei schwacher Belichtung einen schwachen positiven Phototropismus, der sich erst bei stärkerer Belichtung in den negativen verwandelt. Andererseits kann die Empfindlichkeit („Stimmung“) des Stengels durch vorherige Kultur der Pflanze bei gedämpfter Beleuchtung oder im Dunkeln erhöht werden, so daß z. B. etiolierte Pflanzen (vgl.

S. 216) sich schon bei einer verhältnismäßig schwachen Belichtung als
indifferent erweisen.

Der Phototropismus und auch andere Tropismen unterscheiden sich
nicht nur durch ihre Präsentationszeit von Nastieen, sondern auch dadurch, daß die Stelle des Reizempfangs („der Perzeption") mit der
der Ausführung der Bewegung, d. h. der Veränderung der Wachstumsgeschwindigkeit, sehr oft nicht zusammenfällt. So wird z. B. die phototropische Blattkrümmung in den Fällen, in denen sie durch die Blattstielbewegung zustande kommt (z. B. bei Tropeolum, Begonia, Hopfen
usw.), nicht geschwächt, wenn man den Blattstiel mit schwarzem Papier
oder Staniol bedeckt. Im Gegensatz dazu ruft die Bedeckung der Blattspreite gewöhnlich eine Abschwächung oder Aufhebung der Reaktion
hervor. Der phototropische Reiz wird also in diesem Falle durch die
Blattspreite perzipiert und von da aus in den Blattstiel geleitet.

Ähnlich verhalten sich auch Keimlinge einiger Gräser, deren
Koleoptilen an der Spitze besonders empfindlich für den phototropischen Reiz sind. Nach DARWIN (1881) und ROTHERT (1894) tritt keine
phototropische Krümmung auf, wenn die Spitze der Keimlinge von
Hirsum durch ein kleines Hütchen von Staniol oder schwarzem Papier
bedeckt ist. Die Keimlinge anderer Getreidepflanzen, z. B. die des Hafers,
sind dagegen auf ihrer ganzen Länge für den phototropischen Reiz
empfindlich, obwohl die Krümmung gewöhnlich in der Nähe der Spitze
beginnt und sich nach der Basis hin verbreitet.

Den Phototropismus erklärten die ersten Forscher damit, daß das
Licht das Wachstum der ihm zugekehrten Stengelseite hindert und auf
diese Weise die Krümmung verursacht. Spätere Untersuchungen, die
oben beschrieben sind, wiesen aber auf einen komplizierteren Verlauf
der phototropischen Reaktion wenigstens in einigen Fällen hin; man
nahm an, daß die phototropische Krümmung nur die indirekte Folge
einer einseitigen Beleuchtung ist. Neuerdings kam jedoch BLAAUW
(1915) zu dem Schlusse, daß der Phototropismus eine Reaktion auf die
direkte Beleuchtung der Zellen darstellt. Die ungleiche Wachstumsänderung, welche zur Krümmung führt, soll nur durch eine ungleich
starke Beleuchtung der Vorder- und Rückseite der Pflanze zustande
kommen.

Zur Zeit kann man kaum daran zweifeln, daß durch das Licht einige
photochemische Reaktionen in den Zellen hervorgerufen werden,
bei denen das Wachstum hindernde oder fördernde Stoffe entstehen. Bei
positivem Phototropismus werden die hindernden Stoffe an der belichteten
Organseite offenbar in größerer Menge gebildet. Diese Stoffe entstehen
wahrscheinlich nicht nur in den Zellen, die die Krümmung bedingen,
sondern auch in jungen, schwach wachsenden Zellen. In einigen Fällen
können sogar nur diese Zellen lichtempfindlich sein. Da aber die entstehenden Stoffe sich in der Pflanze verbreiten können (von Zelle zu
Zelle, oder in den Gefäßbündeln), so können sie auch den Reiz von
den jungen empfindlicheren Organteilen nach der Krümmungsstelle
leiten.

Nach BOYSEN-JENSEN (1910) und PAÁL (1918) ist die Reizleitung bei Phototropismus nach Durchschneiden des Organes nicht nur durch die Schnittfläche, sondern auch durch eine Gelatineschicht, durch die die beiden abgetrennten Organteile wieder miteinander verbunden werden, möglich. Obwohl die Reizleitung auch durch Vermittlung der Protoplasmaverbindungen nicht ausgeschlossen ist (vgl. S. 250), ist die Reizleitung beim Phototropismus wahrscheinlich in der Hauptsache ein Diffusionsvorgang. Nur dadurch kann man erklären, daß nicht alle Pflanzen zur Leitung des phototropischen Reizes fähig sind: die durch Licht entstehenden Stoffe können in diesem Falle offenbar nicht diosmieren.

Die Entstehung unbekannter Stoffe in den Zellen bei einseitiger Belichtung, die das Zellwachstum an der belichteten Organseite hindern und dadurch die positiv phototropische Krümmung hervorrufen, hat neuerdings METZNER (1923) durch Einführung von fluoreszierenden Farbstoffen (Erythrosin, Rose bengale) in die Wurzelzellen der Hafer- und Raphanuskeimlinge erzielt.

Jedenfalls ist die phototropische Reaktion nur eine durch die Krümmung gekennzeichnete Antwort der Pflanze auf die Lichteinwirkung auf das Wachstum ihrer Zellen. Der Phototropismus muß daher gemeinsam mit den durch Lichtwirkung hervorgerufenen Wachstumsveränderungen untersucht werden (vgl. S. 214).

11. Geotropische Nutationsbewegungen.

Geotropische Bewegungen werden, wie erwähnt, durch die Schwerkraft verursacht. Allgemein bekannt ist, daß sich der Hauptstengel der Pflanzen immer vertikal über die Erde erhebt, unabhängig davon, welchen Winkel die Bodenoberfläche mit dem Horizont bildet. Die Hauptwurzel senkt sich ebenfalls in vertikaler Richtung in den Boden. Diese Lage der Hauptorgane wird durch die Pflanze hartnäckig beibehalten.

Zwingt man die Pflanze, eine horizontale Lage anzunehmen, so erheben sich ihre wachsenden Stengelteile allmählich, bis sie wieder eine normale, vertikale Lage einnehmen. Gewöhnlich krümmt sich aber der Stengel zu stark, so daß er sich sofort wieder nach der entgegengesetzten Richtung krümmen muß (vgl. Abb. 126). Um die geotropische Krümmung der Wurzel zu beobachten, läßt man Samen in dem oben beschriebenen Kasten (vgl. S. 198) oder auf nassem Filtrier-

Abb. 126. Positiv geotropische Krümmung des Hauptstengels. *a — e* nacheinander folgende Krümmungsstadien. (Nach PFEFFER.)

papier keimen, das eine Glasplatte bedeckt, welche vertikal unter eine Glasglocke gestellt wird. Nachdem sich die Keimwurzeln entwickelt haben (Länge 2—3 cm), dreht man den Kasten oder die Platte um 90°. Die Wurzeln krümmen sich in einigen Stunden nach unten, während die entstehenden Keimstengel sich vertikal nach oben erheben.

Daß die geotropische Krümmung durch die Schwerkraft verursacht wird, wurde von KNIGHT (1806) und SACHS (1879) bewiesen. Der erstere vernichtete die Wirkung der Schwerkraft auf wachsende Keimpflanzen durch eine Gegenwirkung der Zentrifugalkraft, welche, ähnlich wie die Schwerkraft, auf alle materiellen Punkte eines Körpers

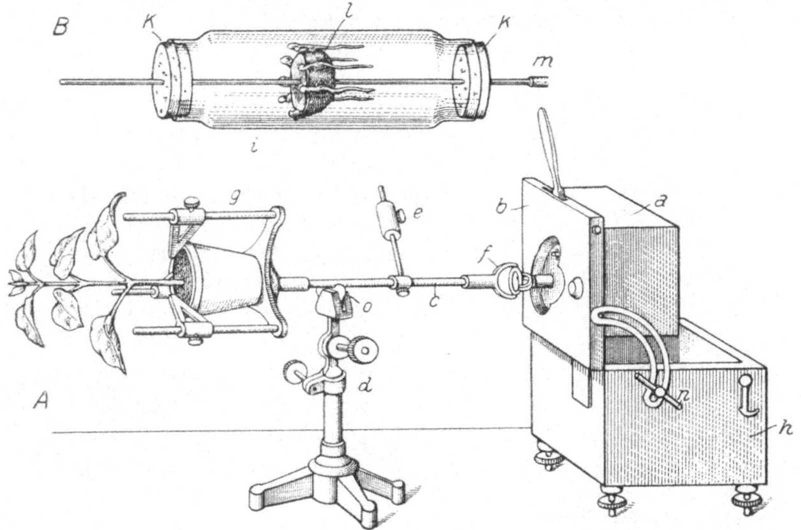

Abb. 127. Klinostat nach PFEFFER. *A* eine Topfpflanze oder *B* keimende Samen (in einer feuchten Atmosphäre) werden um die horizontale Achse langsam gedreht. *a* Kasten mit Uhrwerk, *f* Universalgelenk, *c* Achse, *e* Gegengewicht, *g* Einrichtung zum Befestigen eines Blumentopfes.

einwirkt und deren Größe je nach der Geschwindigkeit der Kreisbewegung variieren kann. Diese Eigenschaften nützte KNIGHT in seinen Versuchen aus, indem er gequollene Samen am Rande eines schnell kreisenden Rades keimen ließ. War die kreisende Fläche vertikal, so wuchsen die keimenden Wurzeln in der Richtung des Radius vom Zentrum nach der Peripherie, die Keimstengel nach dem Zentrum. War aber die kreisende Fläche horizontal, so addierte sich die Schwerkraft mit der Zentrifugalkraft und die Keimwurzeln wuchsen in der Richtung, die eine mittlere Stellung zwischen der der Zentrifugalkraft und der der Schwerkraft nahm, also etwas schief nach unten.

SACHS beseitigte die Wirkung der Schwerkraft auf wachsende Pflanzen dadurch, daß er sie sich langsam um eine horizontale Achse drehen ließ, so daß die Schwerkraft auf die Pflanzen immer von verschiedenen Seiten einwirkte und keine Krümmung verursachen konnte. Die Drehung um die horizontale Achse wurde mittels eines besonders konstruierten Apparates, eines Klinostaten, erzielt, der aus einem Uhrwerk und einer durch ihn gedrehten Achse bestand, an der die Pflanze befestigt wurde (vgl. Abb. 127, S. 275).

Der Stengel und die Wurzel reagieren, wie wir sahen, auf eine einseitige Einwirkung der Schwerkraft im entgegengesetzten Sinne: der Stengel zeigt, wie man gewöhnlich zu sagen pflegt, negativen Geotropismus, während die Wurzel positiven Geotropismus aufweist. Der Hauptstengel und die Hauptwurzel zeigen sich dabei als orthotrope Organe, indem sie eine Lage im Raum einzunehmen bestrebt sind, die der auf sie wirkenden Kraft parallel ist.

Andererseits zeigen sich die Seitenzweige des Stengels und der Wurzel, die Blätter und oft auch die Rhizome als plagiotrop, indem sie sich unter einem bestimmten Winkel zur Vertikallinie stellen. Diese Erscheinung wird oft als orthotroper und plagiotroper Geotropismus bezeichnet (vgl. S. 271). Kehrt man den Kasten mit den darin wachsenden Keimwurzeln

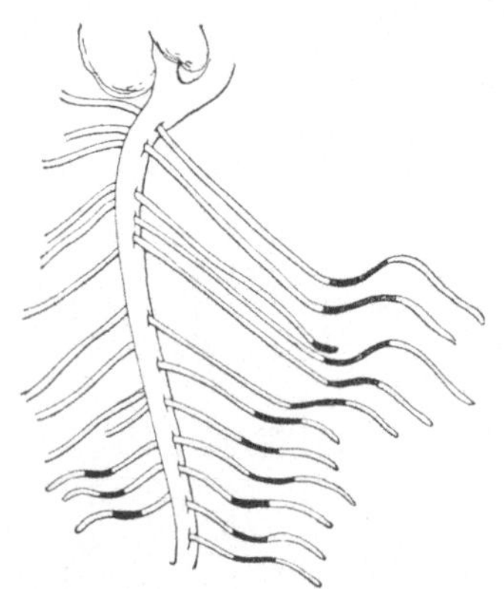

Abb. 128. Plagiotroper Geotropismus der Seitenwurzeln. Die geschwärzten Teile haben sich während der umgekehrten Lage gebildet.

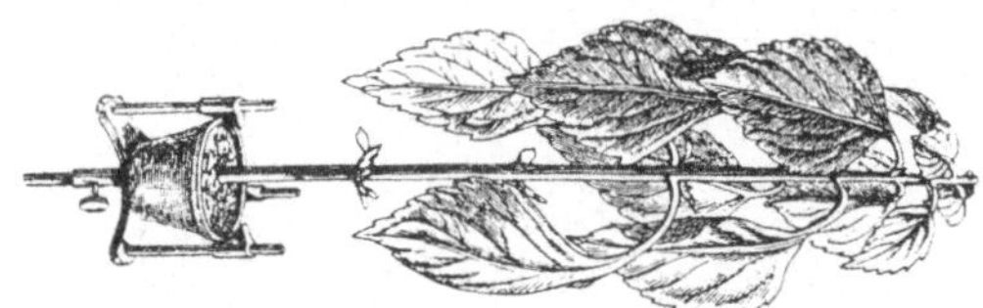

Abb. 129. Plagiotroper Geotropismus der Blätter.

(vgl. S. 198) um 180° um, so krümmen sich die Hauptwurzeln um 180° nach unten und nehmen wieder eine vertikale Lage ein, während die Seitenwurzeln sich nie so stark krümmen und mit der Vertikallinie denselben Winkel bilden, welchen sie vor dem Umkehren des Kastens mit ihr gebildet hatten.

Auf Abb. 128 ist eine Bohnenwurzel zu sehen, die in der beschriebenen Weise zweimal umgekehrt war. Die geschwärzten Teile der Seitenwurzeln haben sich während der umgekehrten Lage der Pflanzen, die weißen Teile während der normalen Lage, gebildet.

Die Rhizome einiger Pflanzen (z. B. die von Carex, Phragmites, Anemone u. a.) und die Blätter sind bestrebt, eine horizontale Lage im Raume einzunehmen, also sich senkrecht zur Schwerkraftrichtung zu stellen. Infolgedessen krümmen sich die normal horizontal gelagerten Blätter bei der Drehung um die horizontale Achse des Klinostaten dem Stengel zu, wie es z. B. auf Abb. 129 zu sehen ist.

Als **plagiotrop** erweisen sich in einigen Fällen nicht nur die Seitenzweige der vegetativen Teile der Samenpflanzen, sondern **auch Blüten-** **und Staubblätter.** So ist z. B. auf Abb. 130 eine normale Blüte von Amaryllis (*1*) und eine Blüte derselben Pflanze (*2*) nach der Umkehrung zu sehen. Selbstverständlich war bei der Ausführung des Versuches der Blütenstiel in einer vertikalen Lage befestigt, sonst würde er sich nach oben krümmen. In der Blüte von Amaryllis zeigen sich die Staubblätter, der Griffel und drei Blütenblätter als positiv geotrop. Bei Epilobium an-

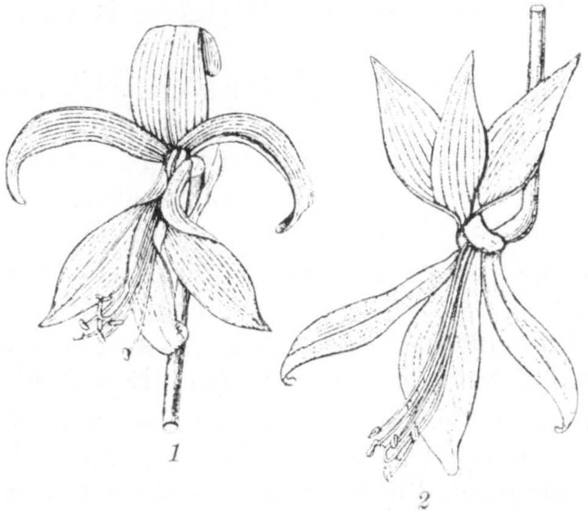

Abb. 130. Geotropismus der Blüten- und Staubblätter. *1* normale Blüte, *2* nach der Umkehrung der Pflanze. (Nach VÖCHTING.)

Abb. 131. Blüte von Epilobium angustifolium. Links normal, rechts am Klinostaten gewachsen. (Nach VÖCHTING.)

Abb. 132. Linkswindender Stengel (Pharbitis hispida). (Nach NOLL.)

Abb. 133. Rechtswindender Hopfenstengel.

gustifolium sind die Blüten normal zygomorph und die Blütenblätter oben einander angenähert, während sie sich nach der Umkehrung der Pflanze in der Richtung der Wurzel krümmen und also wieder oben angenähert, am Klinostaten aber radial geordnet sind (vgl. Abb. 131).

Die komplizierteste Wirkung übt die Schwerkraft auf die Stengel der **windenden Pflanzen** (Lianen) aus. Die Stengelspitze dieser Pflanzen zeigt eine sehr starke kreisende Bewegung, die viel stärker ist, als die bei der autononem Bewegung der Stengelspitze beobachtete (vgl. S. 267). Die kreisende Bewegung findet gewöhnlich in der Richtung statt, die der des Uhrzeigers entgegengesetzt ist, wenn man die Pflanze von oben betrachtet. Solche Pflanzen werden gewöhnlich als **links-windend** bezeichnet. Andere Pflanzen zeigen dagegen **Rechtswin-dung**; ihre Stengelspitze kreist (bei einer Betrachtung von oben) in der Richtung des Uhrzeigers (vgl. Abb. 132 und 133). Begegnet der kreisenden Stengelspitze ein Stab oder ein anderer Gegenstand, so windet sie sich um ihn. Da aber der Stengel sich gerade aufrichtet (negativer Geotropismus) kurz bevor er sein Wachstum einstellt, schmiegt sich die Pflanze fest an den Stab (vgl. Abb. 132). In dieser Stellung wird die Pflanze dann fixiert.

Versuche von SCHWENDENER (1881) zeigten, daß die kreisende Bewegung der Stengel der windenden Pflanzen bei ihrer Drehung um die horizontale Achse des Klinostaten aufgehoben werden; die Stengel-spitze zeigt unter diesen Bedingungen nur eine geringe autonome kreisende Nutationsbewegung.

Wir können also als bewiesen ansehen, daß die kreisende Bewegung der Stengelspitzen windender Pflanzen nur eine Art von plagiotropem Geotropismus darstellt: die Spitze krümmt sich zuerst senkrecht zur Vertikallinie; dann beginnt die kreisende Bewegung.

Geotropische Bewegungen werden nicht nur bei Samen-pflanzen, sondern auch bei Thallophyten beobachtet. So sind z. B. die Sporangienträger des Schimmelpilzes Phycomyces sehr empfindlich gegenüber der Einwirkung der Schwerkraft und zeigen negativ geo-tropische Krümmungen, wenn sie in eine horizontale Lage gebracht werden. Auch die Stiele der Fruchtkörper bildenden höheren Pilze (z. B. Steinpilz, Champignon) wachsen streng vertikal, deren Hüte aber horizontal, und man kann kaum daran zweifeln, daß diese Lage durch negativen orthotropen und plagiotropen Geotropismus bedingt wird.

Ähnlich wie bei dem Phototropismus, wird bei dem Geotropismus eine Präsentationszeit beobachtet, so daß die Pflanze in einer anormalen Lage im Raume eine gewisse Zeit verbleiben muß, um geotropische Krümmung zeigen zu können. Die Krümmung setzt aber unabhängig davon ein, ob die Pflanze in derselben anormalen Lage auch weiter verbleibt, oder der einseitigen Einwirkung der Schwerkraft durch das Drehen um die horizontale Achse des Klinostaten entzogen wird. Die Präsentationszeit beim geotropischen Reiz beträgt gewöhnlich einige Minuten (1—25 Minuten). Je länger sich die Pflanze in der anormalen Lage befindet, je länger also der geotropische Reiz einwirkt, desto bedeutender ist die geotropische Krümmung.

Versuche, in welchen eine geotropische Krümmung durch die Zentri-fugalkraft erzielt wurde, zeigen, daß die Präsentationszeit auch diesmal der einwirkenden Kraft ungefähr umgekehrt proportional ist, so daß man gewöhnlich annimmt, daß das **Produkt aus der Präsentations-zeit und der einwirkenden Kraftgröße für ein und dieselbe geotropische Krümmung eine konstante Größe darstellt** („Ge-setz der Reizmenge", vgl. S. 272).

Die Größe der einwirkenden Zentrifugalkraft und die Präsentationszeit bestimmen vielfach nicht nur die Stärke, sondern auch die Richtung
der Krümmung. Wirkt eine verhältnismäßig kleine Zentrifugalkraft auf
die Wurzel, so zeigt dieselbe eine positive Krümmung, während sie
nach JOST (1912, 1924) und LUNDEGARDH (1918) eine negative Krümmung aufweist, wenn die wirkende Kraft sehr groß ist. Der Sproß
verhält sich dagegen nach JOST (1924) ganz anders: bei ihm findet nur
eine Zunahme der Krümmungsstärke unter diesen Umständen statt und
eine Umschaltung zu positiven Krümmungen wird nicht beobachtet.
Es ist also sehr möglich, daß in der Wurzel die Tendenz zu Krümmungen zweierlei Art immer vorhanden ist, daß aber die negative
Tendenz wie bei dem Phototropismus erst bei einer sehr bedeutenden
Größe der wirkenden Kraft die positive überwiegt (vgl. S. 272). Der

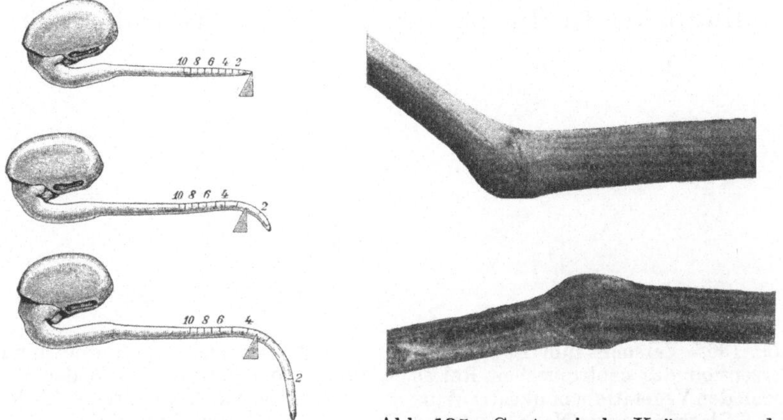

Abb. 134. Geotropische Wurzelkrüm-
mung. Die Krümmung findet an der
Zone des maximalen Wachstums statt.

Abb. 135. Geotropische Krümmung des
Getreidestengels. Der Vegetationspunkt
des Knotens wird durch den geotropischen Reiz zum Wachstum veranlaßt.

Stengel scheint dagegen zu keiner positiven geotropischen Krümmung
fähig zu sein.

Die geotropische Krümmung wird, wie auch andere Nutationsbewegungen durch ein ungleiches Wachstum der verschiedenen Organseiten verursacht, wobei gewöhnlich an der konkav werdenden Seite
des Organes die Geschwindigkeit abnimmt, während sie an der entgegengesetzten Seite zunimmt. Die größte Krümmung findet gewöhnlich an der am schnellsten wachsenden Stelle der Wachstumszone statt,
wie auf Abb. 134 zu sehen ist, die einen Versuch am keimenden Bohnen-
samen wiedergibt. Auf der Oberfläche der wachsenden Wurzelspitze
wurden Tuschestriche gemacht und die Wurzel in eine horizontale Lage
gebracht. Nach 24 Stunden krümmte sich die Wurzel nach unten,
wobei die Krümmungsstelle mit der Zone des maximalen Wachstums
zusammenfiel. Auf Abb. 134 ist diese Stelle durch ein Papierstückchen
von dreieckiger Form vermerkt.

Nur ausnahmsweise kann die geotropische Reizung eine Wachstumsbeschleunigung des Gesamtorgans hervorrufen; so wird z. B. das Wachstum der interkalaren Zone der Stengel mit aufgeblähten Knoten (vgl. S. 207), das vorher beinahe unmerklich war, beim Versetzen der Pflanze in eine horizontale Lage bedeutend beschleunigt, so daß wir beobachten können, wie sich der Stengel der Getreidepflanzen an den Knoten geotropisch krümmt (vgl. Abb. 135).

Sehr kompliziert ist das Wachstum während der geotropischen Reaktion der windenden Pflanzen (vgl. S. 277). Da die ausgewachsenen Stengelteile unbeweglich sind, ist die kreisende Bewegung der Stengelspitze, wie leicht einzusehen ist, nur bei gleichzeitiger Drehung der Spitze möglich, so daß die Stelle des schnellsten Wachstums immer von einer Seite des Stengels an die andere wandert.

Der jüngste Teil des Organs, der Vegetationspunkt, ist viel empfindlicher für den geotropischen Reiz als die übrigen Teile der

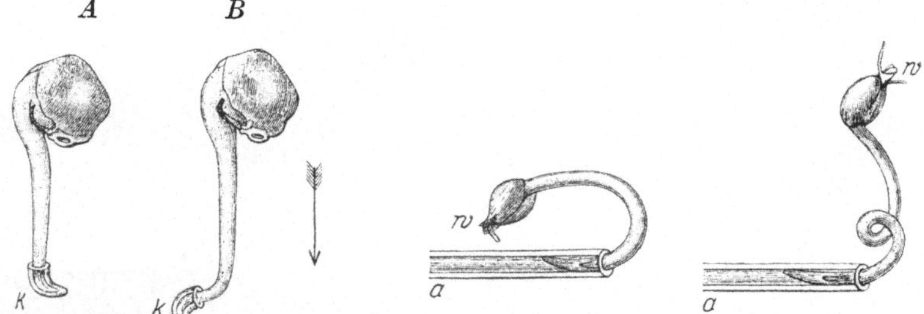

<table>
<tr><td>

Abb. 136. Versuch zum Beweis der Perzeption des geotropischen Reizes durch den Vegetationspunkt der Wurzel. *K* Glaskäppchen. (Nach PFEFFER.)

</td><td>

Abb. 137. Versuch zum Beweis der Reizleitung vom jüngsten Teile der Wachstumszone zu ihren älteren Teilen. (Nach PFEFFER.)

</td></tr>
</table>

Wachstumszone. Die Krümmung beginnt immer an diesem Punkt und verbreitet sich nur allmählich auf die übrigen Teile der Wachstumszone, wie es z. B. auf Abb. 134 zu sehen ist. Bei der Wurzel ist sogar nur der Vegetationspunkt für den geotropischen Reiz empfindlich. Schon DARWIN (1881) wies darauf hin, daß das Abschneiden der Wurzelspitze die geotropische Empfindlichkeit vernichtet. CZAPEK (1895) bewies außerdem die Unempfindlichkeit der übrigen Teile der Wachstumszone für den geotropischen Reiz durch den folgenden Versuch.

Er ließ die Wurzelspitze in ein kleines gekrümmtes Glaskäppchen (*K*) bei steter Drehung um die horizontale Achse des Klinostaten hineinwachsen, wie es auf Abb. 136, *A* zu sehen ist. Die Pflanze wurde dann vom Klinostaten entfernt und so befestigt, daß die Wurzel mit Ausnahme der Spitze eine vertikale Lage einnahm (vgl. Abb. 136, *A*). Trotzdem nur die Wurzelspitze geotropisch gereizt wurde, zeigte die ganze Wachstumszone eine geotropische Krümmung (vgl. Abb. 136, *B*); damit wurde die Reizleitung von der Spitze zur Krümmungsstelle bewiesen. War aber die Pflanze in der Weise befestigt, daß die Wurzel eine horizontale und die Wurzelspitze eine vertikale Lage einnahmen, so wurde keine geotropische Krümmung beobachtet, so daß in der Wurzel nur die Spitze sich als empfindlich erwies. Das Vorhandensein einer Reizleitung von den jüngsten Teilen der Keimpflanze zu den älteren z. B. vom Kotyledon zum Hypocotyl folgt ebenfalls aus dem Versuche, der durch die Abb. 137 wiedergegeben ist. Wird der Kotyledon des Keims einer Getreideart mittels eines Glasröhrchens immer in horizontaler Lage erhalten, so krümmt sich das Hypocotyl unaufhörlich, obwohl es geotropisch nicht oder beiderseits gereizt wird (DARWIN, 1899).

Die beschriebenen Versuche gelingen mit der Mehrzahl der Stengel nicht, weil sie auch nach der Abschneidung ihrer Spitze geotropische Krümmung zeigen. In diesem Falle wirkt die Schwerkraft also direkt auf die Wachstumszone. Die starke Zentrifugalkraft, die eine negative Krümmung der Wurzel hervorruft, wirkt nach JOST (1924) ebenfalls direkt auf die basalen Teile der Wachstumszone. Das Abschneiden der Wurzelspitze läßt auch diesmal die geotropische Krümmung unverändert. Es ist also sehr wahrscheinlich, daß die Ursachen des negativen und positiven Geotropismus verschieden sind.

Der negative Geotropismus der Wurzeln und Stengel erinnert uns vor allem an die im Kapitel 6 beschriebene geotropische Variationsbewegung der Blätter, die durch Turgordruckänderungen unter Einwirkung der Schwerkraft hervorgerufen werden. Diese Bewegung ist insofern dem negativen Geotropismus ähnlich, als sie auch negativ ist und die Schwerkraft auch in diesem Falle direkt auf die Zellen einwirkt, deren Turgoränderung die Krümmung verursacht.

Andererseits wissen wir, daß die geotropischen Bewegungen der Blätter durch Permeabilitätsänderungen des Protoplasmas für gelöste Stoffe verursacht werden. Es liegt also der Gedanke nahe, daß diese Permeabilitätsänderungen vielleicht auch allgemein die negative geotropische Krümmung bedingen. Eine Permeabilitätsverminderung an der konvex werdenden Seite des Stengels oder der Wurzel würde, wie im Falle der Blattgelenke, zu einer Turgordrucksteigerung bei einer unveränderten Zellsaftkonzentration führen. Da aber das Wachstum nur bei einem gewissen Turgordruck in der Zelle möglich ist (vgl. S. 183), so ist die synthetische Tätigkeit der Zellen imstande, nach der erwähnten Permeabilitätsänderung den nötigen Turgordruck schneller zu schaffen, als vorher, und das Wachstum wird also beschleunigt. Die Verhältnisse an der konkav werdenden Seite sind umgekehrt, und hier wird eine Verminderung der Wachstumsgeschwindigkeit beobachtet.

Der positive Geotropismus der Wurzel wird durch eine Verminderung der Wachstumsgeschwindigkeit an der unteren Seite und durch eine Wachstumsbeschleunigung an der oberen Seite dieses Organs hervorgerufen. Analoge Veränderungen des Turgordrucks der Zellen unter der Einwirkung der Schwerkraft sind unbekannt, so daß man wahrscheinlich anzunehmen hat, daß in diesem Falle die Schwerkraft auf die synthetische Tätigkeit der Zellen direkt einwirkt.

Wie kann aber die Schwerkraft auf die Zellen der unteren Organseite anders als auf die der oberen Seite einwirken? Eine befriedigende Erklärung dieser ungleichen Einwirkung der Schwerkraft ist noch nicht gegeben worden.

Man hat schon lange darauf hingewiesen, daß die Schwerkraft beim Geotropismus auf die Pflanze wie eine Last auf einen Hebel einwirkt. Sachs sprach sogar die Vermutung aus, daß die Wirkung der Schwerkraft dem Sinus des Winkels proportional ist, um welchen ein orthotropes Organ von der Vertikallinie abweicht. Je größer der Winkel ist, um welchen ein orthotropes Organ von der Vertikallinie abweicht, desto bedeutender ist nach Fitting (1905) die Reaktion auf den geotropischen Reiz. In Übereinstimmung mit dieser Eigentümlichkeit der Schwerkraftwirkung sprach Noll (1902) die Vermutung aus, daß im Protoplasma irgendwelche Körperchen anwesend sind, die sich unter der Einwirkung der Schwerkraft immer in unteren Zellteilen anhäufen und auf dem Protoplasma dieser Teile lasten. Die Last wird von dem Protoplasma empfunden und veranlaßt die Pflanze zur Reaktion.

Némec (1900) und Haberlandt (1900) schrieben den Stärkekörnern, die im Vegetationspunkt der Wurzel und in den Zellen des Pericykels des Stengels vorkommen, die Rolle der Statolithen (oder Otolithen) der niedrigen Tiere zu; sie nahmen an, daß die Anhäufung der Stärkekörner in den unteren Teilen der Zellen und der Druck, den sie auf das unbewegliche Protoplasma ausüben, dazu führt, daß die Pflanze ihre Lageveränderung im Raume fühlt und zur Krümmung veranlaßt wird. Viele für die Schwerkraftwirkung empfindliche Pflanzen enthalten keine Stärke (z. B. Pilze); trotzdem ist es sehr wahrscheinlich, daß da, wo sie vorhanden ist, der durch sie ausgeübte Druck irgendwelche Veränderungen im Protoplasma hervorrufen kann: das Protoplasma ist für mechanische Einwirkungen manchmal sehr empfindlich (vgl. S. 10).

Obwohl die Statolithentheorie des Geotropismus die Möglichkeit der Empfindung der Lageveränderung durch die Pflanze verständlich macht, läßt sie unerklärt, weshalb die stärkehaltige Pflanze auf die veränderte Lage durch eine ungleichsinnige Veränderung der Wachstumsgeschwindigkeit an verschiedenen Organseiten reagiert. Bei bestimmten niedrigen Tieren wirken die Otolithen (Statolithen) auf die Nerven ein, die den Reiz zu den betreffenden Muskeln leiten und das Tier veranlassen, seine normale Lage wieder herzustellen. Da aber die Pflanzen keine Nerven besitzen, muß die Reizleitung beim Geotropismus und die ungleiche Reaktion verschiedener Organseiten auf ein und denselben Reiz auf andere Weise erklärt werden[1]).

---

[1]) Die spezifische Schwerkraftwirkung könnte man vielleicht vom physikalisch-chemischen Standkunkte aus folgendermaßen erklären.

Nehmen wir an, daß die zentralen Teile eines negativ geotrop reagierenden Organs (d. h. dessen Gefäßbündelzellen, Mark usw.) eine unbekannte Substanz ausscheiden, die in die peripherischen Organteile diffundiert und auf das Protoplasma der Zellen dieser Teile in der Weise einwirkt, daß die Geschwindigkeit des Zellwachstums bei einer genügenden Substanzmenge vermindert wird. Diese Substanz dürfte z. B. die Permeabilität des Protoplasmas für gelöste

Was nun die Reizleitung bei der geotropischen Krümmung anbelangt, so ist zur Zeit sehr wahrscheinlich, daß sie durch irgendwelche Stoffe vermittelt wird, die nur in den für den geotropischen Reiz empfindlichen (bei der Wurzel in den allerjüngsten) Organteilen vorhanden sind. In der Tat zeigten Versuche von SNOW (1923), daß sich der geotropische Reiz, ebenso wie der phototropische, durch die Schnittfläche einer durchschnittenen Wurzel und sogar durch die Gelatinegallerte, die die abgetrennten Wurzelteile verbindet, verbreiten kann.

12. Hydro-trauma- und chemotropische Bewegungen.

Läßt man Samen in nassen Sägespänen keimen, die in einem Kasten untergebracht sind, dessen Boden durch ein Netz ersetzt ist, so wachsen die Keimwurzeln zu den Netzmaschen heraus und ragen mit ihren Spitzen nach außen hervor. Sie wachsen dann aber nicht vertikal nach unten, wie es ihrem negativen Geotropismus entspricht, sondern krümmen sich den nassen Sägespänen zu, wie es auf Abb. 138 zu sehen ist. Diese Erscheinung, welche als positiver Hydrotropismus bezeichnet werden muß, kommt wahrscheinlich dadurch zustande, daß der Vegetationspunkt der Wurzel nach dem Herauswachsen aus den Sägespänen durch die Trockenheit zu leiden beginnt. Seine von dem Kasten am meisten entfernten Teile sistieren infolgedessen ihr Wachstum, während die den Sägespänen am nächsten liegenden Teile weiterwachsen, so daß

Stoffe vergrößern. Die den zentralen Organteilen zugewandte Seite des Protoplasmas der Zellen erhält offenbar eine etwas größere Menge dieser Substanz, als die entgegengesetzte Seite. Nehmen wir weiter an, daß irgendwelche „Körperchen" im Protoplasma, deren specifisches Gewicht größer als das der Grundmasse des Protoplasmas ist, eine ähnliche Wirkung wie die erwähnte Substanz auf das Protoplasma ausüben, so daß die beiden Wirkungen sich summieren. Ferner nehmen wir an, daß die Wirkung der von den zentralen Organteilen her diffundierenden Substanz allein nicht genügt, um eine merkliche Wachstumsänderung der Zellen herbeizuführen.

Hat der orthotrope Stengel eine vertikale Lage eingenommen, so sammeln sich die „Körperchen" in den unteren Zellteilen, d. h. in dem der Wurzel zugewandten Protoplasmateil der Zellen und ihre Wirkung in allen Zellen des Organs ist gleich. Nimmt aber der Stengel eine horizontale Lage ein, so sammeln sich die „Körperchen" an der unteren Stengelseite in dem Protoplasmateil, der eine kleinere Menge der oben erwähnten von den Zentralteilen her diffundierenden Substanz erhält, so daß jetzt die Summierung der Wirkung der diffundierenden Substanz und der der „Körperchen" nicht genügt, um eine Wachstumshemmung hervorzurufen; dann beginnen die Zellen schneller zu wachsen. An der oberen Seite des Stengels sammeln sich dagegen die „Körperchen" in demjenigen Protoplasmateil, welcher eine größere Menge der erwähnten Substanz erhält. Die Summierung der Wirkungen reicht daher aus, um eine noch größere Wachstumhinderung hervorzurufen.

Der plagiotrope Geotropismus wäre dann mit der Annahme zu erklären, daß die erwähnte, das Zellwachstum hemmende Substanz nicht nur von den zentralen Organteilen, sondern auch von den oberflächlich gelagerten Zellen der unteren Seite des Organs ausgeschieden werden. Im positiv geotrop reagierenden Organ würden wir aber die alleinige Ausscheidung der Substanz durch peripherische Organteile anzunehmen haben. Ähnlich könnte man auch die bei der geotropischen Variationsbewegung stattfindende ungleiche Turgordruckänderung in verschiedenen Gelenkhälften erklären.

ein ungleichmäßiges Wachstum des Vegetationspunktes entsteht, welches sich bald in eine Krümmung der Wurzel verwandelt.

Komplizierter verläuft die sogenannte traumatropische Krümmung, welche bei Verletzungen oder groben mechanischen Einwirkungen auf die Wurzel einsetzt. Wird sie an der Spitze verletzt, so verbreitet sich der Reiz nach den basalen Teilen der Wachstumzone und diese zeigen eine starke negative Krümmung, die sogar zu einem Drehen der Wurzel führen kann, wie es auf Abb. 139 zu sehen ist. Die jungen Zellen des Vegetationspunktes sind viel empfindlicher, als die alten Zellen der übrigen Teile der Wachstumzone.

Mechanische Einwirkungen sind, wie wir wissen, sehr schädlich und verursachen das Absterben der Zellen. Es ist wohl möglich, daß die beim Absterben frei gemachten Stoffe (Vitamine u. a., vgl. S. 236) sich

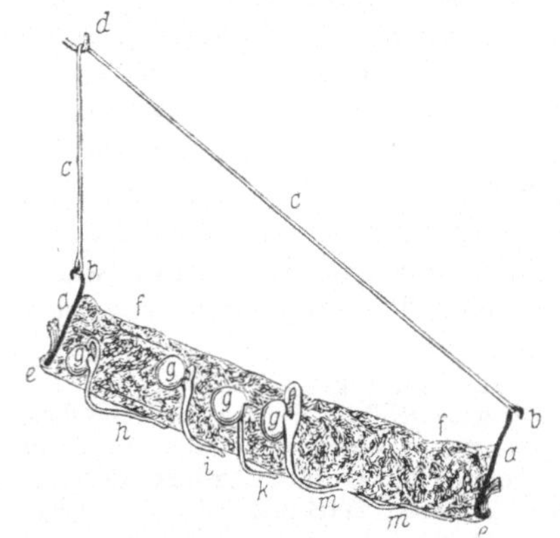

Abb. 138.   Positiver Hydrotropismus der Wurzel.   Erklärungen im Text.

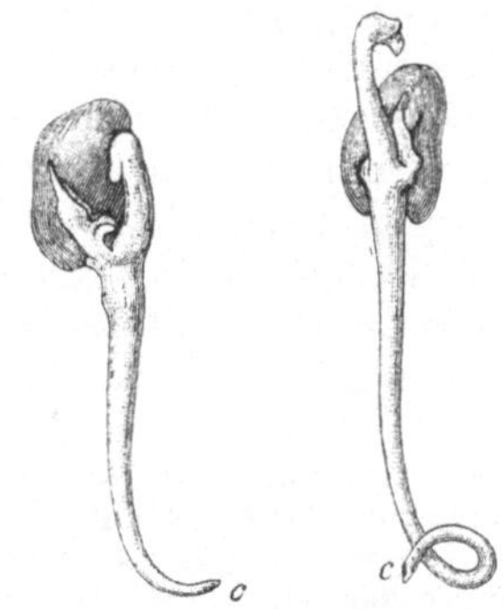

Abb. 139. Traumatropische Bewegung der Wurzel. Die Wurzel wurde bei *C* verletzt. (Nach Pfeffer.)

nach der Wurzelbasis hin verbreiten und das Wachstum an der der Verwundungsstelle entsprechenden Seite der Wachstumszone beschleunigen.

Wir schließen unsere Übersicht über die Tropismen mit der Beschreibung des sogenannten Chemotropismus. Besonders schön ist er an wachsenden Pilzfäden zu beobachten. Kultiviert man einen Schimmelpilz auf einem sehr stark verdünnten Substrate, das durch Zugabe von Gelatine gallertartig gemacht ist und setzt man einen Tropfen einer guten Nährlösung zu, so wachsen die sich entwickelnden Pilzfäden nach der Stelle der besseren Ernährung hin. Der Chemotropismus läßt sich auch an den Wurzeln beobachten.

Bringt man die Wurzelspitze an die Grenze zweier Lösungen ein und desselben Stoffes (um die Vermischung zu vermeiden, setzt man den Lösungen Agar-Agar zu, das ihnen eine gallertartige Konsistenz verleiht), so krümmt sich die Wurzel zur Seite der höheren Konzentration, wenn der Stoff ein Nährsalz ist. Ist der Stoff giftig (z. B. ein Schwermetallsalz), so krümmt sich die Wurzel zur Seite der niedrigeren Konzentration. Nur die Spitze der Wurzel ist für chemotropische Reize empfindlich: reizt man die Wachstumszone direkt, so erhält man keine Krümmung (PORODKO, 1915).

Niedrigere Konzentrationen ungiftiger Stoffe begünstigen wahrscheinlich das Wachstum des Vegetationspunktes ebenso wie die Feuchtigkeit, so daß die Zellen, die der niedrigeren Konzentration zugewandt sind, schneller wachsen und dadurch die Krümmung des Vegetationspunktes bedingen. Giftige Stoffe wirken aber offenbar wie eine Verletzung, d. h. schädlich und rufen das Absterben der Zellen hervor, das vielleicht Wachstum erregende Stoffe (Vitamine u. a.) frei macht, die sich nach der Basis der Wachstumszone verbreiten. Solche Stoffe können nur in den Zellen des Vegetationspunktes anwesend sein, so daß nur die Reizung der Wurzelspitze die Krümmung bedingt.

13. Übergangstypus der Bewegungen (Nastien → Tropismen).

Zu Bewegungen, die eine mittlere Stellung zwischen Nastien und Tropismen einnehmen, gehört die Bewegung der Blatttentakeln von Drosera (vgl. S. 126) und die der Ranken kletternder Pflanzen. Die beiden Bewegungsarten werden nicht nur durch die Lage des Reizes, sondern auch durch innere Verhältnisse bestimmt, die die Bewegung in gewisse Bahnen lenken.

Die Ranken der kletternden Pflanzen sind gewöhnlich etwas abgeplattet und wachsen mit Hilfe einer interkalaren Wachstumszone an ihrer Basis. Zu Beginn ihrer Entwicklung sind sie gewöhnlich spiralartig gekrümmt, weil ihre morphologisch obere Seite schneller als die entgegengesetzte Seite wächst (vgl. Abb. 140 a). Bei weiterer Entwicklung wird die Ranke gerade gestreckt (vgl. Abb. 140 b) und sie beginnt dann ihre kreisende Bewegung, die, wie wir wissen, rein autonom ist (vgl. S. 267). Trifft die Ranke bei ihrer Bewegung einen genügend dünnen Gegenstand (Abb. 140 d), so krümmt sie sich und windet sich um ihn; durch eine spiralartige Krümmung ihrer frei gebliebenen Teile verringert sich dann die Länge der Ranke und die Pflanze wird an den Stab gezogen (vgl. Abb. 140 c).

Die Beobachtung zeigt, daß die Windung der Ranke um den Stab eine tropistische Bewegung darstellt, die durch die Berührung mit dem Stab hervorgerufen wird; es zeigt sich auch, daß nur die morphologisch untere Seite der Ranke für die Berührung empfindlich ist und daß der Reiz sich von da aus nach der oberen Seite fortpflanzt und eine Wachstumsbeschleunigung dieser Seite verursacht. Infolgedessen krümmt sich die Ranke oft schon nach einigen Sekunden in der Richtung des sie berührenden Gegenstandes. Die Krümmung ruft die Berührung anderer Teile der Ranke mit dem Gegenstand hervor; jede Berührung verursacht eine neue Krümmung usw., so daß schließlich das ganze freie Ende der Ranke sich um den Gegenstand windet.

Die künstliche Reizung der Ranken zeigt, daß die Reaktion nur auf eine unterbrochene Berührung, Reibung oder ein Kratzen der Ranken-

haut erfolgt. Ein Wasserstrahl oder ein lastender Druck rufen gewöhnlich keine Reaktion hervor.

Während das Winden der Ranke um den Stab als ein Tropismus
(Haptotropismus) zu betrachten ist, stellt die später eintretende spi-

Abb. 140. Ranken einer kletternden Pflanze (Bryonia dioica). (Nach PFEFFER).

ralige Krümmung des freien Rankenteiles eine nastische Bewegung
dar, die durch den von dem gewundenen Rankenteile herrührenden Reiz
hervorgerufen wird. Er bewirkt eine Wachstumsbeschleunigung der morphologisch oberen Rankenseite, die zur spiralartigen Krümmung führt.

Da beide Rankenenden befestigt sind, so ist die Drehung nur dann möglich, wenn sie gleichzeitig in zwei Richtungen stattfindet (rechts und links, vgl. Abb. 140 c). Man kann sich leicht davon überzeugen, daß eine spiralartige Drehung eines an beiden Enden befestigten Papierbändchens nur bei einer Drehung in zwei Richtungen möglich ist. Die Richtung der Drehung ändert sich bei den Ranken oft zwei- bis dreimal, wie es auf Abb. 140 zu sehen ist, und steht in keiner Beziehung zur Reizstelle, so daß die Bewegung als nastisch zu bezeichnen ist.

Auch die Blatttentakel von Drosera (vgl. Abb. 46, S. 126) führen zwei verschiedene Arten von Bewegungen aus. Wird das Köpfchen eines kurzen in der Blattmitte sitzenden Tentakels durch ein Insekt gereizt, so verbreitet sich der Reiz über den Tentakelfaden nach der Blatthaut und nach den Nachbartentakeln, deren äußere, dem Blattrande zugewandte Seite, schneller als die innere Seite zu wachsen beginnt, so daß die Tentakel sich in der Richtung der gereizten Stelle krümmen. Diese Bewegung ist also tropistisch. Im Gegensatz dazu ist die Bewegung der langen, am Blattrande sitzenden Tentakel nastisch; sie krümmen sich bei der Reizung immer nach dem Blattzentrum hin. Die Köpfchen der langen Tentakel berühren dabei die im Zentrum sitzenden Tentakel und der Reiz verbreitet sich von ihnen aus zu den übrigen Tentakeln.

Zur Zeit ist noch nicht bekannt, ob die Reizleitung in den Ranken und Tentakeln durch Plasmodesmen oder irgendwelche aus den gereizten Zellen diffundierenden Substanzen vermittelt wird. Auch haben weitere Versuche festzustellen, ob die angeregte Wachstumsbeschleunigung durch eine Permeabilitätsabnahme des Protoplasmas oder irgendwelche das Wachstum fördernde Stoffe hervorgerufen wird.

14. Beeinflussung der Bewegungen der Pflanzen durch Außenbedingungen.

In den vorhergehenden Kapiteln wurde mehrmals betont, daß die Bewegungen der Pflanzen autonom oder paratonisch sein können. Veränderungen der Außenbedingungen rufen vielfach Veränderungen der Geschwindigkeit der autonomen Bewegungen hervor. Aber auch paratonische Bewegungen, die durch irgendeinen Reiz angeregt sind, können ihre Geschwindigkeit und sogar ihren Charakter unter Einwirkung anderer Reize modifizieren.

Da alle Bewegungen ebenso wie auch die Wachstumserscheinungen von einem Energieverbrauch begleitet werden müssen, kann man von vornherein erwarten, daß der Einfluß der Außenbedingungen auf beide Arten von Erscheinungen im allgemeinen ähnlich sein wird. Eine zu hohe oder zu niedrige Temperatur hindert und hemmt die Bewegungserscheinungen; dabei hat eine jede Bewegung ihr Maximum, Optimum und Minimum, die bei verschiedenen Pflanzen nicht gleich sind. So finden die photonastischen Bewegungen der Sinnpflanze (Mimosa pudica) noch bei Temperaturen statt, die etwas niedriger als 10° C sind, während die seismonastischen Bewegungen dieser Pflanze (vgl. S. 265) schon bei 15° C aufhören. Im Gegensatz dazu sind die photonastischen Bewegungen unserer einheimischen Pflanzen auch bei $0-2^\circ$ C noch sehr merklich.

Niedrige Temperatur hindert das Wachstum und verringert die Permeabilität des Protoplasmas für Zellsaftstoffe, so daß die Veränderungen der Wachstumsgeschwindigkeit und des Turgordruckes bei niedriger Temperatur nur gering sein können und nicht imstande sind, eine Krümmung der Organe hervorzurufen. Andererseits verkleinert niedrige Temperatur die Geschwindigkeit der chemischen Reaktionen und der Diffusion, so daß die Oberflächenänderungen des Protoplasmas, die die lokomotoren Bewegungen verursachen, langsam werden; damit werden auch die Bewegungen träge.

Wie zu erwarten war, hat das Licht nur für die Bewegungen der autotrophen Pflanzen eine Bedeutung, weil eine ununterbrochene Verdunklung (oder ein Lichtmangel) die Ernährung und das Wachstum solcher Pflanzen deprimiert (vgl. S. 215), während sie die Lebenserscheinungen der heterotrophen Pflanzen unbeeinflußt läßt.

Die Bewegungserscheinungen werden durch chemische Reize in ähnlicher Weise beeinflußt, wie die Wachstumserscheinungen. So hören die Bewegungen der aeroben Pflanzen in Abwesenheit von Sauerstoff auf; ebenso werden die Bewegungen der anaeroben Pflanzen durch die Anwesenheit dieses Gases aufgehoben. Bei einigen fakultativen Anaeroben (Bakterien) fehlt die Bewegung in einer sauerstofflosen Atmosphäre, trotz einer normalen Entwicklung der Zilien (RITTER 1899), so daß in diesem Falle die Bewegungserscheinung empfindlicher als die Wachstumserscheinungen gegenüber dem Sauerstoffmangel sind.

Chloroform, Äther und andere giftige Stoffe hindern und hemmen die Bewegungen, wenn sie im umgebenden Medium in ausreichender Menge vorhanden sind, wobei, ähnlich wie bei der Beeinflussung der Wachstumserscheinungen durch Gifte, die Individualität der Pflanze und die der Bewegungsart zum Vorschein kommt. So hören die seismonastischen Bewegungen der Sinnpflanze in einer Atmosphäre, die eine verhältnismäßig kleine Menge von Chloroformdämpfen enthält, auf, während die photonastischen Bewegungen dieser Pflanze in ihr fortdauern und erst dann aufhören, wenn der Chloroformgehalt so groß wird, daß die Pflanze geschädigt wird.

Chloroform (und andere anästhesierende Stoffe) werden im Protoplasma angehäuft (vgl. S. 36) und erniedrigen die Empfindlichkeit des Protoplasmas für mechanische Reize. Diese Anhäufung ruft auch eine Permeabilitätsverminderung des Protoplasmas hervor, so daß die Turgordruckänderungen, hervorgerufen durch Lichtwechsel, und die photonastischen Bewegungen nicht so bedeutend wie früher sind. Sie hören aber erst nach einer partiellen Koagulation (Beschädigung) des Protoplasmas der Gelenkzellen durch Chloroform auf.

Einige giftige chemische Stoffe, die, falls sie in höherer Konzentration angewendet werden, für die Pflanze schädlich sind, tödlich wirken und Wachstum und Bewegungen aufheben, können in niedrigeren Konzentrationen den Charakter der Bewegung verändern. So sind z. B. Leuchtgas, Äthylen und Acethylen in höheren Konzentrationen giftig; sind sie aber in geringen Mengen in der umgebenden Atmosphäre vorhanden (z. B. 1 Vol. auf 400000 Vol. Luft), so rufen sie bei einigen Pflanzen (z. B. bei den Erbsen) eine Veränderung der geotropischen Eigenschaften des Hauptstengels hervor. Er verliert seinen orthotropen Geotropismus und wächst nicht mehr vertikal nach oben, sondern krümmt sich zur Seite und kriecht auf dem Boden hin (NELJUBOW 1910). Die genannten Gase verbinden sich wahrscheinlich mit den Substanzen (Hormonen), die die orthotrop-geotropische Empfindlichkeit des Stengels bedingen (vgl. S. 282, Anm. 1), so daß der Stengel sich nicht mehr in vertikaler Lage halten kann.

Die geotropische „Stimmung" der plagiotropen Organe (der Seitenzweige der Wurzel und des Stengels) kann auch durch das Abschneiden des Hauptstengels oder der Hauptwurzel in der Weise verändert werden, daß sie orthotrop werden und vertikal zu wachsen beginnen (die Seitenzweige des Stengels nach oben, die der Wurzel nach unten) (vgl. Abb. 141).

Wie früher erwähnt (vgl. S. 234) wirkt die Entfernung des Hauptstengels (bzw. der Hauptwurzel) nicht als eine Verletzung, sondern als ein das Wachstum anregender Reiz. Wir haben also zu schließen, daß die Wachstums-

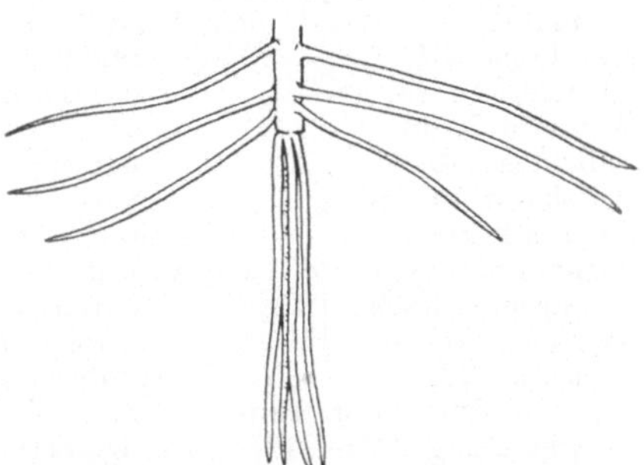

Abb. 141. Veränderung der „Stimmung" der plagiotropen Seitenwurzeln durch das Abschneiden der Hauptwurzel.

beschleunigung, hervorgerufen durch die Entfernung des Hauptstengels (bzw. der Hauptwurzel) die Ursachen des plagiotropen Geotropismus der in der Nähe der Schnittfläche gelegenen Seitenzweige beseitigt. War die Eigentümlichkeit dieses Geotropismus durch irgendwelche Stoffe veruracht, so wird ihre Wirkung wahrscheinlich durch die nach dem Abschneiden des Hauptstengels befreiten Stoffe neutralisiert.

Sachverzeichnis.

Berichtigungen.

S. 19, Anm., Z. 11 statt qc . . . . lies qcm.
„ 19, Anm., Z. 12 „ c . . . . „ cm.
„ 32, Z. 9 v. u. „ $C_{12}H_{22}O_4$ . . . . . . „ $C_{12}H_{22}O_{11}$.
„ 24, 39—43, 55 „ Glykose . . . . . . „ Glukose.
„ 46, Z. 7 u. 9 v. u. „ Proteinasen . . . . . „ Proteasen.
„ 46, „ 6 v. u. „ Nucleinasen . . . . . „ Nucleasen.
„ 79, Abb. 23 „ hybridat . . . . . . „ hybrida.
„ 95, Z. 8 v. u. „ (vgl. auch S. 77) . . . „ (vgl. auch S. 17).
„ 95, „ 9 v. o. „ bilden . . . . „ bildet.
„ 110, „ 4 v. o. „ 0,3—3 g . . . . . . „ 0,3—2 g.
„ 110, „ 1 v. u. „ (vgl. 4. Abschnitt S. 106) „ (vgl. diese Seite, Kap. 5).
„ 113, „ 5 v. u. „ die roten . . . . . . „ diese.
„ 123, Abb. 43 „ Sorcinen . . . . . . „ Sarcinen.
„ 126, Z. 5 v. o. „ sind . . . . „ ist.
„ 133, „ 1 „ niedrigen . . . . . . „ niederen.
„ 133, Anmerkung „ 2) . . . . „ 1).
„ 140, Abb. 63 „ vgl. Abb. 61 . . . . . „ vgl. Abb. 62.
„ 151, Z. 2 v. u. „ niedrige . . . . . . „ niedere.
„ 171, „ 17 v. u. „ können . . . . . . „ kann.
„ 171, Anm. „ vgl. S. 176 . . . . . . „ vgl. S. 167.